China's Basic Research
Competitiveness Report 2017

中国基础研究
竞争力报告2017

基于国家自然科学基金的中国省域、大学与科研院所基础研究竞争力排行榜

中国科学院武汉文献情报中心
中国产业智库与大数据中心 ◎ 研发

钟永恒　王　辉　刘　佳　等 ◎ 编著

科学出版社

北　京

图书在版编目（CIP）数据

中国基础研究竞争力报告. 2017/钟永恒等编著. —北京：科学出版社，2017.6
ISBN 978-7-03-052618-2

Ⅰ.①中…　Ⅱ.①钟…　Ⅲ.①基础研究-竞争力-研究报告-中国-2017
Ⅳ.①G322

中国版本图书馆 CIP 数据核字（2017）第 086895 号

责任编辑：侯俊琳　张　莉　刘巧巧 / 责任校对：何艳萍
责任印制：张欣秀 / 封面设计：有道文化
编辑部电话：010-64035853
E-mail：houjunlin@mail.sciencep.com

科 学 出 版 社 出版
北京东黄城根北街 16 号
邮政编码：100717
http://www.sciencep.com

北京中石油彩色印刷有限责任公司　印刷
科学出版社发行　各地新华书店经销
*

2017 年 6 月第　一　版　　开本：787×1092　1/16
2017 年 6 月第一次印刷　　印张：21 1/4
字数：501 000
定价：98.00 元
（如有印装质量问题，我社负责调换）

《中国基础研究竞争力报告2017》研究组

组　　长　钟永恒

副 组 长　王　辉　刘　佳

成　　员　钟永恒　王　辉　刘　佳　孙　源
　　　　　邢　霞　李贞贞　史礼婷

研发单位　中国科学院武汉文献情报中心
　　　　　中国产业智库与大数据中心

习近平同志指出："基础研究是整个科学体系的源头，是所有技术问题的总机关，是武器装备发展的原动力。只有重视基础研究，才能永远保持自主创新能力。当前，基础研究和应用开发关联度日益增强，基础研究显得更为重要。要继续抓好这项打基础、利长远的工作，为国防科技和武器装备持续发展增强后劲。"①基础研究以深刻认识自然现象，揭示自然规律，获取新知识、新原理、新方法和培养高素质创新人才等为基本使命，是人类文明进步的动力、科技进步的先导、人才培养的摇篮。随着知识经济的迅速崛起，综合国力竞争的前沿已从技术开发拓展到基础研究。基础研究既是知识生产的主要源泉和科技发展的先导与动力，又是一个国家或地区科技发展水平的标志，代表着一个国家或地区的科技实力。

中国政府历来重视基础研究工作，国务院于 1986 年设立了国家自然科学基金（National Natural Science Foundation of China，NSFC）以专门支持我国基础研究，这是我国实施科教兴国和人才强国战略的一项重要举措。作为我国支持基础研究的主要渠道之一，国家自然科学基金有力地促进了我国基础研究持续、稳定和协调发展，已经成为我国国家创新体系的重要组成部分。30 多年来，国家自然科学基金不断探索科技管理改革，创新资助管理机制，完善同行评议体系，提升资助管理水平。通过长期持续支持，推动了学科均衡协调可持续发展，培育和稳定了高水平人才队伍，涌现了一批有国际影响的重大成果。同时，由于其评审过程与经费管理体现了公开、公正、公平的原则，在科技界获得了崇高的声誉，被科研人员公认为国内最规范、最公正、最能反映研究者竞争能力的研究基金之一。获得国家自然科学基金资助的竞争能力已经成为衡量我国大学与科研机构基础研究水平和区域科技实力的一项重要指标，受到科技管理部门、科研机构和科研工作者的重视。

对于国家自然科学基金的分析以及基于国家自然科学基金的基础研究竞争力研究由来已久，也备受关注。国家自然科学基金委员会每年都会发布年度报告，并不定期开展国际评估；许多学者对国家自然科学基金与基础研究竞争力问题也进行了研究并取得了不少成果，但也存在研究对象偏少、评价指标偏少、数据不全面、分析不系统等问题。为服务知识创新和科技进步，中国科学院武汉文献情报中心长期开展科技政策研究、研究所评估，以及科技

---

① 中共中央文献研究室.《习近平关于科技创新论述摘编》. 北京：中央文献出版社，2016：44.

竞争力分析、产业技术监测分析工作，对国家自然科学基金及国外科研资助机构的相关情况也进行长期跟踪，建立了系统的科技、产业、企业、市场、政策等创新体系数据库，形成了专业的分析指标体系和分析模型，开展了一系列科技竞争力研究与产业技术分析。《中国基础研究竞争力报告 2017》就是其中的成果之一。本报告基于国家自然科学基金的客观数据，专门建设了 NSFC 监测分析系统，构建了基础研究竞争力指数，实现了对 NSFC 与我国基础研究竞争力的及时监测分析。本报告主要内容分为三大部分：第一部分是国家自然科学基金分析报告，包括对国家自然科学基金的整体介绍，对其基本数据的分析及可视化展示。第二部分是基于国家自然科学基金的中国省域（省、自治区、直辖市）基础研究竞争力报告，以省（自治区、直辖市）为研究对象，基于国家自然科学基金对我国省域的基础研究竞争力进行评价分析与排名，分析我国各省（自治区、直辖市）的基础研究竞争力情况；然后以省（自治区、直辖市）为单位，分别从综合竞争力、学科竞争力、项目类别竞争力介绍其具体情况，帮助各省（自治区、直辖市）了解其基础研究的现状。第三部分是基于国家自然科学基金的中国大学与科研机构基础研究竞争力报告，以国家自然科学基金申请机构为研究对象，基于国家自然科学基金对我国大学与科研机构的基础研究竞争力进行评价分析与排名；然后以大学与科研机构为单位，分别从综合竞争力、学科竞争力、项目类别竞争力等方面介绍其具体情况，帮助各机构了解其基础研究的现状。本报告对于科研机构、科研人员、政府部门、产业部门了解现状、完善研发布局、招商引智、提升区域和机构科技竞争力具有一定的参考作用。

科技竞争力问题异常复杂，基础研究竞争力涉及众多因素。我们认为基础研究竞争力研究主要是分析基础研究的资源投入与成果产出的能力，具体包括基础研究的科研经费投入、项目数量、队伍情况、基地数量、产出成果等方面的综合能力。本报告只是从国家自然科学基金的角度分析基础研究竞争力，具体而言是从国家自然科学基金的项目数量、经费数量、获批机构数量、项目主持人数量等方面分析基础研究竞争力，存在指标有限、数据不全等问题。再者，由于作者水平有限，加之时间较为仓促，书中难免存在不足之处，希望各位专家和读者提出宝贵意见和建议，以便进一步修改和完善。

本报告的完成得到了湖北省科技厅杜耘副厅长、湖北省科技厅基础处王冬梅处长，中国科学院武汉文献情报中心张智雄主任、陈丹书记，以及众多专家的指导和支持，也得到了科学出版社科学人文分社侯俊琳社长、张莉编辑的大力协助，在此一并表示衷心的感谢。

中国科学院武汉文献情报中心

钟永恒

中国产业智库与大数据中心(citt100.whlib.ac.cn)

2017 年 2 月于武汉小洪山

目　录

图目录

表目录

第1章 导 论

1.1 研究目的与意义

基础研究以深刻认识自然现象，揭示自然规律，获取新知识、新原理、新方法和培养高素质创新人才等为基本使命，是人类文明进步的动力、科技进步的先导、人才培养的摇篮[1]。随着知识经济的迅速崛起，综合国力竞争的前沿已从技术开发拓展到基础研究。基础研究既是知识生产的主要源泉和科技发展的先导与动力，又是一个国家或地区科技发展水平的标志，代表着国家或地区的科技实力。

加强基础研究是提高我国原始性创新能力、积累智力资本的重要途径，是跻身世界科技强国的必要条件，将为建设创新型国家提供知识创新源泉和发展驱动力。当前国际科技竞争日趋激烈，作为新知识产生之源的基础研究在国家科技发展中有着越来越重要的地位和作用，也越来越受到世界各国的重视。因此，加强我国基础研究竞争力的研究不仅是广大科技管理部门、大学与科研机构、科技工作者的迫切需求，也有利于分析掌握我国基础研究竞争力的现状，发现其中存在的问题与不足，面向未来，统筹规划，优化部署，改进措施，快速提升我国基础研究竞争力，为建成科技强国奠定扎实基础。

1.2 研究内容

1.2.1 基础研究竞争力的内涵

目前，关于评价国家或地区的基础研究竞争力并没有一个完善、系统、量化的指标体系。现有的研究主要是从基础研究投入、基础研究队伍与基地建设、基础研究产出三个角度展开的[2]。基础研究投入包括基础研究投入总经费、国家自然科学基金、国家重点基础研究发展计划（"973 计划"）及国家高技术研究发展计划（"863 计划"）等各类国家科技计划。基础研究队伍与基地建设包括基础研究队伍建设和基础研究基地建设：基础研究队伍建设包括从事基础研究的人员、高水平学者等；基础研究基地建设包括国家重点实验室、重大科技基础设施等。基础研究产出包括论文、专利、专著和奖励等。2015 年年初，国务院印发的《关于深化中央财政科技计划（专项、基金等）管理改革的方案》，确定政府不再直接管具体项目，国家科技计划全面整合成五大类，即国家自然科学基金、国家科技重大专项、国家重点研发计划、基地和人才专项、技术创新引导专项，"973 计划"、"863 计划"、国家科技支撑计划等纳入第三类，即国家重点研发计划[3]。国家科技体制改革和财政科技计划管理改革必定对基础研究竞争力产生深刻的影响。

我们认为，基础研究竞争力主要是研究涉及基础研究的资源投入与成果产出的能力，具体包括基础研究的科研经费投入、项目数量、队伍情况、基地数量、产出成果等方面的综合能力。本报告主要从国家自然科学基金的角度研究基础研究竞争力，具体从国家自然科学基金的项目数量、经费数量、获批机构数量、项目主持人数量等方面分析基础研究竞争力。

1.2.2　国家自然科学基金的内涵

1986 年，为推动我国科技体制改革，变革科研经费拨款方式，国务院设立了国家自然科学基金，这是我国实施科教兴国和人才强国战略的一项重要举措。作为我国支持基础研究的主要渠道之一，国家自然科学基金有力地促进了我国基础研究持续、稳定和协调发展，已经成为我国国家创新体系的重要组成部分。国家自然科学基金坚持支持基础研究，主要分为八大学科领域，即地球科学、工程与材料科学、管理科学、化学科学、生命科学、数理科学、信息科学、医学科学，与国家自然科学基金委员会下设的 8 个科学部相对应。同时，国家自然科学基金逐渐形成和发展了由探索、人才、工具、融合四大系列组成的资助格局。探索系列主要包括面上项目、重点项目、应急管理项目等；人才系列主要包括青年科学基金、地区科学基金、优秀青年科学基金、国家杰出青年科学基金、创新研究群体、海外及港澳优秀学者项目、外国青年学者研究基金等；工具系列主要包括国家重大科研仪器研制项目、相关基础数据与共享资源平台建设等；融合系列主要包括重大项目、重大研究计划、联合基金项目、国际合作项目、科学中心项目等[4]。30 多年来，国家自然科学基金不断探索科技管理改革，创新资助管理机制，完善同行评议体系，提升资助管理水平。通过长期持续支持，推动了学科均衡协调可持续发展，培育和稳定了高水平人才队伍，涌现了一批有国际影响的重大成果[5]。同时，由于其评审过程与经费管理体现了公开、公正、公平的原则，在科技界获得了崇高的声誉，被科研人员公认为国内最规范、最公正、最能反映研究者竞争能力的研究基金之一。获得国家自然科学基金资助的竞争能力已经成为衡量全国各地区和科研机构基础研究水平的一项重要指标，并在实际科研评价中得到应用。

1.2.3　本报告的框架结构

本报告基于国家自然科学基金的相关数据，构建基础研究竞争力指数，对我国的基础研究竞争力展开分析。首先，以区域、机构为单元，分别构建了区域（本报告以省域为单元）、机构（本报告以大学与科研院所为单元）基础研究综合竞争力指数；其次，在基础研究综合竞争力指数基础上，为方便读者快捷、全面了解国家自然科学基金分学科、分项目类别的基础研究竞争力情况，本报告还构建了基于自然科学基金的省域、大学与科研院所基础研究学科竞争力指数与项目类别竞争力指数，分别对应国家自然科学基金委员会八大科学部管理所包含的学科项目情况，以及探索、人才、工具、融合四大系列资助格局的各自项目类别情况。本报告主要内容分为三大部分：第一部分是国家自然科学基金分析报告。本部分包括对自然科学基金的整体介绍，对其基本数据的分析及可视化展示。第二部分是基于国家自然科学基金的中国省域（省、自治区、直辖市）基础研究竞争力报告。以省（自治区、直辖市）为研究对象，基于国家自然科学基金对我国省域的基础研究竞争力进行评价分析与排名，分析我国各省（自治区、直辖市）的基础研究竞争力情况；然后以省（自治区、直辖市）为单位，分别从综合竞争力、学科竞争力、项目类别竞争力介绍其具体情况，帮助各省（自治区、直辖市）了解其基础研究的现状。第三部分是基于国家自然科学基金的中国大学与科研机构基础研究竞争力报告。本部分以国家自然科学基金申请机构为研究对象，基于国家自然科学基金对我国大学与科研机构的基础研究竞争力进行评价分析与排名；然后以大学与科研机构为单位，分别从综合竞争力、学科竞争力、项目类别竞争力介绍其具体情况，帮助各机构了解其基础研究的现状。

1.3　研究方法

本报告原始数据来自国家自然科学基金网络信息系统（ISIS 系统）的客观数据，数据获取时间为 2016 年 11 月 30 日。数据经采集、清洗、集成，在中国科学院武汉文献情报中心中国产业智库大数据平台上进行分析。

本报告采用基于 NSFC 的基础研究竞争力指数方法对 NSFC 进行总体分析、省域分析、机构分析，形成 NSFC 分析报告、基于 NSFC 的中国省域基础研究竞争力报告和中国大学与科研机构基础研究竞争力报告。

基于 NSFC 的基础研究竞争力问题，许多学者进行了研究：马廷灿等构建了基于 NSFC 竞争能力的基础研究综合竞争力指数，对我国 31 个省（自治区、直辖市）[①] 的基础研究竞争力进行了系统的、动态交互式的可视化对比分析[6]；张祚等利用 GIS 工具和空间分析方法，主要采用 Moran's I 指数和 G 系数等统计指标，从不同的空间尺度，分别对 NSFC 资助项目总体空间分布情况、省际获资助和城市获资助空间分布情况进行了分析[7]；杨新泉等[8]、廖海等[9]、高凯等[10] 分别从单个学科的角度对各省（自治区、直辖市）的资助情况进行了研究；张慧颖等构建了"学科竞争力指数"，对学科竞争力进行考察，并构建"省市基础研究效率指数"以考察科研人员的科研效率[11]。

例如，马廷灿在综合考虑了对比对象获得国家自然科学基金资助的项目数量、经费数量及所有对比对象的平均水平，以克服单纯利用项目数量或经费数量可能带来的偏颇的情况下，提出了"国家自然科学基金竞争能力指数"（competitiveness index on NSFC，NCI）。其中，对比对象是省（自治区、直辖市）[12]。具体公式如下：

---

① 不包括港澳台地区，余同。

$$\text{NCI}_{某省（自治区、直辖市）-某年-某学科}=\sqrt{\frac{A_i}{\overline{A}}\times\frac{B_i}{\overline{B}}}$$

式中，A_i 表示某省（自治区、直辖市）某年某学科项目数量，$\overline{A}$ 表示 31 省（自治区、直辖市）某年某学科平均项目数量；B_i 表示某省（自治区、直辖市）某年某学科经费数量，$\overline{B}$ 表示 31 省（自治区、直辖市）某年某学科平均经费数量。

　　上述诸多研究推动了基于 NSFC 的基础研究竞争力研究的不断深入，但也存在评价指标偏少、反映综合竞争力不够全面的问题。为了更加全面、系统、有效地分析我国国家自然科学基金的发展现状，分析我国省域、大学与科研机构的基于国家自然科学基金的基础研究竞争力，有必要构建更全面的评价指标体系。为此，本报告完善了 NCI 的内涵，构建了新的 NCI 指数，在原有机构获得基金项目数量、经费数量等参数基础上，将省域获得基金的机构数量和项目主持人数量纳入了 NCI，分别形成了针对区域（适用于所选行政区域，可以是省级、地市级等，本报告以省级为分析单元）和针对机构（适用于所选国家自然科学基金申请机构，本报告以大学与科研院所为分析单元）的综合 NCI、学科 NCI、项目类别 NCI，具体公式如下：

中国省域（省、自治区、直辖市）基础研究竞争力指数：

$$\text{中国省域基础研究综合 NCI}_{某省（自治区、直辖市）-某年}=\sqrt[4]{\frac{A_i}{\overline{A}}\times\frac{B_i}{\overline{B}}\times\frac{C_i}{\overline{C}}\times\frac{D_i}{\overline{D}}}$$

式中，A_i 表示某省（自治区、直辖市）某年项目数量，$\overline{A}$ 表示 31 省（自治区、直辖市）某年平均项目数量；B_i 表示某省（自治区、直辖市）某年经费数量，$\overline{B}$ 表示 31 省（自治区、直辖市）某年平均经费数量；C_i 表示某省（自治区、直辖市）某年机构数量，$\overline{C}$ 表示 31 省（自治区、直辖市）某年平均机构数量；D_i 表示某省（自治区、直辖市）某年主持人数量；$\overline{D}$ 表示 31 省（自治区、直辖市）某年平均主持人数量。

$$\text{中国省域基础研究学科 NCI}_{某省（自治区、直辖市）-某学科-某年}=\sqrt[4]{\frac{A_i}{\overline{A}}\times\frac{B_i}{\overline{B}}\times\frac{C_i}{\overline{C}}\times\frac{D_i}{\overline{D}}}$$

式中，A_i 表示某省（自治区、直辖市）某学科某年项目数量，$\overline{A}$ 表示 31 省（自治区、直辖市）某学科某年平均项目数量；B_i 表示某省（自治区、直辖市）某学科某年经费数量，$\overline{B}$ 表示 31 省（自治区、直辖市）某学科某年平均经费数量；C_i 表示某省（自治区、直辖市）某学科某年机构数量，$\overline{C}$ 表示 31 省（自治区、直辖市）某学科某年平均机构数量；D_i 表示某省（自治区、直辖市）某学科某年主持人数量，$\overline{D}$ 表示 31 省（自治区、直辖市）某学科某年平均主持人数量。

$$\text{中国省域基础研究项目类别 NCI}_{某省（自治区、直辖市）-某项目类别-某年}=\sqrt[4]{\frac{A_i}{\overline{A}}\times\frac{B_i}{\overline{B}}\times\frac{C_i}{\overline{C}}\times\frac{D_i}{\overline{D}}}$$

式中，A_i 表示某省（自治区、直辖市）某项目类别某年项目数量，$\overline{A}$ 表示 31 省（自治区、直辖市）某项目类别某年平均项目数量；B_i 表示某省（自治区、直辖市）某项目类别某年经费数量，$\overline{B}$ 表示 31 省（自治区、直辖市）某项目类别某年平均经费数量；C_i 表示某省（自治区、直辖市）某项目类别某年机构数量，$\bar{C}$ 表示 31 省（自治区、直辖市）某项目类别某年平均机构数量；D_i 表示某省（自治区、直辖市）某项目类别某年主持人数量，$\bar{D}$ 表示 31 省（自治区、直辖市）某项目类别某年平均主持人数量。

中国大学与科研机构基础研究竞争力指数：

$$中国大学与科研机构基础研究综合 NCI_{某机构-某年} = \sqrt[3]{\frac{A_i}{\bar{A}} \times \frac{B_i}{\bar{B}} \times \frac{C_i}{\bar{C}}}$$

式中，A_i 表示某机构某年项目数量，$\bar{A}$ 表示所有机构某年平均项目数量；B_i 表示某机构某年经费数量，$\bar{B}$ 表示所有机构某年平均经费数量；C_i 表示某机构某年主持人数量，$\bar{C}$ 表示所有机构某年平均主持人数量。

$$中国大学与科研机构基础研究学科 NCI_{某机构-某学科-某年} = \sqrt[3]{\frac{A_i}{\bar{A}} \times \frac{B_i}{\bar{B}} \times \frac{C_i}{\bar{C}}}$$

式中，A_i 表示某机构某学科某年项目数量，$\bar{A}$ 表示所有机构某学科某年平均项目数量；B_i 表示某机构某学科某年经费数量，$\bar{B}$ 表示所有机构某学科某年平均经费数量；C_i 表示某机构某学科某年主持人数量，$\bar{C}$ 表示所有机构某学科某年平均主持人数量。

$$中国大学与科研机构基础研究项目类别 NCI_{某机构-某项目类别-某年} = \sqrt[3]{\frac{A_i}{\bar{A}} \times \frac{B_i}{\bar{B}} \times \frac{C_i}{\bar{C}}}$$

式中，A_i 表示某机构某项目类别某年项目数量，$\bar{A}$ 表示所有机构某项目类别某年平均项目数量；B_i 表示某机构某项目类别某年经费数量，$\bar{B}$ 表示所有机构某项目类别某年平均经费数量；C_i 表示某机构某项目类别某年主持人数量，$\bar{C}$ 表示所有机构某项目类别某年平均主持人数量。

参 考 文 献

[1] 国家自然科学基金委员会. 国家自然科学基金"十三五"发展规划[EB/OL]. [2017-01-10]. http://www.china.com.cn/zhibo/zhuanti/ch-xinwen/2016-06/14/content_38662624.htm

[2] 科学技术部，国家自然科学基金委员会. 国家基础研究发展"十二五"专项规划[EB/OL]. [2017-01-10]. http://www.most.gov.cn/tztg/201206/ W020120608514402969801.pdf.

[3] 国务院. 国务院印发关于深化中央财政科技计划（专项、基金等）管理改革方案的通知[EB/OL]. [2017-01-10]. http://www.gov.cn/zhengce/content/2015-01/12/content_9383.htm.

[4] 国家自然科学基金委员会. 基金概况[EB/OL]. [2017-01-10]. http://www.nsfc.gov.cn/.

[5] 国家自然科学基金委员会. 基金概况[EB/OL]. [2017-01-10]. http://www.nsfc.gov.cn/.

[6] 马廷灿，曹慕昆，王桂芳. 从国家自然科学基金看我国各省市基础研究竞争力[J]. 中国科学，2011，56（36）：3115-3126.

[7] 张祚，吴善超，李江风，等. 基于 GIS 的国家自然科学基金资助项目空间分布研究[J]. 世界地理研究，2012，21（04）：163-175.

[8] 杨新泉，司伟，李学鹏，等. 我国食品贮藏与保鲜领域基础研究发展状况——基于 2010—2015 年度国家自然科学基金申请和资助情况分析[J]. 中国食品学报，2016，16（3）：1-12.

[9] 廖海，温明章，杨海花. 2006～2010 年度国家自然科学基金微生物学学科项目资助情况分析与展望[J]. 微生物学报，2011，51（1）：1-6.

[10] 高凯，董冬，郑伟. 2002—2011 年风景园林学科国家自然科学基金项目立项分析[J]. 风景园林论坛，2012，（9）：91-93.

[11] 张慧颖，张瑞. 基于国家自然科学基金的各省市基础研究竞争力研究[J]. 河北工业科技，2015，32（3）：189-195.

[12] 马廷灿，曹慕昆，王桂芳. 从国家自然科学基金看我国各省市基础研究竞争力[J]. 中国科学，2011，56（36）：3115-3126.

第2章 国家自然科学基金分析报告

2.1 国家自然科学基金介绍

国家自然科学基金自 1986 年成立以来，在党中央、国务院的正确领导下，在国务院有关部门及全国科学家的支持下，工作突破了以往计划经济体制下科研经费依靠行政拨款的传统管理模式，全面引入和实施了先进的科研经费资助模式和管理理念，确立了"依靠专家、发扬民主、择优支持、公正合理"的评审原则，建立了"科学民主、平等竞争、鼓励创新"的运行机制，充分发挥了国家自然科学基金对我国基础研究的"导向、稳定、激励"的功能，健全了决策、执行、监督、咨询相互协调的科学基金管理体系。

着眼于国家创新驱动发展战略全局，国家自然科学基金委员会统筹实施各类项目资助计划，不断增强资助计划的系统性和协同性，努力提升资助管理效能。随着国家财政对基础研究的投入不断增长，国家自然科学基金项目资助强度稳步提高，推动我国基础研究创新环境不断优化。因此，从国家自然科学基金的角度分析我国基础研究竞争力意义重大。本报告希望通过对国家自然科学基金的整体分析、省域分析、机构分析、学科分析、项目类别分析，从不同角度了解我国基础研究的现状与不足，为政府决策者、机构领导者、科研人员等提供思路。

2.2 数据来源与采集

本报告数据来源于 ISIS 系统，时间维度为 2011～2016 年。数据经中国产业智库大数据平台采集、清洗、整理和集成，采用的分析工具为中国产业智库大数据平台系统、Excel，分析方法涉及时间序列法、聚类法、对比分析法等。

2.2.1 年度趋势

"十二五"期间，国家自然科学基金运用国家财政投入约 1129 亿元，吸引其他渠道资金

17.45 亿元，资助各类项目近 20 万项。2011～2016 年国家自然科学基金项目数量与项目经费情况如图 2-1 所示。2016 年，国家自然科学基金资助各类项目 40 357 项，直接费用 216 亿元。

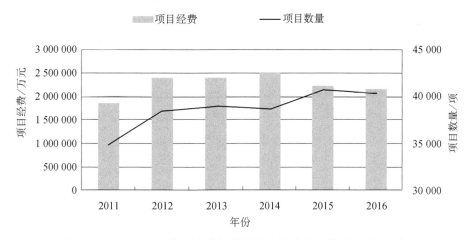

图 2-1　2011～2016 年国家自然科学基金资助项目数量及项目经费

2.2.2　学科分布

2011～2016 年国家自然科学基金资助分学科项目经费比例如图 2-2 所示。2009 年，经中央批准，国家自然科学基金委员会在原有地球科学、工程与材料科学、管理科学、化学科学、生命科学、数理科学、信息科学七大学科基础上，正式设立了医学科学部，充分体现了党和政府对我国医学基础研究的高度重视，以及对通过国家科学基金推动医学自主创新的殷切期望。医学是目前最为活跃的自然科学研究领域之一，也是投入资源最多的学科之一，2011～2016 年项目金额均超过国家自然科学基金经费总额的 18%。由于国家自然科学基金的主要资助对象是自然科学研究，而管理科学部的社会科学属性突出，因此管理科学部的项目金额垫底，占比在 4%以下。

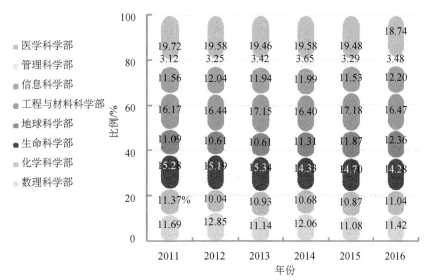

图 2-2　2011～2016 年国家自然科学基金资助各学科项目经费比例

2.2.3 项目类别分布

2016 年，国家自然科学基金专项基金项目资助 1319 项，占总项数的 3.28%；直接费用 27.29 亿元，占总额的 13.03%。重大研究计划项目资助 16 906 项，直接费用 101.58 亿元，平均资助强度 60.09 万元（图 2-3）。

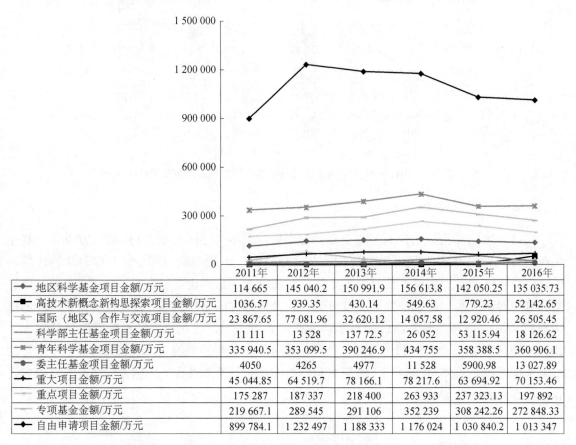

	2011年	2012年	2013年	2014年	2015年	2016年
地区科学基金项目金额/万元	114 665	145 040.2	150 991.9	156 613.8	142 050.25	135 035.73
高技术新概念新构思探索项目金额/万元	1036.57	939.35	430.14	549.63	779.23	52 142.65
国际（地区）合作与交流项目金额/万元	23 867.65	77 081.96	32 620.12	14 057.58	12 920.46	26 505.45
科学部主任基金项目金额/万元	11 111	13 528	137 72.5	26 052	53 115.94	18 126.62
青年科学基金项目金额/万元	335 940.5	353 099.5	390 246.9	434 755	358 388.5	360 906.1
委主任基金项目金额/万元	4050	4265	4977	11 528	5900.98	13 027.89
重大项目金额/万元	45 044.85	64 519.7	78 166.1	78 217.6	63 694.92	70 153.46
重点项目金额/万元	175 287	187 337	218 400	263 933	237 323.13	197 892
专项基金金额/万元	219 667.1	289 545	291 106	352 239	308 242.26	272 848.33
自由申请项目金额/万元	899 784.1	1 232 497	1 188 333	1 176 024	1 030 840.2	1 013 347

图 2-3　2011～2016 年国家自然科学基金资助各类别项目经费

2.2.4 省份分布

2016 年各省份获得国家自然科学基金经费占国家自然科学基金经费总额的比例中，北京经费占比下降较多，但是仍占国家自然科学基金经费总额的 23.48%。同时，上海、湖北、辽宁、安徽、天津、黑龙江、吉林、福建、云南、新疆、山西、河北、宁夏、青海等省（自治区、直辖市）获得的项目经费占国家自然科学基金经费总额的比例有所上升。在获得国家自然科学基金经费 Top 5 的省份中，湖北作为唯一一个中部省份入围（图 2-4）。

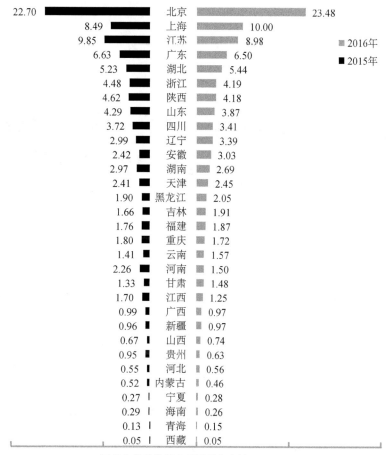

国家自然科学基金项目经费比例/%

图 2-4 2015～2016 年国家自然科学基金各省（自治区、直辖市）资助项目经费比例

第3章

中国省域基础研究竞争力报告
——基于国家自然科学基金

3.1 中国省域基础研究竞争力排行榜

根据省（自治区、直辖市）综合 NCI 计算公式，各省（自治区、直辖市）综合 NCI 指数如图 3-1 所示。我国 31 个省（自治区、直辖市）可分为五个梯队：第一梯队是北京，其综合 NCI 为 5.8954，远远高于其他省（自治区、直辖市），其基础研究竞争力非常强；第二梯队包

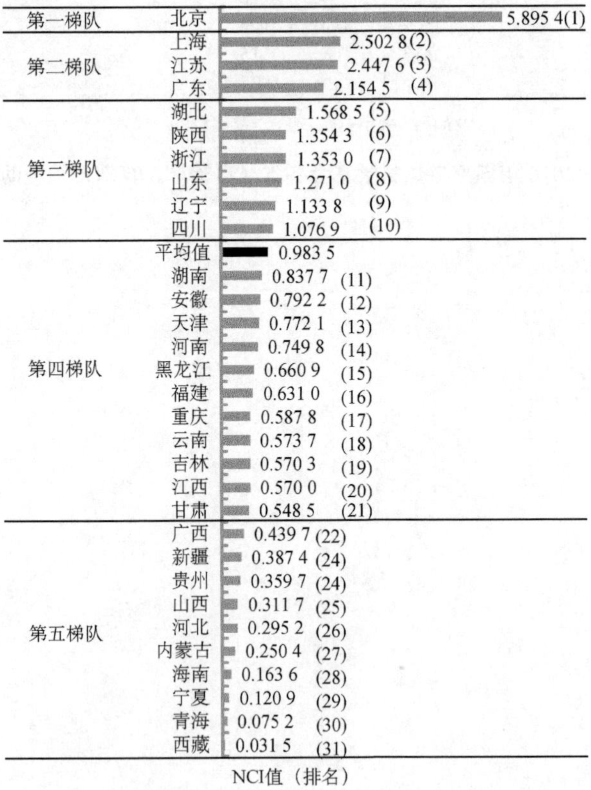

梯队	省份	NCI值（排名）
第一梯队	北京	5.895 4(1)
第二梯队	上海	2.502 8(2)
	江苏	2.447 6 (3)
	广东	2.154 5 (4)
第三梯队	湖北	1.568 5 (5)
	陕西	1.354 3 (6)
	浙江	1.353 0 (7)
	山东	1.271 0 (8)
	辽宁	1.133 8 (9)
	四川	1.076 9 (10)
	平均值	0.983 5
第四梯队	湖南	0.837 7 (11)
	安徽	0.792 2 (12)
	天津	0.772 1 (13)
	河南	0.749 8 (14)
	黑龙江	0.660 9 (15)
	福建	0.631 0 (16)
	重庆	0.587 8 (17)
	云南	0.573 7 (18)
	吉林	0.570 3 (19)
	江西	0.570 0 (20)
	甘肃	0.548 5 (21)
第五梯队	广西	0.439 7 (22)
	新疆	0.387 4 (24)
	贵州	0.359 7 (24)
	山西	0.311 7 (25)
	河北	0.295 2 (26)
	内蒙古	0.250 4 (27)
	海南	0.163 6 (28)
	宁夏	0.120 9 (29)
	青海	0.075 2 (30)
	西藏	0.031 5 (31)

NCI值（排名）

图 3-1 2016 年中国各省（自治区、直辖市）综合 NCI 排名

括上海、江苏、广东，其综合 NCI 指数大于 2，小于 3，基础研究竞争力很强；第三梯队包括湖北、陕西、浙江、山东、辽宁、四川，其综合 NCI 指数大于 1，小于 2，基础研究竞争力较强；第四梯队包括湖南、安徽、天津、河南、黑龙江、福建、重庆、云南、吉林、江西、甘肃，其综合 NCI 大于 0.5，小于 1，基础研究竞争力较弱；第五梯队包括广西、新疆、贵州、山西、河北、内蒙古、海南、宁夏、青海、西藏，其综合 NCI 指数小于 0.5，基础研究竞争力很弱。

3.2 中国省域基础研究竞争力分析

3.2.1 北京

2015 年，北京常住人口 2171 万人，地区生产总值 23 014.59 亿元，人均地区生产总值 106 497 元；普通高等学校 91 所，普通高等学校招生 15.35 万人，普通高等学校教职工总数 14.24 万人；R&D 经费支出 1384 亿元，从事 R&D 人员 343 165 人；国内专利申请受理量 156 312 项，专利申请授权量 94 031 项[1]。

2016 年，北京综合 NCI 为 5.8954，排名第 1 位。国家自然科学基金项目总数为 6768 项，排名第 1 位；国家自然科学基金项目总额为 490 383.41 万元，排名第 1 位。北京基础研究竞争力遥遥领先于其他省（自治区、直辖市），除地区科学基金外，各项目类别 NCI 均居第 1 位，自由申请项目 NCI 高达 20.66。各学科 NCI 值均居全国第 1 位，除管理科学外，其他学科 NCI 都大于等于 4（图 3-2）。2011～2016 年北京综合 NCI 有所下降（表 3-1）。2011～2016 年北京项目经费 Top 30 机构如表 3-2 所示。

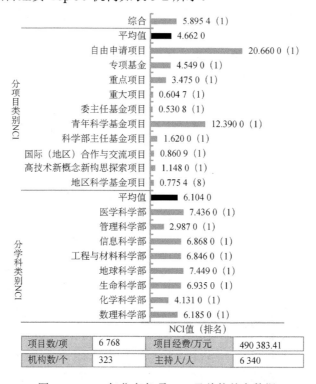

图 3-2　2016 年北京各项 NCI 及总体基金数据

表 3-1　2011～2016 年北京 NCI 变化趋势及指标

NCI 趋势	学科	类别	2011 年	2012 年	2013 年	2014 年	2015 年	2016 年
	综合	项目数/项	6 816	7 149	7 098	7 081	7 015	6 768
		项目经费/万元	436 293	556 907	551 240	614 905	519 644	490 383
		机构数/个	292	307	293	311	309	323
		主持人数/人	6 352	6 644	6 582	6 547	6 486	6 340
		NCI	6.577	6.377 4	6.118 4	6.222 4	5.941 8	5.895 4
	数理科学	项目数/项	905	891	887	884	835	793
		项目经费/万元	57 674.3	93 517.2	70 125.2	101 042	70 760.4	73 012.4
		机构数/个	73	79	73	81	76	79
		主持人数/人	856	862	852	859	821	771
		NCI	6.779 2	6.709 1	6.02	6.695 2	5.895 4	6.185 5
	化学科学	项目数/项	574	550	568	567	565	531
		项目经费/万元	49 011.8	49 851	56 303.6	52 545.8	54 447.7	41 946.9
		机构数/个	54	60	60	59	55	60
		主持人数/人	551	530	554	552	552	525
		NCI	4.825 1	4.200 6	4.358 6	4.208 6	4.182 5	4.131 1
	生命科学	项目数/项	1 018	1 099	1 101	1 100	1 097	981
		项目经费/万元	64 702.7	80 518	89 445.7	89 156.1	79 452.6	68 680.9
		机构数/个	96	86	97	87	100	86
		主持人数/人	982	1 064	1 062	1 056	1 064	962
		NCI	7.963 1	7.332 9	7.660 7	7.346 6	7.424 5	6.935 6
	地球科学	项目数/项	870	964	981	952	1 029	940
		项目经费/万元	66 613.1	74 041.4	78 462.1	94 421.1	85 158.9	82 474.1
		机构数/个	86	97	95	101	86	104
		主持人数/人	850	931	958	930	999	920
		NCI	7.237 2	6.926 4	6.983 3	7.228 2	7.047 4	7.449 1
	工程与材料科学	项目数/项	934	1 019	1 019	1 003	1 023	957
		项目经费/万元	52 645.3	76 802	74 320	77 917.9	78 851	59 619.2
		机构数/个	74	82	74	93	95	99
		主持人数/人	920	981	980	982	993	937
		NCI	6.823 4	6.885 7	6.571 2	6.930 9	7.066 3	6.846 3
	信息科学	项目数/项	851	939	902	854	855	894
		项目经费/万元	60 038.1	74 424.3	83 101	85 076.4	64 585.5	72 000.7
		机构数/个	81	86	83	95	92	95
		主持人数/人	826	924	880	833	833	877
		NCI	6.859 2	6.673 1	6.566	6.566 2	6.102 2	6.868 9
	管理科学	项目数/项	395	390	400	411	355	372
		项目经费/万元	17 362.2	21 695.1	22 561.5	30 783.3	18 839.8	22 123.6
		机构数/个	66	71	73	69	70	63
		主持人数/人	387	381	392	398	352	370
		NCI	3.263 5	3.006 7	3.06	3.255 6	2.710 8	2.987 3

续表

NCI 趋势	学科	类别	2011 年	2012 年	2013 年	2014 年	2015 年	2016 年
	医学科学	项目数/项	1 214	1 253	1 208	1 282	1 223	1 228
		项目经费/万元	58 211.7	81 149.9	72 807.6	80 343.7	64 655.6	64 032.6
		机构数/个	76	87	78	79	83	78
		主持人数/人	1 193	1 221	1 180	1 255	1 193	1 201
		NCI	8.025 8	7.880 6	7.240 4	7.580 2	7.116 9	7.436 1

表 3-2 2011～2016 年北京项目经费 Top 30 机构

序号	机构名称	项目数量/项	项目经费/万元	全国排名
1	北京大学	3 993	374 313.3	1
2	清华大学	3 438	356 788.4	2
3	北京航空航天大学	1 507	124 844.5	19
4	中国农业大学	1 079	87 512.39	26
5	北京师范大学	1 072	82 086.26	27
6	北京理工大学	1 080	80 979.4	28
7	中国科学院地质与地球物理研究所	564	71 156.6	35
8	首都医科大学	1 463	68 354.06	37
9	中国科学院物理研究所	450	64 772.85	40
10	中国科学院化学研究所	555	63 839	41
11	北京科技大学	848	53 537.58	51
12	中国科学院生态环境研究中心	489	51 743.71	55
13	中国科学院大气物理研究所	482	51 130.82	56
14	北京交通大学	810	51 119.55	57
15	北京工业大学	722	50 495.24	58
16	中国人民解放军军事医学科学院	778	48 108	60
17	中国科学院地理科学与资源研究所	536	45 298.96	64
18	北京化工大学	611	44 550.79	68
19	中国科学院高能物理研究所	513	41 748.14	71
20	中国科学院生物物理研究所	481	41 522.05	73
21	中国科学院动物研究所	449	41 247.8	75
22	中国科学院数学与系统科学研究院	350	39 599.2	78
23	中国科学院自动化研究所	399	37 166.53	85
24	中国石油大学（北京）	501	36 982	86
25	中国科学院国家天文台	352	35 925.38	87
26	中国人民大学	422	32 650.06	93
27	中国科学院植物研究所	441	31 496.25	97
28	中国人民解放军总医院	580	30 999.23	100
29	北京邮电大学	493	30 630.98	101
30	中国科学院遗传与发育生物学研究所	294	29 359.9	104

3.2.2 上海

2015 年，上海常住人口 2415 万人，地区生产总值 25 123.45 亿元，人均地区生产总值 103 796 元；普通高等学校 67 所，普通高等学校招生 13.68 万人，普通高等学校教职工总数 7.36 万人；R&D 经费支出 936.1 亿元，从事 R&D 人员 236 836 人；国内专利申请受理量 100 006 项，专利申请授权量 60 623 项[2]。

2016 年，上海综合 NCI 为 2.5028，排名第 2 位。国家自然科学基金项目总数为 3669 项，排名第 3 位；国家自然科学基金项目总额为 212 702.25 万元，排名第 2 位。上海基础研究竞争力在全国属于第二梯队，基础研究竞争力很强，但与北京仍存在较大差距。青年科学基金项目 NCI 排名第 4 位，重点项目 NCI 排名第 2 位。除地球科学外，其他学科 NCI 均居全国前 5 位（图 3-3）。2016 年综合 NCI 比 2015 年有所下降；2012～2016 年化学科学 NCI 有小幅提高（表 3-3）。2011～2016 年上海项目经费 Top 30 机构如表 3-4 所示。

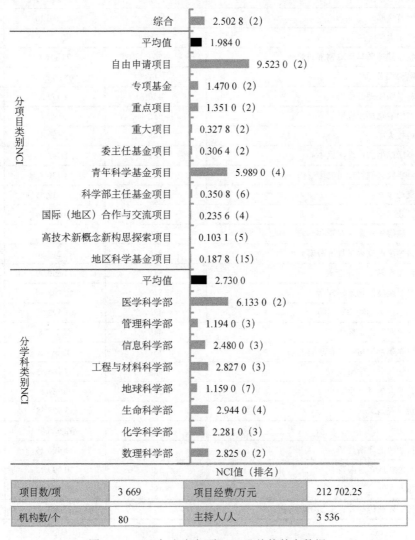

图 3-3　2016 年上海各项 NCI 及总体基金数据

表 3-3 2011～2016 年上海 NCI 变化趋势及指标

NCI 趋势	学科	类别	2011 年	2012 年	2013 年	2014 年	2015 年	2016 年
	综合	项目数/项	3 359	3 641	3 643	3 595	3 740	3 669
		项目经费/万元	188 007	249 430	239 929	256 168	221 285	212 702
		机构数/个	70	66	82	86	82	80
		主持人数/人	3 202	3 451	3 490	3 427	3 557	3 536
		NCI	2.632 4	2.547 8	2.610 7	2.602 8	2.533 2	2.502 8
	数理科学	项目数/项	442	412	401	371	399	403
		项目经费/万元	31 530.4	40 882.2	33 179.7	36 268.1	24 181.2	27 095.5
		机构数/个	29	29	34	33	35	35
		主持人数/人	431	402	393	369	392	402
		NCI	3.258 9	2.893 7	2.787 3	2.697 8	2.566 3	2.825 9
	化学科学	项目数/项	309	330	345	332	351	316
		项目经费/万元	18 383	25 464.6	24 632.6	27 097.3	22 607.3	23 783.3
		机构数/个	22	22	25	27	30	28
		主持人数/人	300	321	341	326	346	310
		NCI	2.219 7	2.145 5	2.227	2.249 4	2.279 3	2.281 2
	生命科学	项目数/项	438	461	458	499	475	462
		项目经费/万元	25 672.8	33 261.4	33 540.9	41 719.2	31 023.1	29 383.3
		机构数/个	32	28	34	29	31	29
		主持人数/人	426	445	444	477	467	460
		NCI	3.156 4	2.874	2.978 7	3.106 3	2.891 5	2.944 5
	地球科学	项目数/项	109	135	140	114	133	146
		项目经费/万元	7 610.94	8 639.6	8 930	8 687.8	10 382.5	9 069.7
		机构数/个	21	20	23	22	23	23
		主持人数/人	109	134	139	114	128	143
		NCI	1.053	1.027 9	1.079 3	0.946 7	1.074 3	1.159 6
	工程与材料科学	项目数/项	442	445	431	440	442	444
		项目经费/万元	22 510.5	30 166.7	26 918.9	28 890.7	25 067.7	27 368.7
		机构数/个	21	22	25	29	27	29
		主持人数/人	433	436	426	435	434	437
		NCI	2.766 6	2.604	2.544 9	2.683 4	2.553 9	2.827 6
	信息科学	项目数/项	310	331	296	312	313	354
		项目经费/万元	19 110.4	27 330.3	21 976.4	20 439.5	25 965.9	21 595.7
		机构数/个	21	23	25	35	26	34
		主持人数/人	304	322	295	306	310	351
		NCI	2.224 6	2.211 6	2.008 9	2.167 7	2.152 4	2.480 7
	管理科学	项目数/项	144	182	193	174	178	177
		项目经费/万元	5 224.02	7 786.4	8 900.6	11 870.7	8 130.7	7 454.84
		机构数/个	17	17	18	22	24	21
		主持人数/人	142	181	192	171	176	177
		NCI	1.041 3	1.117 1	1.191 5	1.259	1.189 7	1.194 5

续表

NCI 趋势	学科	类别	2011 年	2012 年	2013 年	2014 年	2015 年	2016 年
	医学科学	项目数/项	1 155	1 330	1 366	1 346	1 439	1 356
		项目经费/万元	55 727.9	73 221.8	79 686	79 929.3	72 954.6	64 855.2
		机构数/个	33	29	30	35	27	29
		主持人数/人	1 136	1 306	1 340	1 319	1 412	1 337
		NCI	6.287 2	6.024 2	6.208 3	6.330 3	6.017 7	6.133 7

表 3-4　2011～2016 年上海项目经费 Top 30 机构

序号	机构名称	项目数量/项	项目经费/万元	全国排名
1	上海交通大学	5 420	355 075.51	3
2	复旦大学	3 502	230 528.79	5
3	同济大学	2 506	149 920.76	11
4	中国科学院上海生命科学研究院	940	88 892.43	25
5	中国人民解放军第二军医大学	1 435	77 848.7	30
6	华东师范大学	874	57 861	47
7	华东理工大学	866	53 750.1	49
8	上海大学	913	53 578.25	50
9	中国科学院上海有机化学研究所	282	26 483.95	120
10	上海中医药大学	584	25 886.75	122
11	中国科学院上海微系统与信息技术研究所	148	24 648	131
12	中国科学院上海药物研究所	311	24 054.73	134
13	中国科学院上海光学精密机械研究所	204	23 363.3	137
14	中国科学院上海应用物理研究所	278	17 521.1	167
15	东华大学	347	16 807.7	173
16	中国科学院上海硅酸盐研究所	266	15 552.6	183
17	中国科学院上海天文台	178	13 558.66	210
18	上海理工大学	333	12 399.4	237
19	中国科学院上海技术物理研究所	94	11 515	255
20	上海师范大学	215	10 170.5	274
21	上海财经大学	225	8 575.1	313
22	上海海洋大学	166	7 817.4	332
23	上海海事大学	181	5 605.4	393
24	中国科学院上海巴斯德研究所	66	5 219	407
25	上海应用技术学院	107	3 743.3	474
26	中国科学院上海高等研究院	84	3 723	475
27	上海电力学院	106	3 496	485
28	中国农业科学院上海兽医研究所	71	3 464.7	489
29	上海科技大学	70	3 371	492
30	上海工程技术大学	97	3 039.4	509

3.2.3 江苏

2015 年，江苏常住人口 7976 万人，地区生产总值 70 116.38 亿元，人均地区生产总值 87 995 元；普通高等学校 162 所，普通高等学校招生 44.86 万人，普通高等学校教职工总数 16.23 万人；R&D 经费支出 1801.2 亿元，从事 R&D 人员 676 526 人；国内专利申请受理量 428 337 项，专利申请授权量 250 290 项[3]。

2016 年，江苏综合 NCI 为 2.4476，排名第 3 位。国家自然科学基金项目总数为 3780 项，排名第 2 位；国家自然科学基金项目总额为 183 392.07 万元，排名第 3 位。江苏基础研究竞争力在全国属于第二梯队，基础研究竞争力很强，与上海的差距逐年减小。自由申请项目 NCI、重点项目 NCI 等多项类别 NCI 居第 3 位。所有学科 NCI 均居全国前 5 位，除医学科学和数理科学外，其余 6 个学科 NCI 均居第 2 位（图 3-4）。2011～2015 年综合 NCI 逐年上升，但是，2015～2016 年呈现小幅下降趋势（表 3-5）。2011～2016 年江苏项目经费 Top 30 机构如表 3-6 所示。

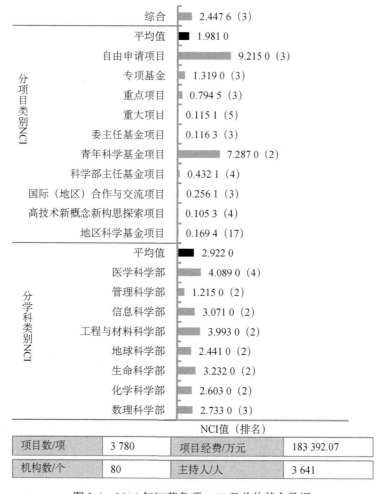

图 3-4　2016 年江苏各项 NCI 及总体基金数据

表 3-5　2011～2016 年江苏 NCI 变化趋势及指标

NCI 趋势	学科	类别	2011 年	2012 年	2013 年	2014 年	2015 年	2016 年
	综合	项目数/项	2 940	3 373	3 580	3 516	3 966	3 780
		项目经费/万元	149 722	201 257	207 047	211 250	198 641	183 392
		机构数/个	76	79	84	91	87	80
		主持人数/人	2 820	3 223	3 440	3 360	3 819	3 641
		NCI	2.378 5	2.435 9	2.511 4	2.489 4	2.585 1	2.447 6
	数理科学	项目数/项	361	415	377	353	399	371
		项目经费/万元	25 415.9	25 572.9	21 328.1	19 130.3	19 938.3	21 600.6
		机构数/个	32	39	36	43	43	46
		主持人数/人	352	406	373	351	394	365
		NCI	2.860 2	2.783 2	2.460 6	2.395 9	2.577 9	2.733 8
	化学科学	项目数/项	291	316	321	350	377	376
		项目经费/万元	14 850.4	19 180	26 974.7	26 211.7	18 608.4	21 317.3
		机构数/个	33	36	36	39	38	37
		主持人数/人	286	311	316	342	374	373
		NCI	2.267	2.218 7	2.404 8	2.507 9	2.390 7	2.603 1
	生命科学	项目数/项	418	463	494	477	514	502
		项目经费/万元	18 914.7	26 862	27 291.4	27 130.9	25 300.7	22 882.5
		机构数/个	42	48	46	49	45	46
		主持人数/人	411	461	491	472	505	498
		NCI	3.066 1	3.148 5	3.188 6	3.136 4	3.136 9	3.232 9
	地球科学	项目数/项	298	384	386	341	382	355
		项目经费/万元	15 544.6	28 866.5	24 284.6	25 296.3	23 704.4	21 987.5
		机构数/个	35	35	40	33	38	31
		主持人数/人	293	371	382	338	371	354
		NCI	2.355 1	2.677 5	2.640 7	2.361 6	2.543 1	2.441 9
	工程与材料科学	项目数/项	520	576	646	651	745	711
		项目经费/万元	27 287.9	31 688.6	34 568.9	39 577.4	40 849	32 363.4
		机构数/个	39	36	44	51	44	38
		主持人数/人	514	569	638	642	730	701
		NCI	3.684	3.399 2	3.819 5	4.063 9	4.230 4	3.993 9
	信息科学	项目数/项	336	378	432	429	473	458
		项目经费/万元	13 794.5	22 277.1	24 642.2	26 649.8	24 052.1	23 328.5
		机构数/个	30	33	36	43	38	44
		主持人数/人	333	371	428	419	466	456
		NCI	2.34	2.463 2	2.731 7	2.856 7	2.850 4	3.071 4
	管理科学	项目数/项	137	136	158	148	158	169
		项目经费/万元	4 153.7	5 432.1	8 613.45	6 485.83	5 460.1	6 200.11
		机构数/个	22	23	26	31	29	30
		主持人数/人	132	135	151	146	158	167
		NCI	1.017 1	0.951 3	1.160 5	1.088 7	1.066 8	1.215

续表

NCI 趋势	学科	类别	2011 年	2012 年	2013 年	2014 年	2015 年	2016 年
	医学科学	项目数/项	561	689	758	765	911	829
		项目经费/万元	25 613.5	37 810	37 974	40 516.7	39 605.5	32 841.2
		机构数/个	24	27	26	27	27	30
		主持人数/人	552	677	750	752	901	825
		NCI	3.332 1	3.611 1	3.715 4	3.776 8	4.118 1	4.089 5

表 3-6　2011～2016 年江苏项目经费 Top 30 机构

序号	机构名称	项目数量/项	项目经费/万元	全国排名
1	南京大学	2 281	186 919.78	9
2	东南大学	1 646	99 944.2	22
3	苏州大学	1 751	92 802.3	23
4	南京医科大学	1 450	70 810.22	36
5	南京农业大学	925	53 517.7	52
6	南京航空航天大学	846	46 876.4	61
7	河海大学	757	40 448.55	77
8	江苏大学	883	38 272.97	80
9	南京理工大学	708	34 621.99	91
10	中国矿业大学	695	34 337.4	92
11	扬州大学	647	31 288.5	98
12	南京工业大学	503	31 178.4	99
13	南京师范大学	501	29 269.1	105
14	南京信息工程大学	599	29 240.79	106
15	江南大学	633	28 007.06	112
16	中国科学院紫金山天文台	181	22 513	140
17	中国药科大学	408	21 970.75	142
18	南京中医药大学	442	18 872.2	158
19	南京邮电大学	440	18 029.8	164
20	南通大学	444	17 084.5	170
21	中国人民解放军理工大学	258	15 987	180
22	中国科学院南京土壤研究所	215	15 167.3	188
23	中国科学院南京地理与湖泊研究所	227	14 918.85	192
24	中国科学院南京地质古生物研究所	129	13 720.3	208
25	中国科学院苏州纳米技术与纳米仿生研究所	202	12 406	236
26	中国人民解放军南京军区南京总医院	237	11 460.7	257
27	常州大学	232	10 489	268
28	南京林业大学	255	10 429.9	269
29	江苏省农业科学院	294	10 171.17	273
30	江苏师范大学	264	9 782.8	281

3.2.4 广东

2015 年，广东常住人口 10 859 万人，地区生产总值 72 812.55 亿元，人均地区生产总值 67 503 元；普通高等学校 143 所，普通高等学校招生 55.06 万人，普通高等学校教职工总数 14.54 万人；R&D 经费支出 1798.2 亿元，从事 R&D 人员 675 206 人；国内专利申请受理量 428 337 项，专利申请授权量 241 176 项[4]。

2016 年，广东综合 NCI 为 2.1545，排名第 4 位。国家自然科学基金项目总数为 2777 项，排名第 4 位；国家自然科学基金项目总额为 143 130.43 万元，排名第 4 位。广东基础研究竞争力在全国属于第二梯队，基础研究竞争力很强。青年科学基金项目 NCI 居第 3 位，自由申请项目、重点项目等多项 NCI 居第 4 位。工程与材料科学和数理科学排名相对落后，均居第 7 位。优势学科为医学科学、生命科学等学科（图 3-5）。2013～2016 年综合 NCI 逐年上升（表 3-7）。2011～2016 年广东项目经费 Top 30 机构如表 3-8 所示。

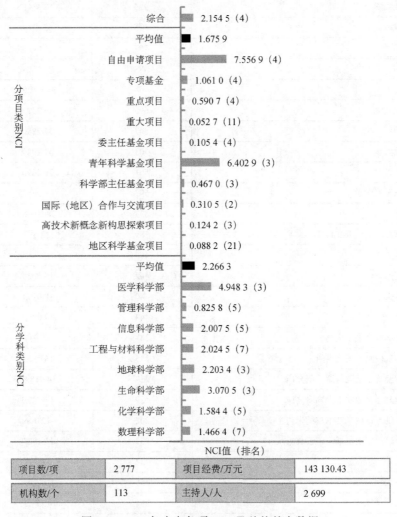

图 3-5　2016 年广东各项 NCI 及总体基金数据

表 3-7　2011～2016 年广东 NCI 变化趋势及指标

NCI 趋势	学科	类别	2011 年	2012 年	2013 年	2014 年	2015 年	2016 年
	综合	项目数/项	2 026	2 329	2 351	2 332	2 503	2 777
		项目经费/万元	103 953	142 987	139 999	156 163	143 812	143 130
		机构数/个	78	96	96	106	107	113
		主持人数/人	1 968	2 247	2 283	2 269	2 426	2 699
		NCI	1.819 8	1.955 8	1.913 2	1.961 7	1.998 2	2.154 5
	数理科学	项目数/项	134	190	144	163	185	193
		项目经费/万元	4 932.35	8 689.5	6 836	7 608.35	8 924.5	9 799.92
		机构数/个	26	30	30	30	36	31
		主持人数/人	134	190	144	163	182	190
		NCI	1.105	1.353 9	1.096 1	1.183 3	1.372 1	1.466 4
	化学科学	项目数/项	162	182	171	188	196	213
		项目经费/万元	8 342	12 371	10 032	15 909.5	11 436.9	10 792.8
		机构数/个	28	32	36	34	34	31
		主持人数/人	159	179	170	182	196	213
		NCI	1.404 9	1.464 9	1.374	1.564	1.487 4	1.584 4
	生命科学	项目数/项	354	388	357	338	392	434
		项目经费/万元	16 926.2	22 871.9	20 618.7	21 184.2	17 263.8	19 357.6
		机构数/个	39	50	47	57	58	59
		主持人数/人	349	384	351	331	389	432
		NCI	2.695 8	2.792 9	2.533 9	2.570 8	2.659 5	3.070 5
	地球科学	项目数/项	219	249	247	258	245	278
		项目经费/万元	15 826	17 888.2	18 653.8	19 678.6	16 969.8	19 182.7
		机构数/个	28	33	33	36	36	39
		主持人数/人	214	241	238	253	239	273
		NCI	1.915	1.885 9	1.872 2	1.966 4	1.850 3	2.203 4
	工程与材料科学	项目数/项	234	243	254	230	257	282
		项目经费/万元	11 154.9	16 801	15 091.7	14 212.1	14 456.3	14 185.8
		机构数/个	25	29	35	33	30	36
		主持人数/人	232	238	253	228	256	281
		NCI	1.769 5	1.781	1.842 5	1.679 2	1.748 6	2.024 5
	信息科学	项目数/项	184	209	200	235	257	274
		项目经费/万元	8 553.8	12 650.9	12 404	17 239	12 576.9	15 908.5
		机构数/个	28	27	29	36	30	33
		主持人数/人	183	204	199	234	254	272
		NCI	1.511 7	1.510 1	1.484 8	1.822 6	1.685 5	2.007 5
	管理科学	项目数/项	79	95	96	87	105	119
		项目经费/万元	2 712	4 789.5	4 279.9	3 930.5	3 906.2	3 955.5
		机构数/个	16	17	15	17	18	20
		主持人数/人	79	94	95	87	105	119
		NCI	0.647 1	0.713 8	0.667 7	0.635 9	0.709 9	0.825 8

续表

NCI 趋势	学科	类别	2011 年	2012 年	2013 年	2014 年	2015 年	2016 年
	医学科学	项目数/项	628	737	851	809	838	960
		项目经费/万元	28 306.3	39 011.4	44 802.7	51 290.1	46 310.9	43 853.6
		机构数/个	30	38	36	36	41	36
		主持人数/人	623	721	842	799	827	953
		NCI	3.829 9	4.095 3	4.450 6	4.432 1	4.556 8	4.948 3

表 3-8　2011～2016 年广东项目经费 Top 30 机构

序号	机构名称	项目数量/项	项目经费/万元	全国排名
1	中山大学	3 366	221 185.9	6
2	华南理工大学	1 353	91 073.49	24
3	南方医科大学	1 003	54 718.7	48
4	深圳大学	859	41 219.96	76
5	暨南大学	756	37 703.2	82
6	中国科学院南海海洋研究所	400	35 539.75	88
7	华南农业大学	579	32 079.6	94
8	中国科学院广州地球化学研究所	314	29 877.93	103
9	中国科学院深圳先进技术研究院	344	28 062.81	111
10	华南师范大学	481	26 576.96	119
11	广东工业大学	440	21 170	144
12	广州医科大学	380	18 249	162
13	广州中医药大学	368	16 722	175
14	广州大学	275	13 820.2	207
15	中国科学院华南植物园	213	12 958.7	222
16	汕头大学	249	12 345.1	240
17	广东医学院	228	8 803.6	307
18	中国科学院广州生物医药与健康研究院	131	8 758.1	308
19	中国科学院广州能源研究所	162	8 106.28	325
20	香港中文大学深圳研究院	136	7 750.67	335
21	南方科技大学	146	7 692.5	336
22	香港理工大学深圳研究院	116	7 599.3	338
23	香港城市大学深圳研究院	139	7 361.6	343
24	香港大学深圳研究院	104	6 153	377
25	香港科技大学深圳研究院	33	5 198	409
26	广东药学院	133	4 848.1	420
27	广东省人民医院	84	4 338	444
28	广东海洋大学	89	4 009.4	456
29	广东省生态环境与土壤研究所	54	3 435	491
30	香港浸会大学深圳研究院	61	2 998	513

3.2.5 湖北

2015 年，湖北常住人口 5852 万人，地区生产总值 29 550.19 亿元，人均地区生产总值 50 654 元；普通高等学校 126 所，普通高等学校招生 38.54 万人，普通高等学校教职工总数 12.91 万人；R&D 经费支出 561.7 亿元，从事 R&D 人员 218 094 人；国内专利申请受理量 74 240 项，专利申请授权量 38 781 项[5]。

2016 年，湖北综合 NCI 为 1.5685，排名第 5 位。国家自然科学基金项目总数为 2271 项，排名第 5 位；国家自然科学基金项目总额为 112 936.13 万元，排名第 5 位。湖北基础研究竞争力在全国属于第三梯队，基础研究竞争力较强。地区科学基金项目稍显落后，居 第 13 位。优势学科为管理科学和工程与材料科学，均居第 4 位（图 3-6）。2011～2016 年综合 NCI 存在一定的波动；生命科学和管理科学具有明显的上升趋势（表 3-9）。2011～2016 年湖北项目经费 Top 30 机构如表 3-10 所示。

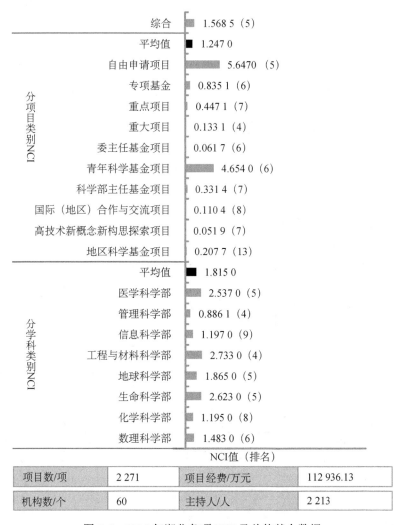

| 项目数/项 | 2 271 | 项目经费/万元 | 112 936.13 |
| 机构数/个 | 60 | 主持人/人 | 2 213 |

图 3-6 2016 年湖北各项 NCI 及总体基金数据

表 3-9　2011～2016 年湖北 NCI 变化趋势及指标

NCI 趋势	学科	类别	2011 年	2012 年	2013 年	2014 年	2015 年	2016 年
	综合	项目数/项	1 923	2 164	2 163	2 106	2 393	2 271
		项目经费/万元	98 196.7	135 371	125 543	130 509	120 381	112 936
		机构数/个	47	56	59	60	61	60
		主持人数/人	1 864	2 086	2 085	2 038	2 330	2 213
		NCI	1.539 2	1.624 9	1.578 2	1.544	1.625 7	1.568 5
	数理科学	项目数/项	187	201	195	202	238	205
		项目经费/万元	7 459.4	10 921.2	9 833.5	10 424.8	11 306.1	9 625.7
		机构数/个	23	25	26	29	30	29
		主持人数/人	183	197	190	200	236	204
		NCI	1.396 4	1.401 7	1.339 1	1.409 7	1.580 6	1.483 7
	化学科学	项目数/项	124	169	137	154	144	155
		项目经费/万元	6 295.6	10 565.9	8 071.85	10 647.5	7 826.55	7 928.94
		机构数/个	22	23	26	28	23	26
		主持人数/人	119	166	135	150	142	154
		NCI	1.072 6	1.249 1	1.071 4	1.221 5	1.048	1.195 5
	生命科学	项目数/项	331	383	368	332	392	398
		项目经费/万元	18 960.1	24 701.1	22 952.2	22 363.7	20 028.3	22 036.2
		机构数/个	24	28	29	28	30	33
		主持人数/人	326	379	362	324	388	394
		NCI	2.374 6	2.446 9	2.342 4	2.160 2	2.339 2	2.623
	地球科学	项目数/项	230	249	271	254	300	282
		项目经费/万元	12 025.5	16 256	18 032.5	16 939	19 148.2	16 976.7
		机构数/个	25	24	25	25	26	22
		主持人数/人	229	247	269	254	298	277
		NCI	1.789 5	1.710 9	1.827 6	1.724	1.954 2	1.865 5
	工程与材料科学	项目数/项	367	391	419	419	480	460
		项目经费/万元	20 570	21 740.4	25 103.2	27 271	26 345.2	23 630.2
		机构数/个	22	26	27	33	32	27
		主持人数/人	366	388	416	415	475	458
		NCI	2.504 8	2.352 4	2.516 6	2.667	2.817 1	2.733 1
	信息科学	项目数/项	167	209	203	167	191	173
		项目经费/万元	8 340.1	16 781.4	11 869.4	11 303.3	7 793	7 532
		机构数/个	18	24	26	23	24	22
		主持人数/人	164	207	201	165	189	173
		NCI	1.277 4	1.579 4	1.437 9	1.233 6	1.219 6	1.197 8
	管理科学	项目数/项	97	119	109	111	116	133
		项目经费/万元	3 577.6	5 372.8	5 277.26	4 658.8	4 331.2	4 700.7
		机构数/个	15	15	12	22	16	18
		主持人数/人	97	119	107	110	116	132
		NCI	0.756 2	0.799	0.707 6	0.797 6	0.743 5	0.886 1

续表

NCI 趋势	学科	类别	2011 年	2012 年	2013 年	2014 年	2015 年	2016 年
	医学科学	项目数/项	411	438	455	461	527	454
		项目经费/万元	18 450.4	27 412.6	23 522.8	25 770.8	22 713.6	19 460.7
		机构数/个	16	21	18	20	21	25
		主持人数/人	406	434	451	455	519	452
		NCI	2.376 5	2.500 2	2.330 5	2.431 5	2.557	2.537 2

表 3-10　2011～2016 年湖北项目经费 Top 30 机构

序号	机构名称	项目数量/项	项目经费/万元	全国排名
1	华中科技大学	3 546	206 233.12	7
2	武汉大学	2 434	150 737.68	10
3	华中农业大学	1 038	62 445.73	43
4	中国地质大学（武汉）	785	48 323.99	59
5	武汉理工大学	678	38 159.8	81
6	华中师范大学	421	23 496.8	135
7	中国科学院武汉物理与数学研究所	244	22 626.01	138
8	中国科学院武汉岩土力学研究所	174	13 038	221
9	三峡大学	316	12 576.5	232
10	中国科学院水生生物研究所	185	12 388	238
11	武汉科技大学	287	11 985.4	246
12	长江大学	233	9 577	285
13	湖北大学	223	9 571.95	286
14	中国科学院武汉病毒研究所	135	8 992	301
15	中国人民解放军海军工程大学	182	8 826.9	305
16	中国科学院测量与地球物理研究所	106	8 283.7	320
17	中国科学院武汉植物园	143	7 554.7	340
18	湖北工业大学	201	7 443.1	342
19	长江水利委员会长江科学院	163	7 157.66	347
20	中南民族大学	181	7 042.5	350
21	武汉工程大学	146	5 847.9	388
22	中国农业科学院油料作物研究所	95	4 001	458
23	武汉纺织大学	118	3 856.4	466
24	湖北民族学院	87	3 567	480
25	湖北中医药大学	78	3 335	496
26	中南财经政法大学	120	3 072.4	506
27	江汉大学	73	2 228	589
28	武汉轻工大学	41	1 518	681
29	水利部中国科学院水工程生态研究所	34	1 408	701
30	中国地震局地震研究所	34	1 367	707

3.2.6　陕西

2015 年，陕西常住人口 3793 万人，地区生产总值 18 021.86 亿元，人均地区生产总值 47 626 元；普通高等学校 92 所，普通高等学校招生 28.75 万人，普通高等学校教职工总数 10.39 万人；R&D 经费支出 393.2 亿元，从事 R&D 人员 140 327 人；国内专利申请受理量 74 904 项，专利申请授权量 33 350 项[6]。

2016 年，陕西综合 NCI 为 1.3543，排名第 6 位。国家自然科学基金项目总数为 1940 项，排名第 6 位；国家自然科学基金项目总额为 96 673.07 万元，排名第 7 位。陕西基础研究竞争力在全国属于第三梯队，基础研究竞争力较强。重大项目 NCI 居第 3 位；优势学科为信息科学和数理科学，居第 4 位（图 3-7）。2011～2016 年综合 NCI 波动不大，数理科学在 2012～2016 年有较大提升（表 3-11）。2011～2016 年陕西项目经费 Top 30 机构如表 3-12 所示。

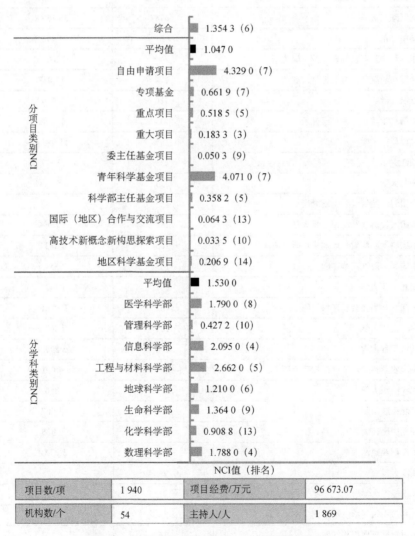

| 项目数/项 | 1 940 | 项目经费/万元 | 96 673.07 |
| 机构数/个 | 54 | 主持人/人 | 1 869 |

图 3-7　2016 年陕西各项 NCI 及总体基金数据

表 3-11　2011～2016 年陕西 NCI 变化趋势及指标

NCI 趋势	学科	类别	2011 年	2012 年	2013 年	2014 年	2015 年	2016 年
	综合	项目数/项	1 653	1 701	1 774	1 794	1 868	1 940
		项目经费/万元	85 390.4	101 598	106 759	107 870	92 470.6	96 673.1
		机构数/个	45	49	52	54	58	54
		主持人数/人	1 603	1 637	1 727	1 731	1 796	1 869
		NCI	1.363 3	1.296 3	1.333 1	1.322 5	1.323 7	1.354 3
	数理科学	项目数/项	166	165	183	229	242	242
		项目经费/万元	7 071.1	7 639	9 579.98	13 263	12 177.3	13 176.1
		机构数/个	18	20	25	27	31	33
		主持人数/人	164	163	180	225	235	234
		NCI	1.223 9	1.100 6	1.279 3	1.562 8	1.628 6	1.788
	化学科学	项目数/项	90	94	117	102	117	132
		项目经费/万元	3 932	4 583	6 391	5 178	5 476	5 548.97
		机构数/个	17	15	20	21	24	17
		主持人数/人	90	93	117	101	117	132
		NCI	0.769 5	0.680 6	0.877 9	0.775 8	0.876 2	0.908 8
	生命科学	项目数/项	206	195	205	160	196	218
		项目经费/万元	9 560	10 197	10 818	8 753	9 000.08	9 839
		机构数/个	17	13	13	14	15	18
		主持人数/人	205	194	204	159	194	216
		NCI	1.452	1.156 8	1.188 7	1.002	1.138 8	1.364
	地球科学	项目数/项	112	130	155	126	162	155
		项目经费/万元	8 471	11 457	11 811	9 106	9 791.8	9 857.89
		机构数/个	22	14	21	20	21	22
		主持人数/人	110	125	154	126	159	154
		NCI	1.104 2	0.982 2	1.190 7	0.983 3	1.147 8	1.210 7
	工程与材料科学	项目数/项	358	419	423	425	438	443
		项目经费/万元	18 668	26 461.5	30 984.2	28 134	23 417.7	20 995.5
		机构数/个	20	24	24	26	31	30
		主持人数/人	352	404	419	416	430	434
		NCI	2.349 4	2.489 1	2.586 3	2.542 9	2.587 1	2.662 7
	信息科学	项目数/项	266	274	289	326	324	333
		项目经费/万元	17 104.9	15 988	17 144	19 531	15 932.3	19 226.7
		机构数/个	22	23	27	31	19	22
		主持人数/人	262	269	285	321	319	330
		NCI	2.03	1.763 8	1.896 8	2.127 4	1.789 4	2.095 8
	管理科学	项目数/项	53	49	47	73	62	58
		项目经费/万元	1 980.5	2 181.6	1 803.1	2 441.2	2 086.6	1 703.7
		机构数/个	11	9	10	13	11	14
		主持人数/人	53	49	46	73	62	58
		NCI	0.446 2	0.360 2	0.339 2	0.483 6	0.412 3	0.427 2

续表

NCI 趋势	学科	类别	2011 年	2012 年	2013 年	2014 年	2015 年	2016 年
	医学科学	项目数/项	396	368	348	351	323	353
		项目经费/万元	17 312.9	21 210.8	17 292.6	20 978.8	13 841.9	15 367.3
		机构数/个	8	13	14	16	14	13
		主持人数/人	390	365	347	347	321	351
		NCI	1.929 2	1.907	1.774 9	1.906 7	1.601 8	1.790 4

表 3-12　2011~2016 年陕西项目经费 Top 30 机构

序号	机构名称	项目数量/项	项目经费/万元	全国排名
1	西安交通大学	2 460	147 950.96	12
2	中国人民解放军第四军医大学	1 477	80 043.06	29
3	西北工业大学	1 030	63 410.58	42
4	西安电子科技大学	815	45 250.52	65
5	西北农林科技大学	887	43 479.58	70
6	西北大学	590	39 552.27	79
7	陕西师范大学	507	24 655	130
8	西安理工大学	405	20 561.34	148
9	西安建筑科技大学	362	19 011.35	156
10	长安大学	391	15 408.33	186
11	中国科学院地球环境研究所	123	11 670.91	254
12	中国科学院西安光学精密机械研究所	104	9 539	288
13	中国人民解放军空军工程大学	185	8 422.7	317
14	西安科技大学	196	7 573	339
15	中国科学院水利部水土保持研究所	108	6 969	351
16	西北核技术研究所	76	6 929	353
17	中国科学院国家授时中心	38	5 338.5	405
18	陕西科技大学	118	4 641.3	425
19	中国人民解放军第二炮兵工程大学	81	3 364	494
20	西安石油大学	82	2 885	521
21	西安工业大学	68	2 380.5	569
22	陕西中医药大学	61	2 304	581
23	西安空间无线电技术研究所	19	1 912	624
24	西安地质矿产研究所	48	1 599	661
25	西北有色金属研究院	33	1 329	718
26	西安工程大学	50	1 248	731
27	延安大学	35	1 212	740
28	西安邮电大学	39	1 180.4	751
29	西安测绘研究所	18	1 036	792
30	陕西理工学院	37	894	820

3.2.7 浙江

2015 年，浙江常住人口 5539 万人，地区生产总值 42 886.49 亿元，人均地区生产总值 77 644 元；普通高等学校 105 所，普通高等学校招生 26.44 万人，普通高等学校教职工总数 8.87 万人；R&D 经费支出 1011.2 亿元，从事 R&D 人员 444 737 人；国内专利申请受理量 307 264 项，专利申请授权量 234 983 项[7]。

2016 年，浙江综合 NCI 为 1.3530，排名第 7 位。国家自然科学基金项目总数为 1854 项，排名第 7 位；国家自然科学基金项目总额为 99 718.94 万元，排名第 6 位。浙江基础研究竞争力在全国属于第三梯队，基础研究竞争力较强。优势学科为医学科学、管理科学、生命科学、信息科学和化学科学；地球科学和数理科学排名较为靠后，分别居第 10 位和第 9 位（图 3-8）。2011～2013 年综合 NCI 呈上升趋势，2014～2015 年有所下降，2015～2016 年又有了一定的提高；2011～2016 年地球科学 NCI 整体呈上升趋势（表 3-13）。2011～2016 年浙江项目经费 Top 30 机构如表 3-14 所示。

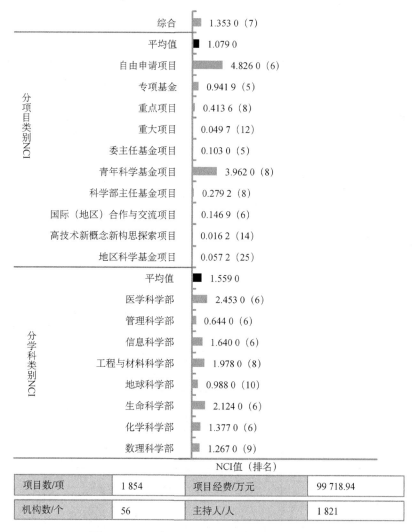

图 3-8　2016 年浙江各项 NCI 及总体基金数据

表 3-13　2011~2016 年浙江 NCI 变化趋势及指标

NCI 趋势	学科	类别	2011 年	2012 年	2013 年	2014 年	2015 年	2016 年
	综合	项目数/项	1 532	1 755	1 701	1 798	1 791	1 854
		项目经费/万元	73 781.7	102 722	105 121	106 744	92 751.5	99 718.9
		机构数/个	45	45	59	59	55	56
		主持人数/人	1 489	1 720	1 665	1 752	1 754	1 821
		NCI	1.266 1	1.298 4	1.343 9	1.353 4	1.285 9	1.353
	数理科学	项目数/项	188	219	190	169	185	171
		项目经费/万元	7 316.6	10 032.2	14 854	9 440	7 828.35	8 365.66
		机构数/个	22	22	24	24	29	26
		主持人数/人	178	213	189	166	182	167
		NCI	1.366 6	1.384 7	1.443 9	1.197 3	1.258	1.267 2
	化学科学	项目数/项	183	192	186	204	157	187
		项目经费/万元	8 846.7	11 835.5	10 648	14 699	9 547	10 848.5
		机构数/个	18	25	26	23	24	23
		主持人数/人	180	190	185	201	156	186
		NCI	1.357 6	1.401 2	1.341	1.455	1.164 5	1.377 7
	生命科学	项目数/项	262	286	316	288	318	311
		项目经费/万元	13 327.3	17 192.4	19 815.6	16 799.6	17 271.5	17 611.4
		机构数/个	24	28	33	31	33	29
		主持人数/人	261	284	311	287	312	309
		NCI	1.94	1.933	2.161 2	1.931 5	2.074 7	2.124 5
	地球科学	项目数/项	72	92	94	101	96	114
		项目经费/万元	3 966	4 967	5 851	6 213.4	4 460	8 639.1
		机构数/个	16	15	20	19	22	21
		主持人数/人	72	92	93	101	96	111
		NCI	0.679 4	0.688 9	0.767 7	0.789 9	0.737 8	0.988
	工程与材料科学	项目数/项	259	311	268	306	299	296
		项目经费/万元	12 802	19 047.1	19 670.5	17 185.4	17 064.8	16 981.5
		机构数/个	24	22	28	30	23	25
		主持人数/人	258	305	264	300	294	294
		NCI	1.909 5	1.941	1.907 2	1.977 8	1.833 6	1.978 9
	信息科学	项目数/项	216	220	221	205	221	226
		项目经费/万元	10 187.3	15 837.4	13 477.6	15 158.7	12 644	14 284
		机构数/个	16	21	24	23	28	24
		主持人数/人	214	217	221	202	220	225
		NCI	1.486 2	1.543 1	1.521 8	1.469 9	1.541 1	1.640 1
	管理科学	项目数/项	70	81	95	95	75	91
		项目经费/万元	2 259.82	3 688.5	3 736.7	3 607.5	3 250.37	3 128
		机构数/个	12	16	18	15	14	16
		主持人数/人	66	81	94	95	74	91
		NCI	0.533 7	0.609 8	0.672	0.630 4	0.536 3	0.644

续表

NCI 趋势	学科	类别	2011 年	2012 年	2013 年	2014 年	2015 年	2016 年
	医学科学	项目数/项	274	351	328	429	435	453
		项目经费/万元	13 464	18 921.5	16 727.2	23 400.5	20 054.5	19 392.8
		机构数/个	16	21	19	25	24	22
		主持人数/人	271	348	325	424	433	452
		NCI	1.794	2.040 4	1.841 6	2.421 9	2.334 6	2.453 9

表 3-14　2011～2016 年浙江项目经费 Top 30 机构

序号	机构名称	项目数量/项	项目经费/万元	全国排名
1	浙江大学	4 529	320 527.03	4
2	浙江工业大学	675	30 047.75	102
3	宁波大学	491	24 548.5	132
4	杭州电子科技大学	402	18 371.4	161
5	杭州师范大学	369	16 712.2	176
6	浙江理工大学	343	16 539.5	177
7	温州医科大学	333	13 502.6	212
8	浙江师范大学	291	13 397.4	213
9	中国科学院宁波材料技术与工程研究所	264	12 793.5	226
10	国家海洋局第二海洋研究所	159	12 707.6	227
11	温州大学	245	11 842.2	250
12	中国计量学院	249	10 709.5	265
13	浙江中医药大学	248	10 066.3	275
14	浙江农林大学	238	10 042.5	276
15	浙江工商大学	215	8 234.5	322
16	浙江省农业科学院	175	6 722	360
17	中国水稻研究所	73	4 668	424
18	绍兴文理学院	103	4 336.9	445
19	浙江海洋学院	62	2 649	536
20	浙江大学宁波理工学院	69	2 550	544
21	湖州师范学院	75	2 530	549
22	嘉兴学院	84	2 315.5	577
23	浙江科技学院	72	2 267	583
24	台州学院	51	1 951	616
25	宁波工程学院	53	1 822	636
26	浙江财经大学	49	1 733.8	644
27	中国农业科学院茶叶研究所	35	1 536	672
28	浙江大学城市学院	38	1 407	702
29	浙江省人民医院	43	1 362	708
30	浙江省医学科学院	35	1 343	713

3.2.8 山东

2015 年，山东常住人口 9847 万人，地区生产总值 63 002.33 亿元，人均地区生产总值 64 168 元；普通高等学校 143 所，普通高等学校招生 54.08 万人，普通高等学校教职工总数 14.70 万人；R&D 经费支出 1427.2 亿元，从事 R&D 人员 432 430 人；国内专利申请受理量 193 220 项，专利申请授权量 98 101 项[8]。

2016 年，山东综合 NCI 为 1.2710，排名第 8 位。国家自然科学基金项目总数为 1686 项，排名第 8 位；国家自然科学基金项目总额为 80 458.26 万元，排名第 9 位。山东基础研究竞争力在全国属于第三梯队，基础研究竞争力较强。重大项目和重点项目排名相对靠后，分别居 17 位和 14 位；优势学科为地球科学，居第 4 位（图 3-9）。2013~2015 年综合 NCI 逐步上升，2015~2016 年有所下降（表 3-15）。2011~2016 年山东项目经费 Top 30 机构如表 3-16 所示。

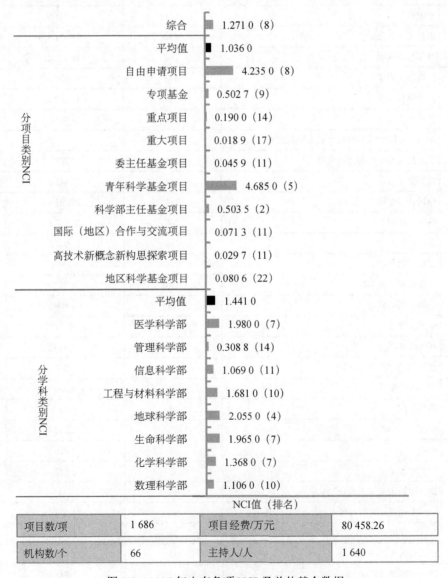

图 3-9　2016 年山东各项 NCI 及总体基金数据

表 3-15　2011～2016 年山东 NCI 变化趋势及指标

NCI 趋势	学科	类别	2011 年	2012 年	2013 年	2014 年	2015 年	2016 年
	综合	项目数/项	1 412	1 525	1 529	1 564	1 737	1 686
		项目经费/万元	65 034.7	84 969	84 087	99 379.2	85 572.7	80 458.3
		机构数/个	55	62	60	61	67	66
		主持人数/人	1 370	1 475	1 489	1 520	1 681	1 640
		NCI	1.237 8	1.246 4	1.208 5	1.249 4	1.3	1.271
	数理科学	项目数/项	133	139	142	139	157	157
		项目经费/万元	3 803.4	5 806.5	5 890	5 540	5 513	5 260.9
		机构数/个	23	25	26	27	25	28
		主持人数/人	131	137	141	137	154	156
		NCI	0.996 7	0.996 8	1.010 1	0.979 6	1.022 2	1.106 2
	化学科学	项目数/项	141	171	170	183	175	196
		项目经费/万元	6 493.1	9 108	10 020	9 807	8 078.05	7 897.3
		机构数/个	27	28	25	27	30	28
		主持人数/人	140	166	170	182	175	195
		NCI	1.223 5	1.268	1.252 1	1.299 5	1.248 8	1.368 6
	生命科学	项目数/项	256	273	265	262	326	290
		项目经费/万元	12 510	17 425.3	14 164	15 482.5	14 516.7	12 618
		机构数/个	28	36	32	33	37	34
		主持人数/人	255	268	264	261	323	289
		NCI	1.961 6	2.012	1.811 4	1.833 3	2.074 8	1.965 5
	地球科学	项目数/项	209	251	244	250	283	247
		项目经费/万元	12 448.1	17 507.8	16 830.4	28 390.2	23 858.3	23 788.8
		机构数/个	24	28	28	27	35	30
		主持人数/人	204	248	241	243	279	244
		NCI	1.694 7	1.816 9	1.751 3	1.969 8	2.155 9	2.055 6
	工程与材料科学	项目数/项	230	238	251	247	247	248
		项目经费/万元	10 217.5	13 330.1	14 331.2	15 150	10 026.3	10 829.3
		机构数/个	19	21	25	28	23	29
		主持人数/人	228	236	249	245	244	247
		NCI	1.602 4	1.539 3	1.660 5	1.697 3	1.460 8	1.681
	信息科学	项目数/项	111	126	121	139	157	144
		项目经费/万元	4 473.1	6 228	6 381	6 887.5	7 812.61	5 703
		机构数/个	23	25	25	31	30	27
		主持人数/人	111	125	121	138	156	142
		NCI	0.951 8	0.967 3	0.943 6	1.072 7	1.171 1	1.069 2
	管理科学	项目数/项	24	30	38	39	39	35
		项目经费/万元	845.5	1 026.3	1 609	1 488	1 252.1	1 051.8
		机构数/个	13	11	14	18	13	17
		主持人数/人	24	30	37	39	38	35
		NCI	0.253	0.245 4	0.322	0.338 8	0.298 2	0.308 8

续表

NCI 趋势	学科	类别	2011 年	2012 年	2013 年	2014 年	2015 年	2016 年
	医学科学	项目数/项	301	293	295	303	352	367
		项目经费/万元	11 959	14 221	14 441.4	16 359	14 451.7	13 219.2
		机构数/个	20	23	24	17	22	21
		主持人数/人	297	288	290	301	348	364
		NCI	1.929	1.771 8	1.781 2	1.692 2	1.89	1.980 8

表 3-16　2011～2016 年山东项目经费 Top 30 机构

序号	机构名称	项目数量/项	项目经费/万元	全国排名
1	山东大学	2 505	141 443.92	14
2	中国海洋大学	754	74 400.39	32
3	中国科学院海洋研究所	387	31 877.7	96
4	中国石油大学（华东）	540	25 686.7	123
5	青岛大学	485	20 840.1	147
6	山东农业大学	314	17 343.5	168
7	国家海洋局第一海洋研究所	159	14 329.4	201
8	青岛科技大学	254	12 799.4	225
9	济南大学	305	12 678.3	228
10	山东科技大学	280	12 009.5	244
11	山东师范大学	262	11 940.5	248
12	中国科学院青岛生物能源与过程研究所	216	9 578.05	284
13	青岛农业大学	199	8 188	323
14	青岛理工大学	149	6 928	355
15	曲阜师范大学	187	6 910.5	356
16	中国科学院烟台海岸带研究所	125	6 103.27	378
17	山东中医药大学	123	5 620	391
18	山东理工大学	153	5 352.8	403
19	烟台大学	144	5 190.8	410
20	鲁东大学	141	5 166.7	411
21	山东建筑大学	104	4 609.26	426
22	山东省农业科学院	132	4 575	428
23	山东省医学科学院	105	4 554	430
24	聊城大学	127	4 525.9	432
25	临沂大学	132	4 507	434
26	中国水产科学研究院黄海水产研究所	106	4 467	438
27	滨州医学院	108	4 117	454
28	泰山医学院	91	3 502	484
29	齐鲁工业大学	82	2 760	525
30	潍坊医学院	69	2 528.9	550

3.2.9　辽宁

2015 年，辽宁常住人口 4382 万人，地区生产总值 28 669.02 亿元，人均地区生产总值 65 354 元；普通高等学校 116 所，普通高等学校招生 26.33 万人，普通高等学校教职工总数 9.79 万人；R&D 经费支出 363.4 亿元，从事 R&D 人员 162 625 人；国内专利申请受理量 42 153 项，专利申请授权量 25 182 项[9]。

2016 年，辽宁综合 NCI 为 1.1338，排名第 9 位。国家自然科学基金项目总数为 1405 项，排名第 10 位；国家自然科学基金项目总额为 92 767.99 万元，排名第 8 位。辽宁基础研究竞争力在全国属于第三梯队，基础研究竞争力较强。高技术新概念新构思探索项目排名第 2 位；优势学科为化学科学，排名第 4 位（图 3-10）。2011～2016 年综合 NCI 较为平稳（表 3-17）。2011～2016 年辽宁项目经费 Top 30 机构如表 3-18 所示。

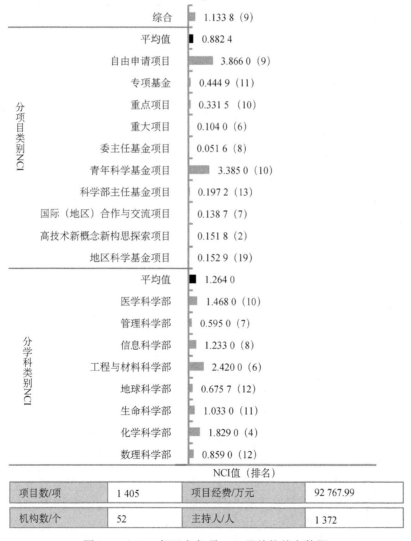

项目数/项	1 405	项目经费/万元	92 767.99
机构数/个	52	主持人/人	1 372

图 3-10　2016 年辽宁各项 NCI 及总体基金数据

表 3-17　2011～2016 年辽宁 NCI 变化趋势及指标

NCI 趋势	学科	类别	2011 年	2012 年	2013 年	2014 年	2015 年	2016 年
	综合	项目数/项	1 273	1 332	1 407	1 303	1 398	1 405
		项目经费/万元	67 083.8	75 725.1	82 243.1	78 109	74 923.2	92 768
		机构数/个	48	48	54	46	53	52
		主持人数/人	1 228	1 298	1 363	1 264	1 354	1 372
		NCI	1.143 1	1.063 7	1.121 5	1.000 2	1.064 1	1.133 8
	数理科学	项目数/项	91	111	120	90	109	114
		项目经费/万元	3 010	5 696	6 069	4 210.5	3 820.25	4 426.5
		机构数/个	22	21	21	21	22	23
		主持人数/人	89	110	119	90	109	113
		NCI	0.767 7	0.849 8	0.886 6	0.693 7	0.756 3	0.859
	化学科学	项目数/项	173	172	165	216	223	196
		项目经费/万元	19 686	11 264	12 118.5	14 009.5	18 233.1	32 615.1
		机构数/个	22	24	20	21	22	22
		主持人数/人	164	171	162	211	218	192
		NCI	1.679 5	1.298 1	1.217 8	1.442 9	1.589 9	1.829 7
	生命科学	项目数/项	128	132	161	109	137	140
		项目经费/万元	4 643.4	6 435.58	8 209.5	6 225	5 837	5 613
		机构数/个	23	24	25	24	27	25
		主持人数/人	127	131	160	109	137	140
		NCI	1.029 7	0.988 2	1.157 5	0.870 4	0.992 2	1.033 7
	地球科学	项目数/项	64	65	72	57	59	83
		项目经费/万元	2 841.36	3 064	3 775.6	2 821.2	2 792.5	3 689.8
		机构数/个	17	18	19	18	19	20
		主持人数/人	64	65	72	57	59	82
		NCI	0.598 3	0.537 1	0.596 1	0.480 6	0.496	0.675 7
	工程与材料科学	项目数/项	365	355	354	352	363	366
		项目经费/万元	18 343.2	24 740.2	26 256.5	22 424.1	23 044.5	23 062.7
		机构数/个	23	27	28	27	25	27
		主持人数/人	359	347	347	345	354	363
		NCI	2.446 1	2.328 2	2.353 1	2.208 1	2.219 3	2.420 8
	信息科学	项目数/项	138	145	166	166	152	157
		项目经费/万元	5 741.2	8 464.5	9 166	11 146.6	7 722.4	8 705.4
		机构数/个	18	22	22	24	24	26
		主持人数/人	136	144	165	165	150	157
		NCI	1.058 6	1.085 5	1.170 2	1.240 6	1.084 7	1.233 6
	管理科学	项目数/项	69	82	77	72	77	81
		项目经费/万元	2 200.6	2 970.8	3 488.5	4 410.6	2 943.7	3 288
		机构数/个	11	17	13	11	13	14
		主持人数/人	69	82	76	72	76	81
		NCI	0.522 7	0.590 1	0.547 9	0.534	0.520 5	0.595

续表

NCI 趋势	学科	类别	2011 年	2012 年	2013 年	2014 年	2015 年	2016 年
	医学科学	项目数/项	242	268	288	237	276	264
		项目经费/万元	9 798	12 680	12 619.5	12 284.5	10 276.8	10 886.5
		机构数/个	14	15	13	14	15	15
		主持人数/人	242	266	287	237	272	260
		NCI	1.510 2	1.483 4	1.464 8	1.329 4	1.395 4	1.468 7

表 3-18　2011～2016 年辽宁项目经费 Top 30 机构

序号	机构名称	项目数量/项	项目经费/万元	全国排名
1	大连理工大学	1 710	112 919.66	21
2	中国科学院大连化学物理研究所	548	72 271.51	34
3	东北大学	1 022	62 249.64	44
4	中国医科大学	822	35 385.7	89
5	中国科学院金属研究所	342	27 321.07	114
6	大连医科大学	394	18 014.3	165
7	中国科学院沈阳应用生态研究所	234	14 368.18	200
8	沈阳农业大学	288	12 351.5	239
9	大连海事大学	243	11 865.5	249
10	沈阳药科大学	200	9 713.6	283
11	中国科学院沈阳自动化研究所	99	7 486	341
12	辽宁工程技术大学	156	6 499.5	367
13	大连大学	153	6 433.5	370
14	辽宁师范大学	151	6 186.45	376
15	渤海大学	148	5 135	412
16	沈阳工业大学	93	4 595.5	427
17	辽宁大学	114	4 505.1	435
18	东北财经大学	134	4 428.3	441
19	辽宁医学院	100	4 007.5	457
20	大连交通大学	99	3 936	464
21	辽宁科技大学	83	3 850.2	468
22	沈阳建筑大学	81	3 454	490
23	沈阳航空航天大学	99	3 341.5	495
24	大连工业大学	85	3 255	499
25	辽宁中医药大学	79	3 044	508
26	沈阳师范大学	64	2 480.6	556
27	沈阳化工大学	63	2 304.5	580
28	国家海洋环境监测中心	49	2 072	604
29	辽宁石油化工大学	57	2 056.6	607
30	大连海洋大学	59	1 985	613

3.2.10　四川

2015 年，四川常住人口 8204 万人，地区生产总值 30 053.10 亿元，人均地区生产总值 36 775 元；普通高等学校 109 所，普通高等学校招生 41.33 万人，普通高等学校教职工总数 12.21 万人；R&D 经费支出 502.9 亿元，从事 R&D 人员 197 988 人；国内专利申请受理量 110 746 项，专利申请授权量 64 953 项[10]。

2016 年，四川综合 NCI 为 1.0769，排名第 10 位。国家自然科学基金项目总数为 1455 项，排名第 9 位；国家自然科学基金项目总额为 64 481.29 万元，排名第 10 位。四川基础研究竞争力在全国属于第三梯队，基础研究竞争力较强。高技术新概念新构思探索项目 NCI 位处第 6 位。优势学科为信息科学，排名第 7 位；化学科学排名靠后，排名第 14 位（图 3-11）。2011～2016 年综合 NCI 波动不明显（表 3-19）。2011～2016 年四川项目经费 Top 30 机构如表 3-20 所示。

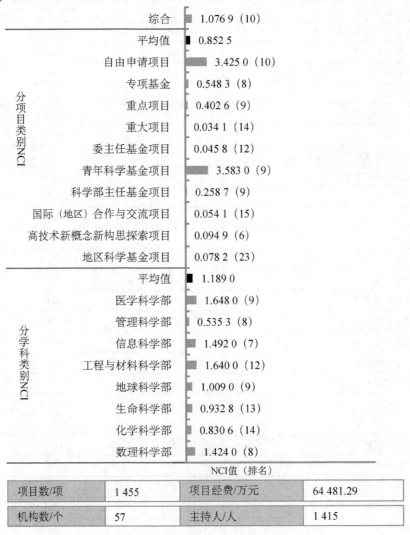

图 3-11　2016 年四川各项 NCI 及总体基金数据

表 3-19　2011～2016 年四川 NCI 变化趋势及指标

NCI 趋势	学科	类别	2011 年	2012 年	2013 年	2014 年	2015 年	2016 年
	综合	项目数/项	1 077	1 194	1 318	1 328	1 414	1 455
		项目经费/万元	55 250.6	68 265.2	71 780.3	73 358.8	75 554	64 481.3
		机构数/个	48	53	59	55	58	57
		主持人数/人	1 046	1 159	1 279	1 283	1 380	1 415
		NCI	1.003 4	1.004 9	1.073 1	1.038 3	1.099	1.076 9
	数理科学	项目数/项	160	160	193	206	228	211
		项目经费/万元	7 465	9 228	11 698.5	10 667	13 237.6	7 229.3
		机构数/个	21	24	23	25	29	31
		主持人数/人	159	159	191	204	227	210
		NCI	1.267 7	1.191	1.354 6	1.379 7	1.597 3	1.424 9
	化学科学	项目数/项	80	80	82	97	116	103
		项目经费/万元	4 269	4 949.8	5 111	5 988	5 764	5 147.86
		机构数/个	15	15	21	18	23	21
		主持人数/人	80	79	82	95	116	103
		NCI	0.717 7	0.639 8	0.703 6	0.752 8	0.874 4	0.830 6
	生命科学	项目数/项	116	140	143	139	154	139
		项目经费/万元	4 972.1	6 921.9	6 597.4	6 922.4	8 563.2	5 282
		机构数/个	17	19	27	19	19	18
		主持人数/人	115	138	143	138	152	138
		NCI	0.924 4	0.976	1.054 5	0.950 3	1.056 9	0.932 8
	地球科学	项目数/项	78	121	124	104	125	146
		项目经费/万元	3 802	7 674.3	6 068	5 778	8 278.18	7 152.4
		机构数/个	14	12	16	15	18	17
		主持人数/人	77	120	122	104	125	141
		NCI	0.674 5	0.831 3	0.840 3	0.742	0.934 6	1.009 6
	工程与材料科学	项目数/项	175	212	209	244	227	255
		项目经费/万元	10 728.2	13 579.2	12 438.1	15 819.9	11 938.5	11 213.6
		机构数/个	19	21	26	27	31	24
		主持人数/人	171	211	207	240	225	254
		NCI	1.409 8	1.460 9	1.476 3	1.686 3	1.577 6	1.640 1
	信息科学	项目数/项	159	169	196	174	195	224
		项目经费/万元	7 674.7	10 032.8	10 728	11 000.9	10 385.5	10 406.7
		机构数/个	16	15	22	14	24	23
		主持人数/人	156	168	190	169	193	223
		NCI	1.185 1	1.111 4	1.314 3	1.1	1.324 1	1.492 6
	管理科学	项目数/项	50	53	67	74	76	78
		项目经费/万元	1 632.1	2 207.7	2 518.3	3 362.5	3 005.76	2 743.7
		机构数/个	7	7	9	7	9	12
		主持人数/人	50	53	67	73	75	77
		NCI	0.368 8	0.352 8	0.431 1	0.450 3	0.474 1	0.535 3

续表

NCI 趋势	学科	类别	2011 年	2012 年	2013 年	2014 年	2015 年	2016 年
	医学科学	项目数/项	251	254	298	286	292	295
		项目经费/万元	12 912.5	12 931.5	15 941	13 275.2	14 316.3	14 908.8
		机构数/个	14	17	13	16	14	14
		主持人数/人	248	250	294	280	288	289
		NCI	1.643	1.494 2	1.575 7	1.531 4	1.533	1.648 6

表 3-20　2011～2016 年四川项目经费 Top 30 机构

序号	机构名称	项目数量/项	项目经费/万元	全国排名
1	四川大学	2 405	144 258.56	13
2	电子科技大学	1 115	60 557.51	45
3	西南交通大学	823	45 022.82	66
4	成都理工大学	299	16 938.9	172
5	四川农业大学	300	14 610	198
6	成都中医药大学	232	12 533.15	233
7	中国工程物理研究院流体物理研究所	135	10 413	270
8	西南石油大学	212	9 532.5	289
9	中国科学院水利部成都山地灾害与环境研究所	152	8 632.2	312
10	中国科学院成都生物研究所	171	7 969	329
11	西南科技大学	204	7 844.5	331
12	中国空气动力研究与发展中心	84	6 520	365
13	西南财经大学	193	6 334.76	372
14	中国工程物理研究院核物理与化学研究所	94	5 043	415
15	中国工程物理研究院化工材料研究所	84	3 847	469
16	核工业西南物理研究院	61	3 503.8	483
17	四川师范大学	100	2 973.8	515
18	中国工程物理研究院激光聚变研究中心	75	2 931	519
19	中国工程物理研究院	58	2 758	526
20	中国科学院光电技术研究所	57	2 756	527
21	西华师范大学	61	2 684	534
22	西华大学	68	2 397	567
23	西南医科大学	71	2 365.3	571
24	中国工程物理研究院总体工程研究所	42	1 937	620
25	西南民族大学	58	1 906.5	626
26	成都医学院	64	1 779.9	639
27	川北医学院	47	1 519	680
28	中国核动力研究设计院	31	1 418	699
29	中国民用航空总局第二研究所	18	1 223	735
30	成都信息工程大学	33	1 204	742

3.2.11 湖南

2015 年，湖南常住人口 6783 万人，地区生产总值 28 902.21 亿元，人均地区生产总值 42 754 元；普通高等学校 124 所，普通高等学校招生 33.63 万人，普通高等学校教职工总数 9.87 万人；R&D 经费支出 412.7 亿元，从事 R&D 人员 162 548 人；国内专利申请受理量 54 501 项，专利申请授权量 34 075 项[11]。

2016 年，湖南综合 NCI 为 0.8377，排名第 11 位。国家自然科学基金项目总数为 1159 项，排名第 11 位；国家自然科学基金项目总额为 52 206.96 万元，排名第 12 位。湖南基础研究竞争力在全国属于第四梯队，基础研究竞争力较弱。除重大项目排在第 10 位外，其他类别项目均处于第 10 位以后。弱势学科为地球科学和生命科学，分别居第 18 位和 19 位（图 3-12）。2011～2016 年综合 NCI 有一定波动，2013 年综合 NCI 最高（表 3-21）。2011～2016 年湖南项目经费 Top 30 机构如表 3-22 所示。

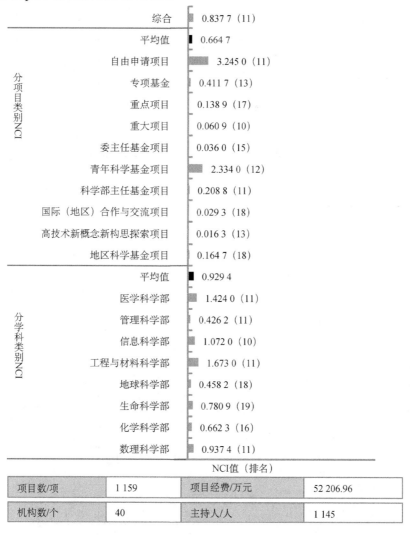

图 3-12　2016 年湖南各项 NCI 及总体基金数据

表 3-21　2011～2016 年湖南 NCI 变化趋势及指标

NCI 趋势	学科	类别	2011 年	2012 年	2013 年	2014 年	2015 年	2016 年
	综合	项目数/项	1 056	1 180	1 259	1 232	1 266	1 159
		项目经费/万元	49 988.8	67 091.3	74 235.4	69 047.9	59 557.5	52 207
		机构数/个	29	34	40	37	42	40
		主持人数/人	1 039	1 157	1 233	1 209	1 239	1 145
		NCI	0.857 1	0.892 5	0.961 9	0.895 6	0.904 5	0.837 7
	数理科学	项目数/项	142	170	169	165	151	136
		项目经费/万元	5 839.3	8 069	7 732.8	7 586	6 056	4 789.5
		机构数/个	16	21	20	22	21	21
		主持人数/人	142	169	166	165	147	136
		NCI	1.051	1.148 2	1.101 7	1.100 9	0.980 7	0.937 4
	化学科学	项目数/项	89	96	88	75	95	83
		项目经费/万元	6 710	5 941	5 060	4 567	5 743	3 957
		机构数/个	15	17	12	14	19	17
		主持人数/人	88	96	88	75	95	83
		NCI	0.845 3	0.759 3	0.632 1	0.583 9	0.753 7	0.662 3
	生命科学	项目数/项	103	108	120	106	131	106
		项目经费/万元	4 155	5 462	6 576.8	4 607	6 455	4 429
		机构数/个	19	18	20	22	24	18
		主持人数/人	103	108	118	106	130	106
		NCI	0.858 2	0.799 9	0.891 7	0.779	0.964 2	0.780 9
	地球科学	项目数/项	49	65	62	55	56	57
		项目经费/万元	2 197	4 032	3 047	3 179	3 149.1	2 723
		机构数/个	15	15	14	14	14	12
		主持人数/人	48	65	62	55	56	57
		NCI	0.473 3	0.549 6	0.485 7	0.456 8	0.461 3	0.458 2
	工程与材料科学	项目数/项	241	261	288	287	278	278
		项目经费/万元	11 567	15 870	24 528.5	16 503.9	15 321	14 495.4
		机构数/个	17	14	18	15	17	17
		主持人数/人	240	260	287	286	278	276
		NCI	1.647 4	1.523 2	1.876 1	1.601	1.602 5	1.673 8
	信息科学	项目数/项	175	182	181	216	176	156
		项目经费/万元	8 208	11 770.5	9 858.5	15 593.5	7 963	7 692
		机构数/个	14	16	17	21	17	17
		主持人数/人	174	180	178	213	176	156
		NCI	1.226 9	1.218 3	1.163 6	1.485 6	1.082 7	1.072 1
	管理科学	项目数/项	44	52	64	47	70	55
		项目经费/万元	1 471.5	3 140.3	2 901.1	2 374.5	2 623.39	2 626.75
		机构数/个	12	9	11	14	15	10
		主持人数/人	44	50	62	45	70	55
		NCI	0.385 7	0.402 5	0.455 3	0.388 3	0.501 4	0.426 2

续表

NCI 趋势	学科	类别	2011 年	2012 年	2013 年	2014 年	2015 年	2016 年
	医学科学	项目数/项	208	242	285	278	309	283
		项目经费/万元	9 496	12 306.5	14 215.7	14 362	12 247	11 332.3
		机构数/个	9	11	12	10	10	11
		主持人数/人	205	240	282	271	307	281
		NCI	1.239 4	1.294 4	1.468 8	1.367 6	1.396 8	1.424 3

表 3-22　2011～2016 年湖南项目经费 Top 30 机构

序号	机构名称	项目数量/项	项目经费/万元	全国排名
1	中南大学	2 391	133 953.83	15
2	湖南大学	891	59 071.32	46
3	中国人民解放军国防科学技术大学	937	51 956.5	54
4	湘潭大学	375	17 326.58	169
5	湖南师范大学	295	15 180.5	187
6	长沙理工大学	334	14 816.3	193
7	湖南科技大学	311	13 143.5	219
8	南华大学	286	11 684.3	253
9	湖南农业大学	222	9 560	287
10	中国科学院亚热带农业生态研究所	124	7 883.9	330
11	湖南中医药大学	165	7 234.9	345
12	吉首大学	135	5 404.5	402
13	中南林业科技大学	128	4 444	439
14	湖南工业大学	104	4 234.5	449
15	湖南理工学院	41	1 936	621
16	湖南省农业科学院	53	1 711	649
17	衡阳师范学院	49	1 468	692
18	长沙学院	33	1 345	712
19	湖南文理学院	37	959	802
20	湖南城市学院	26	851	835
21	湖南工程学院	20	827	841
22	长沙矿冶研究院有限责任公司	10	751	866
23	中国农业科学院麻类研究所	20	667	903
24	湖南商学院	15	637	919
25	湖南第一师范学院	18	558	948
26	湖南工学院	18	498.4	986
27	湖南杂交水稻研究中心	13	497	989
28	怀化学院	15	476	1 003
29	湖南人文科技学院	11	417	1 062
30	湖南省中医药研究院	7	371	1 108

3.2.12 安徽

2015 年，安徽常住人口 6144 万人，地区生产总值 22 005.63 亿元，人均地区生产总值 35 997 元；普通高等学校 119 所，普通高等学校招生 32.65 万人，普通高等学校教职工总数 7.94 万人；R&D 经费支出 431.8 亿元，从事 R&D 人员 201 085 人；国内专利申请受理量 127 709 项，专利申请授权量 59 039 项[12]。

2016 年，安徽综合 NCI 为 0.7922，排名第 12 位。国家自然科学基金项目总数为 1053 项，排名第 12 位；国家自然科学基金项目总额为 64 163.14 万元，排名第 11 位。安徽基础研究竞争力在全国属于第四梯队，基础研究竞争力较弱。重点项目 NCI 排名第 6 位，优势学科为数理科学，排名第 5 位，弱势学科为医学科学，排名第 20 位（图 3-13）。2011～2016 年综合 NCI 整体趋势稳中有降（表 3-23）。2011～2016 年安徽项目经费 Top 30 机构如表 3-24 所示。

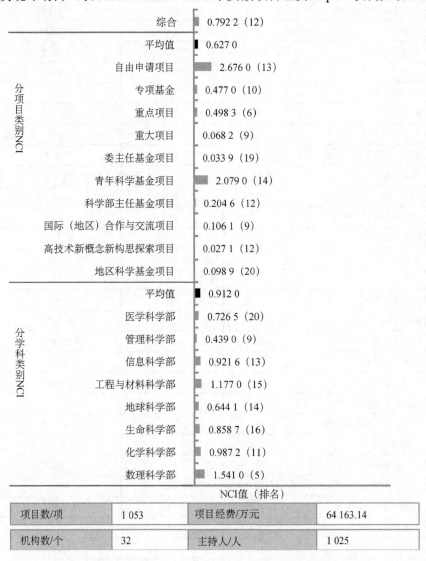

项目数/项	1 053	项目经费/万元	64 163.14
机构数/个	32	主持人/人	1 025

图 3-13　2016 年安徽各项 NCI 及总体基金数据

表 3-23　2011～2016 年安徽 NCI 变化趋势及指标

NCI 趋势	学科	类别	2011 年	2012 年	2013 年	2014 年	2015 年	2016 年
	综合	项目数/项	872	974	1 122	1 033	1 125	1 053
		项目经费/万元	50 497.6	65 129.7	77 428.1	66 656.1	66 990.4	64 163.1
		机构数/个	30	32	35	35	34	32
		主持人数/人	851	949	1 080	1 000	1 087	1 025
		NCI	0.785 8	0.791 5	0.883 7	0.799	0.830 3	0.792 2
	数理科学	项目数/项	206	235	231	227	258	225
		项目经费/万元	13 521.3	20 049	17 741	17 631	15 465	16 252.3
		机构数/个	12	18	15	19	15	17
		主持人数/人	202	229	226	223	253	219
		NCI	1.446	1.622 8	1.473 7	1.530 2	1.492 5	1.541 8
	化学科学	项目数/项	118	122	134	140	127	140
		项目经费/万元	6 978	7 523	8 130	10 533	8 910.7	7 297
		机构数/个	18	18	18	17	15	16
		主持人数/人	116	119	128	136	125	140
		NCI	1.027 2	0.915 3	0.960 8	1.024 6	0.913 1	0.987 2
	生命科学	项目数/项	97	106	130	105	118	118
		项目经费/万元	4 336	5 623.5	8 269	6 289.6	5 118	6 272
		机构数/个	15	15	18	15	15	15
		主持人数/人	97	104	128	101	118	118
		NCI	0.793 4	0.759 1	0.957 6	0.754 2	0.769 3	0.858 7
	地球科学	项目数/项	83	87	111	98	96	90
		项目经费/万元	6 199	8 221	8 466	6 122	10 257.5	5 882.49
		机构数/个	12	11	13	16	15	9
		主持人数/人	83	87	110	98	90	87
		NCI	0.759	0.703 1	0.821 8	0.742 6	0.812 4	0.644 1
	工程与材料科学	项目数/项	125	142	195	179	180	185
		项目经费/万元	6 939	8 394	10 700.6	9 053	8 817.38	11 406
		机构数/个	13	14	19	19	13	12
		主持人数/人	123	142	194	177	178	183
		NCI	0.973 5	0.959 1	1.271 2	1.152 1	1.047 4	1.177 7
	信息科学	项目数/项	89	121	128	111	134	117
		项目经费/万元	4 081.6	6 749.8	13 000.1	7 013.5	6 928.8	7 533.75
		机构数/个	12	14	17	18	15	17
		主持人数/人	89	121	126	110	132	116
		NCI	0.708	0.838 4	1.048 8	0.840 2	0.881	0.921 6
	管理科学	项目数/项	31	46	43	36	59	52
		项目经费/万元	1 851.2	2 023.4	1 683.9	1 890	3 208.3	3 510.4
		机构数/个	8	10	10	7	13	10
		主持人数/人	30	46	43	35	58	49
		NCI	0.307 3	0.351 6	0.320 6	0.270 9	0.465	0.439

续表

NCI 趋势	学科	类别	2011 年	2012 年	2013 年	2014 年	2015 年	2016 年
	医学科学	项目数/项	115	113	144	136	152	124
		项目经费/万元	5 356.5	5 746	8 582.5	8 114	8 234.77	5 546.25
		机构数/个	9	9	9	9	13	8
		主持人数/人	113	112	144	135	152	122
		NCI	0.798 1	0.695 3	0.858 7	0.811 4	0.948 8	0.726 5

表 3-24 2011～2016 年安徽项目经费 Top 30 机构

序号	机构名称	项目数量/项	项目经费/万元	全国排名
1	中国科学技术大学	2 032	196 628.77	8
2	中国科学院合肥物质科学研究院	839	46 010.01	63
3	合肥工业大学	857	43 593.67	69
4	安徽医科大学	547	25 156.4	127
5	安徽大学	346	14 973.2	189
6	安徽师范大学	235	11 084.3	261
7	安徽工业大学	218	9 443.5	291
8	安徽农业大学	203	9 270	296
9	安徽理工大学	204	9 023	300
10	安徽中医药大学	81	3 519.2	482
11	淮北师范大学	66	2 542	547
12	安徽工程大学	67	2 480.2	557
13	皖南医学院	59	2 024	610
14	安徽建筑大学	39	1 834	632
15	蚌埠医学院	41	1 591.9	662
16	中国人民解放军陆军军官学院	26	1 555	667
17	安徽省农业科学院	46	1 229	734
18	合肥师范学院	27	936	809
19	阜阳师范学院	29	917	815
20	安庆师范学院	26	762.9	862
21	中国人民解放军电子工程学院	14	730	876
22	滁州学院	18	646	915
23	安徽财经大学	24	635	921
24	皖西学院	12	592	935
25	安徽科技学院	23	583	938
26	合肥学院	15	525	967
27	中国电子科技集团公司第三十八研究所	15	472	1 008
28	淮南师范学院	15	443	1 030
29	宿州学院	7	348	1 127
30	黄山学院	6	276	1 202

3.2.13 天津

2015 年，天津常住人口 1547 万人，地区生产总值 16 538.19 亿元，人均地区生产总值 107 960 元；普通高等学校 55 所，普通高等学校招生 13.86 万人，普通高等学校教职工总数 4.71 万人；R&D 经费支出 510.2 亿元，从事 R&D 人员 164 076 人；国内专利申请受理量 79 963 项，专利申请授权量 37 342 项[13]。

2016 年，天津综合 NCI 为 0.7721，排名第 13 位。国家自然科学基金项目总数为 1017 项，排名第 13 位；国家自然科学基金项目总额为 52 000.65 万元，排名第 14 位。天津基础研究竞争力在全国属于第四梯队，基础研究竞争力较弱。重大项目和高技术新概念新构思探索项目分别排第 8 位和第 9 位。弱势学科是地球科学和生命科学，分别排第 22 位和 24 位（图 3-14）。2011~2013 年综合 NCI 呈下降趋势，2013~2015 年有所上升，2016 年较 2015 年有所下降（表 3-25）。2011~2016 年天津项目经费 Top 30 机构如表 3-26 所示。

图 3-14　2016 年天津各项 NCI 及总体基金数据

表 3-25　2011～2016 年天津 NCI 变化趋势及指标

NCI 趋势	学科	类别	2011 年	2012 年	2013 年	2014 年	2015 年	2016 年
	综合	项目数/项	912	989	965	933	1 101	1 017
		项目经费/万元	44 250.3	56 403.2	54 743.8	62 319.6	54 127.2	52 000.7
		机构数/个	32	34	36	41	44	38
		主持人数/人	890	959	948	909	1 064	995
		NCI	0.790 2	0.780 2	0.760 7	0.778	0.830 6	0.772 1
	数理科学	项目数/项	105	96	108	88	112	116
		项目经费/万元	4 132.9	4 283.2	4 931	4 261	4 913.92	4 449
		机构数/个	12	9	13	12	12	13
		主持人数/人	102	94	108	88	112	114
		NCI	0.765 8	0.593 7	0.709 8	0.598 2	0.701 6	0.750 6
	化学科学	项目数/项	156	155	155	141	169	142
		项目经费/万元	8 461	9 790.5	10 192	11 806	10 283.8	9 884.9
		机构数/个	10	11	11	17	16	15
		主持人数/人	156	153	154	139	169	142
		NCI	1.074 6	0.977 2	0.976 3	1.061 9	1.114	1.055 5
	生命科学	项目数/项	90	118	99	104	104	93
		项目经费/万元	4 560.85	7 189.1	5 101.2	6 506	5 549.85	4 141
		机构数/个	12	15	14	16	12	11
		主持人数/人	88	116	99	102	103	92
		NCI	0.727 9	0.852 1	0.698 2	0.773	0.695 3	0.634 2
	地球科学	项目数/项	19	33	39	31	48	38
		项目经费/万元	808	1 820	1 878	1 737	2 462.8	1 762
		机构数/个	8	10	12	11	16	13
		主持人数/人	19	33	39	31	47	38
		NCI	0.197 2	0.29	0.328 4	0.277 6	0.413 1	0.342 3
	工程与材料科学	项目数/项	176	187	181	198	225	207
		项目经费/万元	7 783.2	13 149.5	12 309.8	17 450	12 168	13 850
		机构数/个	14	13	13	15	15	17
		主持人数/人	175	182	178	193	220	203
		NCI	1.214 2	1.200 6	1.150 2	1.341	1.311 7	1.423 6
	信息科学	项目数/项	126	114	123	124	141	128
		项目经费/万元	6 353	6 796.4	7 144.7	8 226.1	6 220.1	5 967.8
		机构数/个	10	10	12	14	12	10
		主持人数/人	126	114	123	124	141	127
		NCI	0.899	0.749 4	0.814 6	0.869 9	0.835	0.796 6
	管理科学	项目数/项	66	73	53	55	53	55
		项目经费/万元	2 261.3	3 016.5	2 223	2 483.3	2 919.08	1 993.45
		机构数/个	11	7	11	10	12	10
		主持人数/人	64	72	52	53	52	55
		NCI	0.510 7	0.446 2	0.388 9	0.391 1	0.421 7	0.397 8

续表

NCI 趋势	学科	类别	2011 年	2012 年	2013 年	2014 年	2015 年	2016 年
	医学科学	项目数/项	170	209	206	191	249	235
		项目经费/万元	8 460	9 638	10 764.2	9 609.2	9 609.6	9 396.5
		机构数/个	13	15	18	15	18	14
		主持人数/人	169	208	203	188	245	234
		NCI	1.196	1.223 9	1.287 8	1.137 4	1.363 6	1.316 4

表 3-26　2011～2016 年天津项目经费 Top 30 机构

序号	机构名称	项目数量/项	项目经费/万元	全国排名
1	天津大学	1 770	122 496.25	20
2	南开大学	1 130	77 573.85	31
3	天津医科大学	796	37 400.5	83
4	天津工业大学	284	12 645	229
5	天津中医药大学	273	11 503.8	256
6	天津科技大学	235	10 359.6	272
7	河北工业大学	248	9 973.7	279
8	天津理工大学	217	6 813.68	359
9	天津师范大学	171	6 585.9	361
10	中国民航大学	156	5 441.8	400
11	中国人民武装警察部队后勤学院	62	2 506	552
12	中国科学院天津工业生物技术研究所	63	2 330	574
13	天津商业大学	48	1 912	623
14	天津城建大学	55	1 641	655
15	农业部环境保护科研监测所	36	1 547	668
16	天津职业技术师范大学	57	1 493	684
17	天津农学院	43	1 486	687
18	天津财经大学	38	1 235.9	733
19	天津市第一中心医院	32	1 047.5	786
20	天津体育学院	9	769	858
21	天津地质矿产研究所	17	744	869
22	天津市天津医院	17	680.5	897
23	国家海洋信息中心	17	578	940
24	交通运输部天津水运工程科学研究所	17	523	970
25	中国人民解放军军事交通学院	5	450	1 025
26	国家海洋技术中心	13	374	1 103
27	天津市神经外科研究所	11	340.5	1 133
28	国家海洋局天津海水淡化与综合利用研究所	11	310	1 171
29	天津市中西医结合急腹症研究所	7	308	1 173
30	天津市疾病预防控制中心	6	306	1 176

3.2.14 河南

2015 年，河南常住人口 9480 万人，地区生产总值 37 002.16 亿元，人均地区生产总值 39 123 元；普通高等学校 129 所，普通高等学校招生 51.47 万人，普通高等学校教职工总数 13.34 万人；R&D 经费支出 435 亿元，从事 R&D 人员 232 105 人；国内专利申请受理量 74 373 项，专利申请授权量 47 766 项[14]。

2016 年，河南综合 NCI 为 0.7498，排名第 14 位。国家自然科学基金项目总数为 977 项，排名第 14 位；国家自然科学基金项目总额为 38 120.84 万元，排名第 17 位。河南基础研究竞争力在全国属于第四梯队，基础研究竞争力较弱。除委主任基金项目和科学部主任基金项目排在第 10 位外，其余类别均排在 10 位之后。优势学科为生命科学，排名第 10 位（图 3-15）。2011～2016 年综合 NCI 整体呈稳定上升趋势（表 3-27）。2011～2016 年河南项目经费 Top 30 机构如表 3-28 所示。

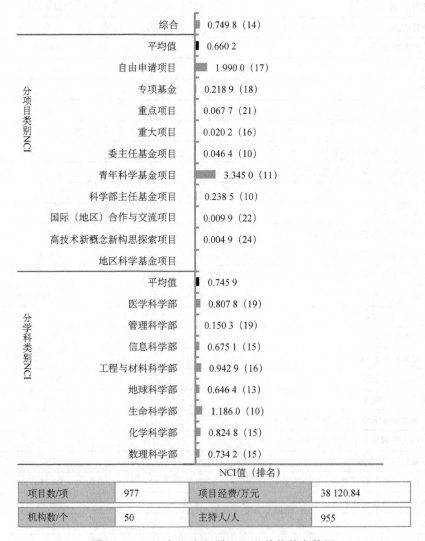

图 3-15 2016 年河南各项 NCI 及总体基金数据

表 3-27 2011～2016 年河南 NCI 变化趋势及指标

NCI 趋势	学科	类别	2011 年	2012 年	2013 年	2014 年	2015 年	2016 年
	综合	项目数/项	577	748	830	903	958	977
		项目经费/万元	21 705.7	32 309.5	34 066.6	37 954	33 258.7	38 120.8
		机构数/个	40	53	51	55	53	50
		主持人数/人	572	731	816	883	937	955
		NCI	0.558 4	0.660 8	0.683 7	0.728 4	0.720 8	0.749 8
	数理科学	项目数/项	97	100	128	123	128	117
		项目经费/万元	2 025.4	3 169	3 691	3 667.5	3 259.2	2 579.5
		机构数/个	15	18	21	25	29	20
		主持人数/人	95	99	125	121	128	116
		NCI	0.652 5	0.670 1	0.805 5	0.815	0.844	0.734 2
	化学科学	项目数/项	82	98	111	121	126	113
		项目经费/万元	3 315	4 778	4 935	4 917.5	4 642	3 969
		机构数/个	19	20	27	25	20	22
		主持人数/人	82	97	108	117	126	113
		NCI	0.723 7	0.754 7	0.858 1	0.866 1	0.833 6	0.824 8
	生命科学	项目数/项	116	155	160	163	174	164
		项目经费/万元	4 449	6 855.5	6 981	8 882.5	6 344	7 135
		机构数/个	18	21	17	20	26	25
		主持人数/人	116	154	160	162	174	163
		NCI	0.914	1.052 5	1.007 8	1.109 7	1.131	1.186 1
	地球科学	项目数/项	62	56	60	76	63	81
		项目经费/万元	2 423.84	2 927	3 033	3 579	2 089	2 671.7
		机构数/个	14	18	14	17	22	24
		主持人数/人	62	56	60	76	63	81
		NCI	0.539 1	0.492 8	0.477 3	0.580 6	0.494 4	0.646 4
	工程与材料科学	项目数/项	79	103	126	144	154	131
		项目经费/万元	3 322	4 603	5 598	5 727	5 074	4 624
		机构数/个	17	19	23	22	26	24
		主持人数/人	79	102	126	144	154	131
		NCI	0.691 2	0.756 8	0.912 7	0.958 7	1.006 2	0.942 9
	信息科学	项目数/项	44	78	99	101	114	89
		项目经费/万元	1 982	3 062	3 660	3 690	4 453.5	3 324.99
		机构数/个	17	21	21	20	28	19
		主持人数/人	44	78	99	100	113	89
		NCI	0.453 4	0.611 4	0.711 1	0.700 6	0.851 8	0.675 1
	管理科学	项目数/项	11	22	17	15	23	17
		项目经费/万元	316.5	614	412.6	431.2	576.7	472.5
		机构数/个	6	11	10	9	11	9
		主持人数/人	11	22	17	15	23	17
		NCI	0.110 4	0.184 8	0.141 8	0.129 6	0.182 1	0.150 3

续表

NCI 趋势	学科	类别	2011 年	2012 年	2013 年	2014 年	2015 年	2016 年
	医学科学	项目数/项	85	135	128	159	176	152
		项目经费/万元	3 672	5 901	5 527	7 044.3	6 820.3	4 933.15
		机构数/个	7	13	12	15	12	9
		主持人数/人	85	131	128	157	176	152
		NCI	0.588 9	0.834 3	0.779 3	0.961	0.954 7	0.807 8

表 3-28 2011～2016 年河南项目经费 Top 30 机构

序号	机构名称	项目数量/项	项目经费/万元	全国排名
1	郑州大学	1 095	46 115.9	62
2	河南大学	486	20 082.6	151
3	河南理工大学	389	14 716.7	195
4	河南师范大学	348	14 049.49	204
5	河南农业大学	262	13 504.5	211
6	河南科技大学	340	11 967	247
7	中国人民解放军信息工程大学	172	8 476	316
8	河南工业大学	230	8 343.3	319
9	郑州轻工业学院	182	6 376.3	371
10	河南中医学院	126	5 585	394
11	新乡医学院	145	5 473.5	398
12	中国农业科学院棉花研究所	44	3 480	486
13	信阳师范学院	92	2 770.5	524
14	南阳师范学院	95	2 724.6	530
15	洛阳师范学院	77	2 658.84	535
16	河南科技学院	74	2 431	565
17	河南省农业科学院	57	2 307	579
18	商丘师范学院	66	2 218	591
19	黄河水利委员会黄河水利科学研究院	51	2 199	592
20	中原工学院	72	2 139	598
21	华北水利水电大学	66	2 068	605
22	安阳师范学院	68	1 845.5	631
23	中国地震局地球物理勘探中心	18	1 472	690
24	郑州航空工业管理学院	33	1 109	770
25	河南财经政法大学	40	1 088.4	774
26	许昌学院	33	1 022.5	796
27	周口师范学院	32	937	807
28	河南工程学院	29	745	868
29	洛阳理工学院	22	742	871
30	中国农业科学院农田灌溉研究所	20	643	916

3.2.15 黑龙江

2015 年，黑龙江常住人口 3812 万人，地区生产总值 15 083.67 亿元，人均地区生产总值 39 462 元；普通高等学校 81 所，普通高等学校招生 19.85 万人，普通高等学校教职工总数 7.61 万人；R&D 经费支出 157.7 亿元，从事 R&D 人员 88 218 人；国内专利申请受理量 34 611 项，专利申请授权量 18 943 项[15]。

2016 年，黑龙江年综合 NCI 为 0.6609，排名第 15 位。国家自然科学基金项目总数为 908 项，排名第 15 位；国家自然科学基金项目总额为 48 922.53 万元，排名第 14 位。黑龙江基础研究竞争力在全国属于第四梯队，基础研究竞争力较弱。高技术新概念新构思探索项目 NCI 排名第 8 位。优势学科为工程与材料科学，排名第 9 位，弱势学科为地球科学，排名第 24 位（图 3-16）。2011～2015 年综合 NCI 整体呈下降趋势，2015～2016 年综合 NCI 稳定上升（表 3-29）。2011～2016 年黑龙江项目经费 Top 30 机构如表 3-30 所示。

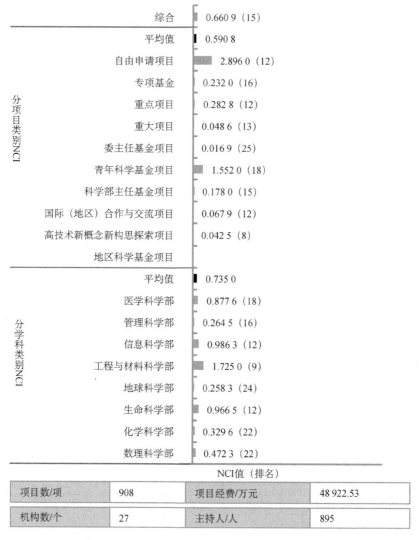

图 3-16 2016 年黑龙江各项 NCI 及总体基金数据

表 3-29　2011～2016 年黑龙江 NCI 变化趋势及指标

NCI 趋势	学科	类别	2011 年	2012 年	2013 年	2014 年	2015 年	2016 年
	综合	项目数/项	951	996	973	872	898	908
		项目经费/万元	42 224.5	52 051.3	51 794.6	49 585.2	45 438.7	48 922.5
		机构数/个	23	27	26	28	27	27
		主持人数/人	934	973	952	858	882	895
		NCI	0.735 5	0.725 7	0.693 8	0.647 4	0.638 1	0.660 9
	数理科学	项目数/项	76	79	86	91	71	70
		项目经费/万元	2 858	4 653	4 413	4 856	2 634.5	3 495
		机构数/个	7	8	7	10	11	7
		主持人数/人	76	78	86	91	71	70
		NCI	0.523	0.535	0.527 7	0.600 5	0.467 7	0.472 3
	化学科学	项目数/项	48	58	52	46	47	43
		项目经费/万元	1 893	2 539	2 471.5	2 556	1 786	2 248
		机构数/个	9	10	10	9	12	7
		主持人数/人	47	56	51	46	47	42
		NCI	0.397 2	0.414 2	0.386 2	0.354 2	0.352 9	0.329 6
	生命科学	项目数/项	142	159	171	131	152	148
		项目经费/万元	5 213.3	7 905.5	8 004.4	7 052	7 182	6 440.5
		机构数/个	14	15	16	16	13	15
		主持人数/人	141	155	168	129	150	147
		NCI	0.986 3	1.010 7	1.057 2	0.886 1	0.913 9	0.966 5
	地球科学	项目数/项	24	27	30	19	25	24
		项目经费/万元	1 140	1 559	1 521	1 564	1 278	2 326.33
		机构数/个	8	11	11	7	8	8
		主持人数/人	24	27	30	19	25	24
		NCI	0.241 5	0.258 5	0.267 4	0.189 1	0.213 9	0.258 3
	工程与材料科学	项目数/项	290	290	282	274	290	295
		项目经费/万元	13 760	16 236	17 171.7	16 230	16 934	17 512.1
		机构数/个	11	15	14	16	11	14
		主持人数/人	287	287	277	274	287	295
		NCI	1.69	1.640 2	1.589	1.584 5	1.501 3	1.725 1
	信息科学	项目数/项	158	147	134	124	134	142
		项目经费/万元	7 787.2	7 307.8	7 884	7 592.2	7 468.5	9 557.5
		机构数/个	8	8	8	10	9	12
		主持人数/人	155	145	134	124	133	140
		NCI	0.997	0.816 7	0.787 4	0.783 8	0.791 5	0.986 3
	管理科学	项目数/项	35	41	40	45	23	36
		项目经费/万元	1 135	1 662.5	1 748	1 932	1 330.6	1 337.5
		机构数/个	7	6	7	7	7	7
		主持人数/人	35	41	40	44	23	35
		NCI	0.281 8	0.278 2	0.285 5	0.305	0.200 4	0.264 5

续表

NCI 趋势	学科	类别	2011 年	2012 年	2013 年	2014 年	2015 年	2016 年
	医学科学	项目数/项	173	190	176	141	155	149
		项目经费/万元	7 848	8 958.5	8 541	7 562	6 805.1	5 931.6
		机构数/个	10	10	9	7	8	11
		主持人数/人	171	189	175	141	155	147
		NCI	1.107 3	1.035 3	0.946 9	0.763 7	0.809 1	0.877 6

表 3-30　2011～2016 年黑龙江项目经费 Top 30 机构

序号	机构名称	项目数量/项	项目经费/万元	全国排名
1	哈尔滨工业大学	2 207	132 675.03	16
2	哈尔滨医科大学	901	41 604.7	72
3	哈尔滨工程大学	579	28 600.7	108
4	东北农业大学	332	16 312.7	178
5	东北林业大学	259	12 614	230
6	哈尔滨理工大学	212	9 905.5	280
7	黑龙江大学	220	8 828.9	304
8	东北石油大学	127	6 928	354
9	黑龙江中医药大学	111	5 645	390
10	中国农业科学院哈尔滨兽医研究所	102	5 480	397
11	哈尔滨师范大学	105	4 130	451
12	黑龙江八一农垦大学	85	3 091.3	505
13	中国地震局工程力学研究所	55	2 552	543
14	佳木斯大学	48	2 250	586
15	齐齐哈尔大学	43	1 581	663
16	牡丹江医学院	38	1 494	683
17	黑龙江科技大学	34	1 413	700
18	哈尔滨商业大学	27	891	822
19	黑龙江省农业科学院	24	797	852
20	齐齐哈尔医学院	24	775	855
21	黑龙江省科学院自然与生态研究所	12	523	971
22	中国水产科学研究院黑龙江水产研究所	12	427	1 051
23	黑龙江省林业科学院	8	343	1 131
24	黑龙江省中医药科学院	6	232	1 264
25	黑龙江工程学院	6	214	1 296
26	牡丹江师范学院	4	151	1 412
27	大庆师范学院	6	128	1 469
28	机械科学研究院哈尔滨焊接研究所	2	103	1 533
29	黑龙江省科学院微生物研究所	1	85	1 606
30	黑龙江省科学院技术物理研究所	1	83	1 613

3.2.16　福建

2015 年，福建常住人口 3839 万人，地区生产总值 25 979.82 亿元，人均地区生产总值 67 966 元；普通高等学校 88 所，普通高等学校招生 20.67 万人，普通高等学校教职工总数 6.72 万人；R&D 经费支出 392.9 亿元，从事 R&D 人员 185 044 人；国内专利申请受理量 83 146 项，专利申请授权量 61 621 项[16]。

2016 年，福建综合 NCI 为 0.6310，排名第 16 位。国家自然科学基金项目总数为 841 项，排名第 17 位；国家自然科学基金项目总额为 40 983.24 万元，排名第 15 位。福建基础研究竞争力在全国属于第四梯队，基础研究竞争力较弱。各种类型的项目 NCI 排名均在 14 位及以后。优势学科为化学科学，排名第 10 位；弱势学科为数理科学，排名第 20 位（图 3-17）。2011～2013 年综合 NCI 呈上升趋势，2013～2014 年有所下降，2014～2016 年小幅上升（表 3-31）。2011～2016 年福建项目经费 Top 30 机构如表 3-32 所示。

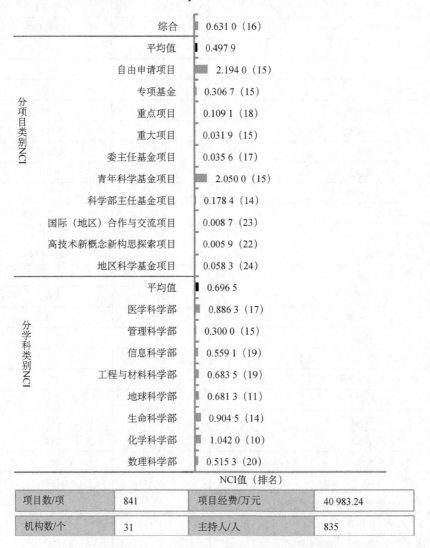

图 3-17　2016 年福建各项 NCI 及总体基金数据

表 3-31　2011～2016 年福建 NCI 变化趋势及指标

NCI 趋势	学科	类别	2011 年	2012 年	2013 年	2014 年	2015 年	2016 年
	综合	项目数/项	668	794	783	755	829	841
		项目经费/万元	33 035.4	47 701.3	57 833.6	46 928.8	41 296.7	40 983.2
		机构数/个	24	27	28	32	31	31
		主持人数/人	647	777	761	732	808	835
		NCI	0.583 9	0.634 3	0.650 6	0.612 1	0.618 5	0.631
	数理科学	项目数/项	62	83	78	79	82	71
		项目经费/万元	1 871	2 952	3 084	3 118.5	3 303.5	2 809
		机构数/个	11	9	10	12	13	12
		主持人数/人	61	82	76	77	78	71
		NCI	0.473 8	0.504 1	0.499 1	0.520 9	0.547 7	0.515 3
	化学科学	项目数/项	125	134	150	152	139	148
		项目经费/万元	8 379	9 653.75	21 790.3	12 484	9 919.66	9 328.19
		机构数/个	9	9	13	12	10	14
		主持人数/人	118	131	140	147	137	147
		NCI	0.921 2	0.859 1	1.192 1	1.02	0.887	1.042 1
	生命科学	项目数/项	88	119	112	95	125	141
		项目经费/万元	4 802	7 473	6 231.5	5 137.6	5 091.86	6 240
		机构数/个	12	18	15	15	17	13
		主持人数/人	87	119	110	90	125	141
		NCI	0.731 1	0.908 1	0.790 7	0.679 4	0.815 9	0.904 5
	地球科学	项目数/项	60	84	82	78	81	88
		项目经费/万元	4 287	5 622	6 057	6 113	4 205.73	4 787
		机构数/个	8	12	10	15	14	14
		主持人数/人	59	84	81	78	80	88
		NCI	0.529 5	0.642 1	0.607 9	0.651 7	0.594 6	0.681 3
	工程与材料科学	项目数/项	85	82	74	88	105	104
		项目经费/万元	3 291	4 257	3 509	4 487	4 373.73	3 775.5
		机构数/个	10	11	11	11	13	13
		主持人数/人	85	82	74	88	104	103
		NCI	0.626 4	0.579 1	0.517 6	0.592 9	0.671 6	0.683 5
	信息科学	项目数/项	69	64	70	71	84	81
		项目经费/万元	2 494	3 145	3 362	3 108.7	3 806	3 028
		机构数/个	8	7	13	10	12	12
		主持人数/人	69	63	70	70	84	80
		NCI	0.498	0.421 9	0.519 3	0.472 8	0.57	0.559 1
	管理科学	项目数/项	36	40	46	39	59	42
		项目经费/万元	1 306.4	1 839	1 753.8	1 398	2 352.6	1 844
		机构数/个	5	5	7	7	7	6
		主持人数/人	36	40	46	39	59	42
		NCI	0.272 1	0.269 2	0.306 4	0.263 4	0.370 2	0.3

续表

NCI 趋势	学科	类别	2011 年	2012 年	2013 年	2014 年	2015 年	2016 年
	医学科学	项目数/项	138	171	156	134	141	148
		项目经费/万元	5 745	8 219.5	7 711	6 259	5 588.65	5 656.55
		机构数/个	12	13	11	10	12	12
		主持人数/人	137	169	155	134	141	148
		NCI	0.958 5	1.024 7	0.913 5	0.776 4	0.813	0.886 3

表 3-32 2011~2016 年福建项目经费 Top 30 机构

序号	机构名称	项目数量/项	项目经费/万元	全国排名
1	厦门大学	1 798	132 241.98	17
2	福州大学	553	26 771	117
3	中国科学院福建物质结构研究所	292	19 405.99	154
4	福建农林大学	353	15 629.4	182
5	福建师范大学	252	12 594.5	231
6	华侨大学	303	12 002	245
7	福建医科大学	276	11 782.2	252
8	中国科学院城市环境研究所	140	7 794.25	334
9	福建中医药大学	147	6 215	374
10	国家海洋局第三海洋研究所	99	4 856	418
11	集美大学	97	4 524.8	433
12	厦门理工学院	94	2 897.5	520
13	福建省农业科学院	34	1 703	652
14	福建海洋研究所	7	1 485	688
15	福建工程学院	44	1 461.5	693
16	福建省立医院	23	1 070	781
17	闽南师范大学	20	774.5	856
18	闽江学院	17	550	951
19	泉州师范学院	18	549.5	954
20	福建江夏学院	8	465	1 013
21	福建省中医药研究院	14	464	1 014
22	福建省肿瘤医院	14	352	1 121
23	莆田学院	8	277	1 200
24	中国人民解放军南京军区福州总医院	8	268	1 216
25	龙岩学院	9	234	1 262
26	三明学院	8	208	1 308
27	福建省亚热带植物研究所	6	183	1 334
28	福建出入境检验检疫局检验检疫技术中心	3	166	1 378
29	宁德师范学院	4	150	1 417
30	福建省地震局	1	100	1 549

3.2.17 重庆

2015 年，重庆常住人口 3017 万人，地区生产总值 15 717.27 亿元，人均地区生产总值 29 847 元；普通高等学校 64 所，普通高等学校招生 20.55 万人，普通高等学校教职工总数 5.63 万人；R&D 经费支出 247 亿元，从事 R&D 人员 93 167 人；国内专利申请受理量 82 791 项，专利申请授权量 38 914 项[17]。

2016 年，重庆综合 NCI 为 0.5878，排名第 17 位。国家自然科学基金项目总数为 860 项，排名第 16 位；国家自然科学基金项目总额为 36 797.65 万元，排名第 18 位。重庆基础研究竞争力在全国属于第四梯队，基础研究竞争力较弱。各种类型的项目 NCI 排名均在 15 位以后。优势学科是医学科学和工程与材料科学，弱势学科为地球科学（图 3-18）。2011～2016 年综合 NCI 整体保持稳定（表 3-33）。2011～2016 年重庆项目经费 Top 30 机构如表 3-34 所示。

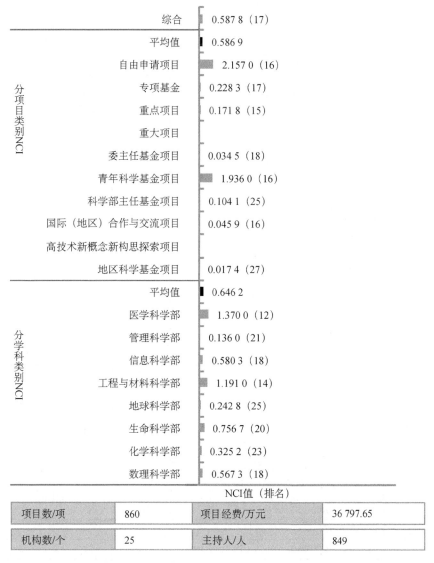

| 项目数/项 | 860 | 项目经费/万元 | 36 797.65 |
| 机构数/个 | 25 | 主持人/人 | 849 |

图 3-18　2016 年重庆各项 NCI 及总体基金数据

表 3-33 2011～2016 年重庆 NCI 变化趋势及指标

NCI 趋势	学科	类别	2011 年	2012 年	2013 年	2014 年	2015 年	2016 年
	综合	项目数/项	746	800	784	810	860	860
		项目经费/万元	40 309.8	43 873.3	40 892.9	45 592.3	38 031.5	36 797.7
		机构数/个	22	22	22	24	28	25
		主持人数/人	735	786	771	794	848	849
		NCI	0.637 3	0.593	0.563 7	0.587 3	0.603 3	0.587 8
	数理科学	项目数/项	50	63	63	70	78	80
		项目经费/万元	1 544.84	3 552	2 351.5	2 554	2 740.6	3 000
		机构数/个	11	13	11	14	13	13
		主持人数/人	49	62	63	70	76	80
		NCI	0.405 2	0.503 8	0.432 1	0.487 9	0.512 9	0.567 3
	化学科学	项目数/项	30	36	39	37	42	42
		项目经费/万元	1 253	1 941	1 964	1 896	2 090	1 698
		机构数/个	6	10	11	10	8	9
		主持人数/人	29	35	38	37	42	42
		NCI	0.255 1	0.305 7	0.322 9	0.302 7	0.313 5	0.325 2
	生命科学	项目数/项	122	128	117	107	126	115
		项目经费/万元	6 259	6 453	5 811	6 196	5 341	5 430
		机构数/个	13	13	10	11	10	11
		主持人数/人	122	128	117	107	126	115
		NCI	0.941	0.837	0.720 9	0.708 7	0.726	0.756 7
	地球科学	项目数/项	19	22	24	23	25	30
		项目经费/万元	769	997	1 077	871	1 280	930
		机构数/个	8	8	7	8	9	10
		主持人数/人	19	22	24	23	25	30
		NCI	0.194 7	0.192 7	0.195 9	0.185 8	0.220 4	0.242 8
	工程与材料科学	项目数/项	124	128	137	153	169	192
		项目经费/万元	6 456	7 079	8 940.5	11 625	7 474.3	8 824.5
		机构数/个	11	10	14	12	14	15
		主持人数/人	124	128	136	153	166	191
		NCI	0.917	0.802 2	0.943 3	1.013 7	0.990 3	1.191 4
	信息科学	项目数/项	60	51	54	84	79	79
		项目经费/万元	2 670	2 501	2 660	4 209	3 783.91	3 127
		机构数/个	9	9	11	13	12	14
		主持人数/人	60	51	54	82	79	79
		NCI	0.486 5	0.380 2	0.412 5	0.590 8	0.552	0.580 3
	管理科学	项目数/项	17	15	20	22	18	16
		项目经费/万元	658	747.3	698.7	852.5	621.7	459.6
		机构数/个	6	7	6	8	7	7
		主持人数/人	17	15	20	22	18	16
		NCI	0.164 9	0.143 2	0.154 5	0.180 7	0.146 6	0.136

续表

NCI 趋势	学科	类别	2011 年	2012 年	2013 年	2014 年	2015 年	2016 年
	医学科学	项目数/项	324	356	327	312	323	305
		项目经费/万元	20 700	20 403	16 850.2	17 126.8	14 700	13 088.6
		机构数/个	10	6	7	7	10	7
		主持人数/人	321	353	322	309	322	304
		NCI	1.932 3	1.530 9	1.433	1.390 4	1.496 1	1.370 3

表 3-34　2011～2016 年重庆项目经费 Top 30 机构

序号	机构名称	项目数量/项	项目经费/万元	全国排名
1	中国人民解放军第三军医大学	1 377	73 582.15	33
2	重庆大学	1 075	65 015.65	39
3	重庆医科大学	789	41 408.4	74
4	西南大学	684	31 931.75	95
5	重庆邮电大学	143	5 331.84	406
6	重庆交通大学	128	4 720.5	422
7	重庆理工大学	114	4 256.2	447
8	重庆师范大学	126	4 103.5	455
9	中国科学院重庆绿色智能技术研究院	96	3 478	487
10	重庆科技学院	66	2 517.5	551
11	重庆工商大学	67	1 943.96	619
12	中国人民解放军后勤工程学院	38	1 900	627
13	重庆文理学院	46	1 216	738
14	长江师范学院	11	560	946
15	重庆三峡学院	15	478	1 002
16	中国人民解放军重庆通信学院	8	412	1 065
17	重庆市畜牧科学院	10	410	1 068
18	中国农业科学院柑桔研究所	11	398	1 085
19	西南政法大学	9	224.5	1 277
20	重庆市肿瘤研究所	5	223	1 283
21	中煤科工集团重庆研究院有限公司	4	171	1 363
22	重庆市中药研究院	4	166	1 380
23	中国兵器工业第五九研究所	3	160	1 393
24	重庆市科学技术研究院	3	143	1 437
25	重庆地质矿产研究院	5	112	1 510
26	招商局重庆交通科研设计院有限公司	5	105	1 531
27	中国电子科技集团公司第二十四研究所	2	88	1 597
28	重庆市中医研究院	3	86	1 603
29	重庆市第三人民医院	2	71.5	1 677
30	中国电子科技集团公司第四十四研究所	1	68	1 705

3.2.18　云南

2015 年，云南常住人口 4742 万人，地区生产总值 13 619.17 亿元，人均地区生产总值 28 806 元；普通高等学校 69 所，普通高等学校招生 17.66 万人，普通高等学校教职工总数 5.03 万人；R&D 经费支出 109.4 亿元，从事 R&D 人员 52 943 人；国内专利申请受理量 17 603 项，专利申请授权量 11 658 项[18]。

2016 年，云南综合 NCI 为 0.5737，排名第 18 位。国家自然科学基金项目总数为 712 项，排名第 20 位；国家自然科学基金项目总额为 30 538.71 万元，排名第 20 位。云南基础研究竞争力在全国属于第四梯队，基础研究竞争力较弱。地区科学基金项目排名第 2 位。优势学科为生命科学，排名第 8 位；弱势学科是信息科学和工程与材料科学，分别排在第 25 位和 23 位（图 3-19）。2011～2016 年综合 NCI 在 0.6 上下浮动（表 3-35）。2011～2016 年云南项目经费 Top 30 机构如表 3-36 所示。

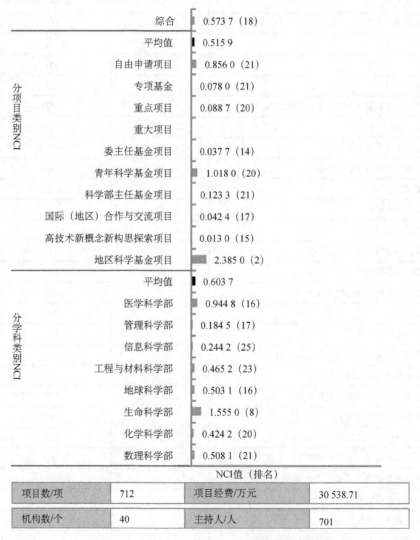

项目数/项	712	项目经费/万元	30 538.71
机构数/个	40	主持人/人	701

图 3-19　2016 年云南各项 NCI 及总体基金数据

表 3-35 2011～2016 年云南 NCI 变化趋势及指标

NCI 趋势	学科	类别	2011 年	2012 年	2013 年	2014 年	2015 年	2016 年
	综合	项目数/项	590	674	694	669	721	712
		项目经费/万元	31 176.2	35 870.5	36 071.7	33 838.2	34 697.8	30 538.7
		机构数/个	40	34	42	37	42	40
		主持人数/人	574	657	675	655	707	701
		NCI	0.615 2	0.575 9	0.602 5	0.551 9	0.596 7	0.573 7
	数理科学	项目数/项	61	65	77	65	76	67
		项目经费/万元	2 754	3 420	3 958	3 041.5	4 997.1	3 071.5
		机构数/个	10	10	12	9	10	12
		主持人数/人	59	64	75	65	75	65
		NCI	0.503 3	0.474 8	0.552 4	0.439 7	0.552 7	0.508 1
	化学科学	项目数/项	41	49	52	47	52	55
		项目经费/万元	2 156	2 336	2 506	2 414	2 061.3	1 984
		机构数/个	9	9	11	12	11	13
		主持人数/人	41	48	51	47	52	55
		NCI	0.381 2	0.364 5	0.396 9	0.379 3	0.376 5	0.424 2
	生命科学	项目数/项	212	228	225	205	238	241
		项目经费/万元	10 330	11 716	11 927	10 342.5	11 606.8	10 166.8
		机构数/个	22	19	26	27	24	24
		主持人数/人	212	228	224	203	236	240
		NCI	1.603 7	1.425 7	1.517 7	1.392 2	1.504 7	1.555 8
	地球科学	项目数/项	33	53	60	57	48	59
		项目经费/万元	1 416	2 601.95	2 707	2 855.5	1 997	2 607
		机构数/个	9	10	14	14	11	17
		主持人数/人	33	50	60	57	48	59
		NCI	0.307 9	0.396 1	0.463 9	0.452 7	0.358 9	0.503 1
	工程与材料科学	项目数/项	62	81	78	78	85	70
		项目经费/万元	2 710	3 677	3 307	3 394	3 063.5	2 558.9
		机构数/个	6	9	9	9	11	9
		主持人数/人	62	81	78	78	85	70
		NCI	0.448 5	0.527 7	0.497 9	0.495 1	0.531 5	0.465 2
	信息科学	项目数/项	29	38	38	43	45	32
		项目经费/万元	1 448	1 734	1 542	1 986	1 481	1 045
		机构数/个	8	9	6	9	8	8
		主持人数/人	28	38	38	43	45	32
		NCI	0.279 4	0.299 5	0.259 5	0.321 5	0.297 8	0.244 2
	管理科学	项目数/项	19	22	24	29	22	24
		项目经费/万元	847.2	799.5	769.7	995	635.68	691.9
		机构数/个	6	7	6	8	5	7
		主持人数/人	19	22	23	29	22	24
		NCI	0.185 7	0.176 4	0.171 5	0.215 7	0.149 8	0.184 5

NCI 趋势	学科	类别	2011 年	2012 年	2013 年	2014 年	2015 年	2016 年
	医学科学	项目数/项	112	116	124	134	140	147
		项目经费/万元	5 220	5 315	6 170	6 565.7	5 767.4	5 296.6
		机构数/个	18	18	18	17	20	17
		主持人数/人	112	116	123	132	140	145
		NCI	0.934 7	0.823 4	0.870 8	0.893 8	0.927 7	0.944 8

表 3-36　2011～2016 年云南项目经费 Top 30 机构

序号	机构名称	项目数量/项	项目经费/万元	全国排名
1	昆明理工大学	846	37 335.42	84
2	云南大学	562	28 124.3	110
3	中国科学院昆明植物研究所	279	19 338.37	155
4	昆明医科大学	361	16 012.5	179
5	中国科学院昆明动物研究所	187	14 934.2	191
6	云南农业大学	265	12 178	242
7	云南师范大学	232	11 086.86	260
8	中国科学院云南天文台	146	10 557.1	266
9	中国科学院西双版纳热带植物园	139	7 805.81	333
10	西南林业大学	161	6 849.5	358
11	云南省农业科学院	116	5 932	384
12	大理大学	111	4 342.2	442
13	云南民族大学	90	3 706.9	476
14	云南财经大学	93	3 474	488
15	云南中医学院	73	3 016	511
16	云南省第一人民医院	58	2 443.5	562
17	昆明学院	40	1 525	675
18	昆明贵金属研究所	25	1 272.5	726
19	红河学院	33	1 217	737
20	中国林业科学研究院资源昆虫研究所	20	1 211	741
21	中国医学科学院医学生物学研究所	24	1 064.9	785
22	成都军区昆明总医院	19	806	848
23	楚雄师范学院	20	719	881
24	云南中科灵长类生物医学重点实验室	7	660	908
25	云南省气象科学研究所	11	565.95	944
26	曲靖师范学院	13	530	963
27	云南省第二人民医院	12	514	979
28	云南省林业科学院	11	480	1 001
29	云南省中医中药研究院	9	434	1 040
30	云南省地震局	6	430	1 046

3.2.19 吉林

2015 年，吉林常住人口 2753 万人，地区生产总值 14 063.13 亿元，人均地区生产总值 51 086 元；普通高等学校 58 所，普通高等学校招生 17.00 万人，普通高等学校教职工总数 6.30 万人；R&D 经费支出 141.4 亿元，从事 R&D 人员 77 306 人；国内专利申请受理量 14 800 项，专利申请授权量 8878 项[19]。

2016 年，吉林综合 NCI 为 0.5703，排名第 19 位。国家自然科学基金项目总数为 760 项，排名第 19 位；国家自然科学基金项目总额为 38 784.2 万元，排名第 16 位。吉林基础研究竞争力在全国属于第四梯队，基础研究竞争力较弱。各种类型的项目 NCI 排名均在第 12 位及以后；优势学科为化学科学，排名第 12 位；弱势学科为管理科学，排名第 24 位（图 3-20）。2012～2016 年综合 NCI 呈下降趋势，2011～2014 年生命科学 NCI 呈下降趋势，2014～2016 年小幅回升（表 3-37）。2011～2016 年吉林项目经费 Top 30 机构如表 3-38 所示。

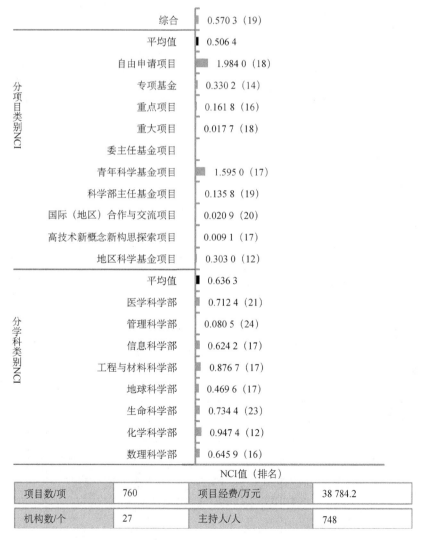

图 3-20　2016 年吉林各项 NCI 及总体基金数据

表 3-37　2011~2016 年吉林 NCI 变化趋势及指标

NCI 趋势	学科	类别	2011 年	2012 年	2013 年	2014 年	2015 年	2016 年
	综合	项目数/项	751	751	764	757	761	760
		项目经费/万元	38 512.9	62 021.4	46 369.1	47 026.1	42 215	38 784.2
		机构数/个	24	26	27	30	28	27
		主持人数/人	738	736	748	745	736	748
		NCI	0.645 7	0.652 8	0.603 8	0.605 6	0.579 7	0.570 3
	数理科学	项目数/项	92	77	94	84	80	79
		项目经费/万元	3 805	11 866.2	3 934.5	4 020	3 411	4 595
		机构数/个	11	11	14	14	10	15
		主持人数/人	91	75	91	83	79	77
		NCI	0.690 2	0.720 3	0.632 4	0.596 8	0.515 5	0.645 9
	化学科学	项目数/项	135	139	128	147	138	135
		项目经费/万元	8 467	9 971	8 467.26	10 123	11 425.4	8 942
		机构数/个	9	10	11	11	11	12
		主持人数/人	131	136	125	145	133	134
		NCI	0.966 5	0.905 8	0.843 4	0.935 9	0.932 4	0.947 4
	生命科学	项目数/项	128	116	118	97	111	110
		项目经费/万元	5 590	6 395.5	5 495.4	5 723	4 874	4 869.5
		机构数/个	11	13	15	15	14	12
		主持人数/人	128	116	116	97	111	109
		NCI	0.898 7	0.795	0.786 7	0.714 9	0.724 5	0.734 4
	地球科学	项目数/项	82	85	78	98	88	72
		项目经费/万元	4 074	4 759.36	5 575	6 467	4 936	3 273
		机构数/个	9	6	7	13	9	7
		主持人数/人	82	84	78	98	88	71
		NCI	0.632 1	0.519 4	0.532 8	0.714 8	0.579 4	0.469 6
	工程与材料科学	项目数/项	124	136	133	133	119	132
		项目经费/万元	6 416	8 803.8	11 075.1	9 059.07	6 069.04	6 859.5
		机构数/个	12	12	11	10	10	12
		主持人数/人	122	136	131	132	117	131
		NCI	0.931 9	0.914	0.921 3	0.846 8	0.725 4	0.876 7
	信息科学	项目数/项	76	60	86	77	82	81
		项目经费/万元	4 447.6	12 432	5 424.8	5 861	6 152	4 644.6
		机构数/个	9	11	10	11	13	12
		主持人数/人	76	60	86	76	81	81
		NCI	0.622	0.647 5	0.607 5	0.591	0.645 9	0.624 2
	管理科学	项目数/项	10	15	11	11	13	9
		项目经费/万元	262.3	718	410	408	380.9	417
		机构数/个	4	4	3	4	5	3
		主持人数/人	10	15	11	11	13	9
		NCI	0.090 8	0.123 2	0.084 3	0.089 4	0.101 3	0.080 5

续表

NCI 趋势	学科	类别	2011 年	2012 年	2013 年	2014 年	2015 年	2016 年
	医学科学	项目数/项	100	116	114	108	128	139
		项目经费/万元	4 431	5 355.5	5 567	5 345	4 866.7	4 653.6
		机构数/个	10	9	8	10	8	7
		主持人数/人	100	116	113	108	128	137
		NCI	0.731 9	0.693 7	0.664 3	0.67	0.676 1	0.712 4

表 3-38　2011～2016 年吉林项目经费 Top 30 机构

序号	机构名称	项目数量/项	项目经费/万元	全国排名
1	吉林大学	2 036	131 161.11	18
2	中国科学院长春应用化学研究所	555	44 628.75	67
3	东北师范大学	481	25 545	125
4	中国科学院长春光学精密机械与物理研究所	207	20 398	149
5	延边大学	282	12 484	235
6	中国科学院东北地理与农业生态研究所	211	11 295.4	258
7	吉林农业大学	119	5 107	413
8	长春理工大学	106	4 235	448
9	东北电力大学	89	3 801.4	471
10	长春工业大学	87	3 026	510
11	长春中医药大学	47	2 239.5	588
12	吉林师范大学	57	1 950	617
13	北华大学	41	1 239	732
14	长春师范大学	24	952	804
15	吉林省农业科学院	33	903	818
16	吉林建筑大学	18	737	873
17	吉林医药学院	16	558.5	947
18	长春工程学院	14	540	957
19	中国农业科学院特产研究所	21	527	965
20	吉林省中医药科学院	8	449	1 026
21	中国人民解放军空军航空大学	10	439	1 036
22	中国科学院国家天文台长春人造卫星观测站	15	436	1 039
23	吉林化工学院	10	386	1 099
24	长春大学	11	335	1 144
25	吉林财经大学	12	331	1 150
26	吉林省气象科学研究所	5	278	1 197
27	吉林农业科技学院	5	177	1 347
28	吉林省养蜂科学研究所	3	170	1 365
29	通化师范学院	4	135	1 455
30	白城师范学院	3	77	1 646

3.2.20 江西

2015 年，江西常住人口 4566 万人，地区生产总值 16 723.78 亿元，人均地区生产总值 36 724 元；普通高等学校 97 所，普通高等学校招生 28.68 万人，普通高等学校教职工总数 7.89 万人；R&D 经费支出 173.2 亿元，从事 R&D 人员 76 237 人；国内专利申请受理量 36 936 项，专利申请授权量 24 161 项[20]。

2016 年，江西综合 NCI 为 0.5700，排名第 20 位。国家自然科学基金项目总数为 799 项，排名第 18 位；国家自然科学基金项目总额为 28 648.09 万元，排名第 21 位。江西基础研究竞争力在全国属于第四梯队，基础研究竞争力较弱。地区科学基金项目排名第 1 位；优势学科为管理科学，弱势学科为地球科学（图 3-21）。2011～2016 年综合 NCI 整体呈小幅上涨趋势（表 3-39）。2011～2016 年江西项目经费 Top 30 机构如表 3-40 所示。

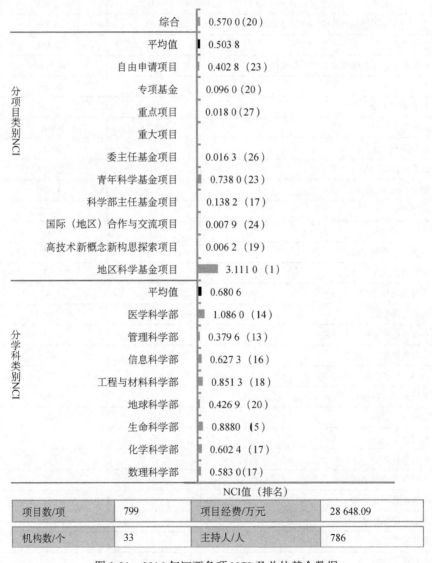

图 3-21　2016 年江西各项 NCI 及总体基金数据

表 3-39　2011～2016 年江西 NCI 变化趋势及指标

NCI 趋势	学科	类别	2011 年	2012 年	2013 年	2014 年	2015 年	2016 年
	综合	项目数/项	495	640	621	747	746	799
		项目经费/万元	21 680.6	28 088.1	26 967.1	32 933.2	27 766.2	28 648.1
		机构数/个	27	28	28	34	33	33
		主持人数/人	484	627	614	732	734	786
		NCI	0.467	0.503 5	0.480 9	0.567 2	0.540 9	0.57
	数理科学	项目数/项	55	61	65	76	66	82
		项目经费/万元	1 653.4	1 907	2 140	2 634	2 183	2 587
		机构数/个	11	14	13	14	15	16
		主持人数/人	53	61	64	74	66	82
		NCI	0.430 4	0.434	0.445 2	0.508 9	0.465	0.583
	化学科学	项目数/项	55	62	68	81	82	79
		项目经费/万元	2 411	2 694	2 860	3 610	3 186	3 176
		机构数/个	11	12	14	15	19	16
		主持人数/人	54	60	67	81	82	79
		NCI	0.475 2	0.455 2	0.498 9	0.582 2	0.604 3	0.602 4
	生命科学	项目数/项	81	111	116	122	142	133
		项目经费/万元	3 950.3	5 744	5 368	5 951	5 772	4 982
		机构数/个	12	15	14	18	20	17
		主持人数/人	81	111	116	122	142	133
		NCI	0.669 9	0.784 7	0.765 5	0.847 3	0.934 5	0.888
	地球科学	项目数/项	32	43	48	40	59	56
		项目经费/万元	1 494	1 803	2 632	1 732	2 289	1 823
		机构数/个	9	11	14	14	16	14
		主持人数/人	32	42	48	40	59	56
		NCI	0.307 3	0.336 3	0.412	0.334 7	0.452 1	0.426 9
	工程与材料科学	项目数/项	105	112	109	136	124	128
		项目经费/万元	4 795	5 442	4 824	6 399	4 690	4 902.2
		机构数/个	14	14	15	16	15	16
		主持人数/人	105	109	108	136	123	126
		NCI	0.832	0.759 1	0.733 3	0.884 6	0.77	0.851 3
	信息科学	项目数/项	48	77	64	82	75	89
		项目经费/万元	2 186	3 055	2 842	3 520	2 628	2 943.8
		机构数/个	12	13	14	14	17	16
		主持人数/人	48	77	64	82	75	89
		NCI	0.444 8	0.538 5	0.485	0.572 1	0.535 7	0.627 3
	管理科学	项目数/项	36	47	52	51	46	50
		项目经费/万元	1 290.9	1 576.1	1 672.05	1 827.9	1 245.84	1 429.49
		机构数/个	11	13	11	12	11	14
		主持人数/人	35	46	52	51	46	50
		NCI	0.328 1	0.354 6	0.360 5	0.368 5	0.312 2	0.379 6

续表

NCI 趋势	学科	类别	2011 年	2012 年	2013 年	2014 年	2015 年	2016 年
	医学科学	项目数/项	83	127	99	159	152	182
		项目经费/万元	3 900	5 867	4 629	7 259.3	5 772.4	6 804.6
		机构数/个	12	14	12	16	11	15
		主持人数/人	83	125	99	158	152	181
		NCI	0.676	0.826	0.655 7	0.985 5	0.832 7	1.086 9

表 3-40 2011～2016 年江西项目经费 Top 30 机构

序号	机构名称	项目数量/项	项目经费/万元	全国排名
1	南昌大学	1 195	52 553.87	53
2	江西农业大学	323	14 194.1	202
3	江西师范大学	355	13 109.3	220
4	南昌航空大学	291	12 822.4	224
5	华东交通大学	258	10 373.55	271
6	东华理工大学	219	8 708	310
7	江西理工大学	225	8 490.1	315
8	江西财经大学	182	6 555.96	363
9	井冈山大学	107	4 505	436
10	江西中医药大学	104	4 124.3	452
11	九江学院	94	3 949.8	462
12	江西科技师范大学	93	3 800.4	472
13	赣南师范学院	96	3 367.3	493
14	景德镇陶瓷学院	86	3 222.5	500
15	南昌工程学院	75	2 695	533
16	赣南医学院	63	2 567.5	541
17	江西省农业科学院	53	2 154	597
18	江西省科学院	41	1 630.3	657
19	宜春学院	36	1 405	703
20	上饶师范学院	25	858	832
21	江西省人民医院	19	837	840
22	江西省肿瘤医院	19	803	849
23	江西省妇幼保健院	14	594	933
24	南昌师范学院	10	397	1 087
25	江西省水利科学研究院	10	347	1 130
26	江西省水土保持科学研究院	10	311	1 168
27	江西省儿童医院	7	281	1 195
28	新余学院	7	266	1 218
29	南昌市第三医院	3	147	1 425
30	江西省林业科学院	4	140	1 445

3.2.21　甘肃

2015 年，甘肃常住人口 2600 万人，地区生产总值 6790.32 亿元，人均地区生产总值 26 165 元；普通高等学校 45 所，普通高等学校招生 12.43 万人，普通高等学校教职工总数 3.86 万人；R&D 经费支出 82.7 亿元，从事 R&D 人员 41 135 人；国内专利申请受理量 14 584 项，专利申请授权量 6912 项[21]。

2016 年，甘肃综合 NCI 为 0.5485，排名第 21 位。国家自然科学基金项目总数为 659 项，排名第 21 位；国家自然科学基金项目总额为 35 811.68 万元，排名第 19 位。甘肃基础研究竞争力在全国属于第四梯队，基础研究竞争力较弱。地区科学基金排名第 6 位。优势学科是地球科学，排名第 8 位；弱势学科是管理科学和医学科学（图 3-22）。2011～2013 年综合 NCI 呈下降趋势，2013～2014 年呈上升趋势，2014～2016 年呈下降趋势（表 3-41）。2011～2016 年甘肃项目经费 Top 30 机构如表 3-42 所示。

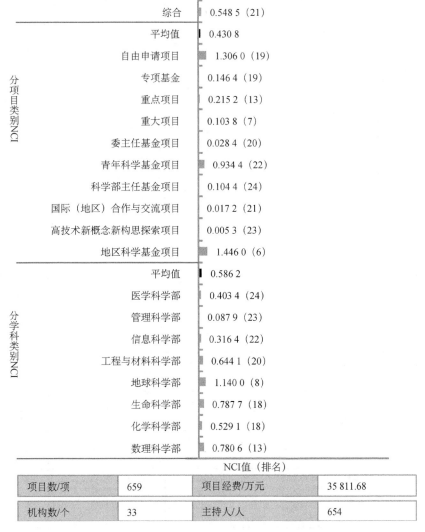

| 项目数/项 | 659 | 项目经费/万元 | 35 811.68 |
| 机构数/个 | 33 | 主持人/人 | 654 |

图 3-22　2016 年甘肃各项 NCI 及总体基金数据

表 3-41　2011～2016 年甘肃 NCI 变化趋势及指标

NCI 趋势	学科	类别	2011 年	2012 年	2013 年	2014 年	2015 年	2016 年
	综合	项目数/项	554	659	614	669	681	659
		项目经费/万元	32 686.3	39 707.2	33 618.7	48 929.4	32 716.5	35 811.7
		机构数/个	34	30	35	31	39	33
		主持人数/人	541	642	603	656	678	654
		NCI	0.579 8	0.566	0.533 3	0.579 2	0.563 1	0.548 5
	数理科学	项目数/项	103	116	111	122	122	117
		项目经费/万元	5 629.1	6 521.8	6 856.3	18 172.4	6 052	5 538.7
		机构数/个	10	9	8	11	13	12
		主持人数/人	99	115	109	121	122	115
		NCI	0.780 8	0.727 2	0.689	0.988 3	0.787	0.780 6
	化学科学	项目数/项	74	80	73	86	72	74
		项目经费/万元	3 965	6 271.8	4 751	5 292	3 541	3 832
		机构数/个	6	10	6	9	7	9
		主持人数/人	74	76	73	85	72	74
		NCI	0.538 9	0.607 5	0.476 5	0.579 2	0.453	0.529 1
	生命科学	项目数/项	105	119	137	121	141	121
		项目经费/万元	4 939.1	6 607.5	6 550.5	6 586	5 964	4 873
		机构数/个	20	17	21	17	23	13
		主持人数/人	104	118	137	121	141	121
		NCI	0.914 2	0.866 3	0.967 6	0.853 2	0.972 3	0.787 7
	地球科学	项目数/项	135	151	105	147	130	146
		项目经费/万元	11 277	9 191	6 656	10 435	8 895.67	13 034.5
		机构数/个	12	13	14	13	13	15
		主持人数/人	131	151	103	144	130	143
		NCI	1.115 7	0.993 1	0.764 8	0.981 6	0.894 6	1.140 9
	工程与材料科学	项目数/项	63	96	83	92	107	99
		项目经费/万元	2 522	5 091.4	3 705	4 137	4 404	4 230.8
		机构数/个	8	10	9	10	13	10
		主持人数/人	63	96	83	92	106	99
		NCI	0.477 2	0.639 8	0.528 4	0.580 1	0.679 2	0.644 1
	信息科学	项目数/项	29	38	28	41	29	35
		项目经费/万元	1 525	1 747	1 308	1 633	943	1 969.7
		机构数/个	8	5	7	10	8	10
		主持人数/人	29	37	28	41	29	35
		NCI	0.285 5	0.257 3	0.222 2	0.306 9	0.213 5	0.316 4
	管理科学	项目数/项	7	7	13	11	11	10
		项目经费/万元	213.1	239.7	499.9	657	321.8	288
		机构数/个	3	5	7	4	6	5
		主持人数/人	7	7	13	11	11	10
		NCI	0.067 1	0.067 7	0.119	0.100 7	0.093 5	0.087 9

续表

NCI 趋势	学科	类别	2011 年	2012 年	2013 年	2014 年	2015 年	2016 年
	医学科学	项目数/项	33	44	63	49	68	56
		项目经费/万元	1 386	1 997	2 892	2 017	2 345.05	2 035
		机构数/个	6	9	13	7	14	10
		主持人数/人	33	44	63	49	67	56
		NCI	0.276 7	0.333 9	0.474 4	0.323 6	0.470 5	0.403 4

表 3-42　2011～2016 年甘肃项目经费 Top 30 机构

序号	机构名称	项目数量/项	项目经费/万元	全国排名
1	兰州大学	1 056	68 254.35	38
2	中国科学院寒区旱区环境与工程研究所	428	34 755.38	90
3	中国科学院近代物理研究所	283	28 836.5	107
4	兰州理工大学	321	13 214	217
5	西北师范大学	307	13 168.4	218
6	中国科学院兰州化学物理研究所	237	12 185	241
7	兰州交通大学	244	10 527.6	267
8	甘肃农业大学	205	9 080.6	298
9	西北民族大学	95	3 974.5	461
10	甘肃省农业科学院	83	3 791	473
11	甘肃中医药大学	81	3 565	481
12	中国农业科学院兰州兽医研究所	74	3 287	498
13	中国科学院地质与地球物理研究所兰州油气资源研究中心	39	2 060	606
14	甘肃省人民医院	46	1 912	625
15	兰州空间技术物理研究所	23	1 544.7	669
16	甘肃省治沙研究所	32	1 529	673
17	天水师范学院	35	1 508	682
18	中国人民解放军兰州军区兰州总医院	35	1 332	716
19	河西学院	27	1 142	760
20	中国地震局兰州地震研究所	23	1 008.1	797
21	中国气象局兰州干旱气象研究所	17	905	817
22	兰州城市学院	18	767	860
23	中国农业科学院兰州畜牧与兽药研究所	17	719	882
24	甘肃省中医院	12	523	973
25	兰州工业学院	10	427	1 052
26	陇东学院	10	422	1 057
27	甘肃省林业科学研究院	7	336	1 141
28	定西市人民医院	8	311	1 169
29	中国科学院兰州文献情报中心	10	240.67	1 253
30	甘肃政法学院	7	231	1 270

3.2.22 广西

2015 年，广西常住人口 4796 万人，地区生产总值 16 803.12 亿元，人均地区生产总值 35 190 元；普通高等学校 71 所，普通高等学校招生 23.42 万人，普通高等学校教职工总数 6.02 万人；R&D 经费支出 105.9 亿元，从事 R&D 人员 65 382 人；国内专利申请受理量 43 696 项，专利申请授权量 13 573 项[22]。

2016 年，广西综合 NCI 为 0.4397，排名第 22 位。国家自然科学基金项目总数为 543 项，排名第 22 位；国家自然科学基金项目总额为 20 523.7 万元，排名第 24 位。广西基础研究竞争力在全国属于第五梯队，基础研究竞争力很弱。地区科学基金项目排名第 3 位，委主任基金项目排名第 13 位。优势优势学科为医学科学（图 3-23）。2013～2016 年综合 NCI 较为稳定（表 3-43）。2011～2016 年广西项目经费 Top 30 机构如表 3-44 所示。

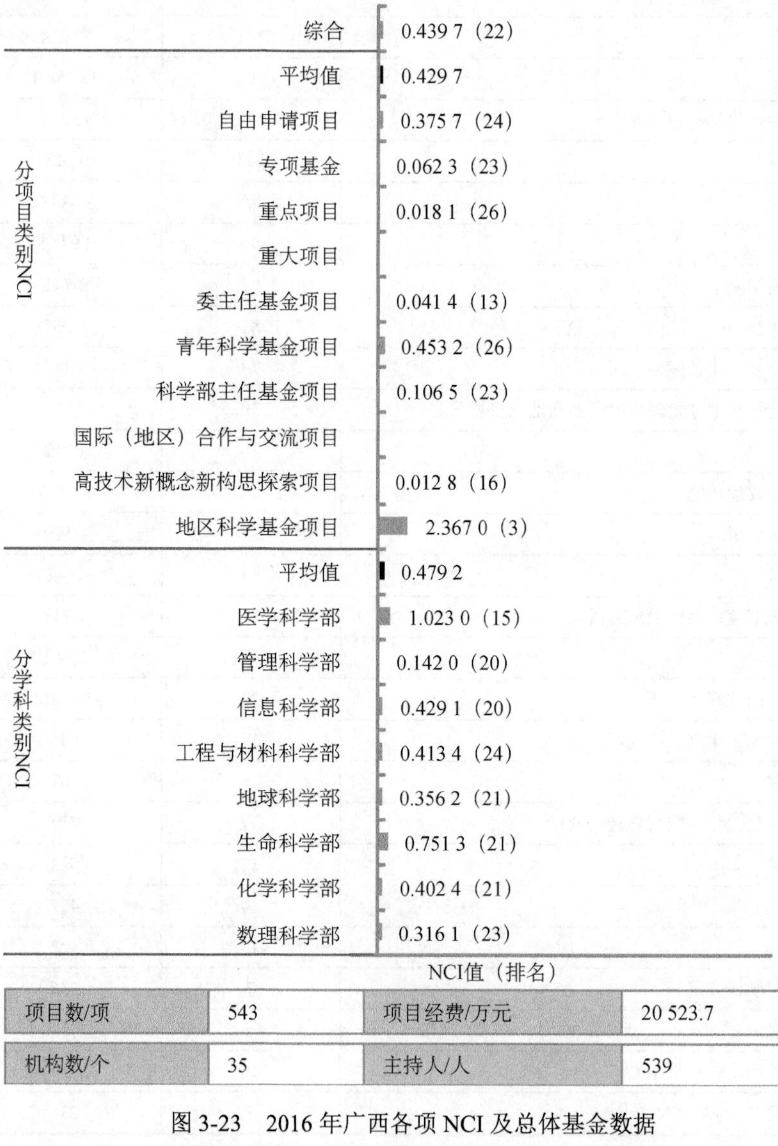

分项目类别NCI	综合	0.439 7 (22)
	平均值	0.429 7
	自由申请项目	0.375 7 (24)
	专项基金	0.062 3 (23)
	重点项目	0.018 1 (26)
	重大项目	
	委主任基金项目	0.041 4 (13)
	青年科学基金项目	0.453 2 (26)
	科学部主任基金项目	0.106 5 (23)
	国际（地区）合作与交流项目	
	高技术新概念新构思探索项目	0.012 8 (16)
	地区科学基金项目	2.367 0 (3)
分学科类别NCI	平均值	0.479 2
	医学科学部	1.023 0 (15)
	管理科学部	0.142 0 (20)
	信息科学部	0.429 1 (20)
	工程与材料科学部	0.413 4 (24)
	地球科学部	0.356 2 (21)
	生命科学部	0.751 3 (21)
	化学科学部	0.402 4 (21)
	数理科学部	0.316 1 (23)
		NCI值（排名）

| 项目数/项 | 543 | 项目经费/万元 | 20 523.7 |
| 机构数/个 | 35 | 主持人/人 | 539 |

图 3-23　2016 年广西各项 NCI 及总体基金数据

表 3-43   2011～2016 年广西 NCI 变化趋势及指标

NCI 趋势	学科	类别	2011 年	2012 年	2013 年	2014 年	2015 年	2016 年
	综合	项目数/项	407	447	517	550	560	543
		项目经费/万元	18 859	20 663.5	24 205.8	26 170	21 550.9	20 523.7
		机构数/个	29	27	34	33	38	35
		主持人数/人	405	441	514	541	550	539
		NCI	0.418 2	0.386 9	0.448 9	0.456 6	0.455 5	0.439 7
	数理科学	项目数/项	37	42	48	52	45	44
		项目经费/万元	1 359	1 705.5	1 913.5	1 930	1 842.5	1 552
		机构数/个	9	9	11	11	9	8
		主持人数/人	37	41	48	52	45	44
		NCI	0.322 7	0.311 7	0.358 2	0.369 1	0.323 9	0.316 1
	化学科学	项目数/项	34	41	47	53	55	49
		项目经费/万元	1 622	1 931	2 460	2 642	2 289	1 753
		机构数/个	10	8	10	13	12	15
		主持人数/人	34	41	46	52	55	49
		NCI	0.331 9	0.310 3	0.366 6	0.418 3	0.406 2	0.402 4
	生命科学	项目数/项	68	71	74	88	88	101
		项目经费/万元	3 191	3 117	3 572	4 147	3 452	3 800.7
		机构数/个	14	16	15	17	19	20
		主持人数/人	68	70	74	88	87	100
		NCI	0.604 8	0.545 4	0.561 8	0.648 2	0.636 9	0.751 3
	地球科学	项目数/项	33	30	37	46	45	43
		项目经费/万元	1 697	1 700	1 556	2 707	1 831	1 613
		机构数/个	8	7	10	14	11	13
		主持人数/人	33	30	37	46	45	43
		NCI	0.312 8	0.248 7	0.291 6	0.401 3	0.34	0.356 2
	工程与材料科学	项目数/项	59	52	68	75	69	57
		项目经费/万元	2 561	2 291	3 318	3 339	2 681	2 406.2
		机构数/个	8	7	7	9	8	9
		主持人数/人	59	52	68	75	69	57
		NCI	0.463 6	0.352 8	0.437	0.483 5	0.427 7	0.413 4
	信息科学	项目数/项	34	42	49	40	54	55
		项目经费/万元	1 488	1 956	2 228	1 830	1 913	2 500.5
		机构数/个	6	7	7	6	12	11
		主持人数/人	33	42	49	40	54	54
		NCI	0.283 8	0.304 7	0.335 8	0.274 5	0.384 8	0.429 1
	管理科学	项目数/项	13	11	16	17	16	16
		项目经费/万元	418	365	567.3	572	500.16	478.8
		机构数/个	4	5	6	7	6	8
		主持人数/人	13	11	16	17	16	16
		NCI	0.116 3	0.094 2	0.131 1	0.139 1	0.126	0.142

续表

NCI 趋势	学科	类别	2011 年	2012 年	2013 年	2014 年	2015 年	2016 年
	医学科学	项目数/项	129	157	178	179	187	178
		项目经费/万元	6 523	7 578	8 591	9 003	6 812.2	6 419.5
		机构数/个	9	14	12	14	14	13
		主持人数/人	129	157	178	179	187	178
		NCI	0.891 8	0.983	1.026 2	1.069	1.022 4	1.023 6

表 3-44　2011～2016 年广西项目经费 Top 30 机构

序号	机构名称	项目数量/项	项目经费/万元	全国排名
1	广西大学	629	27 766.4	113
2	广西医科大学	467	21 060	145
3	桂林理工大学	300	13 221.16	216
4	桂林电子科技大学	284	12 931.1	223
5	广西师范大学	241	11 215.1	259
6	广西中医药大学	230	10 007	278
7	桂林医学院	181	8 177.9	324
8	广西壮族自治区农业科学院	79	3 154	502
9	广西民族大学	70	2 719.5	531
10	右江民族医学院	61	2 553	542
11	广西师范学院	62	2 125.5	599
12	广西壮族自治区人民医院	47	2 097	601
13	广西壮族自治区中国科学院广西植物研究所	44	1 717	647
14	广西科技大学	43	1 540	670
15	中国地质科学院岩溶地质研究所	36	1 419	698
16	玉林师范学院	33	1 395	704
17	广西壮族自治区肿瘤防治研究所	29	1 332	715
18	广西科学院	27	1 195	744
19	广西壮族自治区药用植物园	22	869.5	828
20	广西壮族自治区疾病预防控制中心	14	548	956
21	钦州学院	14	484.5	994
22	广西财经学院	12	414.2	1 063
23	贺州学院	9	338	1 139
24	广西壮族自治区水牛研究所	7	323	1 156
25	广西壮族自治区水产科学研究院	6	295	1 184
26	柳州市人民医院	6	281	1 196
27	河池学院	8	268	1 217
28	百色学院	7	240	1 255
29	广西壮族自治区气象减灾研究所	4	216	1 293
30	广西壮族自治区妇幼保健院	5	212	1 301

3.2.23　新疆

2015 年，新疆常住人口 2360 万人，地区生产总值 9324.80 亿元，人均地区生产总值 40 036 元；普通高等学校 44 所，普通高等学校招生 8.72 万人，普通高等学校教职工总数 2.89 万人；R&D 经费支出 52 亿元，从事 R&D 人员 28 271 人；国内专利申请受理量 12 250 项，专利申请授权量 8761 项[23]。

2016 年，新疆综合 NCI 为 0.3874，排名第 23 位。国家自然科学基金项目总数为 479 项，排名第 23 位；国家自然科学基金项目总额为 21 297.3 万元，排名第 22 位。新疆基础研究竞争力在全国属于第五梯队，基础研究竞争力很弱。地区科学基金排名第 4 位；各学科 NCI 均较为落后（见图 3-24），工程与材料科学、管理科学 NCI 有小幅上涨趋势（表 3-45）。2011～2016 年新疆项目经费 Top 30 机构如表 3-46 所示。

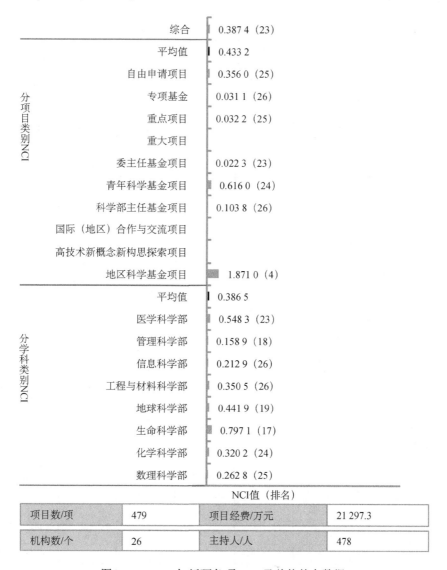

图 3-24　2016 年新疆各项 NCI 及总体基金数据

表 3-45　2011～2016 年新疆 NCI 变化趋势及指标

NCI 趋势	学科	类别	2011 年	2012 年	2013 年	2014 年	2015 年	2016 年
	综合	项目数/项	447	476	483	498	501	479
		项目经费/万元	21 902.8	23 561.1	24 481.5	26 412	21 472.9	21 297.3
		机构数/个	26	24	26	26	28	26
		主持人数/人	434	467	472	486	492	478
		NCI	0.44	0.4	0.405 2	0.409 4	0.398 8	0.387 4
	数理科学	项目数/项	38	37	36	45	34	32
		项目经费/万元	1 518	1 669	1 361	2 495	1 496.42	1 288
		机构数/个	9	9	8	10	9	9
		主持人数/人	38	36	36	45	34	31
		NCI	0.336 2	0.290 7	0.263 1	0.357 5	0.267 3	0.262 8
	化学科学	项目数/项	40	37	40	46	43	38
		项目经费/万元	1 584.5	1 690	1 757	2 217	1 674.84	1 461
		机构数/个	8	8	6	10	10	12
		主持人数/人	39	37	39	44	43	38
		NCI	0.336 4	0.285 1	0.273 3	0.347 1	0.317 4	0.320 2
	生命科学	项目数/项	121	152	130	137	148	128
		项目经费/万元	5 770.47	7 103	5 952.5	6 552	5 729	4 947
		机构数/个	12	12	14	12	14	12
		主持人数/人	120	152	129	135	147	128
		NCI	0.898 3	0.915 7	0.829 9	0.828 1	0.869 6	0.797 1
	地球科学	项目数/项	65	60	72	50	51	55
		项目经费/万元	3 561	3 138	3 821	2 658	2 347	2 761
		机构数/个	12	9	11	10	14	11
		主持人数/人	64	60	72	50	51	55
		NCI	0.582 5	0.436 5	0.521 5	0.382 9	0.409 1	0.441 9
	工程与材料科学	项目数/项	28	39	35	41	48	50
		项目经费/万元	1 267	1 790	1 689	2 126	1 792	1 817.8
		机构数/个	7	6	9	7	9	8
		主持人数/人	28	39	35	41	47	50
		NCI	0.259	0.276 4	0.282	0.299 9	0.330 4	0.350 5
	信息科学	项目数/项	23	24	20	25	29	26
		项目经费/万元	1 087	1 104	821	1 577	1 407	916
		机构数/个	5	5	9	6	8	8
		主持人数/人	23	24	20	24	29	26
		NCI	0.207 7	0.183 6	0.178	0.207	0.236	0.212 9
	管理科学	项目数/项	4	13	13	11	21	21
		项目经费/万元	138	416.1	451	346	607.6	580
		机构数/个	3	4	5	4	6	6
		主持人数/人	4	13	13	11	21	21
		NCI	0.045 5	0.100 1	0.106 7	0.085 8	0.151 5	0.158 9

续表

NCI 趋势	学科	类别	2011 年	2012 年	2013 年	2014 年	2015 年	2016 年
	医学科学	项目数/项	106	103	107	118	101	101
		项目经费/万元	4 911	4 704	5 017	5 305	3 806	3 556.5
		机构数/个	10	11	8	9	7	6
		主持人数/人	106	103	107	118	100	101
		NCI	0.773 2	0.665 4	0.628 5	0.680 9	0.544 9	0.548 3

表 3-46　2011～2016 年新疆项目经费 Top 30 机构

序号	机构名称	项目数量/项	项目经费/万元	全国排名
1	新疆大学	553	26 865.72	115
2	石河子大学	572	26 312.97	121
3	新疆医科大学	469	22 536	139
4	中国科学院新疆生态与地理研究所	203	12 484.8	234
5	新疆农业大学	230	10 934	263
6	塔里木大学	181	8 007	327
7	中国科学院新疆理化技术研究所	112	6 312.34	373
8	新疆师范大学	119	5 340	404
9	新疆农业科学院	92	4 202	450
10	中国科学院新疆天文台	42	2 366	570
11	新疆维吾尔自治区人民医院	48	2 198	593
12	新疆农垦科学院	40	1 967	614
13	中国气象局乌鲁木齐沙漠气象研究所	35	1 683	653
14	新疆财经大学	50	1 577.7	664
15	伊犁师范学院	30	1 302	721
16	新疆工程学院	15	573	941
17	新疆维吾尔自治区药物研究所	8	533	962
18	新疆维吾尔自治区地震局	8	515	978
19	新疆维吾尔自治区中药民族药研究所	7	482	998
20	新疆畜牧科学院	6	444	1 029
21	中国人民解放军兰州军区乌鲁木齐总医院	11	393	1 092
22	昌吉学院	9	324	1 154
23	新疆维吾尔自治区环境保护科学研究院	5	232	1 268
24	新疆维吾尔自治区疾病预防控制中心	4	168	1 372
25	新疆维吾尔自治区维吾尔医药研究所	4	165	1 383
26	中国人民解放军新疆军区疾病预防控制中心	3	150	1 418
27	新疆教育学院	4	142	1 442
28	新疆维吾尔自治区维吾尔医医院	3	138	1 450
29	新疆维吾尔自治区产品质量监督检验研究院	3	110	1 518
30	新疆维吾尔自治区实验动物研究中心	2	90	1 590

3.2.24 贵州

2015 年，贵州常住人口 3530 万人，地区生产总值 10 502.56 亿元，人均地区生产总值 29 847 元；普通高等学校 59 所，普通高等学校招生 15.42 万人，普通高等学校教职工总数 4.21 万人；R&D 经费支出 62.3 亿元，从事 R&D 人员 38 165 人；国内专利申请受理量 18 295 项，专利申请授权量 14 115 项[24]。

2016 年，贵州综合 NCI 为 0.3597，排名第 24 位。国家自然科学基金项目总数为 411 项，排名第 24 位；国家自然科学基金项目总额为 20 700.1 万元，排名第 23 位。贵州基础研究竞争力在全国属于第五梯队，基础研究竞争力很弱。地区科学基金项目排名第 5 位；各学科 NCI 均较为落后，相对优势学科为地球科学（图 3-25）。2011～2016 年综合 NCI 整体呈上升趋势（表 3-47）。2011～2016 年贵州项目经费 Top 30 机构如表 3-48 所示。

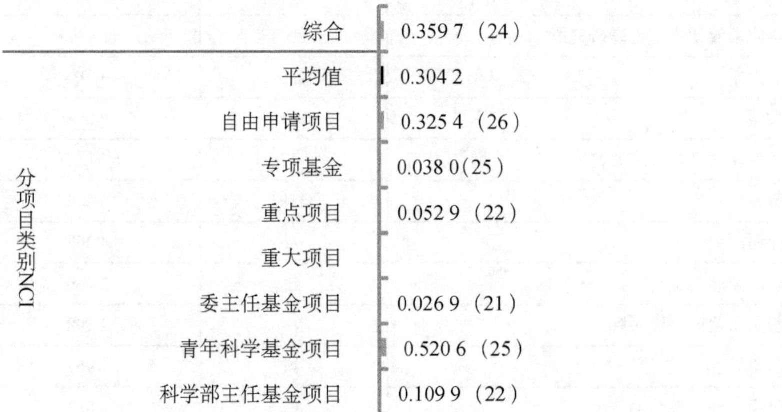

	指标	NCI值（排名）
	综合	0.359 7（24）
	平均值	0.304 2
分项目类别NCI	自由申请项目	0.325 4（26）
	专项基金	0.038 0（25）
	重点项目	0.052 9（22）
	重大项目	
	委主任基金项目	0.026 9（21）
	青年科学基金项目	0.520 6（25）
	科学部主任基金项目	0.109 9（22）
	国际（地区）合作与交流项目	0.076 7（10）
	高技术新概念新构思探索项目	0.008 7（18）
	地区科学基金项目	1.579 0（5）
分学科类别NCI	平均值	0.368 7
	医学科学部	0.667 2（22）
	管理科学部	0.061 0（26）
	信息科学部	0.101 3（27）
	工程与材料科学部	0.236 9（27）
	地球科学部	0.597 3（15）
	生命科学部	0.742 7（22）
	化学科学部	0.257 2（25）
	数理科学部	0.286 0（24）

项目数/项	411	项目经费/万元	20 700.1
机构数/个	27	主持人/人	410

图 3-25　2016 年贵州各项 NCI 及总体基金数据

表 3-47　2011～2016 年贵州 NCI 变化趋势及指标

NCI 趋势	学科	类别	2011 年	2012 年	2013 年	2014 年	2015 年	2016 年
	综合	项目数/项	198	221	252	310	347	411
		项目经费/万元	10 310.1	11 068.1	12 021.5	19 830.4	13 870.4	20 700.1
		机构数/个	16	19	24	25	26	27
		主持人数/人	196	219	245	306	343	410
		NCI	0.215 9	0.213 4	0.239 8	0.298 6	0.292 5	0.359 7
	数理科学	项目数/项	13	21	19	20	20	37
		项目经费/万元	568	838.6	589.6	710	547	981.5
		机构数/个	4	5	6	7	8	12
		主持人数/人	13	20	18	20	20	37
		NCI	0.125 6	0.158 4	0.142 4	0.159 2	0.154 8	0.286
	化学科学	项目数/项	18	13	25	20	37	30
		项目经费/万元	1 028	550	1 063	923	1 226	1 065
		机构数/个	6	5	9	8	12	11
		主持人数/人	17	13	24	20	37	30
		NCI	0.187	0.113 5	0.210 1	0.175 8	0.285	0.257 2
	生命科学	项目数/项	39	38	61	54	66	100
		项目经费/万元	1 830.23	1 741	2 893	2 476	2 444	3 490
		机构数/个	10	8	13	11	14	21
		主持人数/人	39	38	60	54	66	100
		NCI	0.366 4	0.291 1	0.464 9	0.400 3	0.470 1	0.742 7
	地球科学	项目数/项	51	52	46	70	56	66
		项目经费/万元	3 495	3 470.5	2 555	8 714.4	3 730.9	8 802
		机构数/个	3	7	7	12	9	8
		主持人数/人	51	52	46	68	55	66
		NCI	0.364 5	0.391 4	0.336 7	0.633 4	0.429	0.597 3
	工程与材料科学	项目数/项	7	11	13	27	28	33
		项目经费/万元	323	525	598	1 351	1 032	1 161.8
		机构数/个	1	3	4	5	8	6
		主持人数/人	7	11	13	27	28	33
		NCI	0.056 6	0.090 8	0.108 2	0.199 8	0.214 6	0.236 9
	信息科学	项目数/项	5	8	9	17	21	12
		项目经费/万元	129.1	346	380	769	529	353
		机构数/个	1	3	4	6	8	5
		主持人数/人	5	8	9	17	21	12
		NCI	0.038	0.069 8	0.080 4	0.144 1	0.157 3	0.101 3
	管理科学	项目数/项	7	5	5	7	9	7
		项目经费/万元	227.8	167	108.85	246	256	227.4
		机构数/个	3	3	3	5	5	3
		主持人数/人	7	5	5	7	9	7
		NCI	0.068 2	0.046	0.040 8	0.066 4	0.076 3	0.061

续表

NCI 趋势	学科	类别	2011 年	2012 年	2013 年	2014 年	2015 年	2016 年
	医学科学	项目数/项	58	73	72	94	110	125
		项目经费/万元	2 709	3 430	3 339	4 581	4 105.5	4 364.4
		机构数/个	7	8	8	9	7	7
		主持人数/人	57	73	71	94	109	125
		NCI	0.448 9	0.478	0.464	0.585 8	0.579 7	0.667 2

表 3-48　2011～2016 年贵州项目经费 Top 30 机构

序号	机构名称	项目数量/项	项目经费/万元	全国排名
1	中国科学院地球化学研究所	244	24 884.8	129
2	贵州大学	424	20 168.1	150
3	遵义医学院	259	10 781.1	264
4	贵州医科大学	208	8 711.3	309
5	贵州师范大学	145	5 927.5	385
6	贵阳中医学院	92	4 124	453
7	贵州省农业科学院	45	1 889.23	629
8	贵州省人民医院	43	1 710	650
9	贵州师范学院	35	1 180	752
10	贵州理工学院	33	1 128	763
11	贵州财经大学	33	1 111.05	768
12	贵州民族大学	27	861	829
13	贵州省中国科学院天然产物化学重点实验室	19	813.5	844
14	遵义师范学院	21	685	895
15	凯里学院	15	550	952
16	铜仁学院	14	522	974
17	贵阳学院	16	432	1 043
18	贵州科学院	10	424	1 054
19	贵州省烟草科学研究院	8	272	1 209
20	黔南民族师范学院	6	232	1 267
21	六盘水师范学院	6	207	1 310
22	贵州省材料产业技术研究院	6	203	1 314
23	安顺学院	6	175	1 352
24	贵州省植物保护研究所	4	175	1 353
25	贵州省疾病预防控制中心	4	117	1 498
26	贵州省环境科学研究设计院	2	101	1 544
27	贵州省林业科学研究院	3	98	1 557
28	贵州省山地环境气候研究所	3	91	1 582
29	贵州工程应用技术学院	2	70	1 695
30	兴义民族师范学院	2	61	1 746

3.2.25 山西

2015 年，山西常住人口 3664 万人，地区生产总值 12 766.49 亿元，人均地区生产总值 34 919 元；普通高等学校 79 所，普通高等学校招生 21.35 万人，普通高等学校教职工总数 5.95 万人；R&D 经费支出 132.5 亿元，从事 R&D 人员 73 925 人；国内专利申请受理量 14 948 项，专利申请授权量 10 020 项[25]。

2016 年，山西综合 NCI 为 0.3117，排名第 25 位。国家自然科学基金项目总数为 373 项，排名第 25 位；国家自然科学基金项目总额为 14 371.6 万元，排名第 25 位。山西基础研究竞争力在全国属于第五梯队，基础研究竞争力很弱。国际（地区）合作与交流项目排名第 5 位。各学科 NCI 均较为落后（图 3-26）。2011～2016 年综合 NCI 在 0.3 上下浮动。数理科学 NCI 呈明显上升趋势（表 3-49）。2011～2016 年山西项目经费 Top 30 机构如表 3-50 所示。

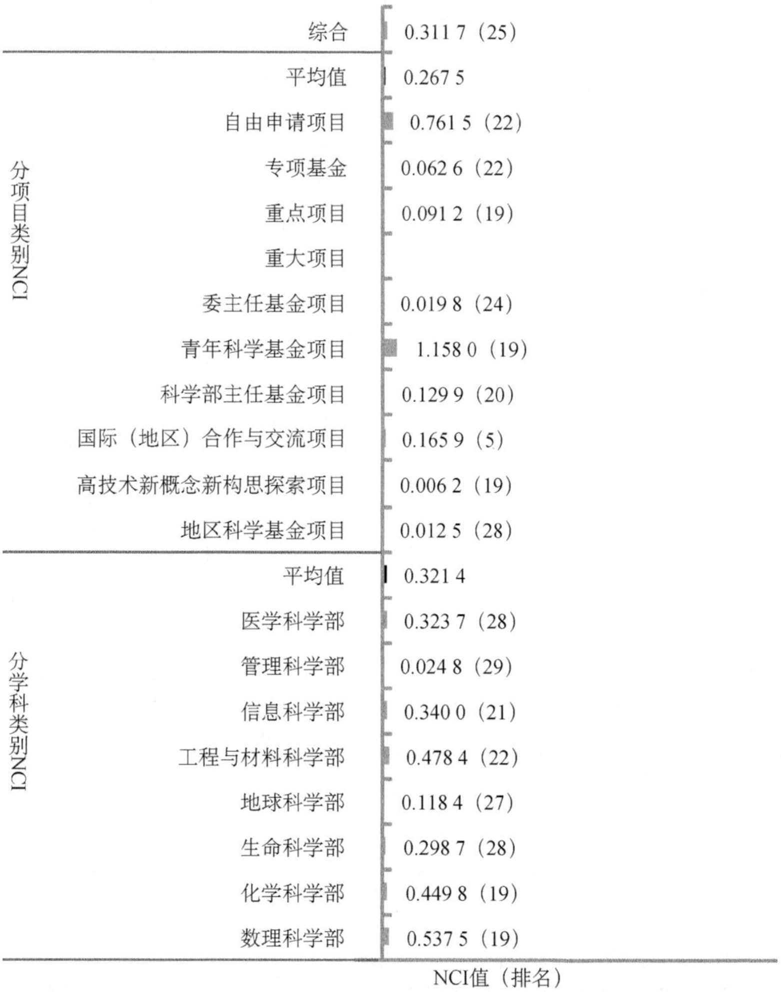

分项目类别NCI		
综合	0.311 7（25）
平均值	0.267 5
自由申请项目	0.761 5（22）
专项基金	0.062 6（22）
重点项目	0.091 2（19）
重大项目	
委主任基金项目	0.019 8（24）
青年科学基金项目	1.158 0（19）
科学部主任基金项目	0.129 9（20）
国际（地区）合作与交流项目	0.165 9（5）
高技术新概念新构思探索项目	0.006 2（19）
地区科学基金项目	0.012 5（28）

分学科类别NCI		
平均值	0.321 4
医学科学部	0.323 7（28）
管理科学部	0.024 8（29）
信息科学部	0.340 0（21）
工程与材料科学部	0.478 4（22）
地球科学部	0.118 4（27）
生命科学部	0.298 7（28）
化学科学部	0.449 8（19）
数理科学部	0.537 5（19）

NCI值（排名）

项目数/项	373	项目经费/万元	14 371.6
机构数/个	27	主持人/人	367

图 3-26 2016 年山西各项 NCI 及总体基金数据

表 3-49　2011～2016 年山西 NCI 变化趋势及指标

NCI 趋势	学科	类别	2011 年	2012 年	2013 年	2014 年	2015 年	2016 年
	综合	项目数/项	280	325	302	358	396	373
		项目经费/万元	13 330.3	16 996.5	14 804	16 793	16 398.4	14 371.6
		机构数/个	21	25	21	24	19	27
		主持人数/人	277	320	299	355	388	367
		NCI	0.293	0.308	0.268 7	0.305 1	0.300 6	0.311 7
	数理科学	项目数/项	35	51	47	65	67	78
		项目经费/万元	1 311	1 980	2 317	2 378	2 181	3 005.5
		机构数/个	8	8	9	8	9	11
		主持人数/人	35	51	45	64	67	78
		NCI	0.302	0.348 3	0.349 8	0.399 9	0.412 2	0.537 5
	化学科学	项目数/项	40	48	56	53	85	63
		项目经费/万元	1 941	2 611	2 995	2 834	3 921	2 760
		机构数/个	6	6	8	9	8	9
		主持人数/人	40	48	56	53	83	63
		NCI	0.331 4	0.336 9	0.399 6	0.390 1	0.518 9	0.449 8
	生命科学	项目数/项	47	47	42	41	37	42
		项目经费/万元	1 678	2 073.5	1 866	1 599	951	1 208
		机构数/个	10	12	9	12	9	9
		主持人数/人	47	47	42	41	37	42
		NCI	0.393 6	0.374 3	0.316 7	0.319 6	0.248 9	0.298 7
	地球科学	项目数/项	14	19	16	17	17	14
		项目经费/万元	459.5	1 176	754	593	553	345
		机构数/个	4	5	4	8	8	7
		主持人数/人	14	18	16	17	17	14
		NCI	0.123 6	0.163 7	0.127 2	0.145 1	0.143 1	0.118 4
	工程与材料科学	项目数/项	55	70	58	67	85	68
		项目经费/万元	2 828	3 995	2 557	2 949	3 846.84	3 461
		机构数/个	8	7	9	6	7	8
		主持人数/人	54	70	58	67	84	67
		NCI	0.456 7	0.470 3	0.402 6	0.400 3	0.501	0.478 4
	信息科学	项目数/项	30	39	40	50	60	53
		项目经费/万元	2 571.3	2 842	2 328	3 332	3 457.68	1 911
		机构数/个	4	8	6	6	7	6
		主持人数/人	30	39	40	49	60	53
		NCI	0.278 2	0.333 4	0.295 1	0.354 7	0.411 1	0.34
	管理科学	项目数/项	6	3	7	9	7	3
		项目经费/万元	163.5	85	255	251	182.9	50.5
		机构数/个	3	2	3	4	4	2
		主持人数/人	6	3	7	9	7	3
		NCI	0.058 2	0.027 2	0.059 7	0.071 6	0.058 5	0.024 8

续表

NCI 趋势	学科	类别	2011 年	2012 年	2013 年	2014 年	2015 年	2016 年
	医学科学	项目数/项	52	46	36	56	38	52
		项目经费/万元	1 978	2 024	1 732	2 857	1 305	1 630.6
		机构数/个	7	7	6	7	5	6
		主持人数/人	52	46	36	56	38	52
		NCI	0.394 6	0.321 7	0.26	0.377 4	0.235 7	0.323 7

表 3-50　2011～2016 年山西项目经费 Top 30 机构

序号	机构名称	项目数量/项	项目经费/万元	全国排名
1	太原理工大学	556	25 664.01	124
2	山西大学	439	23 490.41	136
3	中北大学	180	9 409	293
4	山西医科大学	230	9 223.6	297
5	中国科学院山西煤炭化学研究所	122	6 195	375
6	太原科技大学	108	4 545.8	431
7	山西农业大学	109	3 855	467
8	山西师范大学	75	2 810	522
9	山西中医学院	44	2 045	608
10	山西大同大学	35	1 251.5	729
11	太原师范学院	31	760	863
12	运城学院	20	549.5	953
13	山西财经大学	13	389	1 095
14	中国辐射防护研究院	7	371	1 106
15	太原市中心医院	5	296	1 182
16	山西省中医药研究院	6	255	1 233
17	中国兵器工业集团第七〇研究所	4	208	1 307
18	太原工业学院	4	164	1 384
19	长治医学院	7	131	1 463
20	长治学院	5	119	1 495
21	山西省农业科学院果树研究所	2	106	1 525
22	山西省农业科学院小麦研究所	2	100	1 548
23	山西省农业科学院棉花研究所	6	95	1 565
24	山西省农业科学院高粱研究所	1	85	1 605
25	山西省农业科学院作物科学研究所	2	75	1 657
26	山西省气象台	2	72	1 671
27	山西省人民医院	1	60	1 751
28	山西省交通科学研究院	2	45	1 858
29	晋中学院	2	40	1 903
30	山西省农业科学院农作物品种资源研究所	2	40	1 904

3.2.26　河北

2015 年，河北常住人口 7425 万人，地区生产总值 29 806.11 亿元，人均地区生产总值 40 255 元；普通高等学校 118 所，普通高等学校招生 32.91 万人，普通高等学校教职工总数 10.28 万人；R&D 经费支出 350.9 亿元，从事 R&D 人员 155 051 人；国内专利申请受理量 44 060 项，专利申请授权量 38 781 项[26]。

2016 年，河北综合 NCI 为 0.2952，排名第 26 位。国家自然科学基金项目总数为 313 项，排名第 26 位；国家自然科学基金项目总额为 11 901.2 万元，排名第 26 位。河北基础研究竞争力在全国属于第五梯队，基础研究竞争力很弱。各种类型的项目 NCI 排名均在第 19 位及以后。各学科 NCI 均较为落后（图 3-27）。2011～2016 年综合 NCI 稳中有降，在 0.3 上下浮动（表 3-51）。2011～2016 年河北项目经费 Top 30 机构如表 3-52 所示。

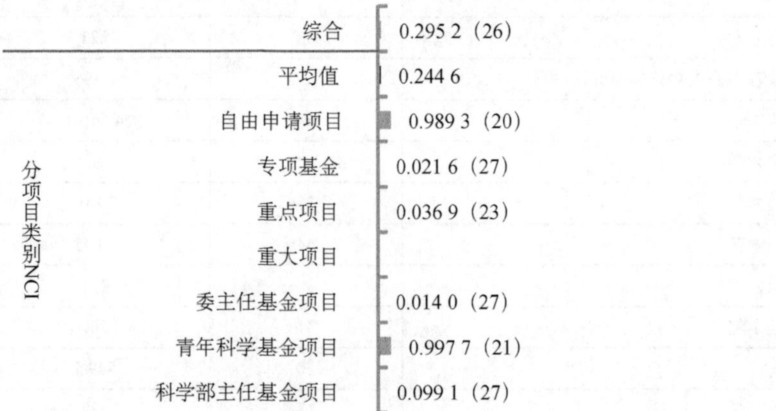

分项目类别NCI		
综合	0.295 2 (26)
平均值	0.244 6
自由申请项目	0.989 3 (20)
专项基金	0.021 6 (27)
重点项目	0.036 9 (23)
重大项目	
委主任基金项目	0.014 0 (27)
青年科学基金项目	0.997 7 (21)
科学部主任基金项目	0.009 1 (27)
国际（地区）合作与交流项目	0.025 1 (19)
高技术新概念新构思探索项目	0.006 2 (19)
地区科学基金项目	0.012 0 (29)

分学科类别NCI		
平均值	0.301 4
医学科学部	0.372 5 (25)
管理科学部	0.038 4 (28)
信息科学部	0.269 1 (23)
工程与材料科学部	0.601 5 (21)
地球科学部	0.307 6 (23)
生命科学部	0.390 0 (27)
化学科学部	0.196 8 (27)
数理科学部	0.235 6 (26)

NCI值（排名）

项目数/项	313	项目经费/万元	11 901.2
机构数/个	37	主持人/人	310

图 3-27　2016 年河北各项 NCI 及总体基金数据

表 3-51 2011～2016 年河北 NCI 变化趋势及指标

NCI 趋势	学科	类别	2011 年	2012 年	2013 年	2014 年	2015 年	2016 年
	综合	项目数/项	283	332	335	346	308	313
		项目经费/万元	11 641	16 321.5	15 493.8	16 461.7	12 340.3	11 901.2
		机构数/个	31	36	33	34	33	37
		主持人数/人	281	330	333	345	305	310
		NCI	0.314 1	0.338 4	0.320 8	0.326	0.284 2	0.295 2
	数理科学	项目数/项	33	42	42	44	45	29
		项目经费/万元	1 035.5	2 119	1 953.5	1 824	1 620.5	803
		机构数/个	9	10	8	12	10	11
		主持人数/人	33	42	42	44	45	29
		NCI	0.284 7	0.339 9	0.311	0.342 1	0.322	0.235 6
	化学科学	项目数/项	21	29	32	36	17	22
		项目经费/万元	731	1 411	1 474	1 449	491	747
		机构数/个	5	7	10	10	7	10
		主持人数/人	20	29	32	36	17	22
		NCI	0.177 6	0.233 4	0.267 6	0.279 1	0.134 3	0.196 8
	生命科学	项目数/项	66	76	72	54	60	45
		项目经费/万元	2 571	4 020	3 685	2 815.7	2 592	1 834.3
		机构数/个	12	13	12	14	13	15
		主持人数/人	66	75	71	54	60	45
		NCI	0.543 1	0.571 1	0.526 3	0.439 1	0.446 5	0.39
	地球科学	项目数/项	21	21	26	41	26	33
		项目经费/万元	1 128	970	1 395	1 822	1 074	1 621
		机构数/个	10	15	9	13	9	13
		主持人数/人	21	21	26	41	26	31
		NCI	0.238 2	0.218 8	0.231 7	0.336 8	0.215 1	0.307 6
	工程与材料科学	项目数/项	71	75	72	79	70	90
		项目经费/万元	3 609	4 180	3 346.8	4 250	3 399.5	3 579.5
		机构数/个	11	10	11	13	12	11
		主持人数/人	70	75	72	79	70	89
		NCI	0.597 9	0.538 3	0.504 5	0.577 8	0.505 9	0.601 5
	信息科学	项目数/项	25	30	45	37	41	37
		项目经费/万元	1 060	1 483	1 768	1 816	1 476	1 318
		机构数/个	7	7	11	10	10	7
		主持人数/人	25	30	45	37	41	37
		NCI	0.234 1	0.240 3	0.34	0.299 4	0.300 3	0.269 1
	管理科学	项目数/项	5	8	7	6	5	4
		项目经费/万元	143.5	240.5	252.5	287	137.4	164.3
		机构数/个	1	5	4	6	3	2
		主持人数/人	5	8	7	6	5	4
		NCI	0.039	0.072 4	0.064	0.066 9	0.042 9	0.038 4

续表

NCI 趋势	学科	类别	2011 年	2012 年	2013 年	2014 年	2015 年	2016 年
	医学科学	项目数/项	41	51	39	49	44	53
		项目经费/万元	1 363	1 898	1 619	2 198	1 549.9	1 834.1
		机构数/个	7	10	6	7	8	9
		主持人数/人	41	51	39	49	43	53
		NCI	0.319 2	0.364 4	0.266 1	0.330 6	0.296 1	0.372 5

表 3-52 2011~2016 年河北项目经费 Top 30 机构

序号	机构名称	项目数量/项	项目经费/万元	全国排名
1	燕山大学	398	19 860.7	152
2	河北师范大学	205	9 780.5	282
3	河北医科大学	236	9 389.2	294
4	河北大学	188	8 516	314
5	石家庄铁道大学	100	5 073.8	414
6	河北农业大学	104	5 014	417
7	华北电力大学（保定）	106	4 285	446
8	中国科学院遗传与发育生物学研究所农业资源研究中心	57	3 120	503
9	河北科技大学	72	2 443.5	561
10	中国人民解放军军械工程学院	50	2 383	568
11	河北工程大学	63	2 177	596
12	中国地质科学院水文地质环境地质研究所	47	1 828	633
13	河北中医学院	29	1 192	746
14	华北理工大学	30	1 090.3	772
15	河北科技师范学院	21	807	847
16	石家庄经济学院	21	764	861
17	华北科技学院	19	667	902
18	防灾科技学院	16	639	917
19	中国地质科学院地球物理地球化学勘查研究所	5	500	985
20	河北省农林科学院粮油作物研究所	13	350	1 124
21	河北省农林科学院植物保护研究所	10	321	1 158
22	河北省人民医院	9	288	1 189
23	河北北方学院	9	270	1 214
24	河北经贸大学	10	260	1 224
25	中国人民武装警察部队学院	7	252	1 237
26	中国地质调查局水文地质环境地质调查中心	9	236	1 259
27	承德医学院	9	234.5	1 261
28	中国电子科技集团公司第十三研究所	6	218	1 290
29	石家庄学院	7	197	1 321
30	中国人民解放军白求恩国际和平医院	6	195	1 322

3.2.27　内蒙古

2015 年，内蒙古常住人口 2511 万人，地区生产总值 17 831.51 亿元，人均地区生产总值 71 101 元；普通高等学校 53 所，普通高等学校招生 11.90 万人，普通高等学校教职工总数 3.86 万人；R&D 经费支出 136.1 亿元，从事 R&D 人员 50 208 人；国内专利申请受理量 8876 项，专利申请授权量 5522 项[27]。

2016 年，内蒙古综合 NCI 为 0.2504，排名第 27 位。国家自然科学基金项目总数为 294 项，排名第 27 位；国家自然科学基金项目总额为 11 279.4 万元，排名第 27 位。内蒙古基础研究竞争力在全国属于第五梯队，基础研究竞争力很弱。地区科学基金排名第 7 位。各学科 NCI 均较为落后（图 3-28）。2011～2016 年综合 NCI 较为平稳，在 0.25 上下浮动（表 3-53）。2011～2016 年内蒙古项目经费 Top 30 机构如表 3-54 所示。

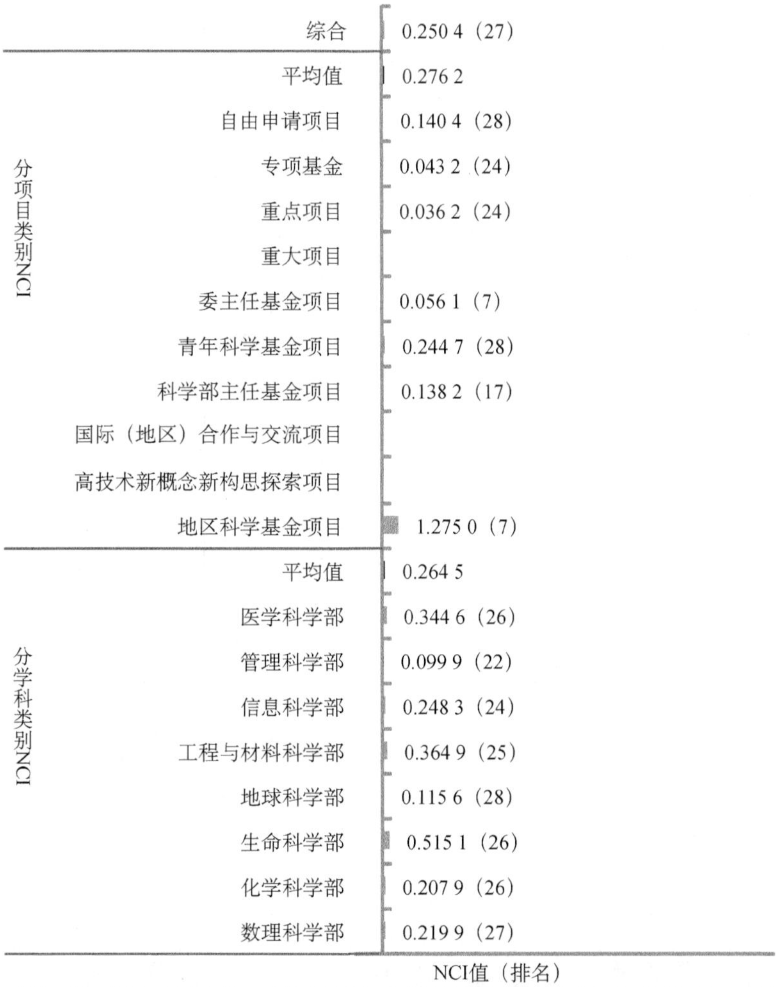

分项目类别NCI		
综合	0.250 4 (27)
平均值	0.276 2
自由申请项目	0.140 4 (28)
专项基金	0.043 2 (24)
重点项目	0.036 2 (24)
重大项目	
委主任基金项目	0.056 1 (7)
青年科学基金项目	0.244 7 (28)
科学部主任基金项目	0.138 2 (17)
国际（地区）合作与交流项目	
高技术新概念新构思探索项目	
地区科学基金项目	1.275 0 (7)
平均值	0.264 5
医学科学部	0.344 6 (26)
管理科学部	0.099 9 (22)
信息科学部	0.248 3 (24)
工程与材料科学部	0.364 9 (25)
地球科学部	0.115 6 (28)
生命科学部	0.515 1 (26)
化学科学部	0.207 9 (26)
数理科学部	0.219 9 (27)

NCI值（排名）

项目数/项	294	项目经费/万元	11 279.4
机构数/个	23	主持人/人	290

图 3-28　2016 年内蒙古各项 NCI 及总体基金数据

表 3-53　2011～2016 年内蒙古 NCI 变化趋势及指标

NCI 趋势	学科	类别	2011 年	2012 年	2013 年	2014 年	2015 年	2016 年
	综合	项目数/项	246	287	287	284	274	294
		项目经费/万元	11 350.1	13 070.5	13 013	12 758	10 123	11 279.4
		机构数/个	20	17	21	21	21	23
		主持人数/人	241	281	279	276	267	290
		NCI	0.259 9	0.245 8	0.252 5	0.244 1	0.227	0.250 4
	数理科学	项目数/项	19	23	27	28	27	26
		项目经费/万元	740	959	1 002	1 086	777	758
		机构数/个	8	8	7	7	7	11
		主持人数/人	19	23	27	28	27	26
		NCI	0.192 9	0.195 1	0.204 1	0.209 5	0.189 9	0.219 9
	化学科学	项目数/项	22	24	24	22	24	26
		项目经费/万元	912	1 129	996	1 104	932	951
		机构数/个	5	4	8	6	8	7
		主持人数/人	22	24	23	21	24	26
		NCI	0.194 4	0.174 6	0.196 6	0.177 4	0.193 7	0.207 9
	生命科学	项目数/项	79	98	81	79	66	78
		项目经费/万元	3 565.1	4 653	3 767	4 112	2 660	3 098
		机构数/个	11	10	10	11	11	9
		主持人数/人	79	98	80	79	66	78
		NCI	0.631	0.632	0.536 5	0.549 6	0.452 1	0.515 1
	地球科学	项目数/项	12	18	17	12	18	11
		项目经费/万元	656	808	660	546	717	445
		机构数/个	5	8	8	7	6	8
		主持人数/人	12	18	17	12	18	11
		NCI	0.132 2	0.165 4	0.150 9	0.115 5	0.146 2	0.115 6
	工程与材料科学	项目数/项	49	37	41	44	39	49
		项目经费/万元	2 326	1 617	2 215	1 995	1 791	2 224
		机构数/个	7	6	7	8	7	8
		主持人数/人	49	36	41	44	39	49
		NCI	0.398 9	0.260 6	0.306 7	0.316 1	0.281 1	0.364 9
	信息科学	项目数/项	13	21	25	25	21	33
		项目经费/万元	554	940	1 106	1 074	685	1 401
		机构数/个	6	6	6	7	9	6
		主持人数/人	13	21	25	25	21	33
		NCI	0.138 1	0.172 6	0.193 7	0.197 4	0.172 8	0.248 3
	管理科学	项目数/项	13	12	13	12	14	11
		项目经费/万元	443	414.5	416	329	383.5	396.4
		机构数/个	4	3	5	6	3	5
		主持人数/人	13	12	13	12	14	11
		NCI	0.118	0.089 4	0.104 5	0.097 9	0.092 7	0.099 9

续表

NCI 趋势	学科	类别	2011 年	2012 年	2013 年	2014 年	2015 年	2016 年
	医学科学	项目数/项	33	49	54	59	61	56
		项目经费/万元	1 604	2 250	2 301	2 362	1 957.5	1 806
		机构数/个	6	6	9	9	8	6
		主持人数/人	33	49	54	59	61	56
		NCI	0.287	0.328	0.378 4	0.393 3	0.371 7	0.344 6

表 3-54　2011～2016 年内蒙古项目经费 Top 30 机构

序号	机构名称	项目数量/项	项目经费/万元	全国排名
1	内蒙古农业大学	389	18 658.5	159
2	内蒙古大学	332	14 058.8	203
3	内蒙古医科大学	181	7 209	346
4	内蒙古工业大学	172	6 956.6	352
5	内蒙古科技大学	151	6 463	368
6	内蒙古师范大学	103	4 849	419
7	内蒙古民族大学	120	4 828.5	421
8	内蒙古科技大学包头医学院	51	1 816	637
9	奈曼旗扶贫开发领导小组办公室	24	1 170	754
10	内蒙古自治区人民医院	21	930	811
11	内蒙古自治区农牧业科学院	22	891	821
12	内蒙古科技大学包头师范学院	17	729	877
13	赤峰学院	17	620	925
14	中国农业科学院草原研究所	20	521	975
15	水利部牧区水利科学研究所	12	371	1 107
16	内蒙古自治区气象科学研究所	6	277	1 199
17	内蒙古自治区国际蒙医医院	4	187	1 329
18	内蒙古财经大学	6	165.6	1 381
19	呼伦贝尔学院	5	145	1 430
20	河套学院	4	122	1 484
21	包头稀土研究院	3	110	1 515
22	内蒙古自治区地方病防治研究中心	2	106	1 526
23	内蒙古自治区林业科学研究院	2	81	1 623
24	内蒙古自治区水利科学研究院	1	80	1 629
25	内蒙古自治区社会科学院	2	57	1 773
26	呼和浩特职业学院	1	45	1 859
27	集宁师范学院	1	41	1 888
28	内蒙古自治区赤峰市气象局	1	40	1 905
29	呼和浩特民族学院	1	38	1 921
30	鄂尔多斯大规模储能技术研究所	1	28	1 954

3.2.28 海南

2015 年，海南常住人口 911 万人，地区生产总值 3702.76 亿元，人均地区生产总值 40 818 元；普通高等学校 17 所，普通高等学校招生 5.24 万人，普通高等学校教职工总数 1.41 万人；R&D 经费支出 17 亿元，从事 R&D 人员 11 931 人；国内专利申请受理量 3127 项，专利申请授权量 2061 项[28]。

2016 年，海南综合 NCI 为 0.1636，排名第 28 位。国家自然科学基金项目总数为 183 项，排名第 28 位；国家自然科学基金项目总额为 6368.6 万元，排名第 28 位。海南基础研究竞争力在全国属于第五梯队，基础研究竞争力很弱。地区科学基金排名第 10 位。各学科 NCI 均较为落后（图 3-29）。2011～2016 年综合 NCI 整体呈现波动上升趋势（表 3-55）。2011～2016 年海南项目经费 Top 27 机构如表 3-56 所示。

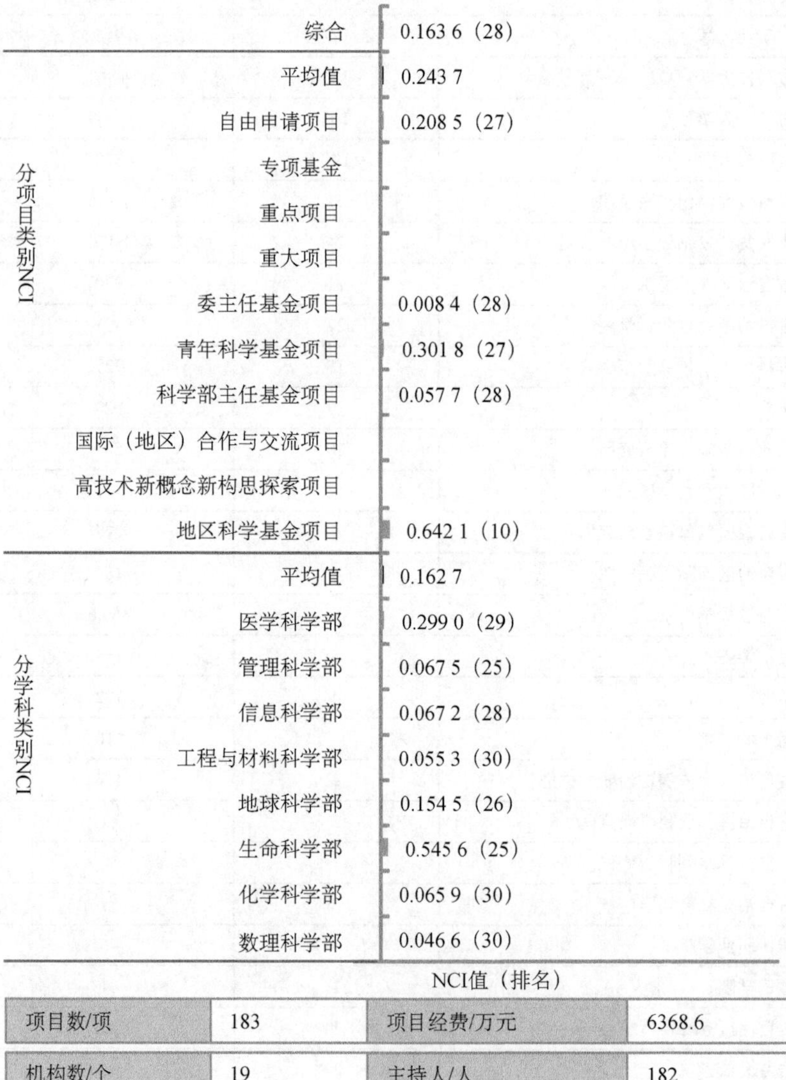

		NCI值（排名）
	综合	0.163 6 (28)
	平均值	0.243 7
	自由申请项目	0.208 5 (27)
	专项基金	
	重点项目	
分项目类别NCI	重大项目	
	委主任基金项目	0.008 4 (28)
	青年科学基金项目	0.301 8 (27)
	科学部主任基金项目	0.057 7 (28)
	国际（地区）合作与交流项目	
	高技术新概念新构思探索项目	
	地区科学基金项目	0.642 1 (10)
	平均值	0.162 7
	医学科学部	0.299 0 (29)
	管理科学部	0.067 5 (25)
	信息科学部	0.067 2 (28)
分学科类别NCI	工程与材料科学部	0.055 3 (30)
	地球科学部	0.154 5 (26)
	生命科学部	0.545 6 (25)
	化学科学部	0.065 9 (30)
	数理科学部	0.046 6 (30)

项目数/项	183	项目经费/万元	6368.6
机构数/个	19	主持人/人	182

图 3-29　2016 年海南各项 NCI 及总体基金数据

表 3-55　2011～2016 年海南 NCI 变化趋势及指标

NCI 趋势	学科	类别	2011 年	2012 年	2013 年	2014 年	2015 年	2016 年
	综合	项目数/项	126	146	156	150	154	183
		项目经费/万元	5113.9	6512.6	7077.1	6950	5794	6368.6
		机构数/个	13	17	17	18	14	19
		主持人数/人	125	146	156	147	154	182
		NCI	0.1373	0.1481	0.1527	0.147	0.1346	0.1636
	数理科学	项目数/项	2	6	8	4	11	5
		项目经费/万元	98	168	244	131	304	151
		机构数/个	1	2	2	2	3	3
		主持人数/人	2	6	8	4	11	5
		NCI	0.0224	0.0456	0.0571	0.0341	0.0775	0.0466
	化学科学	项目数/项	11	9	7	7	9	8
		项目经费/万元	422	329	300	303	302	237
		机构数/个	2	3	2	3	2	3
		主持人数/人	11	9	7	7	9	8
		NCI	0.0902	0.0731	0.0562	0.0616	0.0633	0.0659
	生命科学	项目数/项	58	74	73	53	63	79
		项目经费/万元	2311.5	3550	3397	2646	2537	2850
		机构数/个	9	14	13	11	10	12
		主持人数/人	58	74	73	53	63	79
		NCI	0.4614	0.5583	0.5317	0.4032	0.4262	0.5456
	地球科学	项目数/项	7	6	16	18	15	19
		项目经费/万元	302	251	778	765	655	761
		机构数/个	5	3	6	7	5	5
		主持人数/人	7	6	16	18	15	19
		NCI	0.0832	0.0558	0.1419	0.1539	0.1247	0.1545
	工程与材料科学	项目数/项	11	7	11	11	9	9
		项目经费/万元	454	324	487	433	299	279
		机构数/个	1	2	2	2	1	1
		主持人数/人	11	7	11	11	9	9
		NCI	0.0772	0.058	0.0795	0.0763	0.0531	0.0553
	信息科学	项目数/项	3	4	6	10	12	8
		项目经费/万元	137	174	236	346	438	256
		机构数/个	2	2	2	2	3	3
		主持人数/人	3	4	6	10	12	8
		NCI	0.0355	0.0376	0.049	0.0688	0.0887	0.0672
	管理科学	项目数/项	9	4	6	7	5	10
		项目经费/万元	204.4	142.6	209.1	237	143	250.1
		机构数/个	2	2	2	2	1	2
		主持人数/人	8	4	6	7	5	10
		NCI	0.0661	0.0357	0.0475	0.0523	0.0329	0.0675

NCI 趋势	学科	类别	2011 年	2012 年	2013 年	2014 年	2015 年	2016 年
	医学科学	项目数/项	25	36	29	40	30	45
		项目经费/万元	1185	1574	1426	2089	1116	1584.5
		机构数/个	5	5	6	8	4	6
		主持人数/人	25	36	29	39	30	45
		NCI	0.2213	0.2457	0.2223	0.303	0.1905	0.299

表 3-56　2011～2016 年海南项目经费 Top 27 机构

序号	机构名称	项目数量/项	项目经费/万元	全国排名
1	海南大学	341	13 905.9	206
2	海南医学院	166	7 047.5	349
3	海南师范大学	100	3 992.3	459
4	中国热带农业科学院热带生物技术研究所	41	2 436	563
5	三亚深海科学与工程研究所	31	1 487	686
6	海南省人民医院	32	1 432	694
7	中国热带农业科学院环境与植物保护研究所	31	1 135	762
8	中国热带农业科学院橡胶研究所	25	1 124	764
9	中国热带农业科学院热带作物品种资源研究所	24	1 075	778
10	中国热带农业科学院	39	1 037.5	790
11	中国热带农业科学院香料饮料研究所	23	711	883
12	海南省农业科学院	15	681	896
13	海口市人民医院	9	419	1 060
14	琼州学院	8	325	1 152
15	中国热带农业科学院海口实验站	8	209	1 305
16	海南省气象科学研究所	3	201	1 317
17	海南省妇幼保健院	4	152	1 409
18	海南省气象台	3	92	1 581
19	中国热带农业科学院椰子研究所	3	68	1 704
20	海南省海洋与渔业科学院	1	47	1 839
21	三亚市南繁科学技术研究院	1	45	1 865
22	中国热带农业科学院分析测试中心	2	45	1 866
23	海南省中医院	1	42	1 884
24	海南省疾病预防控制中心	1	40	1 911
25	海南省环境科学研究院	1	24	2 032
26	中国人民解放军第 425 医院	1	23	2 064
27	中国热带农业科学院科技信息研究所	1	20	2 133

3.2.29 宁夏

2015 年，宁夏常住人口 668 万人，地区生产总值 2911.77 亿元，人均地区生产总值 43 805 元；普通高等学校 18 所，普通高等学校招生 3.22 万人，普通高等学校教职工总数 1.15 万人；R&D 经费支出 25.5 亿元，从事 R&D 人员 16 385 人；国内专利申请受理量 4394 项，专利申请授权量 1865 项[29]。

2016 年，宁夏综合 NCI 为 0.1209，排名第 29 位。国家自然科学基金项目总数为 170 项，排名第 29 位；国家自然科学基金项目总额为 5933.8 万元，排名第 29 位。宁夏基础研究竞争力在全国属于第五梯队，基础研究竞争力很弱。地区科学基金排名第 9 位。各学科 NCI 均较为落后（图 3-30）。2011～2016 年 NCI 整体较为平稳，在 0.12 上下浮动（表 3-57）。2011～2016 年宁夏项目经费 Top 11 机构如表 3-58 所示。

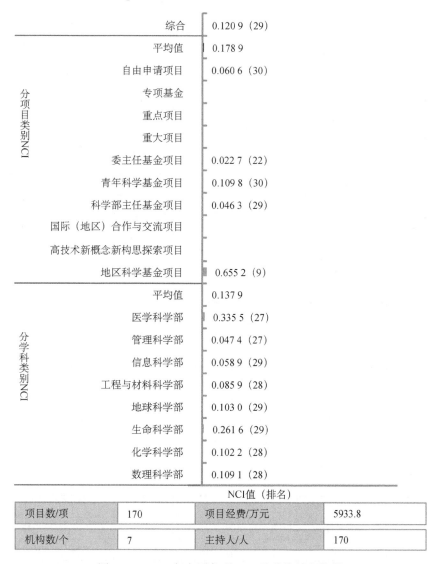

图 3-30　2016 年宁夏各项 NCI 及总体基金数据

表 3-57　2011～2016 年宁夏 NCI 变化趋势及指标

NCI 趋势	学科	类别	2011 年	2012 年	2013 年	2014 年	2015 年	2016 年
	综合	项目数/项	124	151	152	162	166	170
		项目经费/万元	5606	6747.5	6709	7172	6103.6	5933.8
		机构数/个	6	6	8	7	7	7
		主持人数/人	124	150	151	160	165	170
		NCI	0.1151	0.1169	0.123	0.1218	0.1189	0.1209
	数理科学	项目数/项	6	13	11	5	8	16
		项目经费/万元	230	531	331	169	265	445
		机构数/个	2	2	3	2	2	3
		主持人数/人	6	13	10	5	8	16
		NCI	0.0572	0.0895	0.078	0.0407	0.0577	0.1091
	化学科学	项目数/项	4	15	11	12	10	14
		项目经费/万元	196	736	542	589	373	447
		机构数/个	1	3	2	2	4	3
		主持人数/人	4	15	11	12	10	14
		NCI	0.0377	0.1154	0.0817	0.0861	0.0836	0.1022
	生命科学	项目数/项	34	33	36	37	37	42
		项目经费/万元	1517	1582	1670	1838	1454	1599
		机构数/个	4	4	5	5	3	4
		主持人数/人	34	32	36	37	37	42
		NCI	0.2596	0.221	0.2462	0.2525	0.2103	0.2616
	地球科学	项目数/项	12	14	11	10	11	12
		项目经费/万元	468	560	440	431	444	471
		机构数/个	2	2	3	3	4	4
		主持人数/人	12	14	11	10	11	12
		NCI	0.0967	0.0941	0.0858	0.0804	0.0916	0.103
	工程与材料科学	项目数/项	5	5	19	13	11	12
		项目经费/万元	246	249	844	604	382	456.3
		机构数/个	1	3	3	3	2	2
		主持人数/人	5	5	19	13	11	12
		NCI	0.0447	0.0508	0.1327	0.0998	0.0742	0.0859
	信息科学	项目数/项	9	5	7	18	13	8
		项目经费/万元	413	212	290	565	454	227
		机构数/个	2	2	2	3	4	2
		主持人数/人	9	5	7	18	13	8
		NCI	0.0811	0.0441	0.0557	0.1154	0.1001	0.0589

NCI 趋势	学科	类别	2011 年	2012 年	2013 年	2014 年	2015 年	2016 年
	管理科学	项目数/项	7	7		9	9	6
		项目经费/万元	257	233.5		287	247.1	169
		机构数/个	2	3		3	2	2
		主持人数/人	7	7		9	9	6
		NCI	0.0635	0.0592		0.0689	0.0602	0.0474
	医学科学	项目数/项	47	59	57	58	67	60
		项目经费/万元	2279	2644	2592	2689	2484.5	2119.5
		机构数/个	3	3	3	3	2	4
		主持人数/人	47	59	57	57	67	60
		NCI	0.3145	0.3151	0.3043	0.3047	0.2924	0.3355

表 3-58　2011~2016 年宁夏项目经费 Top 11 机构

序号	机构名称	项目数量/项	项目经费/万元	全国排名
1	宁夏大学	382	15 704.5	181
2	宁夏医科大学	367	15 501	184
3	北方民族大学	106	3 945.4	463
4	宁夏农林科学院	34	1 525	676
5	宁夏回族自治区人民医院	22	1 030	794
6	宁夏回族自治区气象科学研究所	6	290	1 187
7	宁夏师范学院	4	95	1 567
8	西北稀有金属材料研究院	1	79	1 640
9	宁夏回族自治区水产研究所	1	52	1 799
10	宁夏回族自治区地震局	1	25	2 014
11	宁夏回族自治区水利科学研究院	1	25	2 015

3.2.30　青海

2015 年，青海常住人口 588 万人，地区生产总值 2417.05 亿元，人均地区生产总值 41 252 元；普通高等学校 12 所，普通高等学校招生 1.80 万人，普通高等学校教职工总数 0.64 万人；R&D 经费支出 11.6 亿元，从事 R&D 人员 7860 人；国内专利申请受理量 2590 项，专利申请授权量 1217 项[30]。

2016 年，青海综合 NCI 为 0.0752，排名第 30 位。国家自然科学基金项目总数为 76 项，排名第 30 位；国家自然科学基金项目总额为 2832 万元，排名第 30 位。青海基础研究竞争力在全国属于第五梯队，基础研究竞争力很弱。地区科学基金排名第 11 位。各学科 NCI 均较为落后（图 3-31）。2011~2016 年综合 NCI 在 0.06~0.1 之间浮动（表 3-59）。2011~2016 年青海项目经费 Top 16 机构如表 3-60 所示。

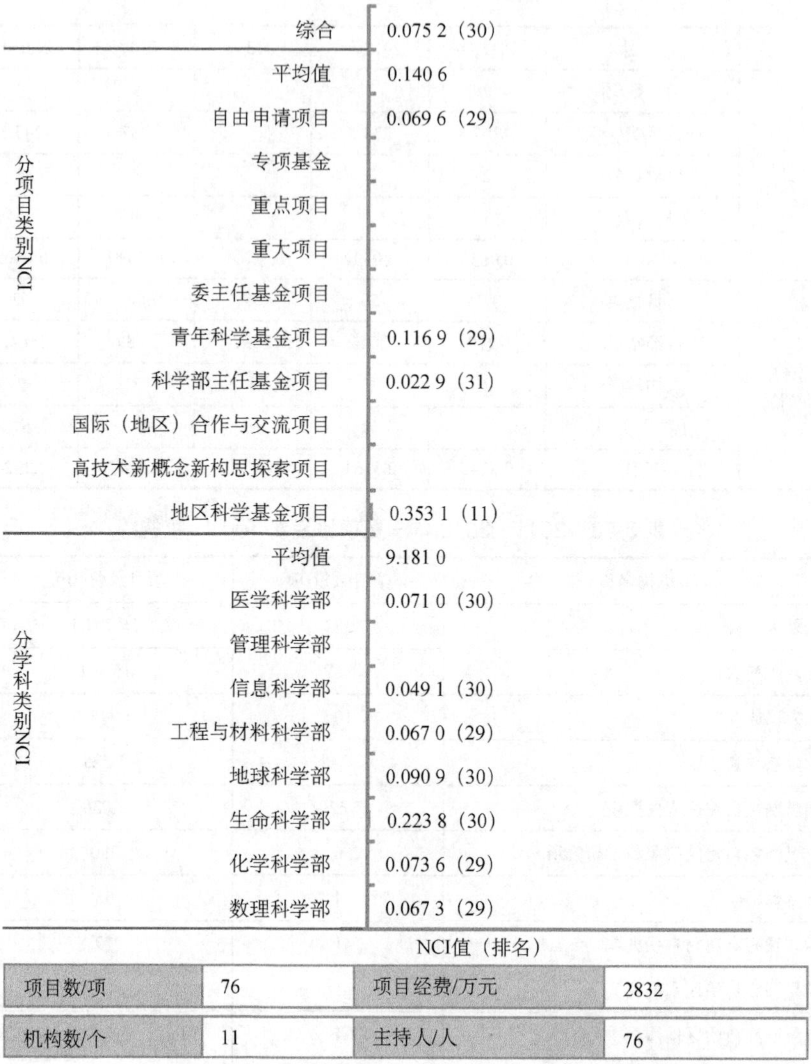

综合	0.075 2 (30)	
平均值	0.140 6	
自由申请项目	0.069 6 (29)	
专项基金		
重点项目		
重大项目		
委主任基金项目		
青年科学基金项目	0.116 9 (29)	
科学部主任基金项目	0.022 9 (31)	
国际（地区）合作与交流项目		
高技术新概念新构思探索项目		
地区科学基金项目	0.353 1 (11)	
平均值	9.181 0	
医学科学部	0.071 0 (30)	
管理科学部		
信息科学部	0.049 1 (30)	
工程与材料科学部	0.067 0 (29)	
地球科学部	0.090 9 (30)	
生命科学部	0.223 8 (30)	
化学科学部	0.073 6 (29)	
数理科学部	0.067 3 (29)	

分项目类别NCI

分学科类别NCI

NCI值（排名）

项目数/项	76	项目经费/万元	2832
机构数/个	11	主持人/人	76

图 3-31　2016 年青海各项 NCI 及总体基金数据

表 3-59　2011～2016 年青海 NCI 变化趋势及指标

NCI 趋势	学科	类别	2011 年	2012 年	2013 年	2014 年	2015 年	2016 年
	综合	项目数/项	60	57	58	92	77	76
		项目经费/万元	2584.95	2655	2555	4710	3302	2832
		机构数/个	11	8	11	12	12	11
		主持人数/人	59	56	58	89	76	76
		NCI	0.0764	0.061	0.0647	0.0941	0.0793	0.0752
	数理科学	项目数/项	3	2	3	2	5	7
		项目经费/万元	90	68	109	120	129	252
		机构数/个	1	2	2	2	2	4
		主持人数/人	3	2	3	2	5	7
		NCI	0.0269	0.021	0.0286	0.0236	0.0381	0.0673

续表

NCI 趋势	学科	类别	2011 年	2012 年	2013 年	2014 年	2015 年	2016 年
	化学科学	项目数/项	3	7	5	16	12	8
		项目经费/万元	116	238	285	1426	659	368
		机构数/个	2	4	3	3	3	3
		主持人数/人	3	7	5	16	12	8
		NCI	0.0341	0.0639	0.0519	0.1372	0.0983	0.0736
	生命科学	项目数/项	18	27	23	21	28	30
		项目经费/万元	762	1292	1017	1005	1147	1120
		机构数/个	4	5	6	3	6	6
		主持人数/人	17	27	23	21	27	30
		NCI	0.1568	0.2025	0.1819	0.144	0.2032	0.2238
	地球科学	项目数/项	10	9	10	16	12	9
		项目经费/万元	452.95	479	338	768	410	406
		机构数/个	5	4	4	5	4	5
		主持人数/人	10	9	10	16	12	9
		NCI	0.11	0.0863	0.0823	0.1335	0.0938	0.0909
	工程与材料科学	项目数/项	2	2	3	14	6	8
		项目经费/万元	96	130	125	504	527	253
		机构数/个	2	2	3	3	1	3
		主持人数/人	2	2	3	14	6	8
		NCI	0.0266	0.0247	0.0327	0.0989	0.0499	0.067
	信息科学	项目数/项	5	3	3	6	3	6
		项目经费/万元	252	137	136	174	79	194
		机构数/个	2	1	2	2	2	2
		主持人数/人	5	3	3	6	3	6
		NCI	0.0534	0.0258	0.0302	0.0449	0.0261	0.0491
	管理科学	项目数/项	1	—	—	2	1	—
		项目经费/万元	20	—	—	68	29	—
		机构数/个	1	—	—	1	1	—
		主持人数/人	1	—	—	2	1	—
		NCI	0.0107	—	—	0.0172	0.0099	—
	医学科学	项目数/项	18	7	11	15	10	8
		项目经费/万元	796	311	545	645	322	239
		机构数/个	7	5	6	8	5	4
		主持人数/人	18	7	11	15	10	8
		NCI	0.1849	0.0722	0.1077	0.1392	0.0852	0.071

表 3-60   2011～2016 年青海项目经费 Top 16 机构

序号	机构名称	项目数量/项	项目经费/万元	全国排名
1	青海大学	150	6525	364
2	中国科学院青海盐湖研究所	71	3975.95	460
3	青海师范大学	69	2579	540
4	中国科学院西北高原生物研究所	55	2290	582
5	青海省农林科学院	22	952	805
6	青海省地方病预防控制所	11	492	990
7	青海民族大学	8	353	1120
8	青海大学附属医院	9	339	1138
9	青海省畜牧兽医科学院	6	300	1181
10	青海省人民医院	6	277	1201
11	青海红十字医院	4	168	1371
12	青海省气象科学研究所	4	146	1427
13	青海省心脑血管病专科医院	2	97	1561
14	青海省地质矿产研究所	1	53	1796
15	青海省中医院	1	49	1818
16	青海省人工影响天气办公室	1	43	1881

3.2.31 西藏

2015 年，西藏常住人口 324 万人，地区生产总值 1026.39 亿元，人均地区生产总值 31 999 元；普通高等学校 6 所，普通高等学校招生 0.99 万人，普通高等学校教职工总数 0.36 万人；R&D 经费支出 3.1 亿元，从事 R&D 人员 2496 人；国内专利申请受理量 309 项，专利申请授权量 198 项[31]。

2016 年西藏综合 NCI 为 0.0315，排名第 31 位。国家自然科学基金项目总数为 31 项，排名第 31 位；国家自然科学基金项目总额为 1156 万元，排名第 31 位。西藏基础研究竞争力在全国属于第五梯队，基础研究竞争力很弱。地区科学基金排名第 16 位。各学科 NCI 均为全国最后（图 3-32）。2011～2016 年综合 NCI 在 0.03 上下浮动（表 3-61）。2011～2016 年西藏项目经费 Top 8 机构如表 3-62 所示。

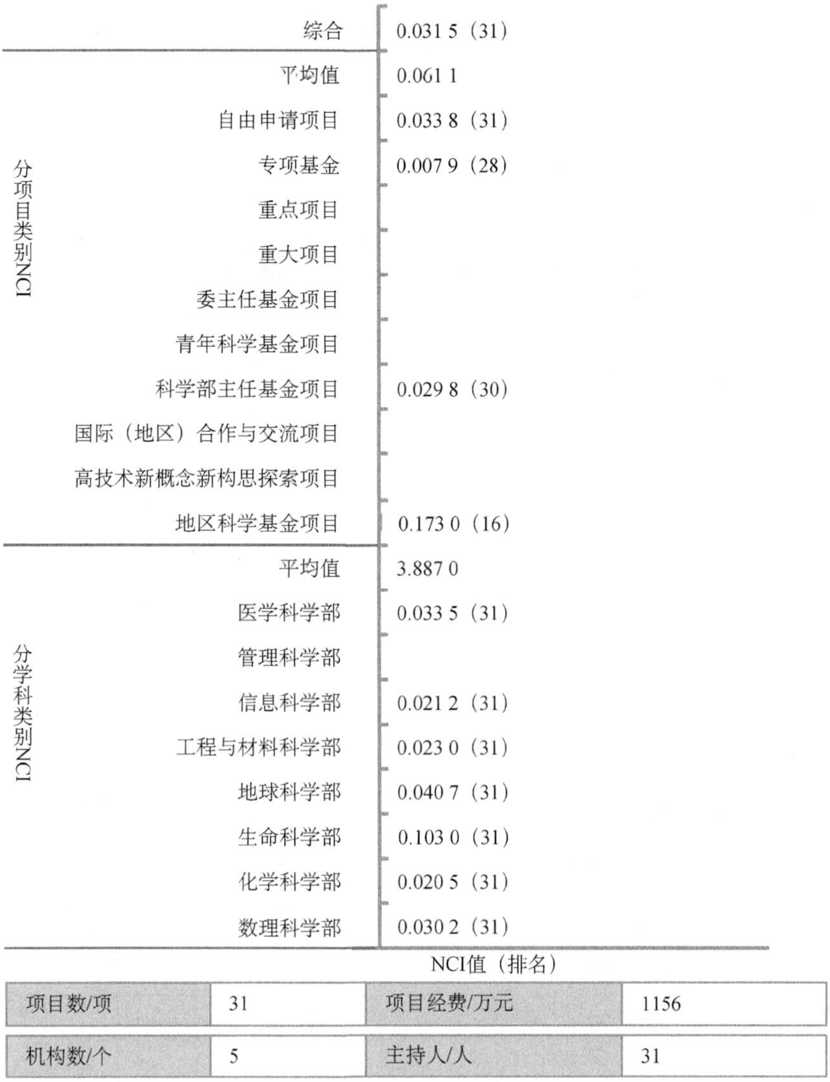

	综合	0.031 5 (31)
	平均值	0.061 1
	自由申请项目	0.033 8 (31)
	专项基金	0.007 9 (28)
	重点项目	
	重大项目	
分项目类别NCI	委主任基金项目	
	青年科学基金项目	
	科学部主任基金项目	0.029 8 (30)
	国际（地区）合作与交流项目	
	高技术新概念新构思探索项目	
	地区科学基金项目	0.173 0 (16)
	平均值	3.887 0
	医学科学部	0.033 5 (31)
	管理科学部	
分学科类别NCI	信息科学部	0.021 2 (31)
	工程与材料科学部	0.023 0 (31)
	地球科学部	0.040 7 (31)
	生命科学部	0.103 0 (31)
	化学科学部	0.020 5 (31)
	数理科学部	0.030 2 (31)
		NCI值（排名）

项目数/项	31	项目经费/万元	1156
机构数/个	5	主持人/人	31

图 3-32　2016 年西藏各项 NCI 及总体基金数据

表 3-61　2011～2016 年西藏 NCI 变化趋势及指标

NCI 趋势	学科	类别	2011 年	2012 年	2013 年	2014 年	2015 年	2016 年
	综合	项目数/项	17	19	20	30	35	31
		项目金额/万元	975	778	914	1446	1168.5	1156
		机构数/个	5	5	4	5	6	5
		主持人数/人	17	18	20	30	35	31
		NCI	0.0263	0.0228	0.0228	0.0324	0.0348	0.0315
	数理科学	项目数/项	2	3	3	2	2	4
		项目金额/万元	66	65	108	114	64	126
		机构数/个	1	1	1	1	1	1
		主持人数/人	2	3	3	2	2	4
		NCI	0.0203	0.0214	0.024	0.0196	0.017	0.0302

续表

NCI 趋势	学科	类别	2011 年	2012 年	2013 年	2014 年	2015 年	2016 年
	化学科学	项目数/项	1	2	1	2	1	2
		项目金额/万元	26	100	5	80	5	107
		机构数/个	1	2	1	2	1	1
		主持人数/人	1	2	1	2	1	2
		NCI	0.0114	0.0231	0.0064	0.0213	0.0064	0.0205
	生命科学	项目数/项	2	1	13	10	16	13
		项目金额/万元	330	51	649	500	622	534
		机构数/个	2	1	3	2	2	3
		主持人数/人	2	1	13	10	16	13
		NCI	0.0362	0.0116	0.1028	0.0754	0.1011	0.103
	地球科学	项目数/项	5	2	1	7	3	4
		项目金额/万元	219	106	54	406	130	138
		机构数/个	3	1	1	4	2	3
		主持人数/人	5	2	1	7	3	4
		NCI	0.0571	0.0197	0.0116	0.0712	0.0296	0.0407
	工程与材料科学	项目数/项	—	—	—	—	5	2
		项目金额/万元	—	—	—	—	135	85
		机构数/个	—	—	—	—	2	2
		主持人数/人	—	—	—	—	5	2
		NCI	—	—	—	—	0.0386	0.023
	信息科学	项目数/项	4	5	—	4	3	3
		项目金额/万元	170	174	—	117	78	54
		机构数/个	1	1	—	1	1	1
		主持人数/人	4	5	—	4	3	3
		NCI	0.0364	0.0353	—	0.0279	0.0219	0.0212
	管理科学	项目数/项	—	1	—	1	3	—
		项目金额/万元	—	36	—	35	57.5	—
		机构数/个	—	1	—	1	3	—
		主持人数/人	—	1	—	1	3	—
		NCI	—	0.0106	—	0.0103	0.0267	—
	医学科学	项目数/项	3	5	2	4	2	3
		项目金额/万元	164	246	98	194	77	112
		机构数/个	2	3	2	2	2	3
		主持人数/人	3	5	2	4	2	3
		NCI	0.0372	0.0507	0.0227	0.0376	0.0212	0.0335

表 3-62　2011～2016 年西藏项目经费 Top 8 机构

序号	机构名称	项目数量/项	项目经费/万元	全国排名
1	西藏大学	74	3049	507
2	西藏大学农牧学院	52	2243	587
3	西藏藏医学院	9	389	1096
4	西藏高原大气环境科学研究所	6	265	1219
5	西藏自治区人民医院	3	147	1426
6	西藏自治区农牧科学院	3	139	1449
7	西藏自治区科技信息研究所	3	104.5	1532
8	西藏自治区高原生物研究所	2	101	1545

参 考 文 献

[1] 北京市人民政府. 北京概况[EB/OL]. [2017-01-20]. http://renwen.beijing.gov.cn/bjgk/default.htm.

[2] 上海市人民政府. 上海概览[EB/OL]. [2017-01-20]. http://www.shanghai.gov.cn/nw2/nw2314/nw3766/nw3767/index.html.

[3] 江苏省人民政府. 江苏概览[EB/OL]. [2017-01-20]. http://www.js.gov.cn/zgjszjjs_4758/#.

[4] 广东省人民政府. 省情概况[EB/OL]. [2017-01-20]. http://www.gd.gov.cn/gdgk/.

[5] 湖北省人民政府. 省情[EB/OL]. [2017-01-20]. http://www.hubei.gov.cn/2015change/2015sq/.

[6] 陕西省人民政府. 陕西概览[EB/OL]. [2017-01-20]. http://www.shaanxi.gov.cn/.

[7] 浙江省人民政府. 了解浙江[EB/OL]. [2017-01-21]. http://www.zj.gov.cn/col/col789/index.html.

[8] 山东省人民政府. 省情[EB/OL]. [2017-01-21]. http://www.shandong.gov.cn/col/col161/index.html.

[9] 辽宁省人民政府. 走进辽宁[EB/OL]. [2017-01-21]. http://www.ln.gov.cn/zjln/.

[10] 四川省人民政府. 四川概况[EB/OL]. [2017-01-21]. http://www.sc.gov.cn/10462/wza2012/scgk/scgk.shtml.

[11] 湖南省人民政府. 省情[EB/OL]. [2017-01-21]. http://www.hunan.gov.cn/sq/.

[12] 安徽省人民政府. 徽风皖韵[EB/OL]. [2017-01-21]. http://www.ah.gov.cn/UserData/SortHtml/1/8394315416.html.

[13] 天津市人民政府. 天津[EB/OL]. [2017-01-21]. http://www.tj.gov.cn/tj/.

[14] 河南省人民政府. 河南概况[EB/OL]. [2017-01-22]. http://www.henan.gov.cn/hngk/.

[15] 黑龙江省人民政府. 省情[EB/OL]. [2017-01-22]. http://www.hlj.gov.cn/sq/.

[16] 福建省人民政府. 省情概况[EB/OL]. [2017-01-22]. http://www.fujian.gov.cn/szf/gk/.

[17] 重庆市人民政府. 重庆概况[EB/OL]. [2017-01-22]. http://www.cq.gov.cn/cqgk/82835.shtml.

[18] 云南省人民政府. 云南概况[EB/OL]. [2017-01-22]. http://www.yn.gov.cn/yn_yngk/index.html.

[19] 吉林省人民政府. 省情[EB/OL]. [2017-01-23]. http://www.jl.gov.cn/sq/.

[20] 江西省人民政府. 览省情[EB/OL]. [2017-01-23]. http://www.jiangxi.gov.cn/lsq/.

[21] 甘肃省人民政府. 走进甘肃[EB/OL]. [2017-01-23]. http://www.gansu.gov.cn/col/col10/index.html.

[22] 广西壮族自治区人民政府. 广西概况[EB/OL]. [2017-01-23]. http://www.gxzf.gov.cn/zjgx/.

[23] 新疆维吾尔自治区人民政府. 了解新疆[EB/OL]. [2017-01-23]. http://www.xinjiang.gov.cn/ljxj/index.html.

[24] 贵州省人民政府. 多彩贵州[EB/OL]. [2017-01-23]. http://www.gzgov.gov.cn/dcgz/.

[25] 山西省人民政府. 走进三晋[EB/OL]. [2017-01-23]. http://www.shanxi.gov.cn/zjsj/.

[26] 河北省人民政府. 走进河北[EB/OL]. [2017-01-24]. http://www.hebei.gov.cn/hebei/10731222/index.html.

[27] 内蒙古自治区人民政府. 区情[EB/OL]. [2017-01-24]. http://www.nmg.gov.cn/quq/.

[28] 海南省人民政府. 走进海南[EB/OL]. [2017-01-24]. http://www.hainan.gov.cn/hn/zjhn/.

[29] 宁夏回族自治区人民政府. 塞上江南[EB/OL]. [2017-01-24]. http://www.nx.gov.cn/Into.htm.

[30] 青海省人民政府. 大美青海[EB/OL]. [2017-01-24]. http://www.qh.gov.cn/dmqh/index.html.

[31] 西藏自治区人民政府. 认识西藏[EB/OL]. [2017-01-24]. http://www.xizang.gov.cn/xwzx/ztzl/rsxz/.

第4章　中国大学与科研机构基础研究竞争力报告——基于国家自然科学基金

4.1　中国大学与科研机构基础研究竞争力排行榜

4.1.1　中国大学与科研机构基础研究竞争力 Top 100

2016 年中国大学与科研机构基础研究竞争力——综合 NCI Top 100 如表 4-1 所示。2016 年，上海交通大学获得 933 个项目资助，遥遥领先于其他大学与科研机构。计算发现，获得经费资助总额在 1 亿元以上的机构有 41 家，在 5000 万元以上的有 87 家。江苏有 16 家机构入围 Top 100 而占绝对优势，北京共有 9 家机构入榜。青海和西藏没有机构入榜，表明西部地区基础研究竞争力仍然很薄弱。

表 4-1　2016 年中国大学与科研机构基础研究竞争力——综合 NCI Top 100

机构名称	综合NCI	项目数/项	项目经费/万元	主持人数/人	综合 NCI排名	项目数排名	项目经费排名	主持人数排名
上海交通大学	37.198 1	933	57 443.03	920	1	1	2	1
浙江大学	30.731 2	736	52 319.73	722	2	2	3	2
北京大学	26.921 6	609	52 286.45	587	3	4	4	4
中山大学	25.696 7	669	37 151	654	4	3	5	3
清华大学	25.554 0	535	58 017.34	515	5	7	1	7
华中科技大学	22.690 0	594	32 093.91	587	6	5	9	4
复旦大学	22.643 3	572	34 351.96	566	7	6	6	6
南京大学	17.911 4	411	33 070.24	405	8	12	8	12
西安交通大学	17.025 8	450	23 770.07	442	9	8	13	8
同济大学	16.623 8	433	23 914.41	425	10	9	12	9
中国科学技术大学	16.519 3	365	33 611.15	352	11	15	7	16
中南大学	15.560 6	417	20 957.23	413	12	10	16	10
山东大学	15.166 0	415	19 544	412	13	11	19	11

续表

机构名称	综合NCI	项目数/项	项目经费/万元	主持人数/人	综合NCI排名	项目数排名	项目经费排名	主持人数排名
四川大学	15.075 6	382	22 790.87	377	14	14	14	13
武汉大学	14.894 6	384	21 865.4	377	15	13	15	13
哈尔滨工业大学	14.817 5	357	24 660.13	354	16	16	11	15
吉林大学	12.459 3	319	18 380.2	316	17	17	24	17
天津大学	12.364 7	302	20 189.75	297	18	18	17	18
厦门大学	12.099 9	299	19 174.74	296	19	20	20	19
大连理工大学	11.949 4	300	18 531.7	294	20	19	22	21
东南大学	11.588 4	297	16 957.8	296	21	21	25	19
北京航空航天大学	10.780 4	256	18 678.24	251	22	24	21	24
苏州大学	10.666 3	291	14 066.28	284	23	22	28	22
华南理工大学	9.463 4	221	16 851.32	218	24	28	26	28
南京医科大学	9.145 4	262	10 756.77	260	25	23	37	23
首都医科大学	9.077 5	254	11 239.26	251	26	25	33	24
北京理工大学	8.658 6	205	15 243.1	199	27	35	27	35
南昌大学	8.427	249	9 397.19	245	28	26	47	26
郑州大学	8.13	238	9 164.7	236	29	27	50	27
南方医科大学	8.104 6	217	11 033.1	213	30	30	36	30
重庆大学	8.011 2	210	11 222.1	209	31	31	34	31
中国人民解放军第二军医大学	7.971 5	218	10 257.7	217	32	29	42	29
中国人民解放军第四军医大学	7.875 9	209	10 713.96	209	33	32	39	31
北京师范大学	7.662 4	182	13 155.15	180	34	41	29	40
西北工业大学	7.591 1	201	10 476.5	199	35	36	41	35
东北大学	7.487 2	184	11 940.8	183	36	39	31	39
中国人民解放军第三军医大学	7.457	207	9 270.3	207	37	33	48	33
南开大学	7.382 8	184	11 703.8	179	38	39	32	41
电子科技大学	7.353 4	200	9 570.2	199	39	37	46	35
华中农业大学	7.013 5	189	9 251.58	189	40	38	49	38
深圳大学	6.908 1	207	7 370.25	207	41	33	62	33
上海大学	6.578 3	161	10 720.3	158	42	44	38	44
兰州大学	6.454 8	168	9 128	168	43	43	51	43
中国地质大学（武汉）	6.365 3	154	10 485.49	153	44	47	40	47
中国科学院上海生命科学研究院	6.349 4	143	12 336.5	139	45	56	30	58
中国农业大学	6.293 8	148	11 052.6	146	46	51	35	51
华东师范大学	6.231 9	152	10 169	150	47	49	44	49
南京农业大学	6.15	159	8 870	158	48	45	53	44
江苏大学	6.019 8	174	6 942	173	49	42	66	42
中国科学院大连化学物理研究所	5.969 2	89	26 619.39	86	50	103	10	105
西北农林科技大学	5.812 9	157	7 682.3	156	51	46	59	46
西安电子科技大学	5.689 6	147	8 221.05	146	52	53	56	51

续表

机构名称	综合NCI	项目数/项	项目经费/万元	主持人数/人	综合NCI排名	项目数排名	项目经费排名	主持人数排名
湖南大学	5.569 8	141	8 385.03	140	53	58	55	56
合肥工业大学	5.520 2	145	7 771.3	143	54	55	58	55
中国海洋大学	5.350 4	121	10 190	119	55	74	43	74
西南交通大学	5.343 3	150	6 538.87	149	56	50	68	50
北京科技大学	5.298 2	142	7 166.5	140	57	57	64	56
中国科学院合肥物质科学研究院	5.276	139	7 442.39	136	58	60	61	61
南京航空航天大学	5.260 2	141	7 165.5	138	59	58	65	60
暨南大学	5.223 2	146	6 403.8	146	60	54	70	51
天津医科大学	5.143 9	153	5 606.3	152	61	48	86	48
哈尔滨医科大学	5.094 7	148	5 862.6	146	62	51	81	51
武汉理工大学	4.985	139	6 142	139	63	60	75	58
北京工业大学	4.979 8	122	8 080.66	120	64	73	57	73
南京理工大学	4.840 1	130	6 427.29	130	65	65	69	63
北京化工大学	4.824 6	112	8 732.09	110	66	80	54	82
华东理工大学	4.749 2	117	7 560.5	116	67	76	60	76
西北大学	4.684 7	123	6 563.17	122	68	71	67	72
浙江工业大学	4.670 7	136	5 316.5	135	69	62	94	62
昆明理工大学	4.604 5	133	5 408.9	130	70	63	90	63
中国科学院地质与地球物理研究所	4.578 1	97	9 871.1	96	71	94	45	94
中国矿业大学	4.562 8	128	5 554.3	128	72	67	88	66
重庆医科大学	4.550 8	129	5 510.6	127	73	66	89	68
西南大学	4.461 8	128	5 193.35	128	74	67	96	66
河海大学	4.440 2	131	4 962.5	129	75	64	104	65
华南农业大学	4.400 9	123	5 397	123	76	71	92	70
中国医科大学	4.390 7	126	5 148.4	125	77	69	98	69
北京交通大学	4.296 2	111	6 221.36	110	78	81	73	82
南京信息工程大学	4.224 7	118	5 187.5	118	79	75	97	75
温州医科大学	4.172 6	124	4 562.9	123	80	70	110	70
中国人民解放军国防科学技术大学	4.146 7	113	5 349.3	113	81	78	93	78
贵州大学	4.143 4	105	6 180.6	105	82	90	74	90
南京工业大学	3.972 2	110	4 962	110	83	84	105	82
广东工业大学	3.970 2	113	4 736.9	112	84	78	109	79
广西大学	3.957 8	117	4 413.9	115	85	76	115	77
宁波大学	3.941 5	107	5 123.5	107	86	88	99	86
扬州大学	3.832 8	111	4 377.8	111	87	81	118	80
陕西师范大学	3.769 8	108	4 441	107	88	85	114	86
江南大学	3.761 1	108	4 410.26	107	89	85	116	86
广州医科大学	3.734 2	108	4 276.4	108	90	85	120	85
中国科学院寒区旱区环境与工程研究所	3.731 0	76	8 967.38	73	91	122	52	125

续表

机构名称	综合 NCI	项目数 /项	项目经费 /万元	主持人 数/人	综合 NCI 排名	项目数 排名	项目经 费排名	主持人数 排名
中国科学院长春应用化学研究所	3.690 5	88	6 289	87	92	104	71	104
南京师范大学	3.680 9	93	5 583.8	92	93	97	87	97
中国科学院地理科学与资源研究所	3.674 7	91	5 803.8	90	94	100	83	99
哈尔滨工程大学	3.672 4	95	5 257	95	95	95	95	95
中国科学院大气物理研究所	3.658 9	82	7 243.7	79	96	113	63	114
福州大学	3.623 3	100	4 556.7	100	97	92	111	92
青岛大学	3.623 3	111	3 698.4	111	97	81	138	80
上海中医药大学	3.564 1	106	3 859.85	106	99	89	130	89
南京中医药大学	3.563 6	104	4 046.9	103	100	91	129	91

4.1.2 中国科学院机构基础研究竞争力 Top 20

2016 年中国科学院机构基础研究竞争力——综合 NCI Top 20 如表 4-2 所示。

表 4-2 2016 年中国科学院机构基础研究竞争力——综合 NCI Top 20

序号	机构名称	综合 NCI	项目经费/万元	项目数/项	主持人数/人
1	中国科学院上海生命科学研究院	6.349 4	12 336.5	143	139
2	中国科学院大连化学物理研究所	5.969 2	26 619.39	89	86
3	中国科学院合肥物质科学研究院	5.276	7 442.39	139	136
4	中国科学院地质与地球物理研究所	4.578 1	9 871.1	97	96
5	中国科学院寒区旱区环境与工程研究所	3.731	8 967.38	76	73
6	中国科学院长春应用化学研究所	3.690 5	6 289	88	87
7	中国科学院地理科学与资源研究所	3.674 7	5 803.8	91	90
8	中国科学院大气物理研究所	3.658 9	7 243.7	82	79
9	中国科学院生物物理研究所	3.508 8	5 864.8	84	84
10	中国科学院数学与系统科学研究院	3.265 2	18 486.2	44	41
11	中国科学院高能物理研究所	3.220 9	6 090	73	72
12	中国科学院化学研究所	3.200 2	5 892.6	74	72
13	中国科学院生态环境研究中心	3.106	5 102.8	75	75
14	中国科学院南海海洋研究所	2.738	5 650	60	58
15	中国科学院物理研究所	2.726 2	5 870.9	58	57
16	中国科学院海洋研究所	2.715 7	5 606.8	59	58
17	中国科学院微生物研究所	2.695	4 371	66	65
18	中国科学院自动化研究所	2.631	5 098.02	59	58
19	中国科学院动物研究所	2.602 6	5 111.5	59	56
20	中国科学院深圳先进技术研究院	2.481 9	4 207.2	59	59

4.1.3　中国大学与科研机构基础研究竞争力——学科 NCI Top 20

2016 年中国大学与科研机构基础研究竞争力——数理科学 NCI Top 20 如表 4-3 所示。

表 4-3　2016 年中国大学与科研机构基础研究竞争力——数理科学 NCI Top 20

序号	机构名称	综合 NCI	项目经费/万元	项目数/项	主持人数/人
1	中国科学技术大学	16.519 3	33 611.15	365	352
2	北京大学	26.921 6	52 286.45	609	587
3	上海交通大学	37.198 1	57 443.03	933	920
4	清华大学	25.554	58 017.34	535	515
5	中国科学院高能物理研究所	3.220 9	6 090	73	72
6	南京大学	17.911 4	33 070.24	411	405
7	西安交通大学	17.025 8	23 770.07	450	442
8	中国科学院合肥物质科学研究院	5.276	7 442.39	139	136
9	中国科学院数学与系统科学研究院	3.265 2	18 486.2	44	41
10	中国科学院国家天文台	2.329	4 475.74	52	52
11	大连理工大学	11.949 4	18 531.7	300	294
12	西北工业大学	7.591 1	10 476.5	201	199
13	中国科学院近代物理研究所	2.035 7	2 823.7	54	53
14	浙江大学	30.731 2	52 319.73	736	722
15	复旦大学	22.643 3	34 351.96	572	566
16	中山大学	25.696 7	37 151	669	654
17	华中科技大学	22.69	32 093.91	594	587
18	中国科学院物理研究所	2.726 2	5 870.9	58	57
19	北京理工大学	8.658 6	15 243.1	205	199
20	哈尔滨工业大学	14.817 5	24 660.13	357	354

2016 年中国大学与科研机构基础研究竞争力——化学科学 NCI Top 20 如表 4-4 所示。

表 4-4　2016 年中国大学与科研机构基础研究竞争力——化学科学 NCI Top 20

序号	机构名称	综合 NCI	项目经费/万元	项目数/项	主持人数/人
1	中国科学院大连化学物理研究所	5.969 2	26 619.39	89	86
2	南京大学	17.911 4	33 070.24	411	405
3	浙江大学	30.731 2	52 319.73	736	722
4	北京化工大学	4.824 6	8 732.09	112	110
5	清华大学	25.554	58 017.34	535	515
6	中国科学院化学研究所	3.200 2	5 892.6	74	72
7	中国科学院长春应用化学研究所	3.690 5	6 289	88	87
8	大连理工大学	11.949 4	18 531.7	300	294
9	中国科学技术大学	16.519 3	33 611.15	365	352
10	北京大学	26.921 6	52 286.45	609	587
11	天津大学	12.364 7	20 189.75	302	297
12	厦门大学	12.099 9	19 174.74	299	296

续表

序号	机构名称	综合 NCI	项目经费/万元	项目数/项	主持人数/人
13	复旦大学	22.643 3	34 351.96	572	566
14	中国科学院上海有机化学研究所	2.291 4	5 956.05	45	43
15	南开大学	7.382 8	11 703.8	184	179
16	华东理工大学	4.749 2	7 560.5	117	116
17	华南理工大学	9.463 4	16 851.32	221	218
18	上海交通大学	37.198 1	57 443.03	933	920
19	南京工业大学	3.972 2	4 962	110	110
20	中山大学	25.696 7	37 151	669	654

2016 年中国大学与科研机构基础研究竞争力——生命科学 NCI Top 20 如表 4-5 所示。

表 4-5　2016 年中国大学与科研机构基础研究竞争力——生命科学 NCI Top 20

序号	机构名称	综合 NCI	项目经费/万元	项目数/项	主持人数/人
1	浙江大学	30.731 2	52 319.73	736	722
2	中国科学院上海生命科学研究院	6.349 4	12 336.5	143	139
3	华中农业大学	7.013 5	9 251.58	189	189
4	南京农业大学	6.15	8 870	159	158
5	中国农业大学	6.293 8	11 052.6	148	146
6	西北农林科技大学	5.812 9	7 682.3	157	156
7	上海交通大学	37.198 1	57 443.03	933	920
8	北京大学	26.921 6	52 286.45	609	587
9	华南农业大学	4.400 9	5 397	123	123
10	清华大学	25.554	58 017.34	535	515
11	复旦大学	22.643 3	34 351.96	572	566
12	中国科学院生物物理研究所	3.508 8	5 864.8	84	84
13	武汉大学	14.894 6	21 865.4	384	377
14	中国科学院动物研究所	2.602 6	5 111.5	59	56
15	中山大学	25.696 7	37 151	669	654
16	中国科学院微生物研究所	2.695	4 371	66	65
17	福建农林大学	3.099 6	3 161	95	95
18	西南大学	4.461 8	5 193.35	128	128
19	中国科学院植物研究所	2.158 8	3 497	53	52
20	北京林业大学	2.971 5	3 562	84	84

2016 年中国大学与科研机构基础研究竞争力——地球科学 NCI Top 20 如表 4-6 所示。

表 4-6　2016 年中国大学与科研机构基础研究竞争力——地球科学 NCI Top 20

序号	机构名称	综合 NCI	项目经费/万元	项目数/项	主持人数/人
1	中国地质大学（武汉）	6.365 3	10 485.49	154	153
2	中国科学院地质与地球物理研究所	4.578 1	9 871.1	97	96
3	中国科学院大气物理研究所	3.658 9	7 243.7	82	79

序号	机构名称	综合 NCI	项目经费/万元	项目数/项	主持人数/人
4	南京大学	17.911 4	33 070.24	411	405
5	中国科学院寒区旱区环境与工程研究所	3.731	8 967.38	76	73
6	中国科学院地理科学与资源研究所	3.674 7	5 803.8	91	90
7	中国海洋大学	5.350 4	10 190	121	119
8	中国科学院广州地球化学研究所	2.453 2	5 034.96	53	53
9	南京信息工程大学	4.224 7	5 187.5	118	118
10	北京大学	26.921 6	52 286.45	609	587
11	同济大学	16.623 8	23 914.41	433	425
12	中国科学院南海海洋研究所	2.738	5 650	60	58
13	中国科学院地球化学研究所	2.272 5	5 807	44	44
14	中国科学院海洋研究所	2.715 7	5 606.8	59	58
15	中国科学技术大学	16.519 3	33 611.15	365	352
16	北京师范大学	7.662 4	13 155.15	182	180
17	武汉大学	14.894 6	21 865.4	384	377
18	中山大学	25.696 7	37 151	669	654
19	中国地质大学（北京）	2.469	3 361	66	65
20	中国科学院古脊椎动物与古人类研究所	1.739 3	19 688	16	16

2016 年中国大学与科研机构基础研究竞争力——工程与材料科学 NCI Top 20 如表 4-7 所示。

表 4-7　2016 年中国大学与科研机构基础研究竞争力——工程与材料科学 NCI Top 20

序号	机构名称	综合 NCI	项目经费/万元	项目数/项	主持人数/人
1	哈尔滨工业大学	14.817 5	24 660.13	357	354
2	清华大学	25.554	58 017.34	535	515
3	华中科技大学	22.69	32 093.91	594	587
4	上海交通大学	37.198 1	57 443.03	933	920
5	浙江大学	30.731 2	52 319.73	736	722
6	西安交通大学	17.025 8	23 770.07	450	442
7	重庆大学	8.011 2	11 222.1	210	209
8	大连理工大学	11.949 4	18 531.7	300	294
9	天津大学	12.364 7	20 189.75	302	297
10	东南大学	11.588 4	16 957.8	297	296
11	同济大学	16.623 8	23 914.41	433	425
12	中南大学	15.560 6	20 957.23	417	413
13	北京航空航天大学	10.780 4	18 678.24	256	251
14	东北大学	7.487 2	11 940.8	184	183

续表

序号	机构名称	综合 NCI	项目经费/万元	项目数/项	主持人数/人
15	华南理工大学	9.463 4	16 851.32	221	218
16	北京科技大学	5.298 2	7 166.5	142	140
17	西北工业大学	7.591 1	10 476.5	201	199
18	武汉理工大学	4.985	6 142	139	139
19	中国矿业大学	4.562 8	5 554.3	128	128
20	西南交通大学	5.343 3	6 538.87	150	149

2016 年中国大学与科研机构基础研究竞争力——信息科学 NCI Top 20 如表 4-8 所示。

表 4-8　2016 年中国大学与科研机构基础研究竞争力——信息科学 NCI Top 20

序号	机构名称	综合 NCI	项目经费/万元	项目数/项	主持人数/人
1	清华大学	25.554	58 017.34	535	515
2	电子科技大学	7.353 4	9 570.2	200	199
3	西安电子科技大学	5.689 6	8 221.05	147	146
4	北京航空航天大学	10.780 4	18 678.24	256	251
5	哈尔滨工业大学	14.817 5	24 660.13	357	354
6	上海交通大学	37.198 1	57 443.03	933	920
7	北京大学	26.921 6	52 286.45	609	587
8	北京理工大学	8.658 6	15 243.1	205	199
9	浙江大学	30.731 2	52 319.73	736	722
10	北京邮电大学	3.322 4	4 806	86	85
11	东南大学	11.588 4	16 957.8	297	296
12	西安交通大学	17.025 8	23 770.07	450	442
13	中国人民解放军国防科学技术大学	4.146 7	5 349.3	113	113
14	天津大学	12.364 7	20 189.75	302	297
15	华中科技大学	22.69	32 093.91	594	587
16	东北大学	7.487 2	11 940.8	184	183
17	深圳大学	6.908 1	7 370.25	207	207
18	南京理工大学	4.840 1	6 427.29	130	130
19	中国科学院自动化研究所	2.631	5 098.02	59	58
20	中国科学技术大学	16.519 3	33 611.15	365	352

2016 年中国大学与科研机构基础研究竞争力——管理科学 NCI Top 20 如表 4-9 所示。

表 4-9　2016 年中国大学与科研机构基础研究竞争力——管理科学 NCI Top 20

序号	机构名称	综合 NCI	项目经费/万元	项目数/项	主持人数/人
1	清华大学	25.554	58 017.34	535	515
2	北京大学	26.921 6	52 286.45	609	587
3	华中科技大学	22.69	32 093.91	594	587
4	武汉大学	14.894 6	21 865.4	384	377

续表

序号	机构名称	综合 NCI	项目经费/万元	项目数/项	主持人数/人
5	上海交通大学	37.198 1	57 443.03	933	920
6	中国人民大学	2.341 4	3 251.2	62	61
7	浙江大学	30.731 2	52 319.73	736	722
8	厦门大学	12.099 9	19 174.74	299	296
9	复旦大学	22.643 3	34 351.96	572	566
10	西南财经大学	1.277 7	1 383.7	38	38
11	南京大学	17.911 4	33 070.24	411	405
12	中山大学	25.696 7	37 151	669	654
13	上海财经大学	1.143 4	1 398.55	32	32
14	北京航空航天大学	10.780 4	18 678.24	256	251
15	合肥工业大学	5.520 2	7 771.3	145	143
16	同济大学	16.623 8	23 914.41	433	425
17	西安交通大学	17.025 8	23 770.07	450	442
18	北京理工大学	8.658 6	15 243.1	205	199
19	大连理工大学	11.949 4	18 531.7	300	294
20	暨南大学	5.223 2	6 403.8	146	146

2016 年中国大学与科研机构基础研究竞争力——医学科学 NCI Top 20 如表 4-10 所示。

表 4-10　2016 年中国大学与科研机构基础研究竞争力——医学科学 NCI Top 20

序号	机构名称	综合 NCI	项目经费/万元	项目数/项	主持人数/人
1	上海交通大学	37.198 1	57 443.03	933	920
2	中山大学	25.696 7	37 151	669	654
3	复旦大学	22.643 3	34 351.96	572	566
4	华中科技大学	22.69	32 093.91	594	587
5	北京大学	26.921 6	52 286.45	609	587
6	南京医科大学	9.145 4	10 756.77	262	260
7	浙江大学	30.731 2	52 319.73	736	722
8	首都医科大学	9.077 5	11 239.26	254	251
9	中南大学	15.560 6	20 957.23	417	413
10	四川大学	15.075 6	22 790.87	382	377
11	中国人民解放军第二军医大学	7.971 5	10 257.7	218	217
12	中国人民解放军第四军医大学	7.875 9	10 713.96	209	209
13	南方医科大学	8.104 6	11 033.1	217	213
14	山东大学	15.166	19 544	415	412
15	中国人民解放军第三军医大学	7.457	9 270.3	207	207
16	同济大学	16.623 8	23 914.41	433	425
17	西安交通大学	17.025 8	23 770.07	450	442
18	天津医科大学	5.143 9	5 606.3	153	152
19	哈尔滨医科大学	5.094 7	5 862.6	148	146
20	中国医科大学	4.390 7	5 148.4	126	125

4.2 中国大学与科研机构基础研究竞争力 Top 100 分析

4.2.1 上海交通大学

截至 2015 年 12 月，上海交通大学共有 28 个学院/直属系、22 个研究院、13 家附属医院、2 个附属医学研究所。上海交通大学有全日制本科生 16 188 名、研究生 20 347 名，学位留学生 2134 名；专任教师 2793 名，其中教授 890 名，中国科学院院士 22 名，中国工程院院士 24 名，中共中央组织部（简称中组部）顶尖海外高层次人才引进计划（简称"千人计划"）学者 1 名，中组部"千人计划"学者 98 名，"青年千人计划"学者 110 名，"长江学者奖励计划"特聘教授、讲座教授共 135 名，国家杰出青年科学基金获得者 116 名，"973 计划"首席科学家 35 名，国家重大科学研究计划首席科学家 14 名，国家自然科学基金委员会创新研究群体 13 个，教育部创新团队 20 个[1]。

2016 年，上海交通大学综合 NCI 为 37.1981，稳居全国排名第 1 位；国家自然科学基金项目总数为 933 项，项目经费为 57 443.03 万元，全国排名分别为第 1 位和第 2 位，上海市市内排名均为第 1 位（图 4-1）。2011～2016 年上海交通大学 NCI 变化趋势及指标如表 4-11 所示，国家自然科学基金项目经费 Top 10 人才如表 4-12 所示。

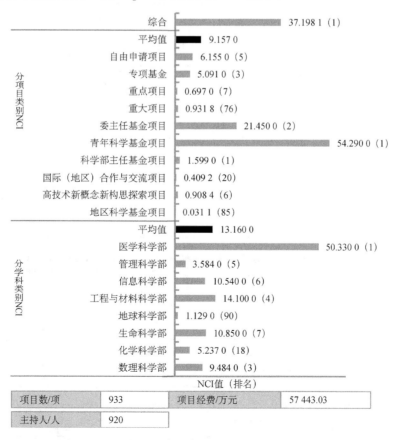

图 4-1　2016 年上海交通大学各项 NCI 及总体基金数据

表 4-11　2011～2016 年上海交通大学 NCI 变化趋势及指标

NCI 趋势	学科	类别	2011 年	2012 年	2013 年	2014 年	2015 年	2016 年
	综合	项目数/项	811	958	902	880	936	933
		项目经费/万元	46 245.8	63 947.1	65 866.6	64 114.3	57 458.6	57 443
		主持人数/人	786	933	882	854	914	920
		NCI	31.429 5	35.938 5	36.301 4	35.804 3	36.892	37.198 1
	数理科学	项目数/项	83	80	64	60	80	68
		项目经费/万元	5 058	6 419.8	13 164.7	6 714.5	6 107.47	7 603.8
		主持人数/人	80	77	62	60	79	67
		NCI	9.144 9	8.958 5	10.162 3	8.109 4	9.647 4	9.484 6
	化学科学	项目数/项	39	41	39	32	48	44
		项目经费/万元	2 790	3 931	3 198.91	2 633	3 313.78	3 084
		主持人数/人	38	41	39	32	47	43
		NCI	4.549 3	4.934 3	4.606 6	3.903 6	5.581 8	5.237 9
	生命科学	项目数/项	74	84	68	93	61	98
		项目经费/万元	4 475.8	7 243.9	4 767	6 679.6	3 267.5	5 402.8
		主持人数/人	72	83	68	88	61	98
		NCI	8.158 4	9.719 5	7.622 3	10.644 5	6.564 1	10.851 8
	地球科学	项目数/项	10	10	9	12	13	9
		项目经费/万元	449.04	841	845	900	1 414.7	722
		主持人数/人	10	10	9	12	12	9
		NCI	1.007 5	1.152	1.112	1.419 3	1.725 1	1.129 3
	工程与材料科学	项目数/项	118	128	124	121	115	118
		项目经费/万元	6 698.5	9 056	9 071.8	10 214.2	7 994.1	8 469.9
		主持人数/人	113	127	122	120	111	114
		NCI	12.669 9	13.884 1	14.022 5	14.846	13.339 8	14.104 8
	信息科学	项目数/项	91	91	81	80	76	88
		项目经费/万元	6 331.8	8 158.12	7 055.4	6 910.6	8 986.73	6 154
		主持人数/人	86	87	80	78	75	88
		NCI	10.410 8	10.55	9.720 7	9.835 3	10.601 8	10.548 4
	管理科学	项目数/项	22	35	32	27	24	30
		项目经费/万元	1 464	1 546.6	2 338.5	2 491.4	1 463	2 077.2
		主持人数/人	22	35	31	27	24	30
		NCI	2.526 9	3.253 7	3.598 7	3.422	2.696 3	3.584 1
	医学科学	项目数/项	373	485	484	453	517	474
		项目经费/万元	18 958.7	26 050.7	25 365.3	27 096	24 784.3	23 200.3
		主持人数/人	370	480	477	449	513	471
		NCI	39.057 3	47.951 4	49.000 6	49.541 5	53.474 6	50.339 6

表 4-12　2011～2016 年上海交通大学国家自然科学基金项目经费 Top 10 人才

人名	项目经费/万元	项目数/项	关键研究领域
王西杰	8500	1	物理学 II
贾金锋	2390	5	物理学 I
李少远	2322.65	4	自动化
关新平	1695	5	天文学
王如竹	1614	4	自动化
张杰	1578	4	工程热物理与能源利用
张鹏杰	1430	2	物理学 II
张文军	1415	3	电子学与信息系统
邓子新	1346	4	微生物学
林忠钦	1210	3	机械工程

4.2.2 浙江大学

截至 2016 年 6 月，浙江大学设有 7 个学部、36 个学院（系），拥有一级学科国家重点学科 14 个、二级学科国家重点学科 21 个。浙江大学有全日制在校学生 46 970 名，其中硕士研究生 14 142 名、博士研究生 8931 名、本科生 23 897 名；专任教师 3601 名，其中中国科学院院士 15 名、中国工程院院士 18 名、"千人计划"学者 76 名、文科资深教授 8 名、"973 计划"和重大科学研究计划等首席科学家 41 名、"长江学者奖励计划"特聘教授、讲座教授 120 名、国家杰出青年科学基金获得者 116 名[2]。

2016 年，浙江大学综合 NCI 为 30.7312，排名第 2 位；国家自然科学基金项目总数为 736 项，项目经费为 52 319.73 万元，全国排名均为第 2 位，浙江省省内排名均为第 1 位（图 4-2）。2011～2016 年浙江大学 NCI 变化趋势及指标如表 4-13 所示，国家自然科学基金项目经费 Top 10 人才如表 4-14 所示。

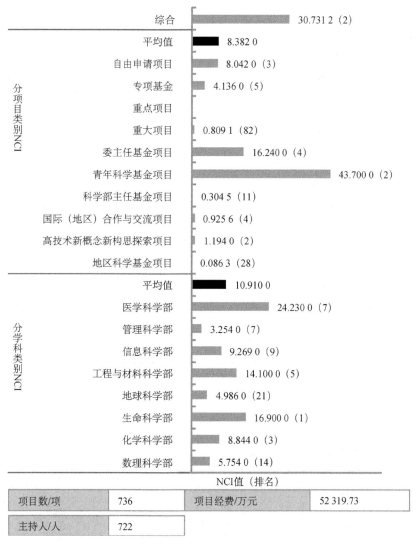

图 4-2　2016 年浙江大学各项 NCI 及总体基金数据

表 4-13　2011～2016 年浙江大学 NCI 变化趋势及指标

NCI 趋势	学科	类别	2011 年	2012 年	2013 年	2014 年	2015 年	2016 年
	综合	项目数/项	728	801	746	766	752	736
		项目经费/万元	42 212.4	59 216.1	60 409.3	57 077.6	49 291.9	52 319.7
		主持人数/人	705	779	728	740	735	722
		NCI	28.363	31.074 7	31.055 2	31.353	30.304	30.731 2
	数理科学	项目数/项	62	59	55	40	53	45
		项目经费/万元	3 549.7	4 301.2	9 330	3 763	3 373.85	3 999
		主持人数/人	56	56	54	38	50	43
		NCI	6.547 2	6.369 1	8.226 5	5.015 9	5.924 8	5.754 7
	化学科学	项目数/项	78	73	68	90	54	68
		项目经费/万元	4 767.7	6 228	5 222	9 076	5 124	6 165
		主持人数/人	78	72	67	87	54	67
		NCI	8.708 9	8.411 4	7.818 8	11.617 3	7.031	8.844
	生命科学	项目数/项	115	127	136	132	153	137
		项目经费/万元	7 779.3	9 549	11 887.5	9 542.1	10 235.5	10 610.4
		主持人数/人	114	125	132	131	149	135
		NCI	13.242 7	14.020 3	16.245 5	15.383 3	17.574 4	16.907 3
	地球科学	项目数/项	21	30	30	30	33	44
		项目经费/万元	1 218	1 797	2 209	2 292	1 790	2 660.5
		主持人数/人	21	30	30	30	33	43
		NCI	2.304	3.086 5	3.418 3	3.570 3	3.566	4.986 2
	工程与材料科学	项目数/项	127	141	114	110	121	111
		项目经费/万元	7 345	10 696.6	12 101.5	7 700.4	8 604.67	9 238.07
		主持人数/人	127	136	111	105	121	111
		NCI	13.920 7	15.507 3	14.544 2	12.519 4	14.310 5	14.100 1
	信息科学	项目数/项	93	86	67	81	76	69
		项目经费/万元	5 029.35	8 930.8	4 707.8	7 666.66	6 027.64	6 791.71
		主持人数/人	92	85	67	78	75	69
		NCI	9.932 4	10.587 7	7.516	10.223 8	9.280 3	9.269 1
	管理科学	项目数/项	23	31	41	30	31	33
		项目经费/万元	904.32	1 764	1 831.3	1 282	1 757.67	1 285
		主持人数/人	21	31	40	30	30	33
		NCI	2.150 6	3.135 3	3.922 2	2.941 7	3.362 7	3.254 3
	医学科学	项目数/项	203	251	233	252	229	227
		项目经费/万元	10 379	14 749.5	13 035.2	15 515.5	12 011.6	11 270.1
		主持人数/人	200	248	232	249	227	226
		NCI	21.249 9	25.556 5	24.191	27.797 6	24.399 1	24.238 2

表 4-14　2011～2016 年浙江大学国家自然科学基金项目经费 Top 10 人才

人名	项目经费/万元	项目数/项	关键研究领域
张泽	5985	3	物理学
孙优贤	2784	2	自动化
樊建人	2725	5	工程热物理与能源利用
段树民	2220	2	细胞生物学
包刚	1784	8	数学
苏宏业	1620	3	自动化
谭建荣	1565	4	机械工程
陈宝梁	1533	3	环境化学
刘树生	1485	4	植物保护学
陈伟球	1213	3	力学

4.2.3 北京大学

截至 2016 年 12 月，北京大学设有 68 个院系、123 个本科专业、48 个一级学科博士学位授权点、251 个二级学科博士学位授权点、50 个一级学科硕士学位授权点。北京大学有全日制在校学生 40 749 名，其中本科生 15 260 名，硕士研究生 15 088 名，博士研究生 10 401 名。北京大学有专任教师 7079 名，其中教授 2173 名、副教授 2167 名；中国科学院院士 75 名、中国工程院院士 17 名、发展中国家科学院院士 23 名，院士总数位列全国高校第一；哲学社会科学资深教授（文科资深教授）13 名，"长江学者奖励计划"特聘教授、讲座教授 147 名，"973 计划"首席科学家 92 名，"千人计划"入选者 68 名，"青年千人计划"入选者 123 名，国家杰出青年科学基金获得者 225 名，国家级教学名师 16 名，国家自然科学基金委员会创新研究群体 38 个[3]。

2016 年，北京大学综合 NCI 为 26.9216，排名第 3 位；国家自然科学基金项目总数为 609 项，项目经费为 52 286.45 万元，全国排名均为第 4 位，北京市市内排名分别为第 1 位和第 2 位（图 4-3）。2011～2016 年北京大学 NCI 变化趋势及指标如表 4-15 所示，国家自然科学基金项目经费 Top 10 人才如表 4-16 所示。

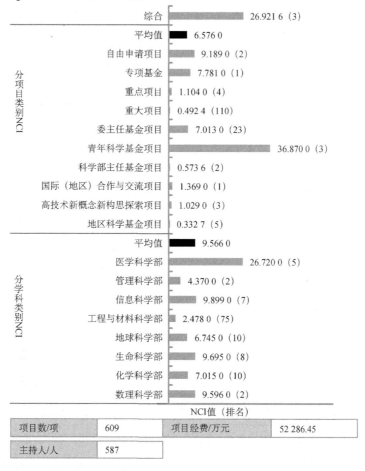

图 4-3 2016 年北京大学各项 NCI 及总体基金数据

表 4-15　2011～2016 年北京大学 NCI 变化趋势及指标

NCI 趋势	学科	类别	2011 年	2012 年	2013 年	2014 年	2015 年	2016 年
	综合	项目数/项	676	703	680	676	649	609
		项目经费/万元	53 919.2	61 773.1	72 865	68 344.1	65 125.5	52 286.5
		主持人数/人	643	677	641	641	613	587
		NCI	29.116 1	28.795 1	30.721 2	30.441 9	29.800 6	26.921 6
	数理科学	项目数/项	93	102	98	85	77	74
		项目经费/万元	10 211	9 993	9 624.5	9 529	15 213.3	6 643
		主持人数/人	89	97	93	78	74	73
		NCI	12.438 7	12.158 8	12.078 9	11.170 5	12.633 8	9.596 6
	化学科学	项目数/项	68	70	64	59	64	48
		项目经费/万元	7 636	10 107.4	8 478	5 223.6	7 450.43	6 214.03
		主持人数/人	64	66	60	56	62	47
		NCI	9.112 7	9.468 8	8.680 4	7.248 1	8.826 8	7.015 4
	生命科学	项目数/项	78	83	75	82	82	71
		项目经费/万元	4 513	7 750	13 968	8 789	8 397.7	7 445
		主持人数/人	76	82	71	80	78	70
		NCI	8.477 2	9.861 3	11.432 8	10.835 1	10.770 7	9.695 1
	地球科学	项目数/项	68	73	68	60	69	49
		项目经费/万元	7 104	7 881.3	9 206	6 920.6	8 289.82	5 299.32
		主持人数/人	65	71	64	57	63	48
		NCI	8.942 1	9.055 8	9.302 2	8.052 7	9.429	6.745 8
	工程与材料科学	项目数/项	18	26	38	23	28	21
		项目经费/万元	1 892	2 038	2 505.5	2 605.3	3 024.8	1 472
		主持人数/人	17	25	36	23	27	20
		NCI	2.362 3	2.887 8	4.098 8	3.121 2	3.760 9	2.478 6
	信息科学	项目数/项	78	75	80	72	70	71
		项目经费/万元	5 774.38	5 732.4	8 775.5	8 019	7 779.33	7 926.1
		主持人数/人	75	74	77	72	67	70
		NCI	9.162 5	8.331 9	10.279	9.715 8	9.468	9.899 6
	管理科学	项目数/项	41	33	36	37	24	37
		项目经费/万元	2 638.8	1 976	2 105.05	8 366.87	1 507.3	2 476.6
		主持人数/人	39	33	35	37	24	37
		NCI	4.580 2	3.394 7	3.763 1	6.322 3	2.723 3	4.370 8
	医学科学	项目数/项	218	232	215	257	233	234
		项目经费/万元	11 310	14 845	16 827.5	18 669.7	13 382.8	14 595.4
		主持人数/人	214	229	210	251	229	227
		NCI	22.903 7	24.294 2	24.806 1	29.840 1	25.515 2	26.727 9

表 4-16　2011～2016 年北京大学国家自然科学基金项目经费 Top 10 人才

人名	项目经费/万元	项目数/项	关键研究领域
程和平	8641	4	生物物理、生物化学与分子生物学
龚旗煌	7997.1	7	物理学 I
李强	6092	4	物理学 II
朱彤	4139.45	9	大气科学
陶澍	3687	5	地理学
高松	3535	5	无机化学
杜瑞瑞	3000	1	物理学 I
黄岩谊	2410	4	分析化学
宗秋刚	1877.32	2	地球物理学和空间物理学
张平文	1816	6	数学

4.2.4 中山大学

截至 2016 年 6 月，中山大学设有本科专业 126 个、一级学科博士学位授权点 43 个、一级学科硕士学位授权点 53 个、博士后科研流动站 41 个。中山大学有在校学生 51 137 名，其中本科生 32 491 名，硕士研究生 13 115 名，博士研究生 5531 名；专任教师 3528 名，其中中国科学院院士 15 名，中国工程院院士 25 名，"长江学者奖励计划"特聘教授 43 名、国家杰出青年科学基金获得者 81 名[4]。

2016 年，中山大学综合 NCI 为 25.6967，排名第 4 位；国家自然科学基金项目总数为 669 项，项目经费为 37 151 万元，全国排名分别为第 3 位和第 5 位，广东省省内排名均为第 1 位（图 4-4）。2011～2016 年中山大学 NCI 变化趋势及指标如表 4-17 所示，国家自然科学基金项目经费 Top 10 人才如表 4-18 所示。

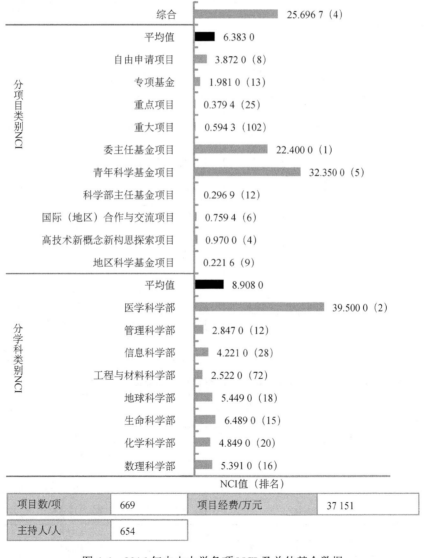

图 4-4　2016 年中山大学各项 NCI 及总体基金数据

表 4-17　2011～2016 年中山大学 NCI 变化趋势及指标

NCI 趋势	学科	类别	2011 年	2012 年	2013 年	2014 年	2015 年	2016 年
	综合	项目数/项	505	570	552	506	564	669
		项目经费/万元	26 909.7	42 002.6	36 928.6	39 919.7	38 274.4	37 151
		主持人数/人	495	550	541	498	550	654
		NCI	19.205 9	22.031 4	21.592 8	21.240 2	22.975 1	25.696 7
	数理科学	项目数/项	28	43	32	32	40	42
		项目经费/万元	1 060.35	2 960	1 959	1 810.75	3 234	3 606.6
		主持人数/人	28	43	32	32	38	42
		NCI	2.665 1	4.633 9	3.428 6	3.445 7	4.853 8	5.391 1
	化学科学	项目数/项	38	41	35	26	33	42
		项目经费/万元	2 651	3 725	2 442	2 998	2 434	2 624.5
		主持人数/人	36	40	35	25	33	42
		NCI	4.354 7	4.806 8	3.917 1	3.503 2	3.950 7	4.849 1
	生命科学	项目数/项	63	55	58	48	50	61
		项目经费/万元	3 068.2	4 505	4 851	4 119	2 809	3 032
		主持人数/人	62	55	55	48	49	60
		NCI	6.486 4	6.280 7	6.774 4	5.938	5.429 9	6.489 6
	地球科学	项目数/项	30	42	36	42	41	47
		项目经费/万元	2 359	3 369.6	2 818	2 886.8	2 890.9	3 040
		主持人数/人	30	40	35	42	41	46
		NCI	3.642 9	4.686 3	4.147 3	4.825 3	4.835 3	5.449 9
	工程与材料科学	项目数/项	31	31	21	22	23	26
		项目经费/万元	1 545.5	4 928	1 392	2 038.1	1 596.2	963.5
		主持人数/人	31	29	21	21	23	26
		NCI	3.233 9	4.318 6	2.310 4	2.749	2.698 2	2.522
	信息科学	项目数/项	29	31	24	28	35	35
		项目经费/万元	1 527	1 492	2 100	2 169	1 477.2	2 567.5
		主持人数/人	29	30	24	28	35	34
		NCI	3.080 9	2.932 8	2.896 5	3.347 7	3.478 7	4.221 8
	管理科学	项目数/项	25	37	35	15	26	30
		项目经费/万元	805	2 236.5	1 668.9	946	1 036.5	1 042
		主持人数/人	25	37	35	15	26	30
		NCI	2.254 3	3.818 2	3.450 3	1.674 6	2.535 5	2.847 8
	医学科学	项目数/项	250	280	303	287	312	374
		项目经费/万元	11 423.6	16 329.5	17 782.7	21 749	16 281.6	17 986.9
		主持人数/人	248	272	298	284	307	372
		NCI	25.265 4	28.277 1	31.833 6	33.944 2	33.104 2	39.500 5

表 4-18　2011～2016 年中山大学国家自然科学基金项目经费 Top 10 人才

人名	项目经费/万元	项目数/项	关键研究领域
许宁生	2248	2	无机非金属材料
陈小明	2100	3	无机化学
叶贤基	1385	1	物理学Ⅱ
宋尔卫	1050	1	肿瘤学
杨天新	846	5	循环系统
戴道清	805	4	数学
朱熹平	795	2	数学
欧阳钢锋	781	3	环境化学
周翠英	720	3	地质学
纪红兵	682	3	化学工程及工业化学

4.2.5 清华大学

截至 2015 年 12 月,清华大学设有 20 个学院 54 个系、本科专业 75 个、一级学科国家重点学科 22 个、二级学科国家重点学科 15 个、国家重点培育学科 2 个。清华大学有在校学生 46 200 名,其中本科生 15 636 名,硕士研究生 18 661 名,博士研究生 11 903 名,教师 3395 名,其中 45 岁以下青年教师 1842 名。学校教师中有诺贝尔奖获得者 1 名、图灵奖获得者 1 名、中国科学院院士 45 名、中国工程院院士 33 名、国家级 "高等学校教学名师奖" 获得者 16 名、"长江学者奖励计划" 特聘教授 141 名、"长江学者奖励计划" 讲座教授 58 名、国家杰出青年科学基金获得者 196 名、优秀青年科学基金获得者 89 名、"千人计划" 入选者 110 名、"青年千人计划" 入选者 130 名[5]。

2016 年,清华大学综合 NCI 为 25.5540,排名第 5 位;国家自然科学基金项目总数为 535 项,项目经费为 58 017.34 万元,全国排名分别为第 7 位和第 1 位,北京市市内排名分别为第 2 位和第 1 位(图 4-5)。2011~2016 年清华大学 NCI 变化趋势及指标如表 4-19 所示,国家自然科学基金项目经费 Top 10 人才如表 4-20 所示。

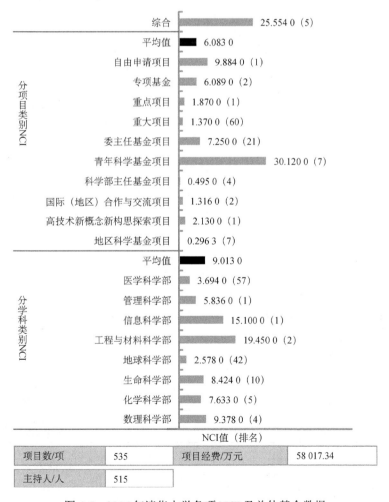

图 4-5　2016 年清华大学各项 NCI 及总体基金数据

表 4-19　2011～2016 年清华大学 NCI 变化趋势及指标

NCI 趋势	学科	类别	2011 年	2012 年	2013 年	2014 年	2015 年	2016 年
	综合	项目数/项	613	597	581	563	549	535
		项目经费/万元	45 050.9	55 987.3	69 261.6	72 548.2	55 923.1	58 017.3
		主持人数/人	593	571	559	537	524	515
		NCI	25.836 8	24.932 7	27.384 4	27.542 7	25.423 7	25.554 0
	数理科学	项目数/项	93	88	91	90	70	73
		项目经费/万元	7 746.3	7 279.4	8 126	20 723	5 658.5	6 461.7
		主持人数/人	87	86	91	85	70	71
		NCI	11.258 9	10.005 2	11.057 4	15.179 5	8.640 1	9.378 2
	化学科学	项目数/项	66	61	63	64	55	53
		项目经费/万元	5 114	9 248	11 671.5	7 869.4	5 673.3	6 430.19
		主持人数/人	65	56	61	62	55	53
		NCI	7.934 8	8.312 3	9.659	8.832	7.363 3	7.633 7
	生命科学	项目数/项	42	37	42	52	61	57
		项目经费/万元	3 647	3 319.5	5 257	5 763	5 371.6	7 886.16
		主持人数/人	39	36	42	48	57	54
		NCI	5.142 9	4.315 8	5.711 4	6.821	7.573 9	8.424 1
	地球科学	项目数/项	16	19	15	14	25	22
		项目经费/万元	919.8	2 312.25	1 002.3	2 332.2	1 843.3	1 506.3
		主持人数/人	16	16	15	14	24	21
		NCI	1.750 3	2.338	1.654 7	2.160 5	2.952 1	2.578 3
	工程与材料科学	项目数/项	194	178	185	156	175	156
		项目经费/万元	12 618.9	14 603.1	19 594.6	14 940.5	22 838.8	12 617.7
		主持人数/人	192	175	177	153	168	152
		NCI	22.037 9	20.222 5	23.447 3	19.889	24.997 3	19.459 3
	信息科学	项目数/项	119	128	102	99	95	98
		项目经费/万元	10 885.2	11 723	16 968	11 268.7	10 164.9	14 873.2
		主持人数/人	116	126	101	97	93	96
		NCI	15.068 7	15.091 8	15.200 2	13.365 3	12.783 7	15.104 7
	管理科学	项目数/项	52	54	55	55	35	43
		项目经费/万元	2 202.7	5 166.5	3 017.2	6 165.9	2 080.8	4 469.5
		主持人数/人	52	53	53	53	35	42
		NCI	5.137 9	6.453 9	5.611 5	7.346 8	3.899 5	5.836 3
	医学科学	项目数/项	25	27	24	27	29	26
		项目经费/万元	1 250	2 060.5	2 765	2 949.5	1 936.9	3 029.6
		主持人数/人	25	25	22	25	27	26
		NCI	2.610 5	2.935 1	3.084	3.528 3	3.279 8	3.694 8

表 4-20　2011～2016 年清华大学国家自然科学基金项目经费 Top 10 人才

人名	项目经费/万元	项目数/项	关键研究领域
薛其坤	10 790.5	4	物理学 I
雒建斌	8 695.9	4	机械工程
戴琼海	8 269	3	电子学与信息系统
刘云浩	3 384	6	电子学与信息系统
周东华	3 302	3	自动化
张希	3 218.5	8	高分子科学
帅志刚	3 030	6	物理化学
顾明	2 726	3	计算机科学
陈剑	2 702	3	工商管理
程津培	2 700	2	有机化学

4.2.6　华中科技大学

截至 2016 年 12 月，华中科技大学拥有哲学、经济学、法学、教育学、文学、历史学、理学、工学、农学、医学、管理学、艺术学等 12 大学科门类。华中科技大学有专任教师 3000 余名，其中教授 1000 余名、副教授 1300 余名；教师中有中国科学院院士 6 名，中国工程院院士 9 名，"千人计划"入选者 36 名，"外专千人计划"入选者 5 名，"青年千人计划"入选者 52 名，"长江学者奖励计划"特聘教授 48 名、讲座教授 36 名，国家杰出青年科学基金获得者 56 名，"973 计划"首席科学家 15 名，重大科学研究计划项目首席科学家 2 名，"973 计划"青年科学家 3 名，优秀青年科学基金获得者 27 名，教育部"新世纪优秀人才支持计划"入选者 224 名，"百千万人才工程"国家级人选 39 名，国家级教学名师 9 名[6]。

2016 年，华中科技大学综合 NCI 为 22.6900，排名第 6 位；国家自然科学基金项目总数为 594 项，项目经费为 32 093.91 万元，全国排名分别为第 5 位和第 9 位，湖北省省内排名均为第 1 位（图 4-6）。2011～2016 年华中科技大学 NCI 变化趋势及指标如表 4-21 所示，国家自然科学基金项目经费 Top 10 人才如表 4-22 所示。

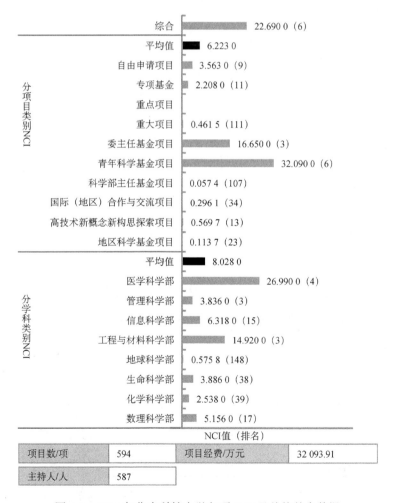

图 4-6　2016 年华中科技大学各项 NCI 及总体基金数据

表 4-21 2011～2016 年华中科技大学 NCI 变化趋势及指标

NCI 趋势	学科	类别	2011 年	2012 年	2013 年	2014 年	2015 年	2016 年
	综合	项目数/项	550	567	583	582	670	594
		项目经费/万元	28 494.9	35 565.4	36 452	39 154.9	34 472.1	32 093.9
		主持人数/人	537	557	568	567	659	587
		NCI	20.695 1	20.894 2	22.253 0	23.088 8	24.958 3	22.690 0
	数理科学	项目数/项	41	43	39	46	62	41
		项目经费/万元	1 544	3 186	2 615	2 870	3 320.08	3 312.2
		主持人数/人	40	43	39	44	62	41
		NCI	3.863 3	4.748 9	4.307 3	5.041 8	6.671 1	5.156 7
	化学科学	项目数/项	23	20	12	19	19	24
		项目经费/万元	979.5	1 187.5	657	1 305	1 278	1 152.94
		主持人数/人	22	19	12	18	19	24
		NCI	2.243 1	2.016 8	1.238 7	2.143 4	2.205 8	2.538 4
	生命科学	项目数/项	39	35	22	28	34	34
		项目经费/万元	2 550.5	2 232	1 685	2 482	1 460	2 062
		主持人数/人	39	35	21	27	34	34
		NCI	4.453 6	3.676 9	2.500 8	3.459 3	3.398 8	3.886 5
	地球科学	项目数/项	6	4	9	6	4	5
		项目经费/万元	528	248	604	203	129	310
		主持人数/人	6	4	9	6	4	5
		NCI	0.756 4	0.416 3	0.994 3	0.544 3	0.363 5	0.575 8
	工程与材料科学	项目数/项	112	98	110	96	140	124
		项目经费/万元	6 503	6 288.5	8 183.7	7 823	9 527.5	8 775.72
		主持人数/人	112	97	109	94	138	124
		NCI	12.292 6	10.281 3	12.538 8	11.591 6	16.238 6	14.922 9
	信息科学	项目数/项	59	74	75	71	61	58
		项目经费/万元	3 733.1	6 576.8	5 244.4	6 466.25	3 018	3 044
		主持人数/人	58	74	74	70	61	58
		NCI	6.625 9	8.683 5	8.362 4	8.917 1	6.392 6	6.318 0
	管理科学	项目数/项	25	30	30	25	23	37
		项目经费/万元	1 247.4	1 704	2 100.16	1 123.6	1 294.4	1 674.4
		主持人数/人	25	30	30	25	23	37
		NCI	2.608 7	3.032 3	3.361 2	2.493	2.516 1	3.836 2
	医学科学	项目数/项	243	263	285	291	326	266
		项目经费/万元	10 761.4	14 142.6	15 342.8	16 882	14 194.1	11 370.7
		主持人数/人	241	259	282	289	322	264
		NCI	24.301 1	25.969 4	29.151 8	31.522 7	32.604 6	26.992 0

表 4-22 2011～2016 年华中科技大学国家自然科学基金项目经费 Top 10 人才

人名	项目经费/万元	项目数/项	关键研究领域
邵新宇	1483.5	5	机械工程
陆培祥	1240.7	4	物理学 I
骆清铭	1200	2	光学和光电子学
汪道文	850	4	循环系统
熊有伦	800	1	机械工程
刘剑峰	793	5	生理学与整合生物学
徐明厚	755	7	工程热物理与能源利用
许剑锋	739.92	2	机械工程
周建中	713	3	水利科学与海洋工程
王擎	702	3	遗传学与生物信息学

4.2.7 复旦大学

截至 2016 年 12 月，复旦大学共设有 70 个本科专业，涵盖文学、哲学、历史学、法学、经济学、管理学、理学、工学、医学、艺术学 10 大学科门类的 33 个一级学科；科学学位研究生教育涉及 43 个一级学科，其中一级学科博士学位授权点 35 个；培养的专业学位研究生涉及博士专业学位授权点 2 个、硕士专业学位授权点 27 个。在校教学科研人员 2799 名，拥有中国科学院、中国工程院院士 42 名，文科杰出教授 2 名，文科资深教授 11 名，"千人计划"学者 118 名，"长江学者奖励计划"特聘教授 113 名，"973 计划"（含国家重大科学研究计划）项目首席科学家 34 名，国家杰出青年科学基金获得者 97 名[7]。

2016 年，复旦大学综合 NCI 为 22.6433，排名第 7 位；国家自然科学基金项目总数为 572 项，项目经费为 34 351.96 万元，全国排名均为第 6 位，上海市市内排名均为第 2 位（图 4-7）。2011～2016 年复旦大学 NCI 变化趋势及指标如表 4-23 所示，国家自然科学基金项目经费 Top 10 人才如表 4-24 所示。

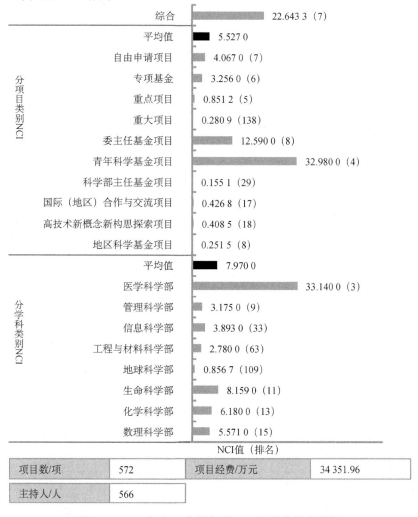

图 4-7　2016 年复旦大学各项 NCI 及总体基金数据

表 4-23　2011～2016 年复旦大学 NCI 变化趋势及指标

NCI 趋势	学科	类别	2011 年	2012 年	2013 年	2014 年	2015 年	2016 年
	综合	项目数/项	547	577	594	594	618	572
		项目经费/万元	29 188.6	36 929.3	38 489.8	52 414.7	39 154.5	34 352
		主持人数/人	537	558	586	573	605	566
		NCI	20.823 7	21.294 3	23.040 2	25.71	24.636 7	22.643 3
	数理科学	项目数/项	59	51	55	63	51	45
		项目经费/万元	3 648	4 228	3 871.2	12 449.5	3 253.42	3 467.3
		主持人数/人	58	48	53	62	48	45
		NCI	6.575 2	5.730 4	6.097 6	10.237 2	5.700 8	5.571 2
	化学科学	项目数/项	54	55	57	48	55	46
		项目经费/万元	3 752	5 261.5	4 625	4 749	5 171.36	4 631
		主持人数/人	53	54	57	47	54	45
		NCI	6.253 3	6.573 9	6.708 4	6.183	7.095 9	6.180 6
	生命科学	项目数/项	63	66	63	79	68	69
		项目经费/万元	3 992	4 511	5 049.7	8 156.6	5 656	4 632.4
		主持人数/人	62	64	63	75	66	69
		NCI	7.081 1	7.023 2	7.384 4	10.216 1	8.389 6	8.159 2
	地球科学	项目数/项	6	10	6	6	6	7
		项目经费/万元	265	536	358	449	436	521
		主持人数/人	6	10	6	6	6	7
		NCI	0.601 1	0.991 4	0.637 4	0.709 1	0.714 7	0.856 7
	工程与材料科学	项目数/项	16	16	21	14	15	23
		项目经费/万元	1 117	1 091	1 487	884	882	1 650
		主持人数/人	16	16	21	14	15	23
		NCI	1.867 4	1.718 8	2.361 8	1.563 6	1.665 1	2.780 5
	信息科学	项目数/项	43	40	33	25	41	35
		项目经费/万元	2 545.6	2 295.2	2 929	2 770	3 423.3	1 956
		主持人数/人	43	38	33	25	41	35
		NCI	4.750 1	3.988	4.001 7	3.367 7	5.115 5	3.893 3
	管理科学	项目数/项	33	43	37	36	37	30
		项目经费/万元	1 017.3	2 231.7	1 726	4 283.1	2 444.85	1 444.69
		主持人数/人	33	43	37	34	37	30
		NCI	2.932 8	4.217 5	3.620 9	4.872 3	4.270 1	3.175 5
	医学科学	项目数/项	268	293	319	323	343	313
		项目经费/万元	11 411.7	15 960.9	17 843.9	18 673.5	17 622.6	15 241.6
		主持人数/人	264	289	317	318	341	310
		NCI	26.393 2	29.072	33.096 3	34.847 4	36.329 4	33.148

表 4-24　2011～2016 年复旦大学国家自然科学基金项目经费 Top 10 人才

人名	项目经费/万元	项目数/项	关键研究领域
沈健	5933	2	物理学 I
彭希哲	2578.8	4	宏观管理与政策
封东来	2115	5	物理学 I
马兰	1563.6	4	神经科学
金力	1540	6	遗传学与生物信息学
葛均波	1330	2	循环系统
张远波	1043.46	2	物理学 I
陈建民	1024.5	3	环境化学
杨芃原	962	2	分析化学
徐彦辉	960	4	生物物理、生物化学与分子生物学

4.2.8 南京大学

截至 2016 年 6 月，南京大学设有 28 个直属院系、本科专业 87 个、一级学科硕士学位授权点 18 个、一级学科博士学位授权点 40 个、博士后科研流动站 38 个、国家级人才培养基地 13 个。学校拥有一支高素质的师资队伍，其中包括中国科学院院士 28 名、中国工程院院士 3 名、中国科学院外籍院士 1 名、第三世界科学院院士 4 名、俄罗斯科学院院士 1 名、加拿大皇家科学院院士 1 名[8]。

2016 年，南京大学综合 NCI 为 17.9114，排名第 8 位；国家自然科学基金项目总数为 411 项，项目经费为 33 070.24 万元，全国排名均为第 6 位，江苏省省内排名均为第 1 位（图 4-8）。2011～2016 年南京大学 NCI 变化趋势及指标如表 4-25 所示，国家自然科学基金项目经费 Top 10 人才如表 4-26 所示。

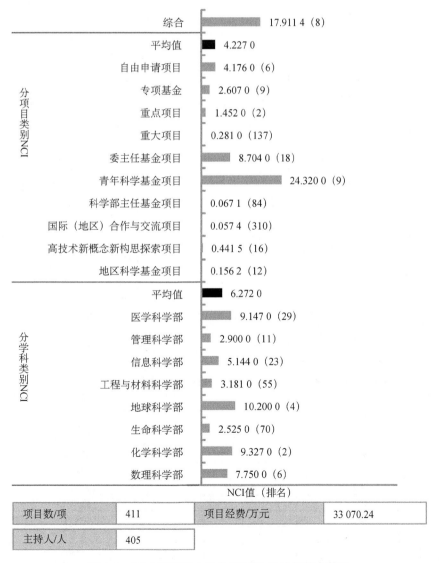

| 项目数/项 | 411 | 项目经费/万元 | 33 070.24 |
| 主持人/人 | 405 | | |

图 4-8　2016 年南京大学各项 NCI 及总体基金数据

表 4-25 　2011～2016 年南京大学 NCI 变化趋势及指标

NCI 趋势	学科	类别	2011 年	2012 年	2013 年	2014 年	2015 年	2016 年
	综合	项目数/项	359	403	383	343	382	411
		项目经费/万元	23 395.2	37 479.2	38 277.9	28 881.1	25 816.1	33 070.2
		主持人数/人	341	381	367	330	371	405
		NCI	14.448 6	16.719	16.998 6	14.603 1	15.518 5	17.911 4
	数理科学	项目数/项	72	65	66	49	52	50
		项目经费/万元	4 701.1	10 314	6 293	3 378.3	4 568	7 875.3
		主持人数/人	69	64	64	49	52	48
		NCI	8.101 9	9.205 4	8.113 2	5.635 3	6.598 8	7.750 1
	化学科学	项目数/项	61	60	50	67	55	73
		项目经费/万元	4 411	5 273	10 537.7	5 928.7	4 565.47	6 268.8
		主持人数/人	56	56	47	65	54	72
		NCI	7.000 8	6.854 9	7.923 9	8.289 6	6.807 2	9.327 4
	生命科学	项目数/项	25	28	24	25	25	24
		项目经费/万元	1 471	2 132	2 418	1 767	1 690	1 136
		主持人数/人	25	27	24	25	24	24
		NCI	2.756 1	3.083	3.035 9	2.899 1	2.867 9	2.525 9
	地球科学	项目数/项	55	88	79	51	79	82
		项目经费/万元	3 520	7 329.7	6 551.5	4 892	5 849.3	6 422
		主持人数/人	54	84	79	50	75	82
		NCI	6.197 7	9.949 9	9.365 5	6.504 7	9.307 1	10.207 3
	工程与材料科学	项目数/项	21	16	24	24	21	25
		项目经费/万元	1 187	1 388	1 206	2 081	1 331	2 091.1
		主持人数/人	21	16	23	24	21	25
		NCI	2.284 3	1.862 4	2.373 7	2.979 3	2.390 1	3.181
	信息科学	项目数/项	39	41	47	43	38	36
		项目经费/万元	1 383.3	2 967.73	4 569.25	5 813.8	2 953	4 264.54
		主持人数/人	38	39	43	39	36	36
		NCI	3.600 7	4.418 7	5.703 4	5.991 7	4.546 4	5.144
	管理科学	项目数/项	30	39	28	24	27	27
		项目经费/万元	960.8	1 646.8	3 264.45	1 482.3	898	1 358.9
		主持人数/人	30	39	26	24	27	27
		NCI	2.700 4	3.571	3.627 8	2.660 8	2.478 7	2.900 4
	医学科学	项目数/项	46	57	63	59	84	93
		项目经费/万元	2 921	4 008	3 018	3 528	3 741.3	3 593.6
		主持人数/人	46	56	63	58	84	93
		NCI	5.201 7	6.149 8	6.220 1	6.434 1	8.499 9	9.147 7

表 4-26 　2011～2016 年南京大学国家自然科学基金项目经费 Top 10 人才

人名	项目经费/万元	项目数/项	关键研究领域
陈洪渊	6712	2	分析化学
吴培亨	4900	1	物理学 I
祝世宁	1905.5	5	物理学 I
盛昭瀚	1881.2	3	管理科学与工程
吕建	1600	2	计算机科学
姚祝军	1573.8	7	有机化学
鞠熀先	1346	9	分析化学
杨修群	1330	2	大气科学
施斌	1218	3	植物学
陈健	1136	2	电子学与信息系统

4.2.9　西安交通大学

截至 2016 年 9 月，西安交通大学设有 27 个学院（部）、8 个本科生书院和 13 所附属教学医院。全校有本科专业 85 个。学校有在校生 33 604 名，其中本科生 17 099 名，硕士研究生 11 326 名，博士研究生 5179 名。有教职工 5819 名，其中专任教师 3144 名，教授、副教授 1800 余名。学校教师队伍中有中国科学院和中国工程院院士 31 名，其中 19 名为双聘院士。国家级教学名师 6 名，"长江学者奖励计划"特聘教授、讲座教授和青年学者 87 名，国家杰出青年科学基金获得者 38 名，国家级有突出贡献专家及中青年专家 22 名，"百千万人才工程"及"新世纪百千万人才工程"国家级人选 27 名，"长江学者和创新团队发展计划"创新团队带头人 27 名，教育部"新世纪优秀人才支持计划"入选者 234 名，对国家做出突出贡献并享受政府特殊津贴的专家 508 名[9]。

2016 年，西安交通大学综合 NCI 为 17.0258，排名第 9 位；国家自然科学基金项目总数为 450 项，项目经费为 23 770.07 万元，全国排名分别为第 8 位和第 13 位，陕西省省内排名均为第 1 位（图 4-9）。2011～2016 年西安交通大学 NCI 变化趋势及指标如表 4-27 所示，国家自然科学基金项目经费 Top 10 人才如表 4-28 所示。

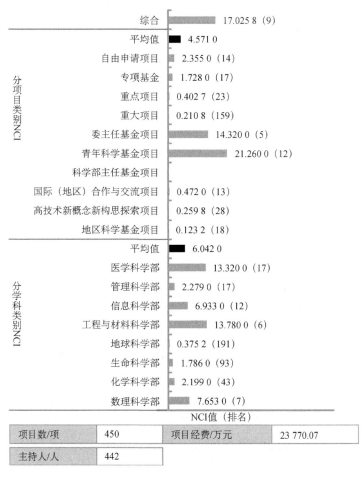

项目数/项	450	项目经费/万元	23 770.07
主持人/人	442		

图 4-9　2016 年西安交通大学各项 NCI 及总体基金数据

表 4-27　2011～2016 年西安交通大学 NCI 变化趋势及指标

NCI 趋势	学科	类别	2011 年	2012 年	2013 年	2014 年	2015 年	2016 年
	综合	项目数/项	427	419	376	383	405	450
		项目经费/万元	22 724.4	27 121.4	28 519.9	24 316	21 499.2	23 770.1
		主持人数/人	417	407	370	370	396	442
		NCI	16.212 5	15.544 5	15.357 6	14.861 7	15.214 7	17.025 8
	数理科学	项目数/项	55	54	48	55	56	62
		项目经费/万元	3 135	2 713.5	4 219	2 751	3 750	5 062.6
		主持人数/人	54	53	48	55	55	58
		NCI	5.962 9	5.207 2	5.801 8	5.683 6	6.452 8	7.653 8
	化学科学	项目数/项	12	17	23	17	17	22
		项目经费/万元	465	633	997	1 015	763	893
		主持人数/人	12	17	23	16	17	22
		NCI	1.151	1.492 7	2.196 4	1.826 3	1.724 6	2.199 8
	生命科学	项目数/项	12	10	13	9	7	17
		项目经费/万元	463	390	523	409	216	801
		主持人数/人	12	10	13	9	7	17
		NCI	1.149 3	0.891 7	1.211	0.900 8	0.626 8	1.786 4
	地球科学	项目数/项	4	4	9	2	14	4
		项目经费/万元	119	505	3 162	112	1 313.5	134
		主持人数/人	4	4	8	2	12	4
		NCI	0.351 3	0.527 6	1.66	0.214 6	1.725	0.375 2
	工程与材料科学	项目数/项	113	137	118	116	127	123
		项目经费/万元	7 386	10 377.5	10 921.5	9 901	7 435.3	7 148.13
		主持人数/人	109	131	117	113	126	121
		NCI	12.747 7	15.016 3	14.469 4	14.200 1	14.040 3	13.786
	信息科学	项目数/项	64	42	40	49	51	59
		项目经费/万元	3 951	3 540	2 962	3 668	3 121.5	3 888.14
		主持人数/人	64	41	39	47	51	59
		NCI	7.169 4	4.803 4	4.528	5.712 1	5.737 5	6.933 6
	管理科学	项目数/项	25	23	20	27	25	24
		项目经费/万元	1 036.5	1 177.6	772.5	1 019	986	834.5
		主持人数/人	25	23	20	27	25	24
		NCI	2.452 5	2.245 7	1.837 9	2.540 1	2.429 2	2.279 1
	医学科学	项目数/项	141	130	103	108	107	139
		项目经费/万元	6 158.89	7 364.8	4 687.9	5 441	3 698.9	5 008.7
		主持人数/人	139	129	102	107	107	138
		NCI	14.007 9	13.094 8	9.964 9	11.152 7	9.950 2	13.325 5

表 4-28　2011～2016 年西安交通大学国家自然科学基金项目经费 Top 10 人才

人名	项目经费/万元	项目数/项	关键研究领域
高静怀	2886	3	地球物理学和空间物理学
郑南宁	2067	6	自动化
郭烈锦	1637.05	6	工程热物理与能源利用
邵金友	1615	3	机械工程
林京	1400	2	机械工程
卢秉恒	1170	3	机械工程
荣命哲	1125	2	电气科学与工程
孙军	1125	2	金属材料
张镇西	796.5	7	光学和光电子学
徐光华	784	3	机械工程

4.2.10 同济大学

截至 2016 年 9 月，同济大学设有 38 个学院（系）和二级办学机构，学科设置涵盖工学、理学、医学、管理学、经济学、哲学、文学、法学、教育学、艺术学 10 个门类。有全日制本科生 17 228 名，硕士研究生 13 864 名，博士研究生 4717 名。拥有专任教师 2708 名，其中专业技术职务正高级 945 名，中国科学院院士 9 名，中国工程院院士 8 名（含中国工程院外籍院士 1 名），第三世界科学院院士 2 名，美国工程院外籍院士 1 名，瑞典皇家工程科学院外籍院士 1 名，"千人计划"学者 42 名，"长江学者奖励计划"特聘教授、讲座教授 27 名，"973 计划"（含国家重大基础研究计划）首席科学家 23 名，国家杰出青年科学基金获得者 42 名，国家级教学名师 5 名[10]。

2016 年，同济大学综合 NCI 为 16.6238，排名第 10 位；国家自然科学基金项目总数为 433 项，项目经费为 23 914.41 万元，全国排名分别为第 9 位和第 12 位，上海市市内排名均为第 3 位（图 4-10）。2011～2016 年同济大学 NCI 变化趋势及指标如表 4-29 所示，国家自然科学基金项目经费 Top 10 人才如表 4-30 所示。

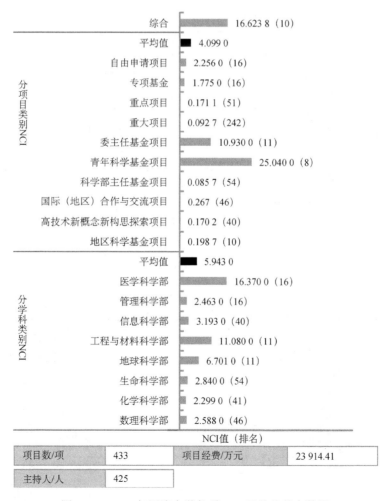

图 4-10   2016 年同济大学各项 NCI 及总体基金数据

表 4-29　2011～2016 年同济大学 NCI 变化趋势及指标

NCI 趋势	学科	类别	2011 年	2012 年	2013 年	2014 年	2015 年	2016 年
	综合	项目数/项	387	447	422	386	431	433
		项目经费/万元	18 849.6	30 601.1	26 443.3	24 775.8	25 336.6	23 914.4
		主持人数/人	381	438	413	375	419	425
		NCI	14.304 7	16.945 1	16.143 7	15.061	16.719 4	16.623 8
	数理科学	项目数/项	33	30	41	30	30	22
		项目经费/万元	1 209.5	1 755	2 337.5	2 219	1 430.03	1 455
		主持人数/人	31	30	41	30	29	22
		NCI	3.042 9	3.062 3	4.289 8	3.532	3.070 3	2.588 5
	化学科学	项目数/项	23	26	24	14	20	21
		项目经费/万元	953	1 680	1 215	1 136	1 299	1 176
		主持人数/人	23	26	24	14	20	20
		NCI	2.255 9	2.743 4	2.413 6	1.699 9	2.295	2.299 8
	生命科学	项目数/项	27	35	33	28	42	26
		项目经费/万元	1 137	2 515.5	3 016.5	1 719.35	2 057	1 377
		主持人数/人	27	33	31	26	40	26
		NCI	2.662 5	3.752 1	3.957 9	3.022 6	4.315 9	2.840 8
	地球科学	项目数/项	37	44	41	25	38	56
		项目经费/万元	3 767.9	3 339.1	2 953	2 412	4 751.2	4 041.2
		主持人数/人	37	44	40	25	36	54
		NCI	4.897 4	4.898 3	4.599 4	3.215 9	5.327 4	6.701 6
	工程与材料科学	项目数/项	120	119	109	112	112	102
		项目经费/万元	5 438	9 677.5	7 371.15	7 568	6 579	5 370.3
		主持人数/人	119	117	109	110	111	101
		NCI	12.092 5	13.480 3	12.072 5	12.717 9	12.391 4	11.086 3
	信息科学	项目数/项	36	35	14	24	23	24
		项目经费/万元	1 859	3 855	1 056	1 489.3	1 468	2 296
		主持人数/人	36	35	14	22	23	24
		NCI	3.799 8	4.411 5	1.608 1	2.588 8	2.623 9	3.193 6
	管理科学	项目数/项	23	22	21	28	19	25
		项目经费/万元	769.2	959	1 221	1 378.1	1 038.2	971.1
		主持人数/人	23	22	21	28	19	25
		NCI	2.100 4	2.035 9	2.211 7	2.878	2.058 2	2.463 4
	医学科学	项目数/项	88	134	138	124	145	157
		项目经费/万元	3 716	6 595	7 073.15	6 839	6 666.17	7 227.81
		主持人数/人	88	134	137	124	144	157
		NCI	8.685 8	12.912 5	13.901 8	13.238 3	14.794 1	16.371 2

表 4-30　2011～2016 年同济大学国家自然科学基金项目经费 Top 10 人才

人名	项目经费/万元	项目数/项	关键研究领域
葛耀君	2783	3	建筑环境与结构工程
汪品先	2200	3	海洋科学
蒋昌俊	2000	1	计算机科学
陈义汉	1749	5	循环系统
刘志飞	1190	3	海洋科学
王占山	1159	3	光学和光电子学
高绍荣	1133.35	6	发育生物学与生殖生物学
李杰	655	5	建筑环境与结构工程
孙毅	641	3	生物力学与组织工程学
康九红	633.5	5	发育生物学与生殖生物学

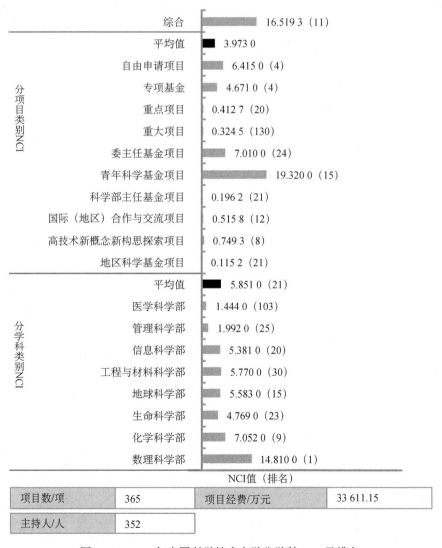

4.2.11 中国科学技术大学

截至 2016 年 12 月，中国科学技术大学有 20 个学院、30 个系。在校学生 15 500 多名，其中博士研究生 1900 多名、硕士研究生 6200 多名、本科生 7400 多名。学校有教学与科研人员 1916 名，其中教授 613 名（含相当专业技术职务人员），副教授 699 人（含相当专业技术职务人员），中国科学院和中国工程院院士 48 名，发展中国家科学院院士 17 名，"千人计划"学者 44 名，"青年千人计划"学者 160 名，"长江学者奖励计划"特聘教授 49 名，国家杰出青年科学基金获得者 116 名，国家级教学名师 7 名，中国科学院"百人计划"学者 146 名[11]。

2016 年，中国科学技术大学综合 NCI 为 16.5193，排名第 11 位；国家自然科学基金项目总数为 365 项，项目经费为 33 611.15 万元，全国排名分别为第 15 位和第 7 位，安徽省省内排名均为第 1 位（图 4-11）。2011～2016 年中国科学技术大学 NCI 变化趋势及指标如表 4-31 所示，国家自然科学基金项目经费 Top 10 人才如表 4-32 所示。

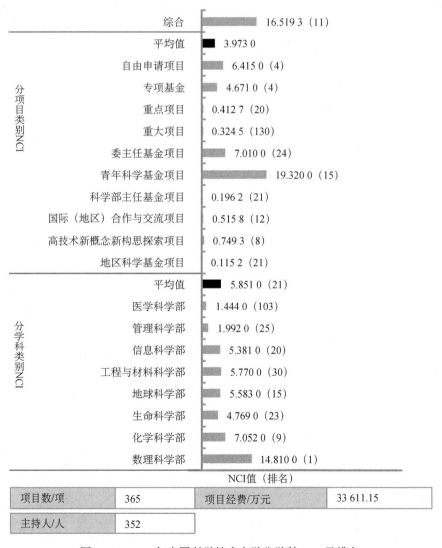

图 4-11　2016 年中国科学技术大学分学科 NCI 及排名

表 4-31　2011～2016 年中国科学技术大学 NCI 变化趋势及指标

NCI 趋势	学科	类别	2011 年	2012 年	2013 年	2014 年	2015 年	2016 年
	综合	项目数/项	298	335	360	309	365	365
		项目经费/万元	25 020.8	33 662.5	40 008	31 349.6	32 976.7	33 611.2
		主持人数/人	284	320	335	293	347	352
		NCI	13.065 1	14.310 4	16.392 3	13.931 2	16.218 7	16.519 3
	数理科学	项目数/项	110	123	129	103	121	110
		项目经费/万元	9 943.5	15 113	12 722	11 829	9 364.5	11 221.8
		主持人数/人	106	119	127	101	118	107
		NCI	13.821 1	15.902 6	16.118 2	13.950 4	14.597 2	14.816 9
	化学科学	项目数/项	40	51	41	60	59	61
		项目经费/万元	3 431	4 229	3 425	6 433	6 371.7	3 828
		主持人数/人	39	49	37	57	58	61
		NCI	4.958	5.770 4	4.708 5	7.859	7.975	7.052 7
	生命科学	项目数/项	23	27	38	28	38	37
		项目经费/万元	1 342	1 747.5	4 377	2 482.6	2 119	3 218
		主持人数/人	23	25	36	25	38	37
		NCI	2.528 5	2.778 3	4.936 5	3.372	4.144 3	4.769 5
	地球科学	项目数/项	35	36	42	35	40	45
		项目经费/万元	3 211	4 685	4 587	3 268	6 163.34	3 740.2
		主持人数/人	35	36	42	35	36	42
		NCI	4.474 3	4.797	5.457 7	4.453 4	5.910 3	5.583 8
	工程与材料科学	项目数/项	31	28	36	27	36	40
		项目经费/万元	2 426	2 471	2 951.4	1 674	2 523.38	5 134
		主持人数/人	30	28	36	26	35	38
		NCI	3.717 5	3.277 9	4.251 5	2.959 7	4.197 6	5.770 9
	信息科学	项目数/项	33	39	37	31	36	40
		项目经费/万元	1 698.6	2 917	8 216.1	3 235	3 390	4 055.75
		主持人数/人	33	39	36	31	35	39
		NCI	3.479 4	4.320 7	6.035 6	4.093 4	4.631 7	5.381 2
	管理科学	项目数/项	11	15	10	8	17	19
		项目经费/万元	1 005.2	720	446.5	293	928.8	938.4
		主持人数/人	10	15	10	7	16	18
		NCI	1.360 4	1.433 4	0.964 4	0.712 7	1.804 6	1.992
	医学科学	项目数/项	9	14	22	17	18	11
		项目经费/万元	993.5	980	2 443	2 135	2 116	1 012.05
		主持人数/人	8	14	22	17	18	11
		NCI	1.176 6	1.517 1	2.874 7	2.387 7	2.517 1	1.444 8

表 4-32　2011～2016 年中国科学技术大学国家自然科学基金项目经费 Top 10 人才

人名	项目经费/万元	项目数/项	关键研究领域
郭光灿	5700	1	光学和光电子学
杜江峰	5645	2	物理学 I
陈仙辉	3182	4	物理学 I
郑永飞	2832.5	4	地球化学
姚雪彪	2827.6	8	细胞生物学
韦世强	1839	7	物理学 II
董振超	1500	3	物理学 I
王俊贤	1490	2	天文学
杨金龙	1480	3	物理化学
俞书宏	1480	3	无机化学

4.2.12 中南大学

截至 2016 年 6 月，中南大学设有本科专业 103 个、一级学科硕士学位授权点 45 个、一级学科博士学位授权点 30 个、博士后科研流动站 32 个。本科生 34 133 名、硕士研究生 14 699 名、博士研究生 6087 名、留学生 745 名。在职教职工 6011 名，其中中国科学院院士 2 名、中国工程院院士 14 名、"千人计划"入选者 47 名，"973 计划"首席科学家 19 名，"长江学者奖励计划"特聘教授、讲座教授 36 名，国家杰出青年科学基金获得者 19 名[12]。

2016 年，中南大学综合 NCI 为 15.5606，排名第 12 位；国家自然科学基金项目总数为 417 项，项目经费为 20 957.23 万元，全国排名分别为第 10 位和第 16 位，湖南省省内排名均为第 1 位（图 4-12）。2011~2016 年中南大学 NCI 变化趋势及指标如表 4-33 所示，国家自然科学基金项目经费 Top 10 人才如表 4-34 所示。

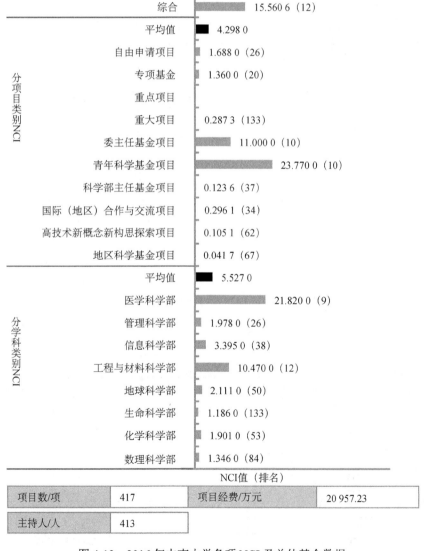

项目数/项	417	项目经费/万元	20 957.23
主持人/人	413		

图 4-12　2016 年中南大学各项 NCI 及总体基金数据

表 4-33　2011～2016 年中南大学 NCI 变化趋势及指标

NCI 趋势	学科	类别	2011 年	2012 年	2013 年	2014 年	2015 年	2016 年
	综合	项目数/项	339	372	436	400	427	417
		项目经费/万元	16 039	21 859	32 408.7	21 932.9	20 757	20 957.2
		主持人数/人	337	364	427	391	422	413
		NCI	12.45	13.395 6	17.660 4	14.839 3	15.633	15.560 6
	数理科学	项目数/项	11	13	13	9	10	13
		项目经费/万元	386	656	916	345	422	586
		主持人数/人	11	13	13	9	10	13
		NCI	1.020 8	1.263 2	1.459 7	0.851 1	0.993 9	1.346 1
	化学科学	项目数/项	26	21	24	18	16	16
		项目经费/万元	1 137	1 182	1 327	1 103	855	1 091
		主持人数/人	26	21	24	18	16	16
		NCI	2.596 4	2.116 2	2.485 6	1.990 3	1.720 4	1.901 8
	生命科学	项目数/项	11	10	10	9	12	11
		项目经费/万元	369	312	955	396	548	560
		主持人数/人	11	10	10	9	12	11
		NCI	1.005 5	0.827 8	1.242 6	0.891 1	1.224 4	1.186 1
	地球科学	项目数/项	14	22	16	18	16	18
		项目经费/万元	729	1 885	766	908	1 108	1 179
		主持人数/人	14	22	16	18	16	18
		NCI	1.481 8	2.550 3	1.579 4	1.865 4	1.875 6	2.111
	工程与材料科学	项目数/项	84	95	112	87	84	93
		项目经费/万元	4 265	5 988	14 633.5	5 568.9	5 259	5 454.56
		主持人数/人	84	94	111	87	84	92
		NCI	8.816 3	9.906 3	15.403 9	9.760 9	9.521 5	10.475
	信息科学	项目数/项	30	36	26	31	28	29
		项目经费/万元	1 392	2 514	1 877	1 723	1 953	1 890
		主持人数/人	30	35	26	31	28	29
		NCI	3.055 5	3.861 7	2.943 1	3.318 1	3.290 2	3.395 5
	管理科学	项目数/项	12	16	21	11	18	17
		项目经费/万元	466	1 296.5	880.5	592	628.3	1 088.45
		主持人数/人	12	15	21	10	18	17
		NCI	1.151 8	1.781 8	1.983 3	1.128 4	1.679 3	1.978 7
	医学科学	项目数/项	147	159	213	215	243	217
		项目经费/万元	7 150	8 025.5	11 038.7	11 272	9 983.7	9 006.22
		主持人数/人	145	157	210	209	241	216
		NCI	15.14	15.385 9	21.486 8	22.357	23.870 3	21.825 5

表 4-34　2011～2016 年中南大学国家自然科学基金项目经费 Top 10 人才

人名	项目经费/万元	项目数/项	关键研究领域
钟掘	7615	2	机械工程
桂卫华	1729	4	自动化
陈晓红	943.85	4	管理科学与工程
何继善	900	1	地球物理学和空间物理学
郭学益	543	2	冶金与矿业
阳春华	538	2	自动化
田红旗	522	2	机械工程
刘咏	490	3	冶金与矿业
朱建军	470	3	地球物理学和空间物理学
杜勇	466	4	金属材料

4.2.13　山东大学

截至 2016 年 12 月，山东大学设有哲学、经济学、法学、教育学、文学、历史学、理学、工学、农学、医学、管理学、艺术学 12 大学科门类。拥有一级学科博士学位授权点 44 个、一级学科硕士学位授权点 55 个、本科专业 142 个、博士后科研流动站 41 个。各类全日制学生达 6 万名，其中，全日制本科生 40 776 名、研究生 18 542 名、留学生 3867 名。拥有在职教职工 7506 名，其中诺贝尔物理学奖获得者 Peter Grünberg 受聘为特聘教授，研究生导师莫言教授荣获 2012 年诺贝尔文学奖，中国科学院和工程院院士 8 名，双聘院士 48 名，终身教授 10 名[13]。

2016 年，山东大学综合 NCI 为 15.1660，排名第 13 位；国家自然科学基金项目总数为 415 项，项目经费为 19 544 万元，全国排名分别为第 11 位和第 19 位，山东省省内排名均为第 1 位（图 4-13）。2011～2016 年山东大学 NCI 变化趋势及指标如表 4-35 所示，国家自然科学基金项目经费 Top 10 人才如表 4-36 所示。

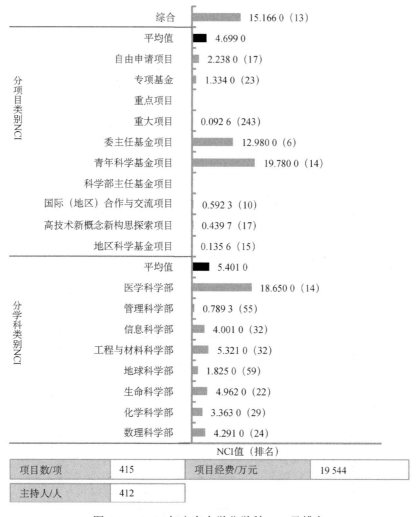

图 4-13　2016 年山东大学分学科 NCI 及排名

表 4-35　2011～2016 年山东大学 NCI 变化趋势及指标

NCI 趋势	学科	类别	2011 年	2012 年	2013 年	2014 年	2015 年	2016 年
	综合	项目数/项	427	410	418	406	429	415
		项目经费/万元	20 713.5	25 443.4	27 671.9	26 800.7	21 270.4	19 544
		主持人数/人	416	397	409	398	422	412
		NCI	15.706 9	14.982 6	16.285 1	16.038 2	15.785 4	15.166
	数理科学	项目数/项	49	37	39	39	43	39
		项目经费/万元	1 735.4	2 431.5	2 866	2 636	2 510	2 109.4
		主持人数/人	47	36	38	37	40	39
		NCI	4.498 1	3.890 4	4.402 6	4.378 1	4.648 2	4.291 2
	化学科学	项目数/项	28	33	37	34	33	31
		项目经费/万元	1 969	1 949	2 671	2 938	1 845	1 607
		主持人数/人	28	32	37	33	33	31
		NCI	3.275 8	3.344 7	4.188 2	4.174 1	3.602 1	3.363
	生命科学	项目数/项	46	49	44	50	49	42
		项目经费/万元	2 965	5 761	2 815	3 999.7	2 244	2 813
		主持人数/人	46	47	44	49	49	42
		NCI	5.227 7	6.224 9	4.784	6.001 8	5.004 5	4.962 5
	地球科学	项目数/项	12	15	12	10	12	15
		项目经费/万元	491	1 074	786.77	617	546	1 098
		主持人数/人	12	15	12	10	12	15
		NCI	1.172	1.637 8	1.315 4	1.108 3	1.222 9	1.825 6
	工程与材料科学	项目数/项	77	62	69	57	61	51
		项目经费/万元	3 762	3 605.12	5 481.2	3 877	2 931.7	2 353
		主持人数/人	77	61	69	57	60	51
		NCI	7.978 6	6.281 8	8.063 5	6.525 8	6.296 3	5.321 9
	信息科学	项目数/项	30	44	33	31	41	35
		项目经费/万元	1 186.1	2 384	2 906	2015	3 032.61	2 123
		主持人数/人	30	43	33	31	41	35
		NCI	2.896 8	4.344 5	3.991 2	3.495 8	4.913	4.001 1
	管理科学	项目数/项	3	11	15	14	17	8
		项目经费/万元	73	409.8	687.5	563	622.2	312
		主持人数/人	3	11	15	14	17	8
		NCI	0.246 4	0.966	1.459 3	1.345 3	1.611 2	0.789 3
	医学科学	项目数/项	178	156	167	171	173	193
		项目经费/万元	7 132	7 533	9 238.42	10 155	7 538.9	7 078.6
		主持人数/人	175	154	165	170	172	193
		NCI	17.166 6	14.873 2	17.229 2	18.675	17.345 2	18.656 6

表 4-36　2011～2016 年山东大学国家自然科学基金项目经费 Top 10 人才

人名	项目经费/万元	项目数/项	关键研究领域
张玉忠	2769	4	微生物学
张　运	1454	4	循环系统
李术才	1090	2	水利科学与海洋工程
张承慧	1080.81	4	自动化
陶绪堂	960	3	无机非金属材料
康仕寿	823.4	3	物理学 I
彭实戈	778	6	数学
夏利东	692	3	地球物理学和空间物理学
王金星	662	3	水产学
谭保才	628	3	生态学

4.2.14 四川大学

截至 2016 年 12 月，四川大学设有文学、理学、工学、医学、经济学、管理学、法学、史学、哲学、农学、教育学、艺术学 12 个门类，拥有一级学科博士学位授权点 45 个、博士学位授权点 354 个、硕士学位授权点 438 个、专业学位授权点 32 个、本科专业 138 个、博士后科研流动站 37 个。拥有全日制普通本科生 3.7 万余名，博士、硕士研究生 2 万余名，留学生及中国港澳台学生 3400 余名。学校拥有专任教师 5324 名，具有正高级职称的有 1767 名，中国科学院院士、中国工程院院士 14 名，"千人计划"入选者 80 名，"长江学者奖励计划"特聘教授、讲座教授 59 名，国家杰出青年科学基金获得者 45 名[14]。

2016 年，四川大学综合 NCI 为 15.0756，排名第 14 位；国家自然科学基金项目总数为 382 项，项目经费为 22 790.87 万元，全国排名分别为第 14 位和第 13 位，四川省省内排名均为第 1 位（图 4-14）。2011～2016 年四川大学 NCI 变化趋势及指标如表 4-37 所示，国家自然科学基金项目经费 Top 10 人才如表 4-38 所示。

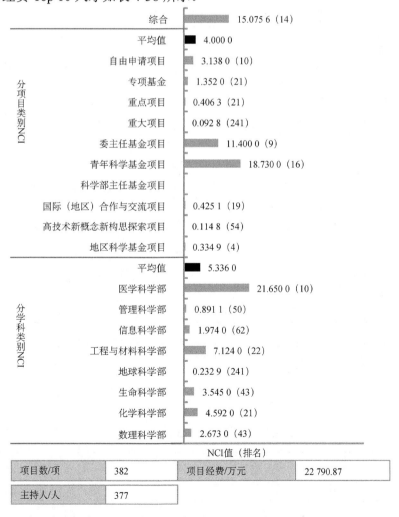

图 4-14　2016 年四川大学各项 NCI 及总体基金数据

表 4-37　2011～2016 年四川大学 NCI 变化趋势及指标

NCI 趋势	学科	类别	2011 年	2012 年	2013 年	2014 年	2015 年	2016 年
	综合	项目数/项	395	408	385	411	424	382
		项目经费/万元	24 290.9	24 849.1	24 352.6	25 396.4	22 578.7	22 790.9
		主持人数/人	382	397	377	397	412	377
		NCI	15.686 8	14.840 8	14.777 2	15.804 2	15.912 1	15.075 6
	数理科学	项目数/项	41	37	38	43	37	24
		项目经费/万元	1 685	2 680	2 953.5	2 368	1 692	1 347
		主持人数/人	41	37	37	42	36	24
		NCI	4.010 4	4.055 5	4.369 6	4.552 5	3.742 7	2.673 5
	化学科学	项目数/项	48	52	45	40	54	36
		项目经费/万元	3 019	3 634.8	3 508	4 067	3 396	3 033.86
		主持人数/人	48	51	45	38	54	36
		NCI	5.410 6	5.596 1	5.225 9	5.147 4	6.130 1	4.592 1
	生命科学	项目数/项	46	39	32	25	45	34
		项目经费/万元	2 379	2 152	1 706	1 271	3 209	1 566
		主持人数/人	46	38	32	24	44	34
		NCI	4.857 7	3.870 5	3.274 1	2.562 4	5.287 3	3.545 9
	地球科学	项目数/项	7	3	3	5	2	3
		项目经费/万元	298	172	132	444	90	57
		主持人数/人	7	3	3	5	2	3
		NCI	0.692 8	0.304 2	0.287 9	0.625 6	0.203 1	0.232 9
	工程与材料科学	项目数/项	57	77	44	65	64	63
		项目经费/万元	4 430.2	5 217.2	3 031.6	5 406.9	3 372	3 758.5
		主持人数/人	55	77	44	63	63	62
		NCI	6.813 2	8.254 2	4.903 7	7.875 6	6.813 3	7.124 1
	信息科学	项目数/项	16	18	18	21	19	18
		项目经费/万元	763	1 078.9	1 551	1 340.86	1 016	964.96
		主持人数/人	15	18	17	20	19	18
		NCI	1.609 6	1.852 3	2.120 5	2.316 1	2.043 4	1.974 7
	管理科学	项目数/项	11	7	15	17	13	10
		项目经费/万元	536.2	230.2	469	784.5	763.8	287.3
		主持人数/人	11	7	15	17	13	10
		NCI	1.138 9	0.589 7	1.284 7	1.710 2	1.442 7	0.891 1
	医学科学	项目数/项	161	170	187	193	190	191
		项目经费/万元	9 385.5	8 944	10 761.5	9 471.15	9 039.88	11 429.3
		主持人数/人	158	167	184	189	187	189
		NCI	17.583 6	16.650 7	19.521 4	19.680 1	19.549 6	21.659 6

表 4-38　2011～2016 年四川大学国家自然科学基金项目经费 Top 10 人才

人名	项目经费/万元	项目数/项	关键研究领域
傅强	2176.86	4	有机高分子材料
冯小明	1360.8	5	有机化学
郭少云	1266	5	有机高分子材料
李安民	1137.5	5	数学
龚启勇	1050	1	影像医学与生物医学工程
褚良银	930	4	化学工程及工业化学
王清远	896	3	力学
谢和平	885	4	冶金与矿业
刘建全	855	4	植物学
王琼华	785	4	光学和光电子学

4.2.15　武汉大学

截至 2016 年 6 月，武汉大学有 35 个学院（系），122 个本科专业。拥有普通本科生 31 086 名、硕士研究生 16 426 名、博士研究生 6785 名、留学生 1838 名。拥有专任教师 3700 余名，其中正、副教授 2700 余名、中国科学院院士 9 名、中国工程院院士 8 名、欧亚科学院院士 3 名、人文社科资深教授 10 名、"973 计划"（含国家重大基础研究计划）首席科学家 22 人次、"863 计划"领域专家 6 名、国家自然科学基金委员会创新研究群体 5 个、国家杰出青年科学基金获得者 47 名、国家级教学名师 15 名[15]。

2016 年，武汉大学综合 NCI 为 14.8946，排名第 15 位；国家自然科学基金项目总数为 384 项，项目经费为 21 865.4 万元，全国排名分别为第 15 位和第 13 位，湖北省省内排名均为第 2 位（图 4-15）。2011～2016 年武汉大学 NCI 变化趋势及指标如表 4-39 所示，国家自然科学基金项目经费 Top 10 人才如表 4-40 所示。

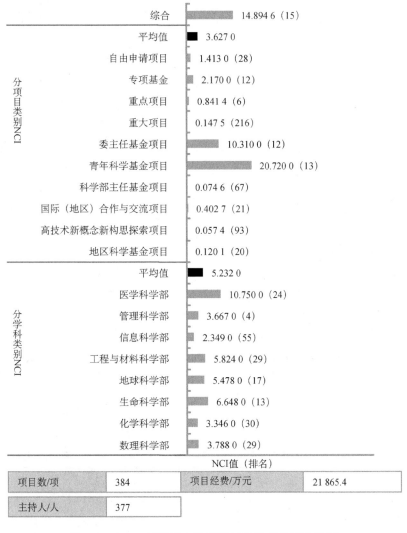

图 4-15　2016 年武汉大学各项 NCI 及总体基金数据

表 4-39　2011～2016 年武汉大学 NCI 变化趋势及指标

NCI 趋势	学科	类别	2011 年	2012 年	2013 年	2014 年	2015 年	2016 年
	综合	项目数/项	408	433	417	355	437	384
		项目经费/万元	22 994.2	28 476.6	27 278.6	24 411	25 711.9	21 865.4
		主持人数/人	400	419	411	349	432	377
		NCI	15.810 5	16.128 7	16.220 9	14.229 3	17.051 9	14.894 6
	数理科学	项目数/项	40	33	28	26	42	35
		项目经费/万元	2 241	1 756.22	1 565	1 700	1 946	1 855
		主持人数/人	39	31	28	26	40	34
		NCI	4.301 8	3.196 6	2.910 3	2.937 8	4.236 8	3.788 3
	化学科学	项目数/项	20	42	31	28	30	27
		项目经费/万元	1 104.1	2 913.4	2 811.85	2 400.5	2 763.55	2 087
		主持人数/人	20	40	30	26	29	27
		NCI	2.158 5	4.464 5	3.745 3	3.378 3	3.824 3	3.346 3
	生命科学	项目数/项	38	47	38	35	40	48
		项目经费/万元	2 257	4 555.4	2 209.7	2 623	2 615	5 403
		主持人数/人	38	46	37	35	40	46
		NCI	4.202 4	5.636 3	3.966 8	4.138 7	4.599 9	6.648
	地球科学	项目数/项	59	57	68	59	59	53
		项目经费/万元	2 672	4 507	5 758	4 362	4 730	2 423
		主持人数/人	59	57	68	59	59	52
		NCI	5.960 9	6.433	8.117 6	6.945 2	7.262 3	5.478 9
	工程与材料科学	项目数/项	50	56	58	45	66	54
		项目经费/万元	4 893	3 536	4 235	3 614	4 464	2 751
		主持人数/人	49	55	58	45	65	54
		NCI	6.487	5.828 5	6.590 3	5.445 3	7.637 4	5.824 2
	信息科学	项目数/项	40	47	42	30	41	22
		项目经费/万元	1 959	2 854.6	2 931	1 914	1 827	1 088
		主持人数/人	39	47	42	30	40	22
		NCI	4.113 2	4.857 9	4.700 8	3.362 1	4.115 4	2.349 5
	管理科学	项目数/项	29	34	37	28	28	38
		项目经费/万元	1 018.1	1 634	1 511	1 137.7	1 153.7	1 424
		主持人数/人	29	34	37	28	28	37
		NCI	2.691 5	3.250 4	3.463 8	2.699 8	2.760 7	3.667
	医学科学	项目数/项	128	115	113	103	128	104
		项目经费/万元	5 630	5 920	5 837	6 444.8	5 634.66	4 671.4
		主持人数/人	127	115	113	102	128	104
		NCI	12.773 3	11.248 8	11.440 6	11.431 4	12.901 7	10.756

表 4-40　2011～2016 年武汉大学国家自然科学基金项目经费 Top 10 人才

人名	项目经费/万元	项目数/项	关键研究领域
孙元章	2120	2	电气科学与工程
易帆	1925	3	地球物理学和空间物理学
舒红兵	1729	4	细胞生物学
周翔	1311.1	5	有机化学
李红良	1027	4	循环系统
冯钰锜	740	4	分析化学
徐红星	723	3	物理学Ⅰ
孙蒙祥	666	3	植物学
熊立华	633.5	4	水利科学与海洋工程
庄林	620	3	物理化学

4.2.16 哈尔滨工业大学

截至 2016 年 5 月，哈尔滨工业大学有学院（系）20 个、本科专业 87 个、一级学科博士学位授权点 27 个、一级学科硕士学位授权点 41 个、博士后科研流动站 24 个。拥有普通本科生 16 199 名、硕士研究生 7999 名、博士研究生 5197 名、留学生 2279 名。拥有专任教师 2948 余名，其中正、副教授 2197 余名，中国科学院院士和中国工程院院士 35 名[16]。

2016 年，哈尔滨工业大学综合 NCI 为 14.8175，排名第 16 位；国家自然科学基金项目总数为 357 项，项目经费为 24 660.13 万元，全国排名分别为第 16 位和第 11 位，黑龙江省省内排名均为第 1 位（图 4-16）。2011～2016 年哈尔滨工业大学 NCI 变化趋势及指标如表 4-41 所示，国家自然科学基金项目经费 Top 10 人才如表 4-42 所示。

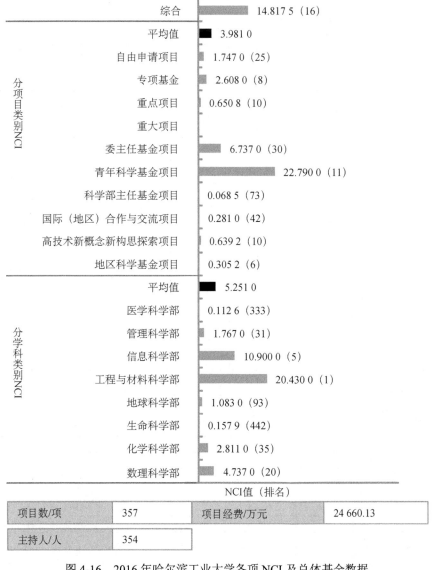

图 4-16　2016 年哈尔滨工业大学各项 NCI 及总体基金数据

表 4-41　2011～2016 年哈尔滨工业大学 NCI 变化趋势及指标

NCI 趋势	学科	类别	2011 年	2012 年	2013 年	2014 年	2015 年	2016 年
	综合	项目数/项	413	395	368	319	355	357
		项目经费/万元	20 493.7	21 483.8	22 785.3	21 643.5	21 608.6	24 660.1
		主持人数/人	408	391	362	314	348	354
		NCI	15.378 3	13.915 5	14.045 8	12.734 6	13.970 7	14.817 5
	数理科学	项目数/项	49	41	55	41	38	42
		项目经费/万元	2 169	2 798	3 097	2 676	1 529.5	2 448
		主持人数/人	49	40	55	41	38	42
		NCI	4.913	4.369 5	5.730 9	4.629 9	3.717 6	4.737 9
	化学科学	项目数/项	25	30	24	16	20	27
		项目经费/万元	1 063	1 256	1 155	1 108	810	1 286
		主持人数/人	25	30	24	16	20	26
		NCI	2.473 2	2.739 1	2.373 2	1.842 8	1.960 7	2.811 9
	生命科学	项目数/项	10	12	14	6	8	2
		项目经费/万元	298	604	636.5	356	417	40
		主持人数/人	10	12	13	5	8	2
		NCI	0.878 8	1.165	1.325 2	0.617 7	0.853 1	0.157 9
	地球科学	项目数/项	3	5	5	4	3	6
		项目经费/万元	115	426	225	579	150	1 434.33
		主持人数/人	3	5	5	4	3	6
		NCI	0.286 7	0.578 5	0.483 5	0.589	0.315 5	1.083 4
	工程与材料科学	项目数/项	191	181	165	152	188	172
		项目经费/万元	10 123	10 397	11 225.2	10 404	12 593	11 705.1
		主持人数/人	188	179	162	152	186	172
		NCI	20.228 4	18.295 6	18.199 7	17.438 7	21.718	20.431
	信息科学	项目数/项	110	99	84	78	85	88
		项目经费/万元	5 990.2	4 891.8	5 425	5 366	5 017.5	6 881.5
		主持人数/人	108	98	84	78	84	87
		NCI	11.745 8	9.520 2	9.161 9	8.963 9	9.410 5	10.907
	管理科学	项目数/项	22	25	19	22	11	18
		项目经费/万元	676.5	1 078	851.6	1 154.5	1 016.6	733.2
		主持人数/人	22	25	19	21	11	17
		NCI	1.953 6	2.305 2	1.834 8	2.274 6	1.419 7	1.767 9
	医学科学	项目数/项	3	1	2		2	1
		项目经费/万元	59	23	170		75	58
		主持人数/人	3	1	2		2	1
		NCI	0.229 5	0.074 8	0.239 1		0.191 1	0.112 6

表 4-42　2011～2016 年哈尔滨工业大学国家自然科学基金项目经费 Top 10 人才

人名	项目经费/万元	项目数/项	关键研究领域
谈和平	2010	4	工程热物理与能源利用
凌贤长	1314.33	4	地质学
韩杰才	1280	3	力学
姚郁	1160	2	自动化
周玉	1125	2	无机非金属材料
刘宏	1050	1	机械工程
任南琪	674	4	建筑环境与结构工程
李惠	609	4	建筑环境与结构工程
段广仁	600	1	自动化
李立毅	583	3	电气科学与工程

4.2.17　吉林大学

截至 2016 年 12 月，吉林大学设学院 44 个、本科专业 126 个、一级学科硕士学位授权点 56 个、一级学科博士学位授权点 44 个、硕士学位授权点 291 个、博士学位授权点 244 个、博士后科研流动站 42 个。吉林大学有全日制学生 70 157 名，其中博士、硕士研究生 25 084 名，本科生、专科生 43 601 名，留学生 1472 名，另有成人教育学生 170 947 名。拥有教师 6624 名，其中教授 2014 名、中国科学院院士和中国工程院院士 37 名、"千人计划"入选者 39 名、国家高层次人才特殊支持计划（简称"万人计划"）入选者 18 名，国家级教学名师 9 名[17]。

2016 年，吉林大学综合 NCI 为 12.4593，排名第 17 位；国家自然科学基金项目总数为 319 项，项目经费为 18 380.2 万元，全国排名分别为第 17 位和第 24 位，吉林省省内排名均为第 1 位（图 4-17）。2011～2016 年吉林大学 NCI 变化趋势及指标如表 4-43 所示，国家自然科学基金项目经费 Top 10 人才如表 4-44 所示。

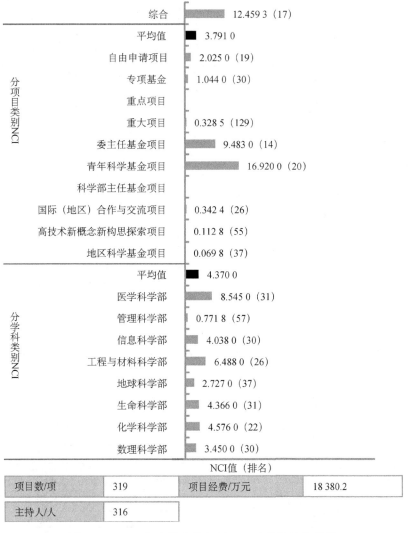

图 4-17　2016 年吉林大学各项 NCI 及总体基金数据

表 4-43　2011～2016 年吉林大学 NCI 变化趋势及指标

NCI 趋势	学科	类别	2011 年	2012 年	2013 年	2014 年	2015 年	2016 年
	综合	项目数/项	356	345	345	321	350	319
		项目经费/万元	18 647.9	29 643.6	22 680.6	21 416.6	20 392.3	18 380.2
		主持人数/人	350	339	340	316	342	316
		NCI	13.475 6	14.120 6	13.441 9	12.743 4	13.56	12.459 3
	数理科学	项目数/项	49	38	41	32	35	27
		项目经费/万元	1 903	10 606.2	2 046.5	1 867	1 921	2 288
		主持人数/人	48	37	39	32	34	27
		NCI	4.671 1	6.472 2	4.036	3.481	3.760 5	3.450 4
	化学科学	项目数/项	47	48	46	49	43	35
		项目经费/万元	2 801	3 947	3 958	3 699	3 438.65	3 176
		主持人数/人	46	48	45	48	41	35
		NCI	5.166 4	5.488 5	5.480 4	5.768 5	5.205 1	4.576
	生命科学	项目数/项	48	45	40	32	42	41
		项目经费/万元	2 203	2 468	2 152	2 064	2 259	2 061.5
		主持人数/人	48	45	40	32	42	40
		NCI	4.871 1	4.495 6	4.105 1	3.599 3	4.525 8	4.366 7
	地球科学	项目数/项	34	40	37	49	45	28
		项目经费/万元	1 997	2 534.36	3 253	3 466	2 594	1 051
		主持人数/人	34	39	37	49	45	28
		NCI	3.746 1	4.157 8	4.472 6	5.683 6	4.962 3	2.727 6
	工程与材料科学	项目数/项	64	63	58	53	56	55
		项目经费/万元	3 244	3 572	3 699.13	3 832.57	2 479	3 666
		主持人数/人	62	63	57	53	56	55
		NCI	6.642 7	6.364	6.263 3	6.193	5.655 1	6.488 1
	信息科学	项目数/项	44	27	37	28	34	33
		项目经费/万元	2 932.6	2 162	3 071	2 706	4 240	2 456.6
		主持人数/人	44	27	37	27	33	33
		NCI	5.056 5	3.060 1	4.387 6	3.560 4	4.801 1	4.038 9
	管理科学	项目数/项	6	12	9	7	9	7
		项目经费/万元	164.3	623.5	344	258	296.9	381
		主持人数/人	6	12	9	7	9	7
		NCI	0.512 6	1.177 4	0.824 2	0.653 4	0.824	0.771 8
	医学科学	项目数/项	61	67	75	70	86	92
		项目经费/万元	2 583	2 810.5	3 737	3 514	3 163.7	3 060.1
		主持人数/人	61	67	74	70	86	90
		NCI	6.026 4	6.121 3	7.469 2	7.242 4	8.164 9	8.545 4

表 4-44　2011～2016 年吉林大学国家自然科学基金项目经费 Top 10 人才

人名	项目经费/万元	项目数/项	关键研究领域
邹广田	8700	1	物理学 I
孙洪波	2395	3	光学和光电子学
于吉红	1600	3	无机化学
杨柏	1360	4	有机高分子材料
丁大军	1348.5	6	物理学 I
卢革宇	1340	3	自动化
徐淮良	1160	2	光学和光电子学
冯守华	1075	2	无机化学
赵冰	942	3	物理化学
达拉拉伊·帕维尔	900	1	海洋科学

4.2.18　天津大学

截至 2016 年 12 月，天津大学设有 62 个本科专业、37 个一级学科硕士学位授权点、27 个一级学科博士学位授权点、23 个博士后科研流动站。拥有全日制在校生 31 647 名，其中本科生 16 866 名、硕士研究生 10 885 名、博士研究生 3896 名。拥有教职工 4595 名，其中中国科学院院士 5 名，中国工程院院士 8 名，双聘院士 17 名，"千人计划"入选者 74 名，天津市"千人计划"入选者 179 名，"长江学者奖励计划"特聘教授、讲座教授 54 名，"973 计划"首席科学家 17 名，国家杰出青年科学基金获得者 39 名、优秀青年科学基金获得者 29 名，"万人计划"青年拔尖人才入选者 20 名，具有正高级以上职称的教职工 810 名，教授 744 名[18]。

2016 年，天津大学综合 NCI 为 12.3647，排名第 18 位；国家自然科学基金项目总数为 302 项，项目经费为 20 189.75 万元，全国排名分别为第 17 位和第 18 位，天津市市内排名均为第 1 位（图 4-18）。2011～2016 年天津大学 NCI 变化趋势及指标如表 4-45 所示，国家自然科学基金项目经费 Top 10 人才如表 4-46 所示。

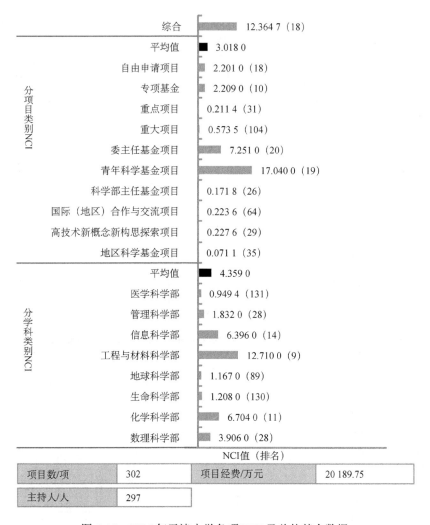

图 4-18　2016 年天津大学各项 NCI 及总体基金数据

表 4-45　2011～2016 年天津大学 NCI 变化趋势及指标

NCI 趋势	学科	类别	2011 年	2012 年	2013 年	2014 年	2015 年	2016 年
	综合	项目数/项	279	322	260	292	315	302
		项目经费/万元	13 427	22 269.1	18 867	27 148.5	20 594.9	20 189.8
		主持人数/人	276	315	255	285	303	297
		NCI	10.288	12.241 3	10.452 4	12.911 1	12.615 7	12.364 7
	数理科学	项目数/项	34	23	26	22	21	38
		项目经费/万元	1 550	1 174	1 755	1 293	1 666	1 722
		主持人数/人	34	22	26	22	21	37
		NCI	3.442 6	2.210 4	2.877 9	2.399	2.575 9	3.906 8
	化学科学	项目数/项	37	53	44	47	64	51
		项目经费/万元	2 371	3 614	3 287	4 129	4 009	4 704.1
		主持人数/人	37	53	43	45	64	51
		NCI	4.196 7	5.693 5	4.999 3	5.775 7	7.255 8	6.704 3
	生命科学	项目数/项	8	15	9	13	13	12
		项目经费/万元	394	966	627	811	556.5	498
		主持人数/人	8	15	9	13	13	12
		NCI	0.831 2	1.581	1.006 7	1.446 1	1.264	1.208 8
	地球科学	项目数/项	1	8	5	6	11	9
		项目经费/万元	70	521	316	491	881.3	798
		主持人数/人	1	8	5	6	10	9
		NCI	0.116 8	0.846 3	0.541 4	0.730 6	1.311 4	1.167 6
	工程与材料科学	项目数/项	114	124	109	123	124	108
		项目经费/万元	5 508.2	9 967	8 777	13 773	8 839.5	7 216
		主持人数/人	114	121	107	120	122	107
		NCI	11.768 9	13.957	12.717	16.491 4	14.597 9	12.711
	信息科学	项目数/项	60	59	49	53	58	56
		项目经费/万元	2 626	4 244.6	3 098	5 193.2	3 339	3 450
		主持人数/人	60	59	49	53	58	55
		NCI	5.993 2	6.452 3	5.306 7	6.853	6.393 1	6.396 4
	管理科学	项目数/项	20	34	15	23	16	18
		项目经费/万元	681.8	1 487.5	767	1 027.3	1 038	770.65
		主持人数/人	18	34	14	21	15	18
		NCI	1.774 7	3.150 2	1.479 1	2.220 4	1.796 2	1.832 1
	医学科学	项目数/项	5	6	3	4	8	8
		项目经费/万元	226	295	240	190	265.6	543
		主持人数/人	5	6	3	4	8	8
		NCI	0.504 8	0.578	0.351 4	0.406 3	0.734	0.949 4

表 4-46　2011～2016 年天津大学国家自然科学基金项目经费 Top 10 人才

人名	项目经费/万元	项目数/项	关键研究领域
李忠献	5100	2	建筑环境与结构工程
王树新	2370	4	机械工程
钟登华	1511	3	水利科学与海洋工程
元英进	1370	2	化学工程及工业化学
李永丹	887	4	化学工程及工业化学
李醒飞	870	1	自动化
封伟	842	5	有机高分子材料
巩金龙	840	4	化学工程及工业化学
金宁德	832	3	冶金与矿业
于晋龙	799	2	光学和光电子学

4.2.19　厦门大学

截至 2016 年 3 月，厦门大学设有研究生院、6 个学部，以及 27 个学院（含 76 个系）和 14 个研究院。拥有 31 个博士后科研流动站、31 个一级学科博士学位授权点、50 个一级学科硕士学位授权点。在校学生 40 000 余名，其中本科生 19 739 名、硕士研究生 16 875 名、博士研究生 3164 名、留学生 1657 名。拥有专任教师 2541 名，其中正、副教授 1779 名，中国科学院院士和中国工程院院士 22 名（含双聘院士 9 名），"千人计划"入选者 59 名（含"青年千人计划"入选者 25 名），"973 计划"（含国家重大科学研究计划项目）首席科学家 8 名，"长江学者奖励计划"特聘教授 17 名，"万人计划"科技创新领军人才 3 名[19]。

2016 年，厦门大学综合 NCI 为 12.0999，排名第 19 位；国家自然科学基金项目总数为 299 项，项目经费为 19 174.74 万元，全国排名均为第 20 位，福建省省内排名均为第 1 位（图 4-19）。2011～2016 年厦门大学 NCI 变化趋势及指标如表 4-47 所示，国家自然科学基金项目经费 Top 10 人才如表 4-48 所示。

图 4-19　2016 年厦门大学各项 NCI 及总体基金数据

表 4-47 2011～2016 年厦门大学 NCI 变化趋势及指标

NCI 趋势	学科	类别	2011 年	2012 年	2013 年	2014 年	2015 年	2016 年
	综合	项目数/项	279	328	307	303	282	299
		项目经费/万元	15 715.4	22 997.3	33 008.4	23 646	17 700.1	19 174.7
		主持人数/人	267	316	294	286	272	296
		NCI	10.722 9	12.462 8	13.958 7	12.497 6	11.151 6	12.099 9
	数理科学	项目数/项	32	41	29	35	33	27
		项目经费/万元	1 186	2 126	1 538	1 992.5	2 103	1 585
		主持人数/人	31	40	28	33	30	27
		NCI	2.992 2	3.987 2	2.927 5	3.702 9	3.645 1	3.053
	化学科学	项目数/项	51	55	61	63	52	46
		项目经费/万元	4 196	4 533.8	16 344.4	6 579	4 844.1	4 952.79
		主持人数/人	47	54	56	60	51	45
		NCI	6.118 3	6.255 7	10.390 3	8.186 6	6.685 7	6.320 5
	生命科学	项目数/项	27	33	27	27	28	40
		项目经费/万元	1 372	2 937	1 908	2 353.8	1 406.86	2 377
		主持人数/人	26	33	26	22	28	40
		NCI	2.799 1	3.874 2	2.996 7	3.136 2	2.949 5	4.541 5
	地球科学	项目数/项	27	39	29	29	22	33
		项目经费/万元	2 837	2 971	3 397	3 355	1 313.83	2 182
		主持人数/人	26	39	28	29	22	33
		NCI	3.566 1	4.347 2	3.812 6	3.963 2	2.454 8	3.882 5
	工程与材料科学	项目数/项	19	22	20	16	23	16
		项目经费/万元	744	1 014	949	791	1 124.9	599
		主持人数/人	19	22	20	16	22	16
		NCI	1.828 8	2.074 1	1.968 4	1.647	2.365 8	1.557 3
	信息科学	项目数/项	35	33	27	31	31	36
		项目经费/万元	1 257	1 750	1 377	1 518.7	1 778	1 531
		主持人数/人	35	32	27	31	31	36
		NCI	3.273	3.226 8	2.722	3.181 4	3.412 7	3.656
	管理科学	项目数/项	25	27	33	27	35	30
		项目经费/万元	928.4	1 133	1 401	1 066	1 401.1	1 543.8
		主持人数/人	25	27	33	27	35	30
		NCI	2.364 1	2.467 1	3.129 6	2.578 6	3.417 9	3.246 6
	医学科学	项目数/项	59	67	74	65	52	61
		项目经费/万元	2 735	3 627.5	4 014	3 439	2 428.35	2 612.15
		主持人数/人	58	65	74	65	52	61
		NCI	5.973 2	6.597 8	7.615 2	6.843 9	5.345 5	6.209 1

表 4-48 2011～2016 年厦门大学国家自然科学基金项目经费 Top 10 人才

人名	项目经费/万元	项目数/项	关键研究领域
孙世刚	9723	5	物理化学
郑兰荪	2900	3	有机化学
田中群	1917	6	物理化学
江云宝	1572.4	6	分析化学
戴民汉	1426	5	海洋科学
林圣彩	1326.8	8	生物物理、生物化学与分子生物学
韩家准	1149	4	细胞生物学
颜晓梅	981.8	3	分析化学
王野	841	4	物理化学
张勇	831.12	3	环境化学

4.2.20 大连理工大学

截至 2016 年 12 月，大连理工大学设有 29 个院系、27 个一级学科博士学位授权点、42 个一级学科硕士学位授权点、25 个博士后科研流动站。拥有全日制在校学生 40 491 名，其中博士研究生 4435 名、硕士研究生 10 151 名、本科生 25 017 名、预科生 70 名，留学生 818 名。拥有教职工 3961 名，其中专任教师 2393 名，中国科学院院士、中国工程院院士 10 名，"千人计划"入选者 29 名，"长江学者奖励计划"特聘教授 29 名、讲座教授 14 名、青年学者 7 名，国家杰出青年科学基金获得者 35 名，"973 计划"首席科学家 10 名，"973 计划"青年科学家专题项目首席科学家 2 名，"百千万人才工程"国家级人选 15 名[20]。

2016 年，大连理工大学综合 NCI 为 11.9494，排名第 20 位；国家自然科学基金项目总数为 300 项，项目经费为 18 531.7 万元，全国排名分别为第 19 位和第 22 位，辽宁省省内排名分别为第 1 位和第 2 位（图 4-20）。2011～2016 年大连理工大学 NCI 变化趋势及指标如表 4-49 所示，国家自然科学基金项目经费 Top 10 人才如表 4-50 所示。

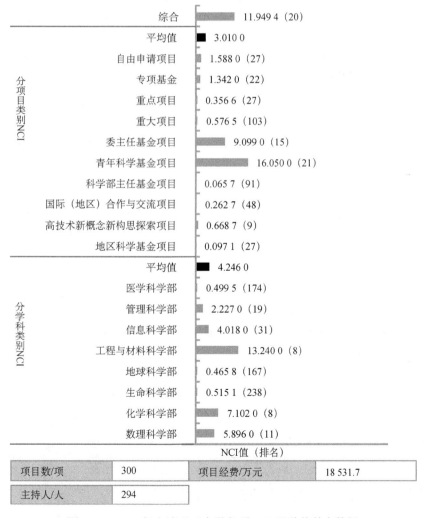

图 4-20 2016 年大连理工大学各项 NCI 及总体基金数据

表 4-49 2011～2016 年大连理工大学 NCI 变化趋势及指标

NCI 趋势	学科	类别	2011 年	2012 年	2013 年	2014 年	2015 年	2016 年
	综合	项目数/项	285	277	274	290	284	300
		项目经费/万元	15 729.3	19 003.7	20 830	21 363.1	17 461.9	18 531.7
		主持人数/人	275	270	265	283	275	294
		NCI	10.909 2	10.489 7	11.135 4	11.864 6	11.168 3	11.949 4
	数理科学	项目数/项	46	49	55	47	45	55
		项目经费/万元	1 846.5	3 258	3 636	2 929.5	2 013	2 803
		主持人数/人	46	48	55	47	45	54
		NCI	4.464 3	5.184	6.045 7	5.226 6	4.560 1	5.896 6
	化学科学	项目数/项	51	49	51	66	65	58
		项目经费/万元	3 627	3 552	3 986	5 187	4 817	4 401
		主持人数/人	47	48	50	65	64	57
		NCI	5.828 2	5.335 4	5.888 8	7.888 8	7.753 7	7.102 8
	生命科学	项目数/项	6	5	6	5	3	5
		项目经费/万元	243	349	287	558	106	222
		主持人数/人	6	5	6	5	3	5
		NCI	0.584	0.541 3	0.592 1	0.675 2	0.281	0.515 1
	地球科学	项目数/项	4	4	2	3	6	6
		项目经费/万元	223.36	125	87	27.2	272.5	136.8
		主持人数/人	4	4	2	3	6	5
		NCI	0.433 3	0.331 3	0.191 2	0.175 5	0.611 1	0.465 8
	工程与材料科学	项目数/项	109	110	100	104	106	110
		项目经费/万元	6 230	9 098.2	9 821.5	7 891	7 003.9	7 946.7
		主持人数/人	108	107	96	103	102	108
		NCI	11.864 3	12.486 6	12.373 2	12.308 9	12.077 2	13.247 9
	信息科学	项目数/项	43	32	39	38	35	37
		项目经费/万元	2 306	1 595.5	1 911	2 576	2 046	1 924
		主持人数/人	42	32	39	38	35	37
		NCI	4.560 2	3.096 9	3.879 7	4.345 7	3.877 6	4.018
	管理科学	项目数/项	20	26	18	24	20	22
		项目经费/万元	701.4	926	818.5	2 053.4	1 072.5	927.6
		主持人数/人	20	26	18	24	20	22
		NCI	1.855 5	2.249 3	1.746 6	2.966 1	2.153	2.227 8
	医学科学	项目数/项	4	2	1	2	3	6
		项目经费/万元	132	100	23	85	81	140.6
		主持人数/人	4	2	1	2	3	6
		NCI	0.363 7	0.193 7	0.077 3	0.195 8	0.256 9	0.499 5

表 4-50 2011～2016 年大连理工大学国家自然科学基金项目经费 Top 10 人才

人名	项目经费/万元	项目数/项	关键研究领域
李宏男	4571.5	8	建筑环境与结构工程
彭孝军	1766	6	化学工程及工业化学
郭东明	1425	4	机械工程
胡祥培	1213	3	管理科学与工程
贺高红	1130	3	化学工程及工业化学
全燮	952	4	环境化学
滕斌	926.9	5	水利科学与海洋工程
唐春安	849.6	3	冶金与矿业
亢战	711	5	力学
孙立成	680	3	物理化学

4.2.21　东南大学

截至 2017 年 4 月，东南大学设有 29 个院（系）、76 个本科专业、30 个一级学科博士学位授权点、49 个一级学科硕士学位授权点、30 个博士后科研流动站。拥有全日制在校生 31 470 名，其中研究生 15 017 名。拥有专任教师 2700 余名，其中中国科学院院士、中国工程院院士 12 名，国务院学位委员会第七届学科评议组成员 13 名，"万人计划"入选者 16 名，"千人计划"入选者 21 名，"长江学者奖励计划"特聘教授、讲座教授 45 名，"长江学者奖励计划"青年学者 10 名，国家级教学名师奖获得者 5 名，"万人计划"教学名师 3 名[21]。

2016 年，东南大学综合 NCI 为 11.5884，排名第 21 位；国家自然科学基金项目总数为 297 项，项目经费为 16 957.8 万元，全国排名分别为第 21 位和第 25 位，江苏省省内排名均为第 2 位（图 4-21）。2011～2016 年东南大学 NCI 变化趋势及指标如表 4-51 所示，国家自然科学基金项目经费 Top 10 人才如表 4-52 所示。

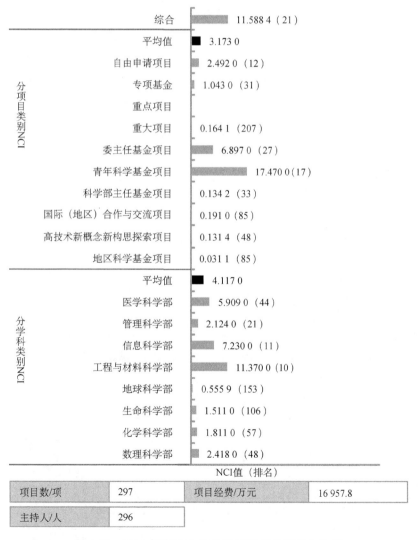

图 4-21　2016 年东南大学各项 NCI 及总体基金数据

表 4-51　2011～2016 年东南大学 NCI 变化趋势及指标

NCI 趋势	学科	类别	2011 年	2012 年	2013 年	2014 年	2015 年	2016 年
	综合	项目数/项	251	274	283	220	321	297
		项目经费/万元	12 341.8	16 575.3	17 395.6	16 099.2	20 574.5	16 957.8
		主持人数/人	248	271	280	216	319	296
		NCI	9.318 2	9.998 4	10.796 2	8.999 1	12.910 7	11.588 4
	数理科学	项目数/项	29	28	22	18	26	24
		项目经费/万元	1 061.5	1 366.5	1 368	1 189	1 636	1 040
		主持人数/人	28	28	22	18	26	23
		NCI	2.697 5	2.690 6	2.369 4	2.040 8	2.952 1	2.418 1
	化学科学	项目数/项	18	17	20	12	17	13
		项目经费/万元	777.4	1 321	1 052	2 401	1 125.7	1 427
		主持人数/人	18	17	20	11	17	13
		NCI	1.79	1.907 5	2.037 2	1.912 2	1.963 3	1.811
	生命科学	项目数/项	9	9	13	10	12	14
		项目经费/万元	391	310	566	800	534	716
		主持人数/人	9	9	13	10	12	14
		NCI	0.896 8	0.77	1.243 3	1.208 5	1.213 9	1.511 9
	地球科学	项目数/项	4	5	5	4	8	5
		项目经费/万元	193	287	496	283	533	279
		主持人数/人	4	5	5	4	8	5
		NCI	0.412 8	0.507 2	0.629 2	0.464	0.925 8	0.555 9
	工程与材料科学	项目数/项	89	91	98	68	100	98
		项目经费/万元	4 929.4	4 959	6 529.7	5 060	7 246.5	6 227.6
		主持人数/人	89	91	97	68	98	98
		NCI	9.615 8	9.071 8	10.763 7	8.021 9	11.821 5	11.378 1
	信息科学	项目数/项	56	67	59	59	84	61
		项目经费/万元	2 752	5 093.8	3 925.9	3 620	5 753.07	4 125
		主持人数/人	56	66	59	59	84	61
		NCI	5.813 9	7.426	6.499 5	6.526 6	9.810 8	7.230 6
	管理科学	项目数/项	11	11	16	11	14	23
		项目经费/万元	389	444.5	977.5	454.43	762	735.8
		主持人数/人	11	10	16	11	14	23
		NCI	1.023 4	0.961 5	1.713 1	1.066 5	1.514 6	2.124 3
	医学科学	项目数/项	35	46	50	38	59	59
		项目经费/万元	1 848.5	2 793.5	2 480.5	2 291.8	2 920.2	2 407.4
		主持人数/人	34	46	50	37	59	59
		NCI	3.686 2	4.754 3	4.994 5	4.142 6	6.183 8	5.909 7

表 4-52　2011～2016 年东南大学国家自然科学基金项目经费 Top 10 人才

人名	项目经费/万元	项目数/项	关键研究领域
熊仁根	2123.4	4	无机化学
尤肖虎	1431	4	电子学与信息系统
洪伟	753	1	电子学与信息系统
金石	750	3	电子学与信息系统
易红	725	2	机械工程
刘松琴	696	3	分析化学
肖睿	692	3	工程热物理与能源利用
何小元	688	3	力学
何农跃	686	2	电子学与信息系统
孙立涛	681	3	无机非金属材料

4.2.22 北京航空航天大学

截至 2017 年 3 月，北京航空航天大学有 55 个本科专业、22 个一级学科博士学位授权点、39 个一级学科硕士学位授权点、20 个博士后科研流动站。拥有全日制在校生 30 642 名，其中本科生 15 596 名、硕士研究生 9336 名、博士研究生 4492 名、留学生 1218 名。在职教职工 3876 名，其中专任教师 2478 名，中国科学院院士、中国工程院院士 23 名，"千人计划"创新项目入选者 26 名，"973 计划"首席科学家 31 名，"长江学者奖励计划"特聘讲授、讲座教授 60 名，国家杰出青年科学基金获得者 42 名，国家级教学名师 3 名[22]。

2016 年，北京航空航天大学综合 NCI 为 10.7804，排名第 22 位；国家自然科学基金项目总数为 256 项，项目经费为 18 678.24 万元，全国排名分别为第 24 位和第 21 位，北京市市内排名分别为第 3 位和第 4 位（图 4-22）。2011～2016 年北京航空航天大学 NCI 变化趋势及指标如表 4-53 所示，国家自然科学基金项目经费 Top 10 人才如表 4-54 所示。

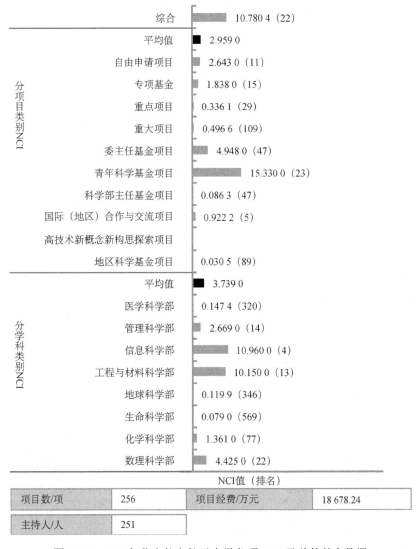

项目数/项	256	项目经费/万元	18 678.24
主持人/人	251		

图 4-22 2016 年北京航空航天大学各项 NCI 及总体基金数据

表 4-53　2011～2016 年北京航空航天大学 NCI 变化趋势及指标

NCI 趋势	学科	类别	2011 年	2012 年	2013 年	2014 年	2015 年	2016 年
	综合	项目数/项	274	271	235	219	252	256
		项目经费/万元	19 776.5	31 296.4	16 179.1	20 724.6	18 189.7	18 678.2
		主持人数/人	265	265	227	213	248	251
		NCI	11.478 4	12.221	9.236 2	9.729 1	10.510 7	10.780 4
	数理科学	项目数/项	57	54	49	42	54	40
		项目经费/万元	2 591	6 280	3 376	4 983	3 453	2 199.5
		主持人数/人	56	53	48	41	54	40
		NCI	5.732	6.887 7	5.423 5	5.742	6.164 3	4.425 5
	化学科学	项目数/项	10	9	6	8	12	12
		项目经费/万元	469	790	436	743	574.8	711
		主持人数/人	10	9	6	8	12	12
		NCI	1.022 2	1.051 7	0.680 7	1.016 1	1.244 1	1.361 1
	生命科学	项目数/项	6	5	3	5	4	1
		项目经费/万元	583	229	119	368	150.9	20
		主持人数/人	6	5	3	5	4	1
		NCI	0.781 8	0.470 4	0.278 1	0.587 7	0.383	0.079
	地球科学	项目数/项	5	6	4	4	6	1
		项目经费/万元	176	376	202	636	430	70
		主持人数/人	5	6	4	4	6	1
		NCI	0.464 5	0.626 7	0.401 9	0.607 8	0.711 4	0.119 9
	工程与材料科学	项目数/项	89	80	66	72	73	87
		项目经费/万元	4 108	6 622.2	3 908	5 717.6	6 513.9	5 611
		主持人数/人	87	79	64	71	71	87
		NCI	8.980 7	9.129 4	6.921 9	8.639 5	9.226 3	10.150 9
	信息科学	项目数/项	85	86	84	67	79	85
		项目经费/万元	10 730.7	15 519.2	6 917	7 253.5	5 885.8	7 581.29
		主持人数/人	83	85	82	67	78	83
		NCI	11.990 5	12.729 1	9.855 3	8.956 1	9.449 2	10.962 1
	管理科学	项目数/项	18	29	17	17	20	24
		项目经费/万元	778.8	1 430	1 068.1	814.5	1 036.3	1 341.45
		主持人数/人	17	27	17	14	20	24
		NCI	1.757 3	2.730 4	1.837 3	1.623 2	2.128 5	2.669 8
	医学科学	项目数/项	3		2	3	3	1
		项目经费/万元	140		93	169	130	130
		主持人数/人	3		2	3	3	1
		NCI	0.306 1		0.195 5	0.322 5	0.300 8	0.147 4

表 4-54　2011～2016 年北京航空航天大学国家自然科学基金项目经费 Top 10 人才

人名	项目经费/万元	项目数/项	关键研究领域
房建成	10350	4	自动化
怀进鹏	3200	2	计算机科学
郑志明	2960	2	数学
赵沁平	2800	2	计算机科学
徐惠彬	2680	3	无机非金属材料
樊瑜波	1855	6	力学
贾英民	1420	4	自动化
郭雷	1255.31	3	自动化
张军	1125	2	电子学与信息系统
王晋军	954	4	力学

4.2.23 苏州大学

截至 2016 年 12 月，苏州大学设有 29 个博士后科研流动站、47 个一级学科硕士学位授权点。拥有研究生 14 460 名、本科生 25 733 名、留学生 1945 名。拥有专任教师 2964 名，其中高级专业技术职务人员 2055 名，中国科学院院士、中国工程院院士 6 名，外国院士 1 名，"千人计划"入选者 12 名，"青年千人计划"入选者 41 名，"万人计划"杰出人才 1 名，"万人计划"科技创新领军人才 3 名，"万人计划"青年拔尖人才 2 名，"长江学者奖励计划"特聘教授 7 名，国家杰出青年科学基金获得者 20 名，"百千万人才工程"国家级人选 10 名[23]。

2016 年，苏州大学综合 NCI 为 10.6663，排名第 23 位；国家自然科学基金项目总数为 291 项，项目经费为 14 066.28 万元，全国排名分别为第 22 位和第 28 位，江苏省省内排名均为第 3 位（图 4-23）。2011～2016 年苏州大学 NCI 变化趋势及指标如表 4-55 所示，国家自然科学基金项目经费 Top 10 人才如表 4-56 所示。

图 4-23 2016 年苏州大学各项 NCI 及总体基金数据

表 4-55　2011～2016 年苏州大学 NCI 变化趋势及指标

NCI 趋势	学科	类别	2011 年	2012 年	2013 年	2014 年	2015 年	2016 年
	综合	项目数/项	219	288	314	323	316	291
		项目经费/万元	10 739	15 183.7	17 735	18 516.7	16 561.7	14 066.3
		主持人数/人	215	280	307	307	312	284
		NCI	8.105 5	9.981 1	11.599 6	12.048 7	11.859 2	10.666 3
	数理科学	项目数/项	28	31	31	30	31	35
		项目经费/万元	1 041.5	1 416	1 574	2 229	1 674.6	1 980.33
		主持人数/人	28	31	31	30	30	35
		NCI	2.649 2	2.913 8	3.120 6	3.537 3	3.308 9	3.909 3
	化学科学	项目数/项	41	47	50	42	45	40
		项目经费/万元	2 258	2 611	3 256.5	2 955	2 833.7	1 971.35
		主持人数/人	41	47	50	42	45	39
		NCI	4.421 4	4.715 6	5.468 9	4.863	5.110 7	4.231
	生命科学	项目数/项	19	39	28	41	39	34
		项目经费/万元	888	2 233	1 975	1 958	1 953	1 717
		主持人数/人	19	39	28	39	39	33
		NCI	1.939 9	3.952 5	3.145 1	4.103	4.103 6	3.620 2
	地球科学	项目数/项	—	4	2	—	2	—
		项目经费/万元	—	200	105	—	53.75	—
		主持人数/人	—	4	2	—	2	—
		NCI	—	0.387 5	0.203 6	—	0.171	—
	工程与材料科学	项目数/项	17	31	29	47	39	33
		项目经费/万元	972	1 898	1 626	2 243.4	2 208.5	1 776
		主持人数/人	17	30	29	45	39	33
		NCI	1.856 3	3.177 8	3.017 4	4.712 9	4.275 2	3.625
	信息科学	项目数/项	23	39	39	36	37	32
		项目经费/万元	993	1 865	2 048.72	2 621	2 082	1 788
		主持人数/人	23	38	39	36	36	32
		NCI	2.287	3.690 1	3.970 7	4.216 1	4.010 6	3.559 3
	管理科学	项目数/项	2	3	8	4	5	3
		项目经费/万元	41.5	93.5	276.5	158	208.5	115.3
		主持人数/人	2	3	8	4	5	3
		NCI	0.155 8	0.248 2	0.708 4	0.382 1	0.495	0.294 6
	医学科学	项目数/项	88	93	127	122	118	113
		项目经费/万元	4 345	4 859.2	6 873.25	6 111.3	5 547.6	4 661.3
		主持人数/人	88	92	125	120	118	113
		NCI	9.150 5	9.109 2	12.990 5	12.544 2	12.157 4	11.359 7

表 4-56　2011～2016 年苏州大学国家自然科学基金项目经费 Top 10 人才

人名	项目经费/万元	项目数/项	关键研究领域
迟力峰	862	2	物理化学
张民	779	3	计算机科学
陈红	670	4	高分子科学
钟志远	665.2	6	有机高分子材料
张晓宏	640	2	有机高分子材料
吴雪梅	510	4	物理学Ⅱ
严锋	495	3	高分子科学
朱力	466	4	循环系统
康振辉	465.9	4	无机非金属材料
刘庄	450	2	无机非金属材料

4.2.24 华南理工大学

截至 2016 年 12 月,华南理工大学设有 28 个院系、一级学科博士学位授权点 25 个、一级学科硕士学位授权点 43 个、博士后科研流动站 26 个。拥有在校生 4.6 万多名,其中本科生 24 850 名、硕士研究生 16 615 名、博士研究生 3084 名。拥有在职教职工 4503 名,其中中国科学院院士 3 名、中国工程院院士 5 名、"千人计划"学者 19 名、"长江学者奖励计划"特聘教授 23 名、国家杰出青年科学基金获得者 32 名[24]。

2016 年,华南理工大学综合 NCI 为 9.4634,排名第 24 位;国家自然科学基金项目总数为 221 项,项目金额为 16 851.32 万元,全国排名分别为第 28 位和第 26 位,广东省省内排名均为第 2 位(图 4-24)。2011~2016 年华南理工大学 NCI 变化趋势及指标如表 4-57 所示,国家自然科学基金项目经费 Top 10 人才如表 4-58 所示。

图 4-24 2016 年华南理工大学各项 NCI 及总体基金数据

表 4-57　2011～2016 年华南理工大学 NCI 变化趋势及指标

NCI 趋势	学科	类别	2011 年	2012 年	2013 年	2014 年	2015 年	2016 年
	综合	项目数/项	233	212	216	219	252	221
		项目经费/万元	13 005.7	14 241.1	14 521.7	16 396.7	16 057	16 851.3
		主持人数/人	230	207	212	214	251	218
		NCI	9.020 7	7.976 6	8.467 3	9.012 4	10.123 2	9.463 4
	数理科学	项目数/项	19	23	12	21	26	23
		项目经费/万元	1 097	1 159	617	1 456.1	1 283	1 680.62
		主持人数/人	19	23	12	21	26	23
		NCI	2.081 5	2.233 8	1.213 1	2.419 7	2.722 3	2.797 6
	化学科学	项目数/项	49	33	37	48	49	46
		项目经费/万元	2 890	2 819	3 027	4 704.5	3 338	2 944
		主持人数/人	48	33	36	45	49	46
		NCI	5.369 2	3.821 6	4.326 9	6.074 9	5.712 8	5.353 4
	生命科学	项目数/项	21	22	18	14	14	17
		项目经费/万元	1 200	1 255	786.2	815	569	819
		主持人数/人	21	22	18	14	14	17
		NCI	2.292 6	2.226 9	1.723 3	1.521 8	1.374 1	1.799 7
	地球科学	项目数/项	9	6	5	4	6	9
		项目经费/万元	340	364	570.3	248	335.5	1 163.26
		主持人数/人	8	6	4	4	6	8
		NCI	0.823	0.619 9	0.611 9	0.444	0.655	1.273
	工程与材料科学	项目数/项	82	77	93	79	91	76
		项目经费/万元	4 331	5 030	6 180.2	5 701	5 820	5 986.44
		主持人数/人	82	75	92	79	91	76
		NCI	8.720 4	8.083	10.203 7	9.224 7	10.388 5	9.478 6
	信息科学	项目数/项	37	35	37	35	41	32
		项目经费/万元	1 687.7	1 755.1	2 350	1 958	2 830.87	2 150
		主持人数/人	37	33	37	35	40	32
		NCI	3.747 1	3.327 8	4.013 2	3.754 4	4.762 2	3.784 9
	管理科学	项目数/项	11	9	10	13	20	12
		项目经费/万元	604	595	401	719.1	903.7	323.5
		主持人数/人	11	9	10	13	20	12
		NCI	1.185	0.956 9	0.930 5	1.389 2	2.033 5	1.046 9
	医学科学	项目数/项	2	1	—	1	1	4
		项目经费/万元	79	23	—	68	17.9	404.5
		主持人数/人	2	1	—	1	1	4
		NCI	0.193 1	0.074 8	—	0.114 5	0.074 7	0.542 2

表 4-58　2011～2016 年华南理工大学国家自然科学基金项目经费 Top 10 人才

人名	项目经费/万元	项目数/项	关键研究领域
朱敏	1345	3	金属材料
马於光	1330	2	有机高分子材料
彭俊彪	1269	3	新材料与先进制造
黄培彦	1132.62	3	计算机科学
郑君瑜	1026.06	8	大气科学
肖志瑜	791.24	2	冶金与矿业
黄飞	781	4	高分子科学
秦安军	746	2	高分子科学
吴宏滨	630	4	有机高分子材料
江焕峰	627.5	4	有机化学

4.2.25　南京医科大学

截至 2017 年 3 月，南京医科大学设有 23 个院系、8 个一级学科博士学位授权点、11 个一级学科硕士学位授权点、7 个博士后科研流动站。拥有在校生 1.4 万多名。拥有在职教职工 1700 多名，其中中国工程院院士 1 名，美国国家医学院外籍院士 1 名，"长江学者奖励计划"特聘教授 3 名、青年学者 1 名、"千人计划"学者 9 名，国家杰出青年科学基金获得者 7 名、优秀青年基金获得者 8 名，国家级教学名师 1 名，教育部"新世纪优秀人才支持计划"入选者 7 名，国家级教学团队 3 个，教育部创新团队 1 个[25]。

2016 年，南京医科大学综合 NCI 为 9.1454，排名第 25 位；国家自然科学基金项目总数为 262 项，项目经费为 10 756.77 万元，全国排名分别为第 23 位和第 37 位，江苏省省内排名均为第 4 位（图 4-25）。2011～2016 年南京医科大学 NCI 变化趋势及指标如表 4-59 所示，国家自然科学基金项目经费 Top 10 人才如表 4-60 所示。

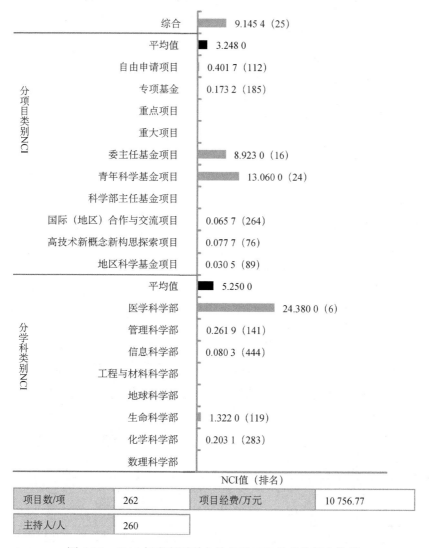

图 4-25　2016 年南京医科大学各项 NCI 及总体基金数据

表 4-59　2011～2016 年南京医科大学 NCI 变化趋势及指标

NCI 趋势	学科	类别	2011 年	2012 年	2013 年	2014 年	2015 年	2016 年
	综合	项目数/项	205	234	231	239	279	262
		项目经费/万元	8 658	13 299.5	11 894.7	12 371.6	13 829.7	10 756.8
		主持人数/人	202	231	226	235	275	260
		NCI	7.227 8	8.357 8	8.276 3	8.715	10.272	9.145 4
	数理科学	项目数/项	—	—	—	—	—	—
		项目经费/万元	—	—	—	—	—	—
		主持人数/人	—	—	—	—	—	—
		NCI	—	—	—	—	—	—
	化学科学	项目数/项	5	3	3	1	2	2
		项目经费/万元	263	183	75	85	131	85
		主持人数/人	5	3	3	1	2	2
		NCI	0.531	0.310 5	0.238 5	0.123 3	0.230 1	0.203 1
	生命科学	项目数/项	10	17	13	12	21	13
		项目经费/万元	470	1 127	658	708	1 431	555.5
		主持人数/人	10	17	13	12	21	13
		NCI	1.022 9	1.809 2	1.307 3	1.310 2	2.448 6	1.322 3
	地球科学	项目数/项	—	—	—	—	—	—
		项目经费/万元	—	—	—	—	—	—
		主持人数/人	—	—	—	—	—	—
		NCI	—	—	—	—	—	—
	工程与材料科学	项目数/项	—	—	—	1	—	—
		项目经费/万元	—	—	—	25	—	—
		主持人数/人	—	—	—	1	—	—
		NCI	—	—	—	0.082	—	—
	信息科学	项目数/项	—	1	2	1	—	1
		项目经费/万元	—	25	108	30	—	21
		主持人数/人	—	1	2	1	—	1
		NCI	—	0.076 9	0.205 5	0.087 1	—	0.080 3
	管理科学	项目数/项	3	—	2	2	3	3
		项目经费/万元	117	—	76	123	51	81
		主持人数/人	3	—	2	2	3	3
		NCI	0.288 4	—	0.182 8	0.221 4	0.220 2	0.261 9
	医学科学	项目数/项	187	213	211	222	252	243
		项目经费/万元	7 808	11 964.5	10 977.7	11 400.6	12 166.7	10 014.3
		主持人数/人	184	211	209	218	248	242
		NCI	18.289 2	21.382 2	21.345 8	23.003 7	26.055 2	24.387

表 4-60　2011～2016 年南京医科大学国家自然科学基金项目经费 Top 10 人才

人名	项目经费/万元	项目数/项	关键研究领域
孔祥清	856.87	3	循环系统
季勇	422	3	循环系统
夏彦恺	356.5	3	发育生物学与生殖生物学
陈琪	350	2	循环系统
朱东亚	284	1	神经科学
胡志斌	276	1	发育生物学与生殖生物学
徐涌	273	3	循环系统
张东	225	3	发育生物学与生殖生物学
霍然	209	3	生理学与整合生物学
朱国庆	203	3	生理学与整合生物学

4.2.26 首都医科大学

堆至 2016 年 11 月，首都医科大学设有 10 个学院、8 个一级学科博士学位授权点、11 个一级学科硕士学位授权点、9 个博士后科研流动站。在校生总数为 1.1 万多名，其中本科生 3604 名，博士、硕士研究生 3352 名。有教职工和医务人员共 38 982 名，其中中国科学院院士、中国工程院院士 6 名，"千人计划"学者 6 名，"长江学者奖励计划"特聘教授 3 名，"百千万人才工程"国家级人选 2 名，国家杰出青年科学基金获得者 7 名[26]。

2016 年，首都医科大学综合 NCI 为 9.0775，排名第 26 位；国家自然科学基金项目总数为 254 项，项目经费为 11 239.26 万元，全国排名分别为第 25 位和第 23 位，北京市市内排名分别为第 4 位和第 8 位（图 4-26）。2011～2016 年首都医科大学 NCI 变化趋势及指标如表 4-61 所示，国家自然科学基金项目经费 Top 10 人才如表 4-62 所示。

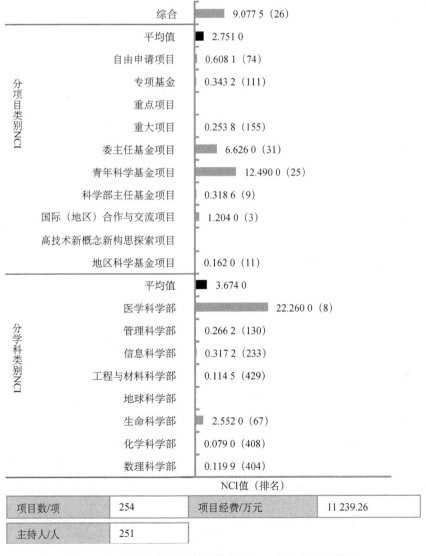

图 4-26　2016 年首都医科大学各项 NCI 及总体基金数据

表 4-61　2011～2016 年首都医科大学 NCI 变化趋势及指标

NCI 趋势	学科	类别	2011 年	2012 年	2013 年	2014 年	2015 年	2016 年
	综合	项目数/项	214	243	237	236	279	254
		项目经费/万元	8 050.22	12 078	11 713.7	12 496	12 776.9	11 239.3
		主持人数/人	211	241	235	233	278	251
		NCI	7.261 1	8.312 7	8.413 5	8.682 6	10.040 7	9.077 5
	数理科学	项目数/项	1	2	1	—	—	1
		项目经费/万元	26	54.5	29	—	—	70
		主持人数/人	1	2	1	—	—	1
		NCI	0.084	0.158 3	0.083 5	—	—	0.119 9
	化学科学	项目数/项	2	2	—	1	2	1
		项目经费/万元	80	50	—	80	126	20
		主持人数/人	2	2	—	1	2	1
		NCI	0.193 9	0.153 8	—	0.120 9	0.227 2	0.079
	生命科学	项目数/项	16	15	15	18	14	19
		项目经费/万元	751	779	1 098	853	638	1 871
		主持人数/人	16	15	15	18	14	19
		NCI	1.635 9	1.471 5	1.705 8	1.826 9	1.427 5	2.552 7
	地球科学	项目数/项	—	—	—	—	—	—
		项目经费/万元	—	—	—	—	—	—
		主持人数/人	—	—	—	—	—	—
		NCI	—	—	—	—	—	—
	工程与材料科学	项目数/项	—	1	1	—	1	1
		项目经费/万元	—	80	26	—	64	61
		主持人数/人	—	1	1	—	1	1
		NCI	—	0.113 3	0.080 5	—	0.114 2	0.114 5
	信息科学	项目数/项	4	1	2	2	2	2
		项目经费/万元	99	80	148	116	674.61	324
		主持人数/人	4	1	2	2	2	2
		NCI	0.330 4	0.113 3	0.228 3	0.217 1	0.397 4	0.317 2
	管理科学	项目数/项	1	1	2	2	2	2
		项目经费/万元	17	19	68	42	96	191.56
		主持人数/人	1	1	2	2	2	2
		NCI	0.072 9	0.070 2	0.176 1	0.154 8	0.207 5	0.266 2
	医学科学	项目数/项	190	221	216	213	258	228
		项目经费/万元	7 077.22	11 015.5	10 344.7	11 405	11 178.3	8 701.7
		主持人数/人	187	219	214	212	258	226
		NCI	17.890 2	21.321 3	21.258 3	22.481 4	25.867 7	22.268 7

表 4-62　2011～2016 年首都医科大学国家自然科学基金项目经费 Top 10 人才

人名	项目经费/万元	项目数/项	关键研究领域
贾建平	733	1	神经科学
李晓光	674	2	生物力学与组织工程学
马长生	639	3	循环系统
王振常	600.61	1	电子学与信息系统
曹彬	400	1	呼吸系统
范志朋	350	1	口腔颅颌面科学
韩璎	350	2	自动化
刘慧荣	350	2	循环系统
王辰	320	1	呼吸系统
蔡军	295	3	循环系统

4.2.27 北京理工大学

截至 2016 年 12 月，北京理工大学设有 20 个专业学院、24 个一级学科博士学位授权点、32 个一级学科硕士学位授权点、18 个博士后科研流动站。拥有全日制在校生 2.8 万名，其中本科生 14 789 名、硕士研究生 8031 名、博士研究生 3416 名、留学生 1938 名。拥有教职工 3342 名，其中中国科学院院士、中国工程院院士 15 名，"千人计划"入选者 29 名，"长江学者奖励计划"特聘教授、讲座教授 30 名[27]。

2016 年，北京理工大学综合 NCI 为 8.6586，排名第 27 位；国家自然科学基金项目总数为 205 项，项目经费为 15 243.1 万元，全国排名分别为第 35 位和第 27 位，北京市市内排名分为第 5 位和第 6 位（图 4-27）。2011～2016 年北京理工大学 NCI 变化趋势及指标如表 4-63 所示，国家自然科学基金项目经费 Top 10 人才如表 4-64 所示。

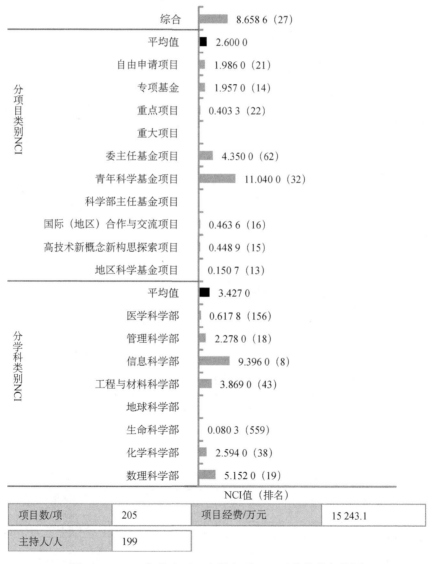

图 4-27　2016 年北京理工大学各项 NCI 及总体基金数据

表 4-63　2011～2016 年北京理工大学 NCI 变化趋势及指标

NCI 趋势	学科	类别	2011 年	2012 年	2013 年	2014 年	2015 年	2016 年
	综合	项目数/项	173	175	192	170	165	205
		项目经费/万元	8 909.6	13 942.3	15 399.4	15 091	12 394	15 243.1
		主持人数/人	170	171	190	169	163	199
		NCI	6.510 5	6.971 5	8.004 4	7.447 1	6.982 9	8.658 6
	数理科学	项目数/项	40	34	34	40	38	42
		项目经费/万元	1 711	5 348	4 155	2 407	3 352	3 147.85
		主持人数/人	39	32	33	40	38	42
		NCI	3.931 8	4.729 4	4.541 4	4.396 3	4.828 8	5.152 1
	化学科学	项目数/项	22	24	23	19	27	24
		项目经费/万元	1 301.8	1 675	1 778	1 575	1 307	1 230.94
		主持人数/人	22	23	23	19	27	24
		NCI	2.429 9	2.561 6	2.663 6	2.323 5	2.809	2.594 4
	生命科学	项目数/项	3	2	—	—	1	1
		项目经费/万元	165	48			15	21
		主持人数/人	3	2			1	1
		NCI	0.323 4	0.151 7	—	—	0.070 4	0.080 3
	地球科学	项目数/项	2	—	1	2	1	—
		项目经费/万元	100	—	85	165	280	—
		主持人数/人	2	—	1	2	1	—
		NCI	0.208 8	—	0.119 5	0.244 2	0.186 8	—
	工程与材料科学	项目数/项	37	30	49	32	38	36
		项目经费/万元	1 893	1 927	3 908	1 661	2 457	1 815
		主持人数/人	37	30	49	32	38	36
		NCI	3.893 3	3.159 2	5.733 9	3.347 9	4.353 9	3.869 4
	信息科学	项目数/项	47	59	63	52	42	70
		项目经费/万元	3 084	3 753.3	4 458	7 936	3 608.5	7 076.91
		主持人数/人	45	59	63	52	41	68
		NCI	5.295 9	6.193 1	7.083 9	7.793 9	5.248 1	9.396 4
	管理科学	项目数/项	20	23	20	22	14	20
		项目经费/万元	535.8	1 077	972.4	1 130	1 224.5	1 201.4
		主持人数/人	20	22	20	21	13	20
		NCI	1.696 2	2.147 8	1.984 4	2.258 4	1.730 7	2.278 9
	医学科学	项目数/项	2	3	1	3	3	6
		项目经费/万元	119	114	23	217	135	266
		主持人数/人	2	3	1	3	3	6
		NCI	0.221 3	0.265 2	0.077 3	0.350 6	0.304 6	0.617 8

表 4-64　2011～2016 年北京理工大学国家自然科学基金项目经费 Top 10 人才

人名	项目经费/万元	项目数/项	关键研究领域
胡海岩	3400	3	力学
宁建国	2152	3	力学
陶然	1495	2	电子学与信息系统
曾涛	1490	3	电子学与信息系统
陈杰	1390	3	自动化
姜澜	1000	1	机械工程
胡更开	947	4	力学
王美玲	934	3	计算机科学
魏一鸣	903	2	宏观管理与政策
杨爱英	882	3	光学和光电子学

4.2.28 南昌大学

截至 2016 年 6 月，南昌大学有 12 个学科门类的 119 个本科专业、8 个一级学科博士学位授权点、45 个一级学科硕士学位授权点、11 个博士后科研流动站。学校有全日制本科生 36 936 名，各类研究生 13 621 名，拥有教职工 4521 名，其中双聘院士 4 名，"973 计划"首席科学家 2 名，"千人计划"入选者 4 名，"万人计划"入选者 2 名，国家杰出青年科学基金获得者 4 名，"长江学者奖励计划"特聘教授 5 名、"百千万人才工程"国家级人选 12 名，国家优秀青年科学基金获得者 2 名[28]。

2016 年，南昌大学综合 NCI 为 8.4270，排名第 28 位；国家自然科学基金项目总数为 249 项，项目经费为 9397.19 万元，全国排名分别为第 26 位和第 47 位，江西省省内排名均为第 1 位（图 4-28）。2011～2016 年南昌大学 NCI 变化趋势及指标如表 4-65 所示，国家自然科学基金项目经费 Top 10 人才如表 4-66 所示。

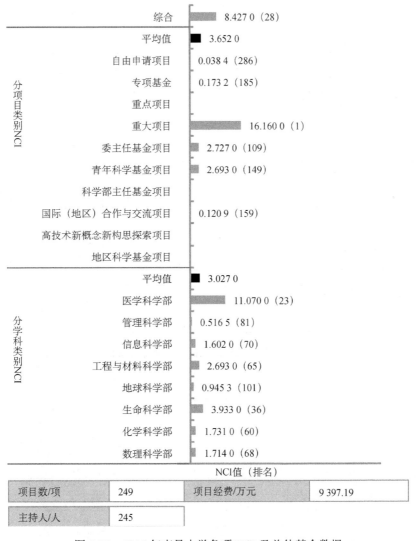

图 4-28　2016 年南昌大学各项 NCI 及总体基金数据

表 4-65　2011～2016 年南昌大学 NCI 变化趋势及指标

NCI 趋势	学科	类别	2011 年	2012 年	2013 年	2014 年	2015 年	2016 年
	综合	项目数/项	161	194	178	213	200	249
		项目经费/万元	7 618.4	8 998	8 367.5	10 103.5	8 069.28	9 397.19
		主持人数/人	155	189	177	209	194	245
		NCI	5.850 2	6.446 7	6.220 2	7.538 8	6.838 5	8.427
	数理科学	项目数/项	18	10	14	14	15	18
		项目经费/万元	600.4	326	558	507	801	632
		主持人数/人	16	10	14	14	15	18
		NCI	1.579 1	0.84	1.300 1	1.299 1	1.612 5	1.714 9
	化学科学	项目数/项	20	16	20	16	18	18
		项目经费/万元	955	743	819	793	731	650
		主持人数/人	19	16	20	16	18	18
		NCI	2.021 7	1.512 2	1.874 1	1.648 4	1.766 2	1.731
	生命科学	项目数/项	26	31	31	38	31	40
		项目经费/万元	1 521	1 769	1 330	1 888	1 358	1 545
		主持人数/人	26	31	31	38	31	40
		NCI	2.860 8	3.138 2	2.950 2	3.918 1	3.119 6	3.933 9
	地球科学	项目数/项	5	9	8	1	7	10
		项目经费/万元	281	424	653	58	319	343
		主持人数/人	5	8	8	1	7	10
		NCI	0.542 8	0.821 8	0.943 4	0.108 6	0.713 8	0.945 3
	工程与材料科学	项目数/项	16	23	17	27	18	27
		项目经费/万元	762	1 094	728	1 568	676	1 130
		主持人数/人	16	23	17	27	18	26
		NCI	1.643 8	2.191 2	1.616 9	2.932 5	1.720 7	2.693 3
	信息科学	项目数/项	10	13	17	17	15	17
		项目经费/万元	401	498	969	766	507	578
		主持人数/人	10	13	17	17	15	17
		NCI	0.970 2	1.152 3	1.778 6	1.696 7	1.384 5	1.602 3
	管理科学	项目数/项	5	5	3	6	4	6
		项目经费/万元	179	167	102.5	194.5	110.88	155.39
		主持人数/人	5	5	3	6	4	6
		NCI	0.467 1	0.423 4	0.264 6	0.536 6	0.345 6	0.516 5
	医学科学	项目数/项	61	87	68	94	92	113
		项目经费/万元	2 919	3 977	3 208	4 329	3 566.4	4 363.8
		主持人数/人	61	85	68	94	92	112
		NCI	6.277 1	8.116 4	6.679 6	9.45	8.888 4	11.079 8

表 4-66　2011～2016 年南昌大学国家自然科学基金项目经费 Top 10 人才

人名	项目经费/万元	项目数/项	关键研究领域
陈义旺	601	4	有机高分子材料
洪葵	434	3	循环系统
邓晓华	405	2	地球物理学和空间物理学
曾旭辉	396	3	生理学与整合生物学
伍歆	388	3	天文学
谢明勇	363	3	食品科学
田小利	275	1	老年医学
刘军林	260	1	半导体科学与信息器件
唐建成	210	3	金属材料
周猛	210	2	地球物理学和空间物理学

4.2.29 郑州大学

截至 2016 年 12 月，郑州大学设有 108 个本科专业、21 个一级学科博士学位授权点、55 个一级学科硕士学位授权点、24 个博士后科研流动站。拥有全日制普通本科生 5.6 万名、各类在校研究生 1.5 万名、留学生 1600 余名。拥有中国科学院院士 4 名、中国工程院院士 3 名、"千人计划"入选者 5 名、"长江学者奖励计划"特聘教授 4 名[29]。

2016 年，郑州大学综合 NCI 为 8.1300，排名第 29 位；国家自然科学基金项目总数为 238 项，项目经费为 9164.7 万元，全国排名分别为第 27 位和第 50 位，河南省省内排名均为第 1 位（图 4-29）。2011～2016 年郑州大学 NCI 变化趋势及指标如表 4-67 所示，国家自然科学基金项目经费 Top 10 人才如表 4-68 所示。

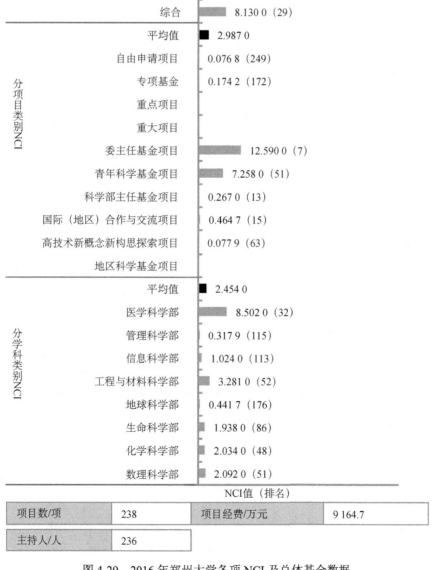

图 4-29　2016 年郑州大学各项 NCI 及总体基金数据

表 4-67　2011～2016 年郑州大学 NCI 变化趋势及指标

NCI 趋势	学科	类别	2011 年	2012 年	2013 年	2014 年	2015 年	2016 年
	综合	项目数/项	161	194	178	213	200	249
		项目经费/万元	7 618.4	8 998	8 367.5	10 103.5	8 069.28	9 397.19
		主持人数/人	155	189	177	209	194	245
		NCI	5.850 2	6.446 7	6.220 2	7.538 8	6.838 5	8.427
	数理科学	项目数/项	18	10	14	14	15	18
		项目经费/万元	600.4	326	558	507	801	632
		主持人数/人	16	10	14	14	15	18
		NCI	1.579 1	0.84	1.300 1	1.299 1	1.612 5	1.714 9
	化学科学	项目数/项	20	16	20	16	18	18
		项目经费/万元	955	743	819	793	731	650
		主持人数/人	19	16	20	16	18	18
		NCI	2.021 7	1.512 2	1.874 1	1.648 4	1.766 2	1.731
	生命科学	项目数/项	26	31	31	38	31	40
		项目经费/万元	1 521	1 769	1 330	1 888	1 358	1 545
		主持人数/人	26	31	31	38	31	40
		NCI	2.860 8	3.138 2	2.950 2	3.918 1	3.119 6	3.933 9
	地球科学	项目数/项	5	9	8	1	7	10
		项目经费/万元	281	424	653	58	319	343
		主持人数/人	5	8	8	1	7	10
		NCI	0.542 8	0.821 8	0.943 4	0.108 6	0.713 8	0.945 3
	工程与材料科学	项目数/项	16	23	17	27	18	27
		项目经费/万元	762	1 094	728	1 568	676	1 130
		主持人数/人	16	23	17	27	18	26
		NCI	1.643 8	2.191 2	1.616 9	2.932 5	1.720 7	2.693 3
	信息科学	项目数/项	10	13	17	17	15	17
		项目经费/万元	401	498	969	766	507	578
		主持人数/人	10	13	17	17	15	17
		NCI	0.970 2	1.152 3	1.778 6	1.696 7	1.384 5	1.602 3
	管理科学	项目数/项	5	5	3	6	4	6
		项目经费/万元	179	167	102.5	194.5	110.88	155.39
		主持人数/人	5	5	3	6	4	6
		NCI	0.467 1	0.423 4	0.264 6	0.536 6	0.345 6	0.516 5
	医学科学	项目数/项	61	87	68	94	92	113
		项目经费/万元	2 919	3 977	3 208	4 329	3 566.4	4 363.8
		主持人数/人	61	85	68	94	92	112
		NCI	6.277 1	8.116 4	6.679 6	9.45	8.888 4	11.079 8

表 4-68　2011～2016 年郑州大学国家自然科学基金项目经费 Top 10 人才

人名	项目经费/万元	项目数/项	关键研究领域
秦志海	344	2	肿瘤学
刘春太	334	3	力学
耿献国	295	2	数学
刘章锁	283	2	人口与健康
李成	251	1	电子学与信息系统
马岭	220	1	电子信息
高艳锋	215	1	人口与健康
张水军	215	1	人口与健康
路纪琪	205	3	动物学
单崇新	195	1	电子信息

4.2.30 南方医科大学

截至 2017 年 3 月，南方医科大学有 17 个学院，开设本科专业 30 个，有 99 个硕士学位授权点、10 个一级学科博士学位授权点、6 个博士后科研流动站。拥有全日制在校生约 2 万名，其中研究生 4300 余名。拥有院士 3 名，双聘院士 1 名，国家级教学团队 3 个，国家级教学名师 3 名，"千人计划"入选者 10 名，"长江学者奖励计划"特聘教授、讲座教授 8 名，国家杰出青年科学基金获得者 12 名，"百千万人才工程"国家级人选 10 名，科技部"中青年科技创新领军人才"1 名[30]。

2016 年，南方医科大学综合 NCI 为 8.1046，排名第 30 位；国家自然科学基金项目总数为 217 项，项目经费为 11 033.1 万元，全国排名分别为第 30 位和第 36 位，广东省省内排名均为第 3 位（图 4-30）。2011～2016 年南方医科大学 NCI 变化趋势及指标如表 4-69 所示，国家自然科学基金项目经费 Top 10 人才如表 4-70 所示。

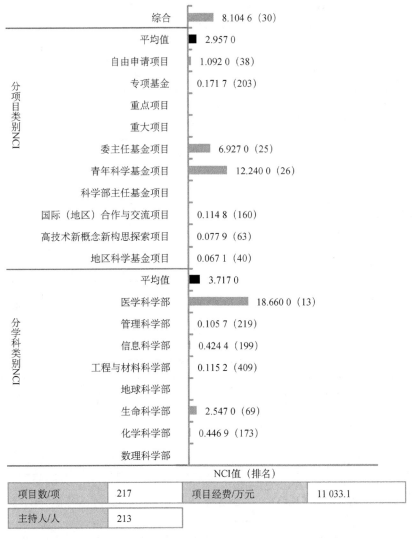

图 4-30　2016 年南方医科大学各项 NCI 及总体基金数据

表 4-69 2011～2016 年南方医科大学 NCI 变化趋势及指标

NCI 趋势	学科	类别	2011 年	2012 年	2013 年	2014 年	2015 年	2016 年
	综合	项目数/项	145	170	173	145	153	217
		项目经费/万元	7 045.2	10 069.6	9 903	8 385	8 282.8	11 033.1
		主持人数/人	143	166	170	143	152	213
		NCI	5.358 4	6.133 8	6.430 3	5.491 7	5.816 3	8.104 6
	数理科学	项目数/项	1	2	—	—	—	—
		项目经费/万元	72	52	—	—	—	—
		主持人数/人	1	2	—	—	—	—
		NCI	0.117 9	0.155 8	—	—	—	—
	化学科学	项目数/项	2	4	1	2	3	5
		项目经费/万元	50	140	80	50	152	145
		主持人数/人	2	4	1	2	3	5
		NCI	0.165 8	0.344	0.117 1	0.164	0.316 9	0.446 9
	生命科学	项目数/项	16	20	27	12	24	23
		项目经费/万元	630	1 340	1 538	838	1 543	1 269
		主持人数/人	16	20	25	12	23	23
		NCI	1.542 8	2.135 9	2.752 7	1.386	2.706	2.547 5
	地球科学	项目数/项	—	—	—	—	—	—
		项目经费/万元	—	—	—	—	—	—
		主持人数/人	—	—	—	—	—	—
		NCI	—	—	—	—	—	—
	工程与材料科学	项目数/项	—	—	—	1	—	1
		项目经费/万元	—	—	—	20	—	62
		主持人数/人	—	—	—	1	—	1
		NCI	—	—	—	0.076 1	—	0.115 2
	信息科学	项目数/项	3	2	2	2	2	4
		项目经费/万元	144	152	89	170	85	194
		主持人数/人	3	2	2	2	2	4
		NCI	0.309	0.222 8	0.192 7	0.246 6	0.199 2	0.424 4
	管理科学	项目数/项	—	—	1	—	—	1
		项目经费/万元	—	—	50	—	—	48
		主持人数/人	—	—	1	—	—	1
		NCI	—	—	0.100 2	—	—	0.105 7
	医学科学	项目数/项	120	139	139	126	122	179
		项目经费/万元	5 375.2	7 546.6	7 366	6 821	6 006.8	8 330.1
		主持人数/人	119	138	139	126	122	177
		NCI	12.045 8	13.806 5	14.193 4	13.368 5	12.764 6	18.662 5

表 4-70 2011～2016 年南方医科大学国家自然科学基金项目经费 Top 10 人才

人名	项目经费/万元	项目数/项	关键研究领域
方驰华	649	2	影像医学与生物医学工程
白晓春	435	2	运动系统
高天明	428	2	神经科学
邱小忠	413	4	生物力学与组织工程学
瞿少刚	387	3	生物物理、生物化学与分子生物学
姜勇	300	2	人口与健康
郑学礼	268	1	生态学
周宏伟	249	3	微生物学
侯凡凡	240	1	泌尿系统
徐洋	240	1	人口与健康

4.2.31 重庆大学

截至 2017 年 1 月，重庆大学设有 35 个学院、96 个本科专业、28 个一级学科博士学位授权点、53 个一级学科硕士学位授权点、29 个博士后科研流动站。有在校学生 4.7 万余名，其中本科生 2.6 万余名，硕士、博士研究生 1.8 万余名，留学生 1700 余名。有在职教职工 5300 余名，其中中国工程院院士 5 名，"万人计划"入选者 7 名，"千人计划"入选者 13 名、"青年千人计划"入选者 10 名，"外专千人计划"入选者 6 名，"973 计划"首席科学家 4 名，"长江学者奖励计划"特聘教授、讲座教授 21 名，国家杰出青年科学基金获得者 13 名，"百千万人才工程"国家级入选 20 名，中国青年科技奖获得者 4 名[31]。

2016 年，重庆大学综合 NCI 为 8.0112，排名第 31 位；国家自然科学基金项目总数为 210 项，项目经费为 11 222.1 万元，全国排名分别为第 31 位和第 34 位，市内排名均为第 1 位（图 4-31）。2011～2016 年重庆大学 NCI 变化趋势及指标如表 4-71 所示，国家自然科学基金项目经费 Top 10 人才如表 4-72 所示。

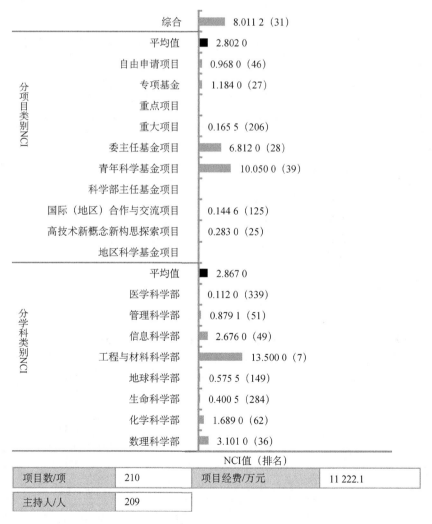

分项目类别NCI		
综合	8.011 2 (31)	
平均值	2.802 0	
自由申请项目	0.968 0 (46)	
专项基金	1.184 0 (27)	
重点项目		
重大项目	0.165 5 (206)	
委主任基金项目	6.812 0 (28)	
青年科学基金项目	10.050 0 (39)	
科学部主任基金项目		
国际（地区）合作与交流项目	0.144 6 (125)	
高技术新概念新构思探索项目	0.283 0 (25)	
地区科学基金项目		

分学科类别NCI		
平均值	2.867 0	
医学科学部	0.112 0 (339)	
管理科学部	0.879 1 (51)	
信息科学部	2.676 0 (49)	
工程与材料科学部	13.500 0 (7)	
地球科学部	0.575 5 (149)	
生命科学部	0.400 5 (284)	
化学科学部	1.689 0 (62)	
数理科学部	3.101 0 (36)	

NCI值（排名）

项目数/项	210	项目经费/万元	11 222.1
主持人/人	209		

图 4-31　2016 年重庆大学各项 NCI 及总体基金数据

表 4-71　2011～2016 年重庆大学 NCI 变化趋势及指标

NCI 趋势	学科	类别	2011 年	2012 年	2013 年	2014 年	2015 年	2016 年
	综合	项目数/项	179	176	153	160	197	210
		项目经费/万元	8 821	10 854.8	10 666	12 517.5	10 934.3	11 222.1
		主持人数/人	178	174	149	157	195	209
		NCI	6.664 4	6.463	6.054 8	6.690 9	7.542 3	8.011 2
	数理科学	项目数/项	18	23	23	12	29	27
		项目经费/万元	727.5	1 961	1 300.5	679	1 501.6	1 661
		主持人数/人	18	22	23	12	29	27
		NCI	1.750 9	2.622 7	2.399 9	1.292 1	3.085 6	3.101 1
	化学科学	项目数/项	12	10	15	9	13	16
		项目经费/万元	483	683	1 040	622	954	765
		主持人数/人	12	10	15	9	13	16
		NCI	1.165 6	1.074 8	1.675 2	1.035 9	1.553 7	1.689 6
	生命科学	项目数/项	11	15	9	9	13	4
		项目经费/万元	416	905	493	461	615	163
		主持人数/人	11	15	9	9	13	4
		NCI	1.046 5	1.547	0.929 2	0.937 4	1.342 2	0.400 5
	地球科学	项目数/项	3	—	3	4	—	6
		项目经费/万元	126	—	177	233	—	215
		主持人数/人	3	—	3	4	—	6
		NCI	0.295 6	—	0.317 5	0.434 9	—	0.575 5
	工程与材料科学	项目数/项	92	94	76	83	103	123
		项目经费/万元	5 043	5 361	6 057.5	8 175	5 293.3	6 669.5
		主持人数/人	92	94	75	83	101	122
		NCI	9.905 7	9.514 1	8.852 3	10.750 6	10.860 4	13.508 2
	信息科学	项目数/项	29	20	15	33	26	24
		项目经费/万元	1 261	924	1 034	1 757	2 079.25	1 351
		主持人数/人	29	20	15	31	26	24
		NCI	2.890 5	1.887	1.672	3.410 1	3.197 7	2.676 1
	管理科学	项目数/项	9	7	9	7	10	9
		项目经费/万元	499.5	534.8	367	347.5	390.2	340.6
		主持人数/人	9	7	9	7	10	9
		NCI	0.973 1	0.781	0.842 1	0.721 6	0.968 2	0.879 1
	医学科学	项目数/项	5	6	3	3	3	1
		项目经费/万元	265	286	197	243	100.9	57
		主持人数/人	5	6	3	3	3	1
		NCI	0.532 3	0.572	0.329	0.364 1	0.276 4	0.112

表 4-72　2011～2016 年重庆大学国家自然科学基金项目经费 Top 10 人才

人名	项目经费/万元	项目数/项	关键研究领域
刘庆	1200	1	金属材料
廖瑞金	1032	3	电气科学与工程
唐文新	900	1	物理学 I
黄晓旭	770	2	金属材料
魏子栋	744	4	化学工程及工业化学
文玉梅	655.25	1	自动化
廖强	633	5	工程热物理与能源利用
钱觉时	598	4	无机非金属材料
朱恂	532	3	工程热物理与能源利用
李剑	480	2	电气科学与工程

4.2.32 中国人民解放军第二军医大学

截至 2016 年 6 月，中国人民解放军第二军医大学有国家重点学科一级学科 2 个，二、三级学科 26 个，一级学科博士学位授权点 10 个，一级学科硕士学位授权点 20 个，博士后科研流动站 7 个。有中国科学院院士、中国工程院院士 7 名，院士后备人选 6 名，国家级创新团队 8 支，"973 计划"首席科学家 7 名，"千人计划"学者 1 名，"何梁何利奖"获得者 7 名，"长江学者奖励计划"特聘教授、讲座教授 9 名，国家杰出青年科学基金获得者 25 名，"百千万人才工程"国家级人选 9 名，"求是杰出青年实用工程奖" 7 名，军队高层次科技创新人才 15 名[32]。

2016 年，中国人民解放军第二军医大学综合 NCI 为 7.9715，排名第 32 位；国家自然科学基金项目总数为 218 项，项目经费为 10 257.7 万元，全国排名分别为第 29 位和第 42 位，上海市市内排名分别为第 4 位和第 6 位（图 4-32）。2011～2016 年中国人民解放军第二军医大学 NCI 变化趋势及指标如表 4-73 所示，国家自然科学基金项目经费 Top 10 人才如表 4-74 所示。

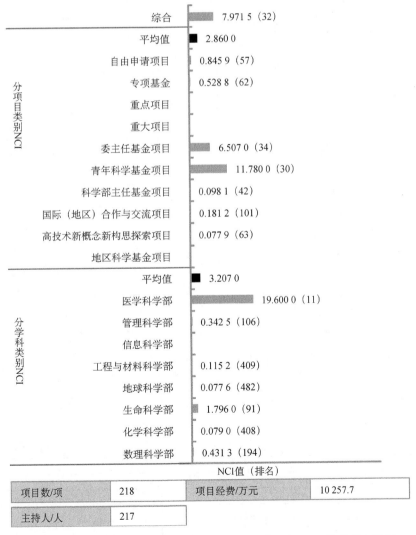

图 4-32　2016 年中国人民解放军第二军医大学各项 NCI 及总体基金数据

表 4-73 2011～2016 年中国人民解放军第二军医大学 NCI 变化趋势及指标

NCI 趋势	学科	类别	2011 年	2012 年	2013 年	2014 年	2015 年	2016 年
	综合	项目数/项	286	239	233	235	224	218
		项目经费/万元	14 143	14 453.2	13 238	14 576.8	11 180	10 257.7
		主持人数/人	285	237	233	230	221	217
		NCI	10.668	8.727 8	8.689 4	9.087 8	8.268 6	7.971 5
	数理科学	项目数/项	1	1	—	1	—	3
		项目经费/万元	25	82	—	88	—	362
		主持人数/人	1	1	—	1	—	3
		NCI	0.082 9	0.114 2	—	0.124 8	—	0.431 3
	化学科学	项目数/项	3	6	—	3	5	1
		项目经费/万元	145	282	—	145	193	20
		主持人数/人	3	6	—	3	5	1
		NCI	0.309 7	0.569 4	—	0.306 5	0.482 4	0.079
	生命科学	项目数/项	40	31	23	25	17	17
		项目经费/万元	1 938	2 002	1 417	1 529	821	815
		主持人数/人	40	31	23	25	17	17
		NCI	4.133 2	3.270 4	2.469 5	2.762 6	1.767 3	1.796 8
	地球科学	项目数/项	4	—	2	—	3	1
		项目经费/万元	177	—	51	—	157	19
		主持人数/人	4	—	2	—	3	1
		NCI	0.401	—	0.16	—	0.320 3	0.077 6
	工程与材料科学	项目数/项	—	—	—	1	2	1
		项目经费/万元	—	—	—	82	83	62
		主持人数/人	—	—	—	1	2	1
		NCI	—	—	—	0.121 8	0.197 7	0.115 2
	信息科学	项目数/项	—	—	—	—	—	—
		项目经费/万元	—	—	—	—	—	—
		主持人数/人	—	—	—	—	—	—
		NCI	—	—	—	—	—	—
	管理科学	项目数/项	1	4	5	2	1	4
		项目经费/万元	21	423	176	120	48	102
		主持人数/人	1	3	5	2	1	4
		NCI	0.078 2	0.451 9	0.445 5	0.219 6	0.103 7	0.342 5
	医学科学	项目数/项	237	196	202	200	195	189
		项目经费/万元	11 837	11 604.2	11 574	12 058.8	9 663	8 570.7
		主持人数/人	237	196	202	195	192	189
		NCI	24.738 6	20.086 8	21.170 4	21.811	20.340 8	19.609 2

表 4-74 2011～2016 年中国人民解放军第二军医大学国家自然科学基金项目经费 Top 10 人才

人名	项目经费/万元	项目数/项	关键研究领域
王伟忠	490	4	医学循环系统
何成	407	2	神经科学
蔡建明	400	2	物理学 II
张鹭鹭	348	2	宏观管理与政策
卫立辛	335	2	肿瘤学
谢渭芬	280	1	消化系统
陈丰原	260	1	医学循环系统
辛海量	250	1	人口与健康
梁春	245	4	医学循环系统
倪鑫	240	1	生殖系统/围生医学/新生儿

4.2.33　中国人民解放军第四军医大学

截至 2016 年 6 月，中国人民解放军第四军医大学有 4 个院系，11 个一级学科博士学位授权点，12 个一级学科硕士学位授权点，10 个博士后科研流动站。有在校学生 5000 余名，其中研究生 2000 余名。有教、医、研人员 3000 余名，其中中国科学院院士 1 名、中国工程院院士 3 名、"973 计划"首席科学家 7 名、"长江学者奖励计划"特聘教授、讲座教授 22 名、博士生导师 433 名、硕士生导师 572 名、享受政府特殊津贴专家 48 名、国务院学位委员会学科评议组成员 5 名[33]。

2016 年，中国人民解放军第四军医大学综合 NCI 为 7.8759，排名第 33 位；国家自然科学基金项目总数为 209 项，项目经费为 10 713.96 万元，全国排名分别为第 32 位和第 39 位，陕西省省内排名均为第 2 位（图 4-33）。2011～2016 年中国人民解放军第四军医大学 NCI 变化趋势及指标如表 4-75 所示，国家自然科学基金项目经费 Top 10 人才如表 4-76 所示。

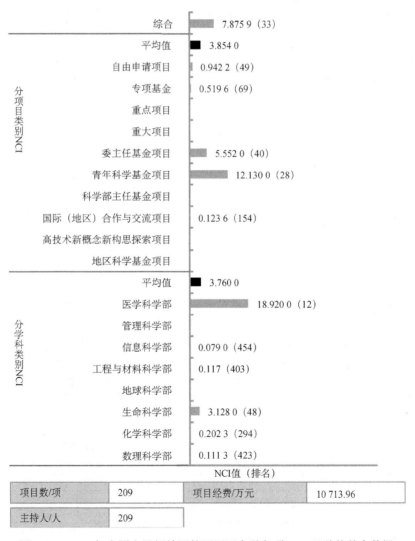

图 4-33　2016 年中国人民解放军第四军医大学各项 NCI 及总体基金数据

表 4-75　2011～2016 年中国人民解放军第四军医大学 NCI 变化趋势及指标

NCI 趋势	学科	类别	2011 年	2012 年	2013 年	2014 年	2015 年	2016 年
	综合	项目数/项	284	262	261	236	225	209
		项目经费/万元	12 857	15 327	14 862.7	14 796.8	11 485.6	10 714
		主持人数/人	279	260	261	234	222	209
		NCI	10.237 3	9.464 9	9.741	9.198 9	8.368 3	7.875 9
	数理科学	项目数/项	—	—	1	—	—	1
		项目经费/万元	—	—	30	—	—	56
		主持人数/人	—	—	1	—	—	1
		NCI	—	—	0.084 5	—	—	0.111 3
	化学科学	项目数/项	3	3	2	1	1	2
		项目经费/万元	150	145	90	40	21	84
		主持人数/人	3	3	2	1	1	2
		NCI	0.313 3	0.287 3	0.193 4	0.095 9	0.078 8	0.202 3
	生命科学	项目数/项	45	38	37	26	41	31
		项目经费/万元	2 166	1 979	2 377	1 176	2 189	1 294
		主持人数/人	45	38	37	26	41	31
		NCI	4.639 7	3.731 4	4.028 5	2.598 2	4.407 1	3.128 7
	地球科学	项目数/项	—	—	—	—	—	—
		项目经费/万元	—	—	—	—	—	—
		主持人数/人	—	—	—	—	—	—
		NCI	—	—	—	—	—	—
	工程与材料科学	项目数/项	2	3	3	4	2	1
		项目经费/万元	94	198	243	557	88	65
		主持人数/人	2	3	3	4	2	1
		NCI	0.204 6	0.318 8	0.352 9	0.581 5	0.201 6	0.117
	信息科学	项目数/项	1	3	2	1	1	1
		项目经费/万元	28	184	790	25	60	20
		主持人数/人	1	3	2	1	1	1
		NCI	0.086 1	0.311 1	0.398 9	0.082	0.111 8	0.079
	管理科学	项目数/项	—	1	1	—	—	—
		项目经费/万元	—	54	57	—	—	—
		主持人数/人	—	1	1	—	—	—
		NCI	—	0.099 4	0.104 6	—	—	—
	医学科学	项目数/项	232	214	215	204	180	173
		项目经费/万元	10 399	12 767	11 275.7	12 998.8	9 127.6	9 194.96
		主持人数/人	228	214	215	202	178	173
		NCI	23.223 8	21.987 4	21.878	22.777 9	18.948 2	18.924 6

表 4-76　2011～2016 年中国人民解放军第四军医大学国家自然科学基金项目经费 Top 10 人才

人名	项目经费/万元	项目数/项	关键研究领域
王健琪	750	1	电子学与信息系统
吴开春	701.36	1	影像医学与生物医学工程
聂勇战	480	2	消化系统
郭国祯	442	2	电气科学与工程
韩骅	415	3	发育生物学与生殖生物学
李春英	350	1	皮肤及其附属器
陶凌	341.7	4	医学循环系统
吕岩	278	1	神经科学
屈延	275	1	神经系统和精神疾病
谭庆荣	275	1	神经系统和精神疾病

4.2.34 北京师范大学

截至 2016 年 12 月，北京师范大学有 26 个学院、64 个本科专业、24 个一级学科博士学位授权点、37 个一级学科硕士学位授权点、25 个博士后科研流动站。有全日制在校生约 2.64 万名，其中本科生约 1.02 万名、研究生约 1.46 万名、长期留学生约 0.17 万名。校本部有教职工近 3100 名，其中中国科学院院士、中国工程院院士 8 名，双聘院士 13 名，"长江学者奖励计划"特聘教授 36 名、讲座教授 3 名，"百千万人才工程"国家级人选 20 名，教育部"跨世纪优秀人才支持计划"获得者 16 名、"新世纪优秀人才支持计划"获得者 165 名[34]。

2016 年，北京师范大学综合 NCI 为 7.6624，排名第 34 位；国家自然科学基金项目总数为 182 项，项目经费为 13 155.15 万元，全国排名分别为第 41 位和第 29 位，北京市市内排名分别为第 6 位和第 7 位（图 4-34）。2011～2016 年北京师范大学 NCI 变化趋势及指标如表 4-77 所示，国家自然科学基金项目经费 Top 10 人才如表 4-78 所示。

图 4-34 2016 年北京师范大学各项 NCI 及总体基金数据

表 4-77 2011～2016 年北京师范大学 NCI 变化趋势及指标

NCI 趋势	学科	类别	2011 年	2012 年	2013 年	2014 年	2015 年	2016 年
	综合	项目数/项	201	176	174	149	190	182
		项目经费/万元	15 136.4	13 638	12 515.6	13 848.4	13 792.7	13 155.2
		主持人数/人	191	171	172	144	182	180
		NCI	8.490 2	6.933 6	6.992 8	6.565 8	7.868 6	7.662 4
	数理科学	项目数/项	45	24	35	28	35	30
		项目经费/万元	2 025.8	1 710	1 981	1 796.5	2 075	2 724
		主持人数/人	44	24	35	28	35	30
		NCI	4.503 5	2.616 2	3.653 2	3.143 9	3.895 9	3.923 1
	化学科学	项目数/项	20	20	15	16	31	21
		项目经费/万元	1 535	1 677	1 207	2 885	2 462.17	1 193
		主持人数/人	19	20	15	16	29	21
		NCI	2.368 2	2.301 8	1.760 5	2.535 2	3.720 3	2.348 8
	生命科学	项目数/项	35	33	22	26	36	33
		项目经费/万元	2 911	3 016	1 599	2 631.1	2 805.5	2 070.09
		主持人数/人	34	32	22	25	35	32
		NCI	4.288 7	3.868 7	2.495 9	3.354	4.348 6	3.776
	地球科学	项目数/项	55	50	63	43	52	44
		项目经费/万元	3 726.6	2 792.5	5 173.4	3 294.8	4 182.9	3 600
		主持人数/人	55	49	62	41	50	44
		NCI	6.355 4	4.991 8	7.404 6	5.041 7	6.324 6	5.557 5
	工程与材料科学	项目数/项	13	14	13	10	18	12
		项目经费/万元	1 410	1 174	883	1 332	1 433	1 400.41
		主持人数/人	12	14	13	9	18	12
		NCI	1.711	1.611 3	1.441 9	1.382 9	2.210 5	1.706 2
	信息科学	项目数/项	7	12	12	12	9	10
		项目经费/万元	323	1 070	957.5	828	432	461
		主持人数/人	6	12	11	12	9	10
		NCI	0.676	1.409 7	1.364 3	1.380 4	0.933 7	1.043 2
	管理科学	项目数/项	15	8	9	6	6	18
		项目经费/万元	1 308	248	504.74	228	228.1	704.3
		主持人数/人	15	8	9	6	6	18
		NCI	1.885 4	0.660 8	0.936 5	0.565 8	0.575 9	1.777 9
	医学科学	项目数/项	5	10	5	8	3	12
		项目经费/万元	277	880.5	210	853	174	947.35
		主持人数/人	5	9	5	8	3	11
		NCI	0.540 3	1.129 4	0.472 5	1.064	0.331 5	1.454 9

表 4-78 2011～2016 年北京师范大学国家自然科学基金项目经费 Top 10 人才

人名	项目经费/万元	项目数/项	关键研究领域
杨志峰	1829.41	6	水利科学与海洋工程
李小雁	1689.3	7	地理学
史培军	1224.3	4	地理学
邵久书	1200	1	物理化学
张大勇	1200	2	生态学
董奇	1125	2	神经科学
刘绍民	802	2	地理学
吕海东	714	3	神经科学
夏星辉	669	3	水利科学与海洋工程
舒友生	608	2	神经科学

4.2.35 西北工业大学

截至 2017 年 1 月，西北工业大学设有 27 个学院，有 22 个博士学位授权一级学科，32 个硕士学位授权一级学科，17 个博士后科研流动站。有全日制在校生 26 093 名，其中博士研究生 3625 名，硕士研究生 8017 名，本科生 14 451 名，留学生 1326 名。有教职工 3700 余名，其中中国科学院院士、中国工程院院士 26 名（含外聘院士），"千人计划"入选者 21 名，"长江学者奖励计划"成就奖获得者、特聘教授、讲座教授 23 名，国家杰出青年科学基金获得者 12 名，"973 计划"首席科学家 7 名，国家级有突出贡献专家 2 名，国家级教学名师奖获得者 4 名[35]。

2016 年，西北工业大学综合 NCI 为 7.5911，排名第 35 位；国家自然科学基金项目总数为 201 项，项目经费为 10 476.5 万元，全国排名分别为第 36 位和第 41 位，陕西省省内排名均为第 3 位（图 4-35）。2011～2016 年西北工业大学 NCI 变化趋势及指标如表 4-79 所示，国家自然科学基金项目经费 Top 10 人才如表 4-80 所示。

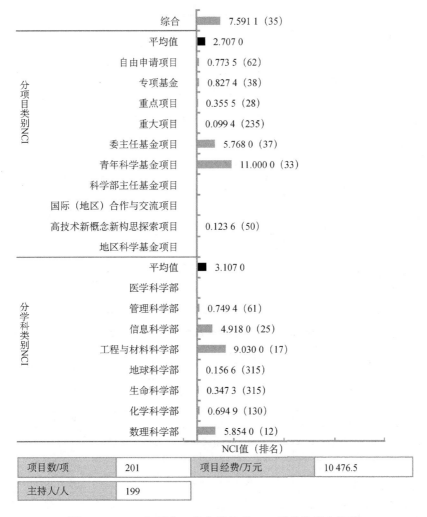

项目数/项	201	项目经费/万元	10 476.5
主持人/人	199		

图 4-35　2016 年西北工业大学各项 NCI 及总体基金数据

表 4-79　2011～2016 年西北工业大学 NCI 变化趋势及指标

NCI 趋势	学科	类别	2011 年	2012 年	2013 年	2014 年	2015 年	2016 年
	综合	项目数/项	152	149	155	182	191	201
		项目经费/万元	7 212.5	8 936	13 328.3	12 421.5	11 035.8	10 476.5
		主持人数/人	151	145	151	179	187	199
		NCI	5.586 4	5.392 2	6.579 2	7.277 9	7.384 1	7.591 1
	数理科学	项目数/项	36	32	30	43	49	53
		项目经费/万元	1 390	1 669	1 511.48	2 924	3 593.3	2 901
		主持人数/人	35	32	28	43	47	53
		NCI	3.416 6	3.143 8	2.943 7	4.922 6	5.774 1	5.854 8
	化学科学	项目数/项	2	4	2	2	3	7
		项目经费/万元	118	206	160	50	107	278
		主持人数/人	2	4	2	2	3	7
		NCI	0.220 7	0.391 3	0.234 3	0.164	0.281 9	0.694 9
	生命科学	项目数/项	4	1	3	5	5	3
		项目经费/万元	171	25	57	315	151	189
		主持人数/人	4	1	3	5	5	3
		NCI	0.396 4	0.076 9	0.217 6	0.558	0.444 5	0.347 3
	地球科学	项目数/项	—	—	—	1	1	2
		项目经费/万元	—	—	—	25	20	39
		主持人数/人	—	—	—	1	1	2
		NCI	—	—	—	0.082	0.077 5	0.156 6
	工程与材料科学	项目数/项	69	75	74	69	71	81
		项目经费/万元	3 184	4 866	8 749.7	5 459	4 177.5	4 615
		主持人数/人	69	72	74	67	71	80
		NCI	7.014 9	7.817 3	9.873 8	8.226 8	7.883 1	9.030 8
	信息科学	项目数/项	34	31	41	53	53	47
		项目经费/万元	2 102	1 943	2 700	3 294	2 703.5	2 187.5
		主持人数/人	34	31	41	52	53	47
		NCI	3.810 6	3.237 9	4.501	5.850 9	5.611 1	4.918 8
	管理科学	项目数/项	7	5	4	7	7	8
		项目经费/万元	247.5	204	130.1	259.5	247	267
		主持人数/人	7	5	3	7	7	8
		NCI	0.651 2	0.452 6	0.315 4	0.654 6	0.655 4	0.749 4
	医学科学	项目数/项	—	1	—	2	2	—
		项目经费/万元	—	23	—	95	36.5	—
		主持人数/人	—	1	—	2	2	—
		NCI	—	0.074 8	—	0.203 1	0.150 3	—

表 4-80　2011～2016 年西北工业大学国家自然科学基金项目经费 Top 10 人才

人名	项目经费/万元	项目数/项	关键研究领域
魏炳波	3921	3	金属材料
李贺军	1705	5	无机非金属材料
李玉龙	858.5	4	力学
赵建林	693	3	光学和光电子学
杨益新	656.8	3	物理学 I
张卫红	655	4	力学
刘峰	559	3	金属材料
詹梅	512	3	机械工程
邓子辰	500	3	力学
孙超	489	3	物理学 I

4.2.36　东北大学

截至 2016 年 12 月，东北大学设有 66 个本科专业，有 177 个学科有权招收和培养硕士研究生（另设 10 个专业学位授权点），108 个学科有权招收和培养博士研究生，17 个博士后科研流动站。有在校普通本科生 29 804 名，硕士研究生 10 362 名，博士研究生 3730 名。拥有 2673 名教师，其中中国科学院院士、中国工程院院士 5 名，外籍院士 2 名，"千人计划"入选者 20 名，"青年千人计划"学者 13 名，"长江学者奖励计划"特聘教授、讲座教授 25 名，教育部"新世纪优秀人才支持计划"学者 102 名，"百千万人才工程"国家级人选 13 名[36]。

2016 年，东北大学综合 NCI 为 7.4872，排名第 36 位；国家自然科学基金项目总数为 184 项，项目经费为 11 940.8 万元，全国排名分别为第 39 位和第 31 位，辽宁省省内排名分别为第 2 位和第 3 位（图 4-36）。2011～2016 年东北大学 NCI 变化趋势及指标如表 4-81 所示，国家自然科学基金项目经费 Top 10 人才如表 4-82 所示。

图 4-36　2016 年东北大学各项 NCI 及总体基金数据

表 4-81 2011～2016 年东北大学 NCI 变化趋势及指标

NCI 趋势	学科	类别	2011 年	2012 年	2013 年	2014 年	2015 年	2016 年
	综合	项目数/项	160	165	169	176	168	184
		项目经费/万元	6 782.9	9 938.04	10 591	11 850.1	11 146.8	11 940.8
		主持人数/人	159	162	166	174	166	183
		NCI	5.664 3	5.997 5	6.473 2	7.018 3	6.822 3	7.487 2
	数理科学	项目数/项	9	4	8	4	8	5
		项目经费/万元	244	77	367	157	406	279
		主持人数/人	9	4	8	4	8	5
		NCI	0.766 3	0.281 9	0.778 5	0.381 3	0.845 5	0.555 9
	化学科学	项目数/项	4	5	6	8	5	8
		项目经费/万元	133	594	336	377	181	339
		主持人数/人	4	5	6	8	5	8
		NCI	0.364 6	0.646 3	0.624	0.810 4	0.472 2	0.811 5
	生命科学	项目数/项	1	1	8	4	2	1
		项目经费/万元	55	15	365	140	80	65
		主持人数/人	1	1	8	4	2	1
		NCI	0.107 8	0.064 8	0.777 1	0.367	0.195 3	0.117
	地球科学	项目数/项	4	6	5	5	4	7
		项目经费/万元	242	258	269	115	233	331
		主持人数/人	4	6	5	5	4	7
		NCI	0.445 1	0.552 7	0.513 1	0.398 8	0.442 6	0.736 5
	工程与材料科学	项目数/项	84	79	76	79	86	90
		项目经费/万元	4 110.2	4 762.04	4 902	5 728	6 401	5 137.5
		主持人数/人	83	77	76	78	85	89
		NCI	8.673 7	8.075 5	8.285 8	9.200 1	10.286 7	10.044 8
	信息科学	项目数/项	38	53	51	57	43	50
		项目经费/万元	1 404.2	3 386	3 072	3 794.6	2 881.4	3 863.4
		主持人数/人	38	53	50	56	42	50
		NCI	3.587 5	5.571 2	5.399 1	6.441 1	4.946 8	6.196 1
	管理科学	项目数/项	20	16	12	15	14	17
		项目经费/万元	594.5	636	1 022	686.5	594.9	1 151.9
		主持人数/人	20	16	12	15	14	17
		NCI	1.756	1.435 8	1.435 3	1.504 9	1.394 6	2.016 4
	医学科学	项目数/项	—	—	2	2	5	3
		项目经费/万元	—	—	38	391	166.5	323
		主持人数/人	—	—	2	2	5	3
		NCI	—	—	0.145 1	0.325 6	0.459 2	0.415 2

表 4-82 2011～2016 年东北大学国家自然科学基金项目经费 Top 10 人才

人名	项目经费/万元	项目数/项	关键研究领域
杨光红	1418	3	自动化
张化光	1071.4	2	自动化
唐立新	1050.5	4	工商管理
丁进良	720.4	3	自动化
秦高梧	703	3	金属材料
王强	682	3	冶金与矿业
王宏	625	3	自动化
李宝宽	592	3	冶金与矿业
朱万成	534.2	4	冶金与矿业
姜周华	500	2	冶金与矿业

4.2.37 中国人民解放军第三军医大学

截至 2016 年 12 月，中国人民解放军第三军医大学有 12 个本科专业，71 个博士后科研流动站和博士学位授权学科点。有教授、副教授 880 余名，中国科学院院士、中国工程院院士 3 名，国家杰出青年科学基金奖获得者、"长江学者奖励计划"特聘教授等高层次人才 100 余名[37]。

2016 年，中国人民解放军第三军医大学综合 NCI 为 7.4570，排名第 37 位；国家自然科学基金项目总数为 207 项，项目经费为 9270.3 万元，全国排名分别为第 33 位和第 48 位，重庆市市内排名均为第 2 位（图 4-37）。2011～2016 年中国人民解放军第三军医大学 NCI 变化趋势及指标如表 4-83 所示，国家自然科学基金项目经费 Top 10 人才如表 4-84 所示。

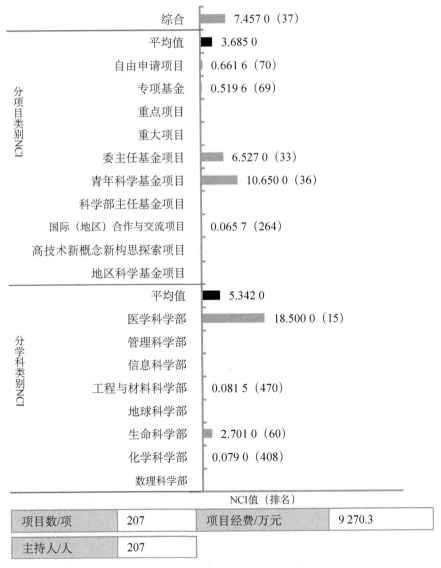

图 4-37　2016 年中国人民解放军第三军医大学各项 NCI 及总体基金数据

表 4-83　2011～2016 年中国人民解放军第三军医大学 NCI 变化趋势及指标

NCI 趋势	学科	类别	2011 年	2012 年	2013 年	2014 年	2015 年	2016 年
	综合	项目数/项	231	246	233	243	217	207
		项目经费/万元	11 356	15 015	12 627.2	14 815.8	10 497.9	9 270.3
		主持人数/人	231	242	229	238	217	207
		NCI	8.609 6	8.987 3	8.504 4	9.345 6	7.963 1	7.457
	数理科学	项目数/项	1	2	3	2	—	—
		项目经费/万元	27	115	115	46	—	—
		主持人数/人	1	2	3	2	—	—
		NCI	0.085	0.203	0.275	0.159 5	—	—
	化学科学	项目数/项	1	1	2	2	—	1
		项目经费/万元	24	25	50	110	—	20
		主持人数/人	1	1	2	2	—	1
		NCI	0.081 8	0.076 9	0.159	0.213 3	—	0.079
	生命科学	项目数/项	38	27	30	28	29	25
		项目经费/万元	2 159	1 404	1 476	2 123	1 197	1 281
		主持人数/人	38	27	30	28	29	25
		NCI	4.140 7	2.649 9	2.988 4	3.323 8	2.861	2.701 6
	地球科学	项目数/项	1	1	1	—	—	—
		项目经费/万元	30	26	22	—	—	—
		主持人数/人	1	1	1	—	—	—
		NCI	0.088 1	0.077 9	0.076 2	—	—	—
	工程与材料科学	项目数/项	—	—	—	—	—	1
		项目经费/万元	—	—	—	—	—	22
		主持人数/人	—	—	—	—	—	1
		NCI	—	—	—	—	—	0.081 5
	信息科学	项目数/项	2	—	1	2	1	—
		项目经费/万元	347	—	78	107	20	—
		主持人数/人	2	—	1	2	1	—
		NCI	0.316 2	—	0.116 2	0.211 4	0.077 5	—
	管理科学	项目数/项	—	—	1	—	1	—
		项目经费/万元	—	—	57	—	13	—
		主持人数/人	—	—	1	—	1	—
		NCI	—	—	0.104 6	—	0.067 1	—
	医学科学	项目数/项	188	215	193	208	186	180
		项目经费/万元	8 769	13 445	10 509.2	12 409.8	9 267.9	7 947.3
		主持人数/人	188	214	191	205	186	180
		NCI	19.181 6	22.404 7	19.817 7	22.685 4	19.538 4	18.509 7

表 4-84　2011～2016 年中国人民解放军第三军医大学国家自然科学基金项目经费 Top 10 人才

人名	项目经费/万元	项目数/项	关键研究领域
祝之明	826	3	医学循环系统
曾春雨	689	3	生理学与整合生物学
朱楚洪	625	4	生物力学与组织工程学
张绍祥	391	2	计算机科学
王延江	350	1	神经系统和精神疾病
朱波	320	2	肿瘤学
杨柳	282	1	生物力学与组织工程学
曹佳	275	1	预防医学
罗高兴	275	1	急重症医学/创伤/烧伤/整形
毛诚德	200	1	呼吸系统

4.2.38 南开大学

截至 2016 年 12 月，南开大学设有专业学院 24 个、本科专业 80 个、一级学科博士学位授权点 29 个、博士后科研流动站 28 个。有全日制在校学生 25 647 名，其中本科生 14 068 名，硕士生 8231 名，博士生 3348 名。有专任教师 2022 名，其中中国科学院院士、中国工程院院士 11 名，发展中国家科学院院士 6 名，"973 计划"首席科学家 2 名，"863 计划"首席科学家 13 名，"长江学者奖励计划"特聘教授 40 名、讲座教授 16 名，"百千万人才工程"国家级人选 22 名，"千人计划"入选者 13 名，"青年千人计划"入选者 25 名，教育部"新世纪优秀人才支持计划"入选者 170 名[38]。

2016 年，南开大学综合 NCI 为 7.3828，排名第 38 位；国家自然科学基金项目总数为 184 项，项目经费为 11 703.8 万元，全国排名分别为第 39 位和第 32 位，天津市市内排名均为第 2 位（图 4-38）。2011～2016 年南开大学 NCI 变化趋势及指标如表 4-85 所示，国家自然科学基金项目经费 Top 10 人才如表 4-86 所示。

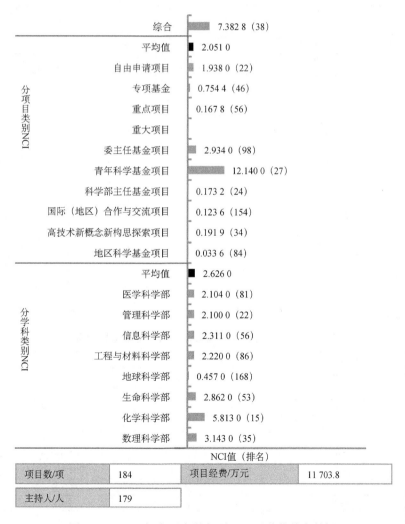

图 4-38　2016 年南开大学各项 NCI 及总体基金数据

表 4-85　2011～2016 年南开大学 NCI 变化趋势及指标

NCI 趋势	学科	类别	2011 年	2012 年	2013 年	2014 年	2015 年	2016 年
	综合	项目数/项	221	205	192	159	169	184
		项目经费/万元	13 055.4	13 373.5	13 594	13 413	12 434.2	11 703.8
		主持人数/人	215	197	190	155	168	179
		NCI	8.677 1	7.597 9	7.678 5	6.803 3	7.117 8	7.382 8
	数理科学	项目数/项	40	30	32	27	35	28
		项目经费/万元	1 694.9	2 191.2	1 802	1 941	2 142.42	1 669
		主持人数/人	37	29	32	27	35	27
		NCI	3.851 2	3.260 4	3.334 4	3.148 7	3.937 6	3.143 9
	化学科学	项目数/项	60	57	60	38	40	46
		项目经费/万元	3 732	3 800.5	4 712	5 286	3 644.8	3 769.8
		主持人数/人	60	55	60	38	40	46
		NCI	6.738 2	6.005 7	6.985	5.522 3	5.138 3	5.813 3
	生命科学	项目数/项	28	33	27	29	23	26
		项目经费/万元	1 619	2 450	1 936	2 275	2 333.35	1 465
		主持人数/人	28	31	27	28	23	25
		NCI	3.068 9	3.571 8	3.049 4	3.441 4	3.062 2	2.862 4
	地球科学	项目数/项	2	4	4	5	6	5
		项目经费/万元	101	334	146	311	506	155
		主持人数/人	2	4	4	5	6	5
		NCI	0.209 5	0.459 7	0.360 7	0.555 6	0.751 1	0.457
	工程与材料科学	项目数/项	12	11	10	9	6	17
		项目经费/万元	545	675.5	794	1 019	291	1 538
		主持人数/人	12	10	10	8	6	17
		NCI	1.213 5	1.105 5	1.168 4	1.174 1	0.624 6	2.220 4
	信息科学	项目数/项	25	18	21	18	26	21
		项目经费/万元	1 625	1 191.8	2 096	819	1 146.1	1 136.8
		主持人数/人	25	18	21	18	26	21
		NCI	2.849 1	1.914 8	2.648 2	1.802 3	2.621 9	2.311 3
	管理科学	项目数/项	31	27	17	16	15	21
		项目经费/万元	1 066.5	1 046.5	795	798	1 014.48	853.8
		主持人数/人	31	27	17	16	15	21
		NCI	2.857 7	2.402 6	1.665	1.651 8	1.744 6	2.100 9
	医学科学	项目数/项	19	21	20	17	18	19
		项目经费/万元	1 242	964	1 113	964	1 356	1 048.4
		主持人数/人	19	21	19	17	18	19
		NCI	2.169 4	1.977 1	2.040 6	1.831 8	2.170 1	2.104 5

表 4-86　2011～2016 年南开大学国家自然科学基金项目经费 Top 10 人才

人名	项目经费/万元	项目数/项	关键研究领域
周其林	1700	4	有机化学
卜显和	1554	3	无机化学
史林启	1076	4	高分子科学
方勇纯	830	4	自动化
赵新	830	2	自动化
陈威	770	3	环境化学
周文远	722.35	2	遗传学与生物信息学
陈永胜	549	3	有机高分子材料
孔祥蕾	548.8	4	有机化学
罗义	522	3	地球化学

4.2.39 电子科技大学

截至 2016 年 12 月，电子科技大学有 24 个学院、61 个本科专业、一级学科博士学位授权点 15 个、一级学科硕士学位授权点 26 个、博士后科研流动站 13 个。有全日制在读学生 3.3 万余名，其中博士、硕士研究生 1.2 万余名。有教职工 3800 余名，其中中国科学院院士、中国工程院院士 8 名，"千人计划"入选者 121 名（含"青年千人计划"62 名），"万人计划"入选者 12 名（含"青年拔尖人才计划"8 名），"长江学者奖励计划"特聘教授 34 名[39]。

2016 年，电子科技大学综合 NCI 为 7.3534，排名第 39 位；国家自然科学基金项目总数为 200 项，项目经费为 9570.2 万元，全国排名分别为第 37 位和第 46 位，四川省省内排名均为第 2 位（图 4-39）。2011～2016 年电子科技大学 NCI 变化趋势及指标如表 4-87 所示，国家自然科学基金项目经费 Top 10 人才如表 4-88 所示。

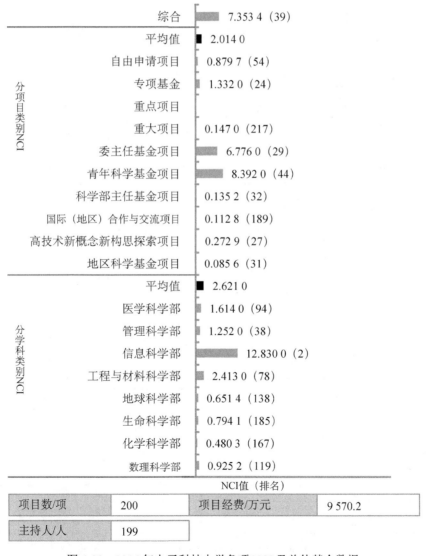

图 4-39　2016 年电子科技大学各项 NCI 及总体基金数据

表 4-87 2011～2016 年电子科技大学 NCI 变化趋势及指标

NCI 趋势	学科	类别	2011 年	2012 年	2013 年	2014 年	2015 年	2016 年
	综合	项目数/项	181	182	192	181	179	200
		项目经费/万元	7 713	10 757.4	9 511.5	12 045	10 960.4	9 570.2
		主持人数/人	180	179	187	175	175	199
		NCI	6.420 3	6.577 8	6.780 7	7.136 4	7.052	7.353 4
	数理科学	项目数/项	20	13	19	12	18	9
		项目经费/万元	596	749	911	726	728	397
		主持人数/人	20	13	18	12	18	9
		NCI	1.757 5	1.320 3	1.843	1.321 3	1.763 8	0.925 2
	化学科学	项目数/项	1	2	1	3	2	5
		项目经费/万元	25	103	10	140	91	180
		主持人数/人	1	2	1	3	2	5
		NCI	0.082 9	0.195 7	0.058 6	0.302 9	0.203 8	0.480 3
	生命科学	项目数/项	4	6	2	5	4	9
		项目经费/万元	120	151	100	309	370	251
		主持人数/人	4	6	2	5	4	9
		NCI	0.352 3	0.462 3	0.200 3	0.554 4	0.516 4	0.794 1
	地球科学	项目数/项	6	2	7	4	3	7
		项目经费/万元	183	105	360	346	970.68	229
		主持人数/人	6	2	7	4	3	7
		NCI	0.531 3	0.196 9	0.707 7	0.496 2	0.587 9	0.651 4
	工程与材料科学	项目数/项	17	23	19	26	14	25
		项目经费/万元	965	1 312	979	1 510	604.83	913
		主持人数/人	17	22	19	26	14	25
		NCI	1.851 8	2.293 8	1.922	2.824	1.402 3	2.413 2
	信息科学	项目数/项	101	109	114	101	108	115
		项目经费/万元	4 705.5	6 842.9	5 755	7 095	6 757.5	6 497.7
		主持人数/人	100	108	111	98	107	115
		NCI	10.266 9	11.356 1	11.352 5	11.571 4	12.201 6	12.839
	管理科学	项目数/项	14	13	9	11	13	13
		项目经费/万元	366.5	752	411.5	696	779.9	510.9
		主持人数/人	14	13	9	10	12	12
		NCI	1.178 3	1.322	0.874 9	1.190 9	1.414 5	1.252 1
	医学科学	项目数/项	18	14	20	18	17	17
		项目经费/万元	752	742.5	965	981	658.5	591.6
		主持人数/人	18	14	19	17	17	17
		NCI	1.770 3	1.383 1	1.945 8	1.877 9	1.642	1.614 8

表 4-88 2011～2016 年电子科技大学国家自然科学基金项目经费 Top 10 人才

人名	项目经费/万元	项目数/项	关键研究领域
蒋亚东	1500	2	电子学与信息系统
饶云江	1225.68	3	光学和光电子学
田贵云	811.5	2	电子学与信息系统
杨仕文	530	3	电子学与信息系统
宫玉彬	500	2	电子学与信息系统
张万里	500	1	无机非金属材料
胡俊	493	3	电子学与信息系统
陈华富	480	2	自动化
马凯学	436	2	电子学与信息系统
李宏亮	420	2	电子学与信息系统

4.2.40 华中农业大学

截至 2016 年 12 月，华中农业大学有学院 18 个、本科专业 57 个、一级学科硕士学位授权点 19 个、一级学科博士学位授权点 13 个、博士后科研流动站 13 个。有全日制在校学生 2.62 万名，其中本科生 1.88 万名、研究生 7433 名。有教职工 2600 多名，其中中国科学院院士 1 名，中国工程院院士 4 名，美国科学院外籍院士 1 名，第三世界科学院院士 2 名，"千人计划"专家 20 名，"万人计划"专家 14 名，"长江学者奖励计划"特聘教授 14 名、讲座教授 7 名、青年学者 2 名，"973 计划"首席科学家 6 名[40]。

2016 年，华中农业大学综合 NCI 为 7.0135，排名第 40 位；国家自然科学基金项目总数为 189 项，项目经费为 9251.58 万元，全国排名分别为第 38 位和第 49 位，湖北省省内排名分别为第 3 位和第 4 位（图 4-4）。2011～2016 年华中农业大学 NCI 变化趋势及指标如表 4-89 所示，国家自然科学基金项目经费 Top 10 人才如表 4-90 所示。

图 4-40　2016 年华中农业大学各项 NCI 及总体基金数据

表 4-89　2011～2016 年华中农业大学 NCI 变化趋势及指标

NCI 趋势	学科	类别	2011 年	2012 年	2013 年	2014 年	2015 年	2016 年
	综合	项目数/项	159	188	169	130	203	189
		项目经费/万元	9 403.1	11 454	11 518.1	9 868.7	10 950.3	9 251.58
		主持人数/人	157	187	165	127	201	189
		NCI	6.276 1	6.889 5	6.643 4	5.374 1	7.699 2	7.013 5
	数理科学	项目数/项	1	2	2	1	5	12
		项目经费/万元	23	8	30	3	81	263
		主持人数/人	1	2	2	1	5	12
		NCI	0.080 6	0.083 5	0.134 1	0.040 5	0.361 2	0.977 1
	化学科学	项目数/项	5	9	6	4	8	6
		项目经费/万元	266	333	261	153	218	320
		主持人数/人	5	9	6	4	8	6
		NCI	0.533	0.788 6	0.573 7	0.378	0.687 2	0.657 1
	生命科学	项目数/项	122	138	130	99	153	130
		项目经费/万元	7 530.1	9 083	9 580.5	8 141.7	8 985.8	6 821.2
		主持人数/人	120	137	129	96	152	130
		NCI	13.590 7	14.615 4	14.778 8	11.951 6	16.940 1	14.159 9
	地球科学	项目数/项	18	18	12	14	14	19
		项目经费/万元	812	1 127	824	1 158	826	902.78
		主持人数/人	18	18	11	14	14	19
		NCI	1.816 2	1.879 4	1.297 7	1.710 8	1.555 8	2.002 2
	工程与材料科学	项目数/项	4	3	2	8	5	7
		项目经费/万元	135	183	104	252	186	264
		主持人数/人	4	3	2	8	5	7
		NCI	0.366 4	0.310 5	0.202 9	0.708 6	0.476 5	0.683
	信息科学	项目数/项	1	4	4	—	3	3
		项目经费/万元	25	150	97	—	58	59
		主持人数/人	1	4	4	—	3	3
		NCI	0.082 9	0.352 1	0.314 7	—	0.229 8	0.235 6
	管理科学	项目数/项	6	11	12	3	13	10
		项目经费/万元	162	394	601.6	89	532.9	349.6
		主持人数/人	6	11	11	3	13	10
		NCI	0.510 2	0.953 4	1.168 5	0.260 5	1.279 6	0.951 3
	医学科学	项目数/项	—	3	—	1	1	2
		项目经费/万元	—	176	—	72	2.55	272
		主持人数/人	—	3	—	1	1	2
		NCI	—	0.306 5	—	0.116 7	0.039	0.299 2

表 4-90　2011～2016 年华中农业大学国家自然科学基金项目经费 Top 10 人才

人名	项目经费/万元	项目数/项	关键研究领域
邓秀新	1748	5	园艺学与植物营养学
陈焕春	1200	2	兽医学
严建兵	968	5	农学基础与作物学
吴昌银	797	4	农学基础与作物学
谭文峰	708	2	地理学
肖少波	703	3	兽医学
王学路	697	4	遗传学与生物信息学
张启发	697	3	遗传学与生物信息学
郭文武	637	5	园艺学与植物营养学
罗杰	631	2	农学基础与作物学

4.2.41 深圳大学

截至 2017 年 3 月，深圳大学设有教学学院 27 个、本科专业 90 个、一级学科博士学位授权点 3 个、一级学科硕士学位授权点 34 个、博士后科研流动站 3 个。有全日制在校生 34 147 名，其中本科生 28 538 名、硕士研究生 5417 名、博士研究生 192 名。有教职工 3924 名，其中中国科学院、中国工程院院士 10 名，美国国家科学院、美国工程院、美国国家医学科学院院士 5 名，加拿大工程院院士 2 名，欧洲科学院院士 1 名，国际欧亚科学院院士 2 名，"973 计划"首席科学家 3 名，"千人计划"入选者 55 名，"长江学者奖励计划"特聘教授 20 名，"万人计划"学者 1 名，"百千万人才工程"国家级人选 7 名，教育部"新世纪优秀人才支持计划"学者 8 名[41]。

2016 年，深圳大学综合 NCI 为 6.9081，排名第 41 位；国家自然科学基金项目总数为 207 项，项目经费为 7370.25 万元，全国排名分别为第 33 位和第 62 位，广东省省内排名均为第 4 位（图 4-41）。2011～2016 年深圳大学 NCI 变化趋势及指标如表 4-91 所示，国家自然科学基金项目经费 Top 10 人才如表 4-92 所示。

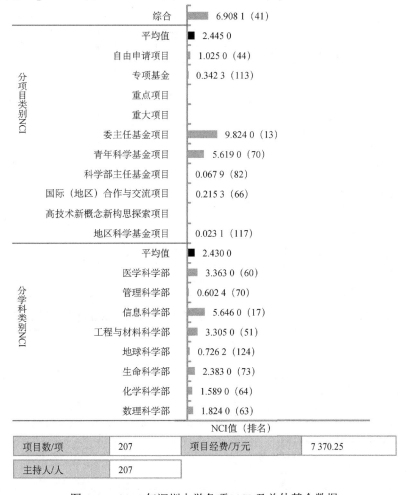

图 4-41　2016 年深圳大学各项 NCI 及总体基金数据

表 4-91 2011～2016 年深圳大学 NCI 变化趋势及指标

NCI 趋势	学科	类别	2011 年	2012 年	2013 年	2014 年	2015 年	2016 年
	综合	项目数/项	86	95	111	151	209	207
		项目经费/万元	4 093	5 665.8	5 070.5	10 915.2	8 105.19	7 370.25
		主持人数/人	85	92	109	148	206	207
		NCI	3.158 5	3.426 1	3.826	6.147 9	7.090 3	6.908 1
	数理科学	项目数/项	14	9	11	10	24	23
		项目经费/万元	387	217	338	285	665	466
		主持人数/人	14	9	11	10	24	23
		NCI	1.199 8	0.683 7	0.936 6	0.856 7	2.073 2	1.824 3
	化学科学	项目数/项	4	4	4	9	8	17
		项目经费/万元	168	242	153	467	344	564
		主持人数/人	4	3	4	9	8	17
		NCI	0.394 1	0.375 1	0.366 4	0.941 5	0.800 1	1.589 3
	生命科学	项目数/项	6	5	7	14	21	24
		项目经费/万元	255	181	331	649	1 057	954
		主持人数/人	6	5	7	14	21	24
		NCI	0.593 5	0.434 9	0.688 1	1.410 5	2.213 4	2.383 1
	地球科学	项目数/项	2	1	3	3	9	8
		项目经费/万元	95	50	125	130	251	243
		主持人数/人	2	1	3	3	9	8
		NCI	0.205 3	0.096 9	0.282 7	0.295 5	0.779 1	0.726 2
	工程与材料科学	项目数/项	20	18	26	24	32	34
		项目经费/万元	1 124	984.5	1 184.5	1 253	1 869	1 268.65
		主持人数/人	19	18	26	24	32	34
		NCI	2.134 6	1.796 6	2.524 4	2.515 8	3.544 2	3.305 6
	信息科学	项目数/项	25	31	27	49	53	57
		项目经费/万元	1 264	2 541.8	1 282	6 408	2 014	2 250
		主持人数/人	25	30	27	48	53	57
		NCI	2.620 2	3.502 7	2.657 9	6.928	5.086 5	5.646 6
	管理科学	项目数/项	3	8	7	9	11	7
		项目经费/万元	76	271	195	303.9	318.89	181.1
		主持人数/人	3	7	7	9	11	7
		NCI	0.249 7	0.651	0.576 9	0.815 9	0.964 6	0.602 4
	医学科学	项目数/项	11	18	24	33	51	36
		项目经费/万元	464	898.5	932	1 419.32	1 586.3	1 192.5
		主持人数/人	11	18	23	32	51	36
		NCI	1.085 3	1.742 7	2.178 3	3.209 7	4.578 5	3.363 8

表 4-92 2011～2016 年深圳大学国家自然科学基金项目经费 Top 10 人才

人名	项目经费/万元	项目数/项	关键研究领域
范滇元	2720	2	光学和光电子学
牛憨笨	1210	2	电子学与信息系统
王义平	834	4	光学和光电子学
屈军乐	666.5	4	光学和光电子学
邢锋	604	4	建筑环境与结构工程
陈思平	580	2	电子学与信息系统
袁小聪	475	1	光学和光电子学
张晗	376	2	光学和光电子学
江健民	333	2	计算机科学
李大望	330	2	建筑环境与结构工程

4.2.42　上海大学

截至 2016 年 12 月，上海大学设有 25 个学院、71 个本科专业、40 个一级学科硕士学位授权点、20 个一级学科博士学位授权点、19 个博士后科研流动站。有全日制本科生 20 902 名，研究生 14 310 名，成人教育学生 19 687 名，留学生 4117 名。有专任教师 2900 名，其中中国科学院院士、中国工程院院士 6 名，外籍院士 7 名，"千人计划"入选者 11 名，"青年千人计划"入选者 8 名，"万人计划"入选者 4 名，"长江学者奖励计划"特聘教授 9 名、讲座教授 2 名，"百千万人才工程"国家级人选 6 名[42]。

2016 年，上海大学综合 NCI 为 6.5783，排名第 42 位；国家自然科学基金项目总数为 161 项，项目经费为 10 720.3 万元，全国排名分别为第 44 位和第 38 位，上海市市内排名均为第 5 位（图 4-42）。2011～2016 年上海大学 NCI 变化趋势及指标如表 4-93 所示，国家自然科学基金项目经费 Top 10 人才如表 4-94 所示。

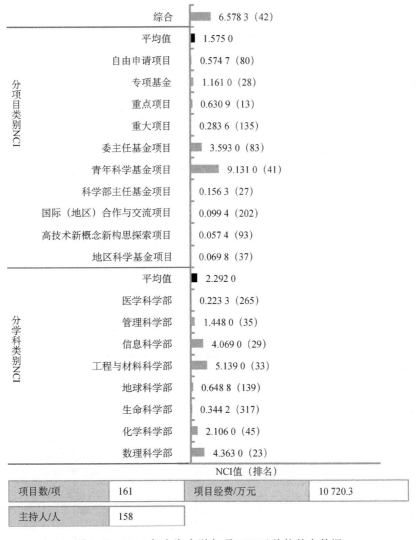

图 4-42　2016 年上海大学各项 NCI 及总体基金数据

表 4-93　2011~2016 年上海大学 NCI 变化趋势及指标

NCI 趋势	学科	类别	2011 年	2012 年	2013 年	2014 年	2015 年	2016 年
	综合	项目数/项	164	167	141	123	157	161
		项目经费/万元	7 218	10 356	8 094.35	8 429.8	8 759.8	10 720.3
		主持人数/人	163	166	139	121	156	158
		NCI	5.879 2	6.154 7	5.251 5	4.925 8	6.029	6.578 3
	数理科学	项目数/项	38	47	31	24	35	43
		项目经费/万元	1 541	3 106	2 131	1 880	1 574	1 824
		主持人数/人	38	47	29	23	35	43
		NCI	3.700 4	4.996 5	3.376 4	2.839 6	3.553	4.363 1
	化学科学	项目数/项	16	25	17	12	20	19
		项目经费/万元	591	1 394	984	891	995	1 051
		主持人数/人	16	25	17	12	20	19
		NCI	1.510 3	2.511 4	1.787 7	1.414 6	2.099 8	2.106 3
	生命科学	项目数/项	10	4	7	5	12	3
		项目经费/万元	384	152	687	565	513	184
		主持人数/人	10	4	7	5	12	3
		NCI	0.956 3	0.353 6	0.877 8	0.678	1.197 8	0.344 2
	地球科学	项目数/项	13	5	7	9	8	5
		项目经费/万元	481	300	363	947	408.5	443.5
		主持人数/人	13	5	7	9	8	5
		NCI	1.227 8	0.514 7	0.709 6	1.191 7	0.847 2	0.648 8
	工程与材料科学	项目数/项	38	36	35	37	31	37
		项目经费/万元	1 978	2 374	2 079.35	1 994	2 046.5	4 137.5
		主持人数/人	38	36	35	37	31	36
		NCI	4.021 5	3.824 4	3.712 7	3.919 8	3.576 6	5.139 2
	信息科学	项目数/项	38	36	29	25	39	35
		项目经费/万元	1 957	2 592	1 435	1 653	2 784	2 233
		主持人数/人	38	36	29	25	39	35
		NCI	4.007 3	3.938	2.894 3	2.835 3	4.618 3	4.069
	管理科学	项目数/项	10	10	14	8	9	16
		项目经费/万元	228	252	345	363.8	248.8	482.3
		主持人数/人	10	10	14	8	9	16
		NCI	0.803 7	0.770 9	1.107 5	0.800 9	0.776 8	1.448 8
	医学科学	项目数/项	1	4	1	3	1	2
		项目经费/万元	58	186	70	136	62	113
		主持人数/人	1	4	1	3	1	2
		NCI	0.109 7	0.378 2	0.112	0.3	0.113	0.223 3

表 4-94　2011~2016 年上海大学国家自然科学基金项目经费 Top 10 人才

人名	项目经费/万元	项目数/项	关键研究领域
宋任涛	785	3	农学基础与作物学
张新鹏	685	3	计算机科学
罗均	660	2	自动化
张文清	659	3	无机非金属材料
王廷云	632	4	光学和光电子学
汪敏	590	2	电子学与信息系统
翟启杰	570	2	冶金与矿业
吴明红	530	3	地球化学
谢少荣	491	3	自动化
张田忠	475	2	力学

4.2.43 兰州大学

截至 2016 年 12 月，兰州大学设有 91 个本科专业，19 个一级学科博士学位授权点，44 个一级学科硕士学位授权点，19 个博士后科研流动站。有本科生 2.06 万名，研究生 1.08 万名。有在职教职工 4145 名，其中中国科学院院士、中国工程院院士 9 名，"千人计划"学者 8 名，"长江学者奖励计划"特聘教授 14 名，"百千万人才工程"国家级人选 11 名，教育部"新世纪/跨世纪优秀人才支持计划"学者 129 名[43]。

2016 年，兰州大学综合 NCI 为 6.4548，排名第 43 位；国家自然科学基金项目总数为 168 项，项目经费为 9128 万元，全国排名分别为第 43 位和第 51 位，甘肃省省内排名均为第 1 位（图 4-43）。2011～2016 年兰州大学 NCI 变化趋势及指标如表 4-95 所示，国家自然科学基金项目经费 Top 10 人才如表 4-96 所示。

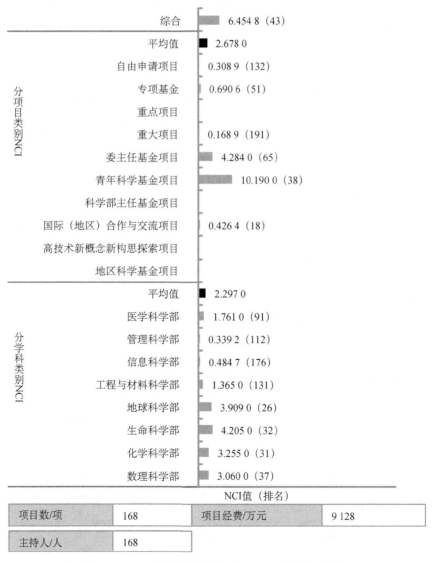

图 4-43　2016 年兰州大学各项 NCI 及总体基金数据

表 4-95　2011～2016 年兰州大学 NCI 变化趋势及指标

NCI 趋势	学科	类别	2011 年	2012 年	2013 年	2014 年	2015 年	2016 年
	综合	项目数/项	179	191	172	182	164	168
		项目经费/万元	10 675.5	14 827.8	11 564.5	12 625	9 433.55	9 128
		主持人数/人	176	184	168	177	164	168
		NCI	7.075 4	7.507 8	6.731 8	7.29	6.375 7	6.454 8
	数理科学	项目数/项	33	37	31	35	33	28
		项目经费/万元	1 978.5	2 003	2 321	2 603	1 475	1 484
		主持人数/人	33	37	31	35	33	28
		NCI	3.660 9	3.680 4	3.551 9	4.128 2	3.343 2	3.060 1
	化学科学	项目数/项	32	42	31	35	31	28
		项目经费/万元	1 600	4 758.8	2 453	2 839	1 663	1 786
		主持人数/人	32	38	31	34	31	28
		NCI	3.341 5	5.168 7	3.618	4.208 5	3.337 5	3.255
	生命科学	项目数/项	29	35	35	29	31	40
		项目经费/万元	1 413	2 303	1 904.5	2 061	1 696	1 888
		主持人数/人	29	35	35	29	31	40
		NCI	3.002 2	3.715 4	3.605 6	3.369 1	3.359 5	4.205 8
	地球科学	项目数/项	38	40	31	43	35	32
		项目经费/万元	2 884	2 584	2 523	3 375	3 309	2 370
		主持人数/人	37	40	30	42	35	32
		NCI	4.519 8	4.220 3	3.612 4	5.123 3	4.551 6	3.909 9
	工程与材料科学	项目数/项	13	10	13	10	13	14
		项目经费/万元	509	363	679	541	715	527
		主持人数/人	13	10	13	10	13	14
		NCI	1.251 2	0.870 6	1.321	1.060 8	1.411 3	1.365 1
	信息科学	项目数/项	8	8	6	9	1	4
		项目经费/万元	319	530	255	209	16	289
		主持人数/人	8	7	6	9	1	4
		NCI	0.774 7	0.814 1	0.569 2	0.720 2	0.071 9	0.484 7
	管理科学	项目数/项	5		4	5	1	4
		项目经费/万元	141		193	438	17.5	99
		主持人数/人	5		4	5	1	4
		NCI	0.431 4		0.395 9	0.622 8	0.074 1	0.339 2
	医学科学	项目数/项	16	13	20	16	19	18
		项目经费/万元	601	566	836	559	542.05	685
		主持人数/人	16	13	20	16	19	18
		NCI	1.518 8	1.202 5	1.886 9	1.467	1.657 3	1.761 5

表 4-96　2011～2016 年兰州大学国家自然科学基金项目经费 Top 10 人才

人名	项目经费/万元	项目数/项	关键研究领域
涂永强	2625.8	4	有机化学
周又和	2050	3	力学
黄建平	1139	3	大气科学
吴王锁	850	1	无机化学
王澄海	810	4	大气科学
王为	779	4	有机化学
黎家	745	4	植物学
陈发虎	673	3	地理学
杜国祯	617	3	地理学
田文寿	596	4	大气科学

4.2.44 中国地质大学（武汉）

截至 2016 年 12 月，中国地质大学（武汉）设有 19 个学院、64 个本科专业、13 个一级学科博士学位授权点、34 个一级学科硕士学位授权点、13 个博士后科研流动站。有全日制在校学生 2.57 万名，其中本科生 1.81 万名、硕士研究生 5418 名、博士研究生 1483 名。有教职员工 3069 名，其中中国科学院院士 9 名、"千人计划"入选者 19 名、"万人计划"入选者 8 名，"长江学者奖励计划"特聘教授 11 名、讲座教授 5 名、青年学者 2 名，教育部"新世纪优秀人才支持计划"入选者 29 名[44]。

2016 年，中国地质大学（武汉）大学综合 NCI 为 6.3653，排名第 44 位；国家自然科学基金项目总数为 154 项，项目经费为 10 485.49 万元，全国排名分别为第 47 位和第 40 位，湖北省省内排名分别为第 4 位和第 3 位（图 4-44）。2011～2016 年中国地质大学（武汉）NCI 变化趋势及指标如表 4-97 所示，国家自然科学基金项目经费 Top 10 人才如表 4-98 所示。

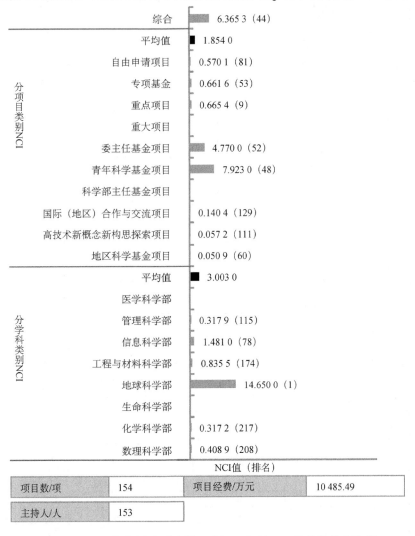

图 4-44　2016 年中国地质大学（武汉）各项 NCI 及总体基金数据

表 4-97　2011～2016 年中国地质大学（武汉）NCI 变化趋势及指标

NCI 趋势	学科	类别	2011 年	2012 年	2013 年	2014 年	2015 年	2016 年
	综合	项目数/项	104	136	123	112	156	154
		项目经费/万元	5 668	8 589	6 814.5	7 209	9 558	10 485.5
		主持人数/人	102	135	123	111	155	153
		NCI	3.985 8	5.040 5	4.548 7	4.403 3	6.180 4	6.365 3
	数理科学	项目数/项	3	4	8	9	5	5
		项目经费/万元	59	50	207	263	159	111
		主持人数/人	3	4	8	9	5	5
		NCI	0.229 5	0.244 1	0.643 3	0.777 5	0.452 2	0.408 9
	化学科学	项目数/项	3	7	7	6	4	4
		项目经费/万元	176	543	229	256	123	81
		主持人数/人	3	7	7	6	4	4
		NCI	0.330 4	0.785	0.608 6	0.588	0.357 7	0.317 2
	生命科学	项目数/项	—	1	1	—	1	—
		项目经费/万元	—	21	15	—	63	—
		主持人数/人	—	1	1	—	1	—
		NCI	—	0.072 5	0.067	—	0.113 6	—
	地球科学	项目数/项	77	93	87	74	124	118
		项目经费/万元	4 429	6 077	5 235.5	5 333	8 610	9 262.49
		主持人数/人	76	93	87	74	123	117
		NCI	8.388 1	9.849 6	9.268 3	8.637	14.509 8	14.658 1
	工程与材料科学	项目数/项	9	4	7	4	6	8
		项目经费/万元	315	155	274	145	115	370
		主持人数/人	9	4	7	4	6	8
		NCI	0.834 4	0.355 9	0.646 1	0.371 3	0.458 4	0.835 5
	信息科学	项目数/项	6	16	8	12	12	16
		项目经费/万元	345	1 010	299	510	321	516
		主持人数/人	6	16	8	12	12	16
		NCI	0.656 4	1.675 2	0.727 1	1.174 5	1.024 5	1.481 8
	管理科学	项目数/项	5	9	3	4	4	3
		项目经费/万元	144	313	135	207	167	145
		主持人数/人	5	9	3	4	4	3
		NCI	0.434 4	0.772 5	0.290 1	0.418 1	0.396 1	0.317 9
	医学科学	项目数/项	—	—	—	—	—	—
		项目经费/万元	—	—	—	—	—	—
		主持人数/人	—	—	—	—	—	—
		NCI	—	—	—	—	—	—

表 4-98　2011～2016 年中国地质大学（武汉）国家自然科学基金项目经费 Top 10 人才

人名	项目经费/万元	项目数/项	关键研究领域
王焰新	1380	3	地质学
章军锋	769	3	地质学
郑建平	765	3	地质学
吴元保	591	4	地球化学
冯庆来	515	3	地质学
胡祥云	500	3	地球物理学和空间物理学
刘勇胜	495	2	地球化学
龚一鸣	466	2	地质学
胡新丽	405	2	地质学
徐义贤	395	2	地球物理学和空间物理学

4.2.45 中国科学院上海生命科学研究院

截至 2016 年 12 月，中国科学院上海生命科学研究院共有 10 个研究机构、2 个支撑单元、5 个院地合作共建机构，是国务院学位委员会批准的生物学专业一级学科博士、硕士培养点及生物工程专业硕士研究生培养点，拥有 1 个生物学一级学科博士后科研流动站。有在学研究生1948 名，其中硕士研究生 686 名、博士研究生 1262 名。有在职教职工 2078 名，其中中国科学院院士 22 名、中国工程院院士 2 名、中国科学院外籍院士 1 名、美国国家科学院院士 2 名、发展中国家科学院院士 9 名、"973 计划"首席科学家 35 名、"千人计划"入选者 68 名[45]。

2016 年，中国科学院上海生命科学研究院综合 NCI 为 6.3494，排名第 45 位；国家自然科学基金项目总数为 143 项，项目经费为 12 336.5 万元，全国排名分别为第 56 位和第 30 位，市内排名分别为第 7 位和第 4 位（图 4-45）。2011～2016 年中国科学院上海生命科学研究院 NCI变化趋势及指标如表 4-99 所示，国家自然科学基金项目经费 Top 10 人才如表 4-100 所示。

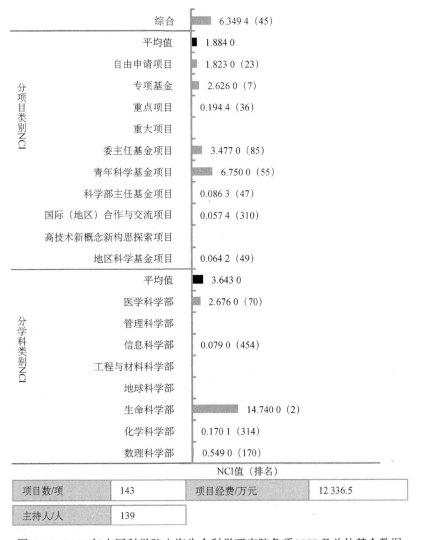

图 4-45　2016 年中国科学院上海生命科学研究院各项 NCI 及总体基金数据

表 4-99 2011～2016 年中国科学院上海生命科学研究院 NCI 变化趋势及指标

NCI 趋势	学科	类别	2011 年	2012 年	2013 年	2014 年	2015 年	2016 年
	综合	项目数/项	141	148	164	183	161	143
		项目经费/万元	11 535.5	12 232.5	18 630.2	19 871.4	14 286.3	12 336.5
		主持人数/人	132	136	147	169	154	139
		NCI	6.092 2	5.847 6	7.429 1	8.365 5	7.125 7	6.349 4
	数理科学	项目数/项	—	—	1	—	1	4
		项目经费/万元	—	—	20	—	70	420
		主持人数/人	—	—	1	—	1	4
		NCI	—	—	0.073 8	—	0.117 6	0.549
	化学科学	项目数/项	—	—	2	2	2	2
		项目经费/万元	—	—	34	85	86	50
		主持人数/人	—	—	2	2	2	2
		NCI	—	—	0.139 8	0.195 8	0.2	0.170 1
	生命科学	项目数/项	112	118	128	144	127	112
		项目经费/万元	8 721	10 056.5	12 124.5	15 356.4	11 407.8	10 372
		主持人数/人	106	110	120	135	124	112
		NCI	13.309 4	13.338 5	15.524 5	18.744 8	16.107 5	14.742 7
	地球科学	项目数/项	—	1	—	—	—	—
		项目经费/万元	—	75	—	—	—	—
		主持人数/人	—	1	—	—	—	—
		NCI	—	0.110 9	—	—	—	—
	工程与材料科学	项目数/项	—	—	—	—	—	—
		项目经费/万元	—	—	—	—	—	—
		主持人数/人	—	—	—	—	—	—
		NCI	—	—	—	—	—	—
	信息科学	项目数/项	1	—	—	3	1	1
		项目经费/万元	290	—	—	58	250	20
		主持人数/人	1	—	—	3	1	1
		NCI	0.187 6	—	—	0.225 8	0.179 8	0.079
	管理科学	项目数/项	—	—	—	—	—	—
		项目经费/万元	—	—	—	—	—	—
		主持人数/人	—	—	—	—	—	—
		NCI	—	—	—	—	—	—
	医学科学	项目数/项	28	29	33	34	30	24
		项目经费/万元	2 524.5	2 101	6 451.7	4 372	2 472.5	1 474.5
		主持人数/人	28	29	29	33	28	22
		NCI	3.558 7	3.178 9	4.987 3	4.765 5	3.642 1	2.676 5

表 4-100 2011～2016 年中国科学院生命科学研究院国家自然科学基金项目经费 Top 10 人才

人名	项目经费/万元	项目数/项	关键研究领域
罗振革	3035	4	神经科学
赵国屏	1615	5	微生物学
周金秋	1590	4	生物物理、生物化学与分子生物学
韩斌	1482	3	遗传学与生物信息学
刘小龙	1400	4	免疫学
林安宁	1210	4	细胞生物学
宋保亮	1194	3	生物物理、生物化学与分子生物学
王佳伟	1056	4	植物学
景乃禾	966	6	发育生物学与生殖生物学
雷鸣	886	3	遗传学与生物信息学

4.2.46　中国农业大学

截至 2016 年 12 月，中国农业大学设有 16 个学院，65 个本科专业，20 个一级学科博士学位授权点，29 个一级学科硕士学位授权点，15 个博士后科研流动站。有全日制本科生 1.14 万名，全日制硕士研究生 4478 名，全日制博士研究生 3183 名。有专任教师 1641 名，其中中国科学院院士 5 名、中国工程院院士 7 名、"长江学者奖励计划"特聘教授 24 名、国家杰出青年科学基金获得者 42 名，"973 计划"首席科学家 15 名、"百千万人才工程"国家级人选 26 名，教育部"新世纪优秀人才支持计划"人选 145 名[46]。

2016 年，中国农业大学综合 NCI 为 6.2938，排名第 46 位；国家自然科学基金项目总数为 148 项，项目经费为 11 052.6 万元，全国排名分别为第 51 位和第 35 位，北京市市内排名分别为第 7 位和第 9 位（图 4-46）。2011～2016 年中国农业大学 NCI 变化趋势及指标如表 4-101 所示，国家自然科学基金项目经费 Top 10 人才如表 4-102 所示。

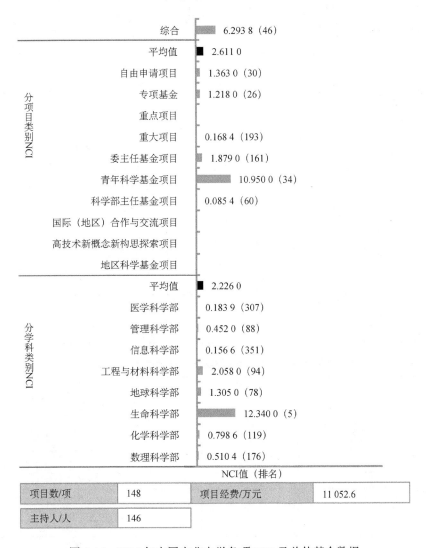

图 4-46　2016 年中国农业大学各项 NCI 及总体基金数据

表 4-101　2011～2016 年中国农业大学 NCI 变化趋势及指标

NCI 趋势	学科	类别	2011 年	2012 年	2013 年	2014 年	2015 年	2016 年
	综合	项目数/项	195	194	182	187	173	148
		项目经费/万元	12 984.9	16 471.1	15 496.9	19 598.4	11 908.5	11 052.6
		主持人数/人	190	191	176	180	169	146
		NCI	7.972 1	7.913 9	7.681	8.565 4	7.084 9	6.293 8
	数理科学	项目数/项	7	5	5	3	—	5
		项目经费/万元	286	277	143	259	—	216
		主持人数/人	7	5	5	3	—	5
		NCI	0.683 4	0.501 2	0.415 7	0.371 9	—	0.510 4
	化学科学	项目数/项	11	5	8	5	8	7
		项目经费/万元	598	334	757	306	443	422
		主持人数/人	11	5	8	5	8	7
		NCI	1.181 1	0.533 5	0.991	0.552 6	0.870 5	0.798 6
	生命科学	项目数/项	133	139	129	141	134	100
		项目经费/万元	8 698.94	12 416.1	11 903.2	15 535.4	10 040.5	7 716
		主持人数/人	129	136	125	135	131	99
		NCI	15.034 8	16.219 9	15.681 5	18.685 8	16.005 2	12.344 9
	地球科学	项目数/项	19	22	14	13	12	12
		项目经费/万元	1 309	1 907	794	2 103	552	627
		主持人数/人	19	22	14	13	11	12
		NCI	2.207 7	2.560 2	1.462 3	1.986 7	1.192 3	1.305 2
	工程与材料科学	项目数/项	14	11	20	20	8	15
		项目经费/万元	1 290	569	1 637	992	342	1 575
		主持人数/人	14	11	20	20	8	15
		NCI	1.792 3	1.077 7	2.360 7	2.061	0.798 5	2.058 9
	信息科学	项目数/项	4	4	1	1	4	2
		项目经费/万元	112	141	80	85	161	39
		主持人数/人	4	4	1	1	4	2
		NCI	0.344 3	0.344 9	0.117 1	0.123 3	0.391 3	0.156 6
	管理科学	项目数/项	3	5	2	3	5	5
		项目经费/万元	66	227	41	108	180	150
		主持人数/人	3	5	2	3	5	5
		NCI	0.238 3	0.469	0.148 8	0.277 8	0.471 3	0.452
	医学科学	项目数/项	2	2	2	—	2	1
		项目经费/万元	45	200	121.7	—	190	252.6
		主持人数/人	2	2	2	—	2	1
		NCI	0.16	0.244 1	0.213 9	—	0.260 5	0.183 9

表 4-102　2011～2016 年中国农业大学国家自然科学基金项目经费 Top 10 人才

人名	项目经费/万元	项目数/项	关键研究领域
孙其信	2360	3	农学基础与作物学
巩志忠	2180.7	7	植物学
康绍忠	2135	5	水利科学与海洋工程
赖锦盛	1700	3	农学基础与作物学
张福锁	1499	5	园艺学与植物营养学
黄冠华	769	3	水利科学与海洋工程
杨汉春	747	2	兽医学
孙传清	700	2	农学基础与作物学
郭岩	611	2	植物学
杨淑华	610	3	植物学

4.2.47 华东师范大学

截至 2016 年 9 月，华东师范大学设有本科专业 80 个、一级学科博士学位授权点 28 个、一级学科硕士学位授权点 38 个、博士后科研流动站 25 个。有在校全日制本、专科生 1.42 万名、博士生 3261 名、硕士生 1.11 万名、留学生约 4000 名。有教职工 4000 余名，其中中国科学院院士、中国工程院院士（含双聘院士）10 名，"千人计划"（含"青年千人计划"）入选者 34 名，"长江学者奖励计划"特聘教授、讲座教授 28 名，国家"万人计划"领军人才及国家级教学名师入选者 6 名，"百千万人才工程"国家级人选 11 名，"长江学者奖励计划"青年学者 1 名[47]。

2016 年，华东师范大学综合 NCI 为 6.2319，排名第 47 位；国家自然科学基金项目总数为 152 项，项目经费为 10 169 万元，全国排名分别为第 49 位和第 44 位，上海市市内排名分别为第 6 位和第 7 位（图 4-47）。2011～2016 年华东师范大学 NCI 变化趋势及指标如表 4-103 所示，国家自然科学基金项目经费 Top 10 人才如表 4-104 所示。

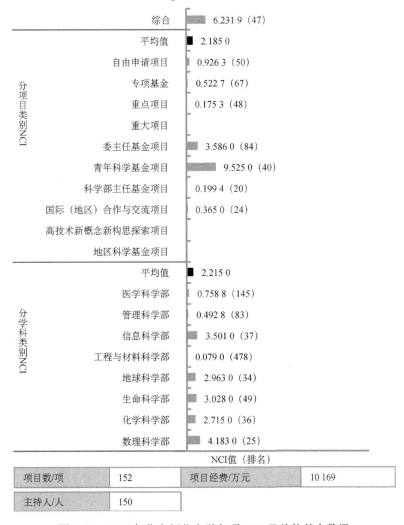

图 4-47　2016 年华东师范大学各项 NCI 及总体基金数据

表 4-103　2011～2016 年华东师范大学 NCI 变化趋势及指标

NCI 趋势	学科	类别	2011 年	2012 年	2013 年	2014 年	2015 年	2016 年
	综合	项目数/项	140	163	140	140	139	152
		项目经费/万元	8 174.3	9 936	10 615	10 706.5	8 260.2	10 169
		主持人数/人	140	160	137	140	135	150
		NCI	5.525 9	5.948 1	5.706 9	5.847 1	5.409 9	6.231 9
	数理科学	项目数/项	39	38	31	29	29	32
		项目经费/万元	2 054	2 267	2 009	2 930	1 793	2 904
		主持人数/人	39	37	30	29	29	32
		NCI	4.143 5	3.869 7	3.348 3	3.788 3	3.273 5	4.183 9
	化学科学	项目数/项	18	23	20	30	23	22
		项目经费/万元	1 005	1 441	1 676	2 205	1 398	1 679
		主持人数/人	18	23	20	30	23	22
		NCI	1.95	2.402	2.379 3	3.524 5	2.581 5	2.715
	生命科学	项目数/项	30	33	19	23	26	28
		项目经费/万元	1 471	1 993	983	1 499.2	1 268	1 439
		主持人数/人	30	32	19	23	26	28
		NCI	3.112 3	3.369 7	1.924 7	2.596 1	2.711 7	3.028 8
	地球科学	项目数/项	18	25	28	23	21	26
		项目经费/万元	1 458	1 437	1 911	1 670	1 378.3	1 626
		主持人数/人	18	25	28	23	19	25
		NCI	2.207 5	2.537	3.110 7	2.691 2	2.338 8	2.963 6
	工程与材料科学	项目数/项	2	4	5	4	3	1
		项目经费/万元	50	269	371	262	192	20
		主持人数/人	2	4	5	4	3	1
		NCI	0.165 8	0.427 7	0.571 2	0.452 2	0.342 6	0.079
	信息科学	项目数/项	24	24	22	18	24	30
		项目经费/万元	1 633	1 393	2 218	1 584.3	1 505	2 004
		主持人数/人	24	24	22	18	24	29
		NCI	2.777 1	2.443 4	2.783 6	2.245 7	2.721 9	3.501 7
	管理科学	项目数/项	1	3	8	5	9	6
		项目经费/万元	18.5	64	411	179	280.9	135
		主持人数/人	1	3	8	5	9	6
		NCI	0.075	0.218 8	0.808 5	0.462 2	0.808 9	0.492 8
	医学科学	项目数/项	6	11	4	8	4	7
		项目经费/万元	280	657	406	377	445	362
		主持人数/人	6	11	4	8	4	7
		NCI	0.612 3	1.130 6	0.507 2	0.810 4	0.549 2	0.758 8

表 4-104　2011～2016 年华东师范大学国家自然科学基金项目经费 Top 10 人才

人名	项目经费/万元	项目数/项	关键研究领域
曾和平	1843	4	物理学 I
张卫国	1311	6	海洋科学
何积丰	1200	3	计算机科学
张俊良	613	4	有机化学
荆杰泰	589	2	物理学 I
翁杰敏	550	4	遗传学与生物信息学
蒋燕义	538	3	物理学 I
杨海波	515	3	有机化学
吴健	501	3	物理学 I
胡文浩	500	2	有机化学

4.2.48 南京农业大学

截至 2016 年 12 月，南京农业大学设有 62 个本科专业，31 个一级学科硕士学位授权点，16 个一级学科博士学位授权点，15 个博士后科研流动站。有全日制本科生 1.7 万余名，研究生 8500 余名。有教职员工 2700 余名，其中中国工程院院士 2 名，"千人计划"、"长江学者奖励计划"、国家杰出青年科学基金获得者 27 人次，国家级和省级教学名师 8 名[48]。

2016 年，南京农业大学综合 NCI 为 6.1500，排名第 48 位；国家自然科学基金项目总数为 159 项，项目经费为 8870 万元，全国排名分别为第 45 位和第 53 位，江苏省省内排名分别为第 6 位和第 5 位（图 4-48）。2011～2016 年南京大学 NCI 变化趋势及指标如表 4-105 所示，国家自然科学基金项目经费 Top 10 人才如表 4-106 所示。

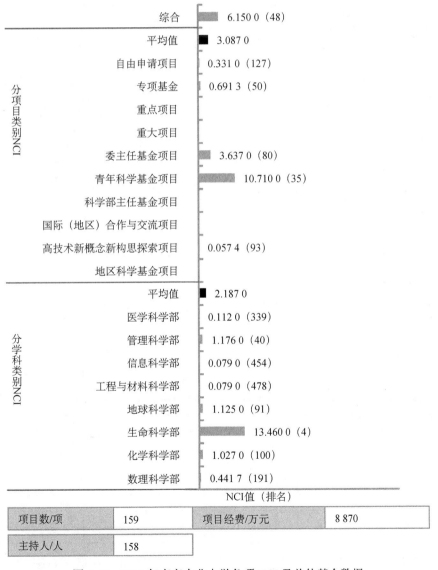

图 4-48　2016 年南京农业大学各项 NCI 及总体基金数据

表 4-105　2011～2016 年南京农业大学 NCI 变化趋势及指标

NCI 趋势	学科	类别	2011 年	2012 年	2013 年	2014 年	2015 年	2016 年
	综合	项目数/项	133	130	169	168	166	159
		项目经费/万元	6 411	8 875	10 996.5	9 972.3	8 392.9	8 870
		主持人数/人	128	129	163	166	164	158
		NCI	4.862 1	4.944 3	6.515 1	6.422 6	6.156 9	6.15
	数理科学	项目数/项	2	4	3	3	1	5
		项目经费/万元	45	33	66	28	55	140
		主持人数/人	2	4	3	3	1	5
		NCI	0.16	0.212 5	0.228 5	0.177 2	0.108 6	0.441 7
	化学科学	项目数/项	2	3	9	5	3	9
		项目经费/万元	90	238	485	274	110	543
		主持人数/人	2	3	9	5	3	9
		NCI	0.201 6	0.339	0.924 1	0.532 7	0.284 5	1.027
	生命科学	项目数/项	91	95	116	124	123	119
		项目经费/万元	4 799	6 594	7 878	8 221.2	6 576	6 997
		主持人数/人	89	95	116	124	121	119
		NCI	9.601 1	10.266	12.866	14.076	13.155 4	13.463 2
	地球科学	项目数/项	14	9	17	13	14	10
		项目经费/万元	741	601	1 256	664.1	556	579
		主持人数/人	14	9	16	12	14	10
		NCI	1.489 9	0.960 1	1.900 4	1.317 3	1.363 5	1.125 6
	工程与材料科学	项目数/项	4	3	1	5	5	1
		项目经费/万元	162	240	25	124	188	20
		主持人数/人	4	3	1	5	5	1
		NCI	0.389 4	0.339 9	0.079 5	0.409	0.478 2	0.079
	信息科学	项目数/项	—	1	—	2	2	1
		项目经费/万元	—	80	—	49	40	20
		主持人数/人	—	1	—	2	2	1
		NCI	—	0.113 3	—	0.162 9	0.155	0.079
	管理科学	项目数/项	18	12	21	15	15	12
		项目经费/万元	464	645	1 006.5	537	602.9	459
		主持人数/人	15	12	17	15	15	12
		NCI	1.418 3	1.190 8	1.932 7	1.386 6	1.466 8	1.176 4
	医学科学	项目数/项	1	1	1	1	2	1
		项目经费/万元	60	24	80	75	36	57
		主持人数/人	1	1	1	1	2	1
		NCI	0.111	0.075 8	0.117 1	0.118 3	0.149 6	0.112

表 4-106　2011～2016 年南京农业大学国家自然科学基金项目经费 Top 10 人才

人名	项目经费/万元	项目数/项	关键研究领域
赵方杰	673	3	园艺学与植物营养学
张正光	557	3	植物保护学
陶小荣	535	4	植物保护学
王源超	528	2	植物保护学
窦道龙	512	4	植物保护学
陈发棣	485	2	园艺学与植物营养学
陈增建	450	1	农学基础与作物学
周立祥	431	3	环境化学
刘红林	406	3	畜牧学与草地科学
周治国	388	3	农学基础与作物学

4.2.49　江苏大学

截至 2016 年 4 月，江苏大学设有 24 个学院、88 个本科专业、13 个一级学科博士学位授权点、41 个一级学科硕士学位授权点、13 个博士后科研流动站。有在校生 3.3 万名，其中全日制本科生 2.2 万余名、研究生 1 万余名、留学生 1000 余名。有教职工 5763 名（含直属附属医院）[49]。

2016 年，江苏大学综合 NCI 为 6.019 8，排名第 49 位；国家自然科学基金项目总数为 174 项，项目经费为 6942 万元，全国排名分别为第 42 位和第 66 位，江苏省省内排名分别为第 5 位和第 7 位（图 4-49）。2011～2016 年江苏大学 NCI 变化趋势及指标如表 4-107 所示，国家自然科学基金项目经费 Top 10 人才如表 4-108 所示。

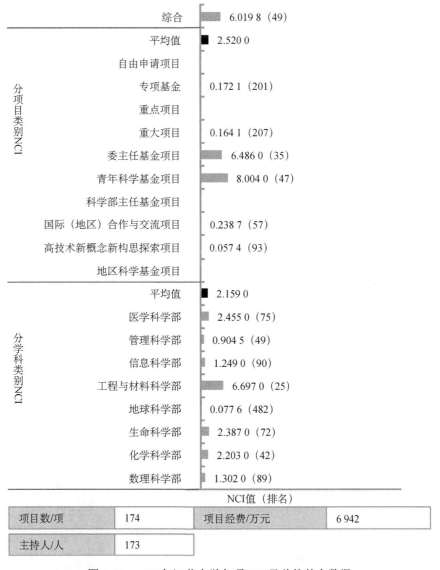

图 4-49　2016 年江苏大学各项 NCI 及总体基金数据

表 4-107 2011～2016 年江苏大学 NCI 变化趋势及指标

NCI 趋势	学科	类别	2011 年	2012 年	2013 年	2014 年	2015 年	2016 年
	综合	项目数/项	107	141	154	145	162	174
		项目经费/万元	4 041.6	7 389	6 558.2	6 554.3	6 787.87	6 942
		主持人数/人	106	141	152	144	160	173
		NCI	3.641 2	4.922 8	5.194 3	5.070 6	5.643 3	6.019 8
	数理科学	项目数/项	11	14	11	14	15	12
		项目经费/万元	352	520	404	625	686.5	623
		主持人数/人	11	14	11	14	15	12
		NCI	0.989 9	1.228 3	0.994	1.392 9	1.531 7	1.302 5
	化学科学	项目数/项	14	19	16	23	31	22
		项目经费/万元	525	808	613	894	1 280	897
		主持人数/人	14	19	16	23	31	22
		NCI	1.328 2	1.743 8	1.466 3	2.185 2	3.058 7	2.203 1
	生命科学	项目数/项	17	26	27	18	16	25
		项目经费/万元	582	1 284	1 163.2	968	662.67	884
		主持人数/人	17	26	26	18	16	25
		NCI	1.564 6	2.508 3	2.541	1.905 6	1.580 3	2.387 4
	地球科学	项目数/项	—	—	1	1	1	1
		项目经费/万元	—	—	80	23	20	19
		主持人数/人	—	—	1	1	1	1
		NCI	—	—	0.117 1	0.079 8	0.077 5	0.077 6
	工程与材料科学	项目数/项	40	46	46	47	54	67
		项目经费/万元	1 619	2 823	2 059	2 350	2 539	2 717
		主持人数/人	40	46	45	47	54	67
		NCI	3.892 7	4.771	4.407 7	4.856 3	5.563 8	6.697 2
	信息科学	项目数/项	6	13	7	8	15	13
		项目经费/万元	225.1	875	168	249	521	469
		主持人数/人	6	13	7	8	15	13
		NCI	0.569 3	1.390 5	0.548 9	0.705 8	1.397 1	1.249 8
	管理科学	项目数/项	6	7	7	11	8	9
		项目经费/万元	230.5	281	321	465.3	289.5	371
		主持人数/人	6	7	7	10	8	9
		NCI	0.573 8	0.630 2	0.681 1	1.041 3	0.755 4	0.904 5
	医学科学	项目数/项	13	16	39	23	22	25
		项目经费/万元	508	798	1 750	980	789.2	962
		主持人数/人	13	16	39	23	22	25
		NCI	1.250 4	1.548 6	3.767 5	2.253 1	2.071 2	2.455 6

表 4-108 2011～2016 年江苏大学国家自然科学基金项目经费 Top 10 人才

人名	项目经费/万元	项目数/项	关键研究领域
毛罕平	444	3	自动化
毕勤胜	436	3	力学
骆英	366	2	力学
陈龙	336	3	机械工程
李华明	302	4	化学工程及工业化学
施伟东	298	3	化学工程及工业化学
赵玉涛	294	2	冶金与矿业
袁寿其	290	1	水利科学与海洋工程
王坤	205	3	分析化学
朱建国	194	2	力学

4.2.50　中国科学院大连化学物理研究所

中国科学院大连化学物理研究所重点学科领域为催化化学、工程化学、化学激光和分子反应动力学，以及近代分析化学和生物技术。截至 2016 年年底，该所共有在读研究生 872 名，其中博士研究生 587 名，硕士研究生 285 名，在站博士后 173 名。共有职工 1023 名，其中国家杰出青年科学基金获得者 21 名，"千人计划"学者 6 名，"青年千人计划"学者 10 名，中国科学院"百人计划"42 名[50]。

2016 年，中国科学院大连化学物理研究所综合 NCI 为 5.9692，排名为 50 位；国家自然科学基金项目总数为 89 项，项目经费为 26 619.39 万元，全国排名分别为第 103 位和第 10 位，辽宁省省内排名分别为第 5 位和第 7 位（图 4-50）。2011~2016 年中国科学院大连化学物理研究所 NCI 变化趋势及指标如表 4-109 所示，国家自然科学基金项目经费 Top 10 人才如表 4-110 所示。

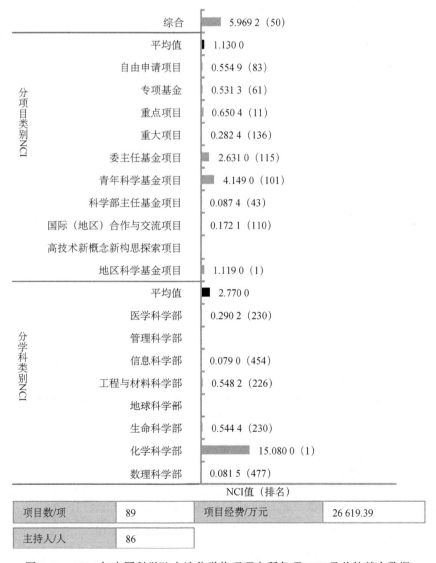

图 4-50　2016 年中国科学院大连化学物理研究所各项 NCI 及总体基金数据

表 4-109　2011～2016 年中国科学院大连化学物理研究所 NCI 变化趋势及指标

NCI 趋势	学科	类别	2011 年	2012 年	2013 年	2014 年	2015 年	2016 年
	综合	项目数/项	84	75	85	103	112	89
		项目经费/万元	14 020.4	5 876	7 187.5	6 764.24	11 804	26 619.4
		主持人数/人	80	75	83	100	108	86
		NCI	4.629 6	2.994 1	3.590 6	4.048 8	5.263 8	5.969 2
	数理科学	项目数/项	1	4	2	2	1	1
		项目经费/万元	45	560	51	151	66	22
		主持人数/人	1	4	2	2	1	1
		NCI	0.100 8	0.546 1	0.16	0.237 1	0.115 4	0.081 5
	化学科学	项目数/项	64	60	70	89	101	75
		项目经费/万元	13 352.4	4 687	6 025.5	6 027.24	11 150.1	25 787.1
		主持人数/人	60	60	69	87	98	72
		NCI	10.529 9	6.744 2	8.362 1	10.097 8	13.692 9	15.080 3
	生命科学	项目数/项	7	3	6	2	1	5
		项目经费/万元	232	161	530	155	20	262
		主持人数/人	7	3	6	2	1	5
		NCI	0.637 3	0.297 5	0.726 4	0.239 2	0.077 5	0.544 4
	地球科学	项目数/项	—	—	—	1	—	—
		项目经费/万元	—	—	—	24	—	—
		主持人数/人	—	—	—	1	—	—
		NCI	—	—	—	0.080 9	—	—
	工程与材料科学	项目数/项	5	3	3	2	2	4
		项目经费/万元	161	235	416	105	84	418
		主持人数/人	5	3	3	2	2	4
		NCI	0.450 9	0.337 5	0.422 1	0.21	0.198 5	0.548 2
	信息科学	项目数/项	—	1	1	1	2	1
		项目经费/万元	—	20	26	25	40	20
		主持人数/人	—	1	1	1	2	1
		NCI	—	0.071 4	0.080 5	0.082	0.155	0.079
	管理科学	项目数/项	—	—	—	—	—	—
		项目经费/万元	—	—	—	—	—	—
		主持人数/人	—	—	—	—	—	—
		NCI	—	—	—	—	—	—
	医学科学	项目数/项	7	4	3	6	5	3
		项目经费/万元	230	213	139	277	443.9	110.3
		主持人数/人	7	4	3	6	5	3
		NCI	0.635 5	0.395 7	0.292 9	0.603 7	0.636 7	0.290 2

表 4-110　2011～2016 年中国科学院大连化学物理研究所国家自然科学基金项目经费 Top 10 人才

人名	项目经费/万元	项目数/项	关键研究领域
杨学明	29 505	4	物理化学
张东辉	3 349	5	物理化学
张涛	2 034.54	2	化学工程及工业化学
李灿	1 296	4	物理化学
邹汉法	1 200	3	分析化学
包信和	1 132.7	4	物理化学
周永贵	972.5	4	有机化学
冯兆池	910.08	3	物理化学
杨维慎	685	3	化学工程及工业化学
张丽华	632	3	分析化学

4.2.51　西北农林科技大学

截至 2016 年 11 月，西北农林科技大学设有 25 个学院（系、所、部）和研究生院、65 个本科专业、16 个一级学科博士学位授权点、28 个一级学科硕士学位授权点、13 个博士后科研流动站。有全日制本科生 21 305 名、各类研究生 7619 名。有教职工 4504 名，其中中国科学院院士 1 名，中国工程院院士 1 名，双聘院士 11 名，"千人计划"入选者 8 名，"青年千人计划"入选者 8 名，"长江学者奖励计划"特聘教授 7 名、讲座教授 3 名、青年学者 2 名，"百千万人才工程"国家级人选 12 名，"新世纪优秀人才支持计划"入选者 71 名[51]。

2016 年，西北农林科技大学综合 NCI 为 5.8129，排名第 51 位；国家自然科学基金项目总数为 157 项，项目经费为 7682.3 万元，全国排名分别为第 46 位和第 59 位，陕西省省内排名分别为第 4 位和第 5 位（图 4-51）。2011～2016 年西北农林科技大学 NCI 变化趋势及指标如表 4-111 所示，国家自然科学基金项目经费 Top 10 人才如表 4-112 所示。

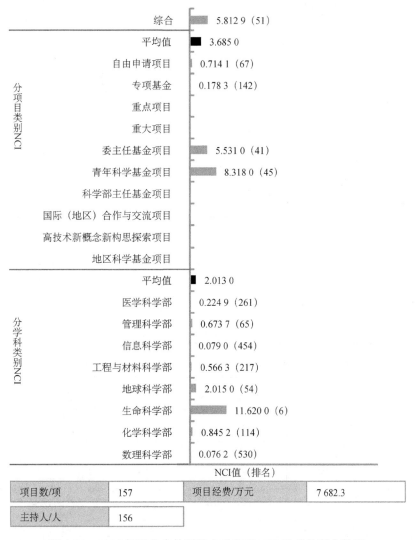

图 4-51　2016 年西北农林科技大学各项 NCI 及总体基金数据

表 4-111 2011～2016 年西北农林科技大学 NCI 变化趋势及指标

NCI 趋势	学科	类别	2011 年	2012 年	2013 年	2014 年	2015 年	2016 年
	综合	项目数/项	128	146	150	136	170	157
		项目经费/万元	5 978	7 331	7 416	7 126.5	7 945.78	7 682.3
		主持人数/人	127	146	150	135	167	156
		NCI	4.677 6	5.025 3	5.340 6	4.995 2	6.130 7	5.812 9
	数理科学	项目数/项	—	3	5	2	6	1
		项目经费/万元	—	55	118	24.5	156	18
		主持人数/人	—	3	5	2	6	1
		NCI	—	0.208	0.389 9	0.129 3	0.507 4	0.076 2
	化学科学	项目数/项	6	10	6	11	10	8
		项目经费/万元	206	247	370	383	289	383
		主持人数/人	6	10	6	11	10	8
		NCI	0.552 7	0.765 8	0.644 4	1.007 4	0.876	0.845 2
	生命科学	项目数/项	97	99	105	89	106	110
		项目经费/万元	4 707	5 534	5 538	5 504	5 178.08	5 320
		主持人数/人	97	99	105	88	104	109
		NCI	10.028 2	9.953 4	10.704 8	9.834 1	10.991 5	11.624 9
	地球科学	项目数/项	10	13	11	7	18	18
		项目经费/万元	369	461	476	299	1 268.8	1 026
		主持人数/人	10	13	11	7	18	18
		NCI	0.943 6	1.123	1.049 9	0.686 3	2.122 6	2.015 5
	工程与材料科学	项目数/项	8	12	11	12	17	5
		项目经费/万元	405	635	425	418	641	295
		主持人数/人	8	12	11	12	17	5
		NCI	0.838 8	1.184 6	1.010 9	1.099 2	1.627 3	0.566 3
	信息科学	项目数/项	3	2	3	4	—	1
		项目经费/万元	145	103	76	155	—	20
		主持人数/人	3	2	3	4	—	1
		NCI	0.309 7	0.195 7	0.239 5	0.379 6	—	0.079
	管理科学	项目数/项	4	5	8	11	11	8
		项目经费/万元	146	171	341	343	345	194
		主持人数/人	4	5	8	11	11	8
		NCI	0.376 1	0.426 8	0.759 7	0.971 1	0.990 3	0.673 7
	医学科学	项目数/项	—	1	1	—	1	3
		项目经费/万元	—	65	72	—	17.9	51.3
		主持人数/人	—	1	1	—	1	3
		NCI	—	0.105 7	0.113 1	—	0.074 7	0.224 9

表 4-112 2011～2016 年西北农林科技大学国家自然科学基金项目经费 Top 10 人才

人名	项目经费/万元	项目数/项	关键研究领域
康振生	673	4	植物保护学
单卫星	526	3	植物保护学
张雅林	438	4	动物学
马锋旺	431	3	园艺学与植物营养学
黄明斌	422.8	1	地理学
王西平	412	3	园艺学与植物营养学
周恩民	405	2	兽医学
司炳成	375	2	地理学
韦革宏	351	3	生态学
宋卫宁	332	3	农学基础与作物学

4.2.52　西安电子科技大学

截至 2016 年 12 月，西安电子科技大学设有 52 个本科专业，21 个一级学科硕士学位授权点，13 个一级学科博士学位授权点，9 个博士后科研流动站。有专任教师 1900 余名，其中院士 4 名、双聘院士 14 名、国家级教学团队 6 个、教育部创新团队 6 个、国家级教学名师 4 名[52]。

2016 年，西安电子科技大学综合 NCI 为 5.6896，排名第 52 位；国家自然科学基金项目总数为 147 项，项目经费为 8221.05 万元，全国排名分别为第 53 位和第 56 位，陕西省省内排名分别为第 5 位和第 4 位（图 4-52）。2011～2016 年西安电子科技大学 NCI 变化趋势及指标如表 4-113 所示，国家自然科学基金项目经费 Top 10 人才如表 4-114 所示。

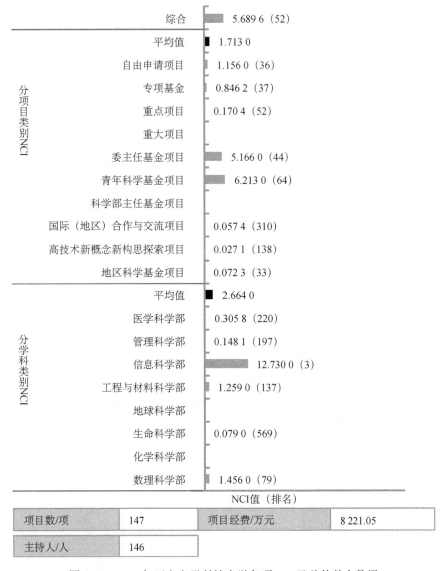

图 4-52　2016 年西安电子科技大学各项 NCI 及总体基金数据

表 4-113　2011～2016 年西安电子科技大学 NCI 变化趋势及指标

NCI 趋势	学科	类别	2011 年	2012 年	2013 年	2014 年	2015 年	2016 年
	综合	项目数/项	105	126	147	146	144	147
		项目经费/万元	4 221.5	5 834	6 489	13 681.3	6 803.67	8 221.05
		主持人数/人	104	124	146	142	141	146
		NCI	3.648 1	4.198 8	5.028 4	6.464 9	5.206 1	5.689 6
	数理科学	项目数/项	8	8	17	15	12	15
		项目经费/万元	223	129	307	3 346	313	558
		主持人数/人	8	8	17	13	12	15
		NCI	0.687 5	0.531 4	1.212 5	2.432 6	1.015 9	1.456 9
	化学科学	项目数/项	—	—	—	1	—	—
		项目经费/万元	—	—	—	96	—	—
		主持人数/人	—	—	—	1	—	—
		NCI	—	—	—	0.128 4	—	—
	生命科学	项目数/项	1	2	3	3	—	1
		项目经费/万元	20	110	110	129	—	20
		主持人数/人	1	2	3	3	—	1
		NCI	0.076 9	0.2	0.270 9	0.294 8	—	0.079
	地球科学	项目数/项	—	—	1	1	2	—
		项目经费/万元	—	—	25	26	42	—
		主持人数/人	—	—	1	1	2	—
		NCI	—	—	0.079 5	0.083 1	0.157 5	—
	工程与材料科学	项目数/项	4	6	8	10	9	14
		项目经费/万元	208	190	260	2 530	421	414
		主持人数/人	4	6	8	9	9	14
		NCI	0.423 2	0.499 1	0.694	1.712 7	0.925 7	1.259 6
	信息科学	项目数/项	82	103	113	103	111	111
		项目经费/万元	3 319	5 098	5 650	6 514	5 455.27	6 814.05
		主持人数/人	81	101	112	102	109	111
		NCI	7.947 5	9.879 2	11.283 6	11.472 2	11.536 5	12.739 8
	管理科学	项目数/项	4	4	3	6	4	2
		项目经费/万元	78.5	148	98	242.3	102.4	33
		主持人数/人	4	4	3	6	4	2
		NCI	0.305 8	0.350 5	0.260 7	0.577 3	0.336 5	0.148 1
	医学科学	项目数/项	5	3	2	5	5	3
		项目经费/万元	113	159	39	313	208	129
		主持人数/人	5	3	2	5	5	3
		NCI	0.400 7	0.296 3	0.146 3	0.556 8	0.494 6	0.305 8

表 4-114　2011～2016 年西安电子科技大学国家自然科学基金项目经费 Top 10 人才

人名	项目经费/万元	项目数/项	关键研究领域
郑晓静	3006	3	力学
段宝岩	2100	3	机械工程
廖桂生	1310	2	电子学与信息系统
段振华	710	3	计算机科学
郭立新	560	2	电子学与信息系统
高新波	550	2	计算机科学
马晓华	542	2	半导体科学与信息器件
朱樟明	532	3	半导体科学与信息器件
石光明	520	2	计算机科学
韩根全	430	2	半导体科学与信息器件

4.2.53　湖南大学

截至 2016 年 12 月，湖南大学设有研究生院和 23 个学院、24 个一级学科博士学位授权点、36 个一级学科硕士学位授权点、23 个专业学位授权、25 个博士后科研流动站。有全日制在校学生 35 000 余名，其中本科生 20 000 余名、研究生 15 000 余名。有教职工近 4000 名，其中全职院士 6 名，双聘院士 2 名，"千人计划"学者 53 名，"万人计划"学者 13 名，"长江学者奖励计划"特聘教授、讲座教授 15 名，"百千万人才工程"（"百千万人才工程"第一、第二层次人选，"新世纪百千万人才工程"国家级人选）国家级人选 23 名，科技部"创新人才推进计划"中青年科技创新领军人才 2 名，教育部"新世纪优秀人才支持计划"入选者134 名[53]。

2016 年，湖南大学综合 NCI 为 5.5698，排名第 53 位；国家自然科学基金项目总数为141 项，项目经费为 8385.03 万元，全国排名分别为第 58 位和第 55 位，湖南省省内排名均为第 2 位（图 4-53）。2011～2016 年湖南大学 NCI 变化趋势及指标如表 4-115 所示，国家自然科学基金项目经费 Top 10 人才如表 4-116 所示。

图 4-53　2016 年湖南大学各项 NCI 及总体基金数据

表 4-115　2011～2016 年湖南大学 NCI 变化趋势及指标

NCI 趋势	学科	类别	2011 年	2012 年	2013 年	2014 年	2015 年	2016 年
	综合	项目数/项	142	145	145	139	179	141
		项目经费/万元	9 657	11 024	8 973.5	9 039	11 992.8	8 385.03
		主持人数/人	139	141	143	137	176	140
		NCI	5.855 3	5.677 8	5.538 2	5.473 4	7.280 6	5.569 8
	数理科学	项目数/项	22	24	22	15	18	16
		项目经费/万元	799	1 453	1 170.5	1 250	1 043	848
		主持人数/人	22	23	22	15	18	16
		NCI	2.065	2.443 1	2.249 4	1.837 6	1.988 4	1.748 6
	化学科学	项目数/项	24	23	24	20	22	14
		项目经费/万元	3 823	2 210	1 587	1 423	2 705	849
		主持人数/人	23	23	24	20	22	14
		NCI	3.635 6	2.77	2.638 4	2.324 4	3.122 9	1.600 3
	生命科学	项目数/项	3	2	1	1	5	4
		项目经费/万元	150	47	80	24	181	212
		主持人数/人	3	2	1	1	5	4
		NCI	0.313 3	0.150 6	0.117 1	0.080 9	0.472 2	0.437 2
	地球科学	项目数/项	—	2	2	—	3	—
		项目经费/万元	—	150	120	—	204	—
		主持人数/人	—	2	2	—	3	—
		NCI	—	0.221 8	0.212 9	—	0.349 6	—
	工程与材料科学	项目数/项	50	49	49	62	75	59
		项目经费/万元	2 532	3 584	3 375	3 758	5 039	4 311.33
		主持人数/人	49	49	49	61	75	58
		NCI	5.208	5.388 3	5.460 4	6.793 8	8.703 8	7.135 8
	信息科学	项目数/项	25	23	32	30	33	26
		项目经费/万元	1 507	1 789	1 830	1 905	1 676	1 386
		主持人数/人	25	23	31	30	33	26
		NCI	2.778 4	2.581 6	3.316 3	3.356 8	3.488 6	2.847
	管理科学	项目数/项	15	17	14	9	20	19
		项目经费/万元	527	1 163	511	581	989.79	668.7
		主持人数/人	15	17	14	9	20	19
		NCI	1.392 5	1.828 2	1.262 5	1.012 6	2.096 1	1.811 6
	医学科学	项目数/项	2	4	—	2	3	1
		项目经费/万元	119	228	—	98	155	50
		主持人数/人	2	4	—	2	3	1
		NCI	0.221 3	0.404 8	—	0.205 3	0.319	0.107 2

表 4-116　2011～2016 年湖南大学国家自然科学基金项目经费 Top 10 人才

人名	项目经费/万元	项目数/项	关键研究领域
王柯敏	1900	2	分析化学
韩旭	1715	4	机械工程
谭蔚泓	1515	4	分析化学
曾光明	1130	2	水利科学与海洋工程
曹一家	835	3	电气科学与工程
陈收	787.5	2	管理科学与工程
陈江华	729	3	金属材料
李肯立	715	3	计算机科学
何彦	680	2	分析化学
蒋健晖	520	2	分析化学

4.2.54 合肥工业大学

截至 2016 年 5 月，合肥工业大学设有 89 个本科专业、12 个一级学科博士学位授权点、33 个一级学科硕士学位授权点、12 个博士后科研流动站。有全日制在校本科生 3.1 万余名，硕士、博士研究生 1.3 万余名。有教职工 3705 名，其中中国工程院院士 1 名，"千人计划"入选者 8 名，"长江学者奖励计划"特聘教授 6 名、讲座教授 8 名，"万人计划"教学名师 1 名，"万人计划"青年拔尖人才项目入选者 1 名，"百千万人才工程"国家级人选 7 名，教育部"新世纪优秀人才支持计划"入选者 26 名[54]。

2016 年，合肥工业大学综合 NCI 为 5.5202，排名第 54 位；国家自然科学基金项目总数为 145 项，项目经费为 7771.3 万元，全国排名分别为第 55 位和第 58 位，安徽省省内排名均为第 2 位（图 4-54）。2011～2016 年合肥工业大学 NCI 变化趋势及指标如表 4-54 所示，国家自然科学基金项目经费 Top 10 人才如表 4-118 所示。

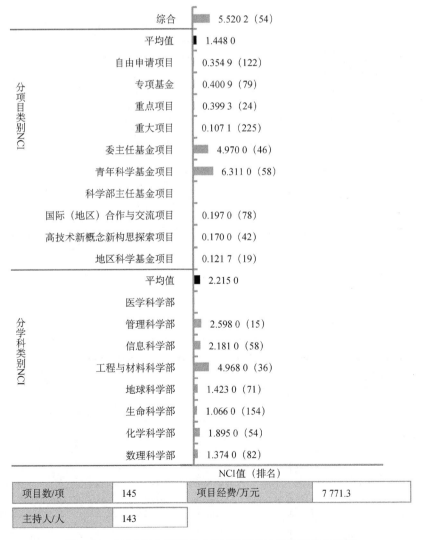

图 4-54   2016 年合肥工业大学各项 NCI 及总体基金数据

表 4-117　2011～2016 年合肥工业大学 NCI 变化趋势及指标

NCI 趋势	学科	类别	2011 年	2012 年	2013 年	2014 年	2015 年	2016 年
	综合	项目数/项	113	121	160	154	164	145
		项目经费/万元	567 7	6 929.4	7 867.1	7 305	8 043.87	7 771.3
		主持人数/人	111	121	156	148	157	143
		NCI	4.217	4.351 4	5.638 5	5.413	5.958 6	5.520 2
	数理科学	项目数/项	9	10	11	16	10	15
		项目经费/万元	274	421	357	555	286	469
		主持人数/人	9	10	11	16	10	15
		NCI	0.796 5	0.914 7	0.953 9	1.463 5	0.873	1.374 9
	化学科学	项目数/项	13	9	13	14	17	19
		项目经费/万元	498	402	553	751	597	766
		主持人数/人	12	9	12	14	16	19
		NCI	1.209 4	0.839 7	1.201 2	1.480 9	1.557 4	1.895 5
	生命科学	项目数/项	9	8	12	13	9	10
		项目经费/万元	397	529	478	672	264	493
		主持人数/人	9	8	12	12	9	10
		NCI	0.901 3	0.850 6	1.114 1	1.322 5	0.792 3	1.066 8
	地球科学	项目数/项	16	12	18	16	12	14
		项目经费/万元	1 227	1 444	1 311	708	914	597
		主持人数/人	16	12	17	16	11	14
		NCI	1.926 7	1.557 8	2.005	1.587 2	1.410 6	1.423 1
	工程与材料科学	项目数/项	37	39	60	52	51	49
		项目经费/万元	1 880	2 091	3 120.2	2 126	2 077	2 074
		主持人数/人	37	39	60	51	51	49
		NCI	3.884 3	3.866 9	6.088 3	4.991 9	5.008 9	4.968 4
	信息科学	项目数/项	19	23	30	27	40	19
		项目经费/万元	708	1 166	1 449	1 440	1 468.8	1 167
		主持人数/人	19	23	30	26	39	19
		NCI	1.798 8	2.238 3	2.970 1	2.814 8	3.763 4	2.181 1
	管理科学	项目数/项	8	20	15	15	20	19
		项目经费/万元	428	876.4	583.9	1 043	1 696.6	2 205.3
		主持人数/人	8	20	15	15	20	17
		NCI	0.854 4	1.854 1	1.382	1.73	2.508 6	2.598 4
	医学科学	项目数/项	—	—	—	—	5	—
		项目经费/万元	—	—	—	—	740.47	—
		主持人数/人	—	—	—	—	5	—
		NCI	—	—	—	—	0.7552	—

表 4-118　2011～2016 年合肥工业大学国家自然科学基金项目经费 Top 10 人才

人名	项目经费/万元	项目数/项	关键研究领域
杨善林	1930.4	4	管理科学与工程
刘心报	1030	3	电子学与信息系统
朱光	856	2	地质学
任福继	610	2	计算机科学
陈天虎	475	3	地质学
周涛发	388	3	地质学
陈斌	379	2	地质学
刘业政	365.2	3	工商管理
任明仑	320.6	3	管理科学与工程
何怡刚	320	2	电气科学与工程

4.2.55 中国海洋大学

截至 2016 年 12 月，中国海洋大学设有 19 个院（系）、71 个本科专业、34 个一级学科硕士学位授权点、13 个一级学科博士学位授权点、13 个博士后科研流动站。有全日制在校生 25 700 余名，其中本科生 15 300 余名、研究生 7500 余名。有教职工 3300 余名，其中中国科学院院士 5 名，中国工程院院士 5 名，"千人计划"特聘教授 8 名，"长江学者奖励计划"学者 18 名，国家自然科学基金委员会创新研究群体 2 个，科技部重点领域创新团队 2 个，教育部"长江学者"创新团队 4 个，享受国务院政府特殊津贴专家 112 名，"百千万人才工程"第一、第二层次人才 11 名，科技部"中青年科技创新领军人才"3 名，教育部"跨世纪/新世纪"优秀人才支持计划"入选者 107 名[55]。

2016 年，中国海洋大学综合 NCI 为 5.3504，排名第 55 位；国家自然科学基金项目总数为 121 项，项目经费为 10 190 万元，全国排名分别为第 74 位和第 43 位，山东省省内排名均为第 2 位（图 4-55）。2011～2016 年中国海洋大学 NCI 变化趋势及指标如表 4-119 所示，国家自然科学基金项目经费 Top 10 人才如表 4-120 所示。

图 4-55　2016 年中国海洋大学各项 NCI 及总体基金数据

表 4-119　2011～2016 年中国海洋大学 NCI 变化趋势及指标

NCI 趋势	学科	类别	2011 年	2012 年	2013 年	2014 年	2015 年	2016 年
	综合	项目数/项	126	123	134	105	145	121
		项目经费/万元	9 099.4	9 093.6	10 672	17 327	18 018.4	10 190
		主持人数/人	123	120	131	97	141	119
		NCI	5.295 8	4.776 9	5.550 7	5.519 1	7.219 5	5.350 4
	数理科学	项目数/项	3	7	5	5	5	3
		项目经费/万元	93	197	270	282	176	153
		主持人数/人	3	7	5	5	5	3
		NCI	0.267 1	0.559 9	0.513 8	0.537 8	0.467 8	0.323 7
	化学科学	项目数/项	6	7	9	5	8	6
		项目经费/万元	216	446	505	305	337	213
		主持人数/人	6	7	9	5	8	6
		NCI	0.561 5	0.735 2	0.936 7	0.552	0.794 6	0.573 7
	生命科学	项目数/项	32	27	28	24	36	26
		项目经费/万元	1 804	1 319.3	2 020	1 614.8	2 137	1 334
		主持人数/人	32	27	28	24	36	26
		NCI	3.477 8	2.595 5	3.168 8	2.737 8	4.008 9	2.810 9
	地球科学	项目数/项	59	52	61	50	68	57
		项目经费/万元	5 159.4	5 461.8	6 033	12 109.2	13 943.1	7 200
		主持人数/人	58	51	60	45	66	55
		NCI	7.380 5	6.409 7	7.626 7	8.439 5	11.333 3	8.222 5
	工程与材料科学	项目数/项	10	16	14	14	13	15
		项目经费/万元	566	1 019	789	2 572	634	750
		主持人数/人	10	16	14	12	13	15
		NCI	1.088 3	1.680 1	1.459 2	2.120 4	1.355 8	1.607 8
	信息科学	项目数/项	5	6	6	4	8	8
		项目经费/万元	253	262	429	103	366	283
		主持人数/人	5	6	6	4	8	8
		NCI	0.524 2	0.555 6	0.677	0.331 3	0.816 8	0.764 1
	管理科学	项目数/项	3	4	3	1	3	3
		项目经费/万元	83	148.5	133	58	111	80
		主持人数/人	3	4	3	1	3	3
		NCI	0.257 2	0.350 9	0.288 6	0.108 6	0.285 4	0.260 8
	医学科学	项目数/项	6	3	7	1	4	3
		项目经费/万元	325	220	293	23	314.3	177
		主持人数/人	6	3	7	1	4	3
		NCI	0.643 5	0.330 2	0.660 7	0.079 8	0.489 1	0.339 8

表 4-120　2011～2016 年中国海洋大学国家自然科学基金项目经费 Top 10 人才

人名	项目经费/万元	项目数/项	关键研究领域
吴立新	15 806.09	8	海洋科学
管华诗	3 623	2	海洋科学
闫菊	2 900	6	海洋科学
李岩	2 840	5	海洋科学
李华军	2 142	4	水利科学与海洋工程
赵美训	1 681	5	海洋科学
贾永刚	1 039.1	5	地质学
王震宇	795	3	地球化学
包振民	587	2	水产学
陈戈	508	2	电子学与信息系统

4.2.56 西南交通大学

截至 2016 年 6 月，西南交通大学设有 25 个学院系、4 个国家重点专业、12 个国家级特色专业、12 个国家级评估认证专业、43 个一级学科硕士学位授权点、15 个一级学科博士学位授权点、11 个博士后科研流动站。有全日制本科生 28 836 名，硕士研究生 15 863 名，博士研究生 2093 名。有专任教师 2551 名，中国科学院院士 5 名，中国工程院院士 13 名，"千人计划"学者 17 名，"万人计划"学者 2 名，"973 计划"首席科学家 3 名，"长江学者奖励计划"特聘教授、讲座教授、青年学者 24 名[56]。

2016 年，西南交通大学综合 NCI 为 5.3433，排名第 56 位；国家自然科学基金项目总数为 150 项，项目经费为 6538.87 万元，全国排名分别为第 50 位和第 68 位，四川省省内排名均为第 3 位（图 4-56）。2011～2016 年西南交通大学 NCI 变化趋势及指标如表 4-121 所示，国家自然科学基金项目经费 Top 10 人才如表 4-122 所示。

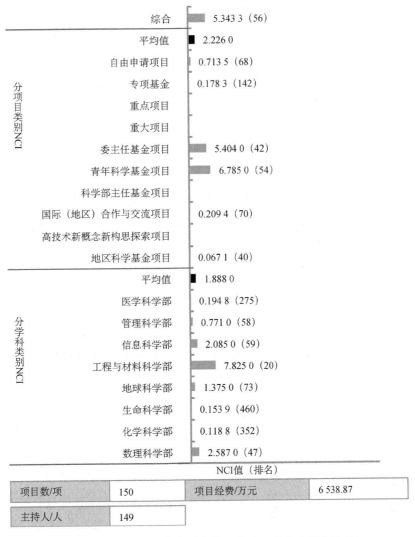

图 4-56　2016 年西南交通大学各项 NCI 及总体基金数据

表 4-121　2011～2016 年西南交通大学 NCI 变化趋势及指标

NCI 趋势	学科	类别	2011 年	2012 年	2013 年	2014 年	2015 年	2016 年
	综合	项目数/项	116	134	139	151	133	150
		项目经费/万元	5 650.7	7 844	8 432.1	9 043.5	7 513.65	6 538.87
		主持人数/人	113	133	134	149	129	149
		NCI	4.272 8	4.842 1	5.233 9	5.787 2	5.087 5	5.343 3
	数理科学	项目数/项	19	19	16	21	23	29
		项目经费/万元	681	477	667	756	1 011.1	836
		主持人数/人	19	19	16	21	23	29
		NCI	1.775 6	1.462 9	1.508 2	1.944 8	2.317 2	2.587 1
	化学科学	项目数/项	3	2	1	4	2	1
		项目经费/万元	60	185	25	155	135	68
		主持人数/人	3	2	1	4	2	1
		NCI	0.230 8	0.237 8	0.079 5	0.379 6	0.232 5	0.118 8
	生命科学	项目数/项	3	4	4	3	5	2
		项目经费/万元	135	137	198	204	276	37
		主持人数/人	3	4	4	3	5	2
		NCI	0.302 5	0.341 6	0.399 3	0.343 4	0.543 5	0.153 9
	地球科学	项目数/项	7	9	5	12	14	12
		项目经费/万元	317	530	348	618	750	733
		主持人数/人	7	9	5	12	14	12
		NCI	0.707 2	0.920 7	0.559 1	1.252 2	1.506 6	1.375
	工程与材料科学	项目数/项	57	67	84	73	60	72
		项目经费/万元	325 9	4 815	5 061.5	5 183	3 888.65	3 753.07
		主持人数/人	55	67	82	73	59	72
		NCI	6.150 4	7.324 6	8.880 9	8.478	6.841 5	7.825 2
	信息科学	项目数/项	18	16	20	23	15	23
		项目经费/万元	922.2	914	1 443	1 310	896	696
		主持人数/人	17	16	18	23	15	23
		NCI	1.859 1	1.620 3	2.185 4	2.482	1.673 8	2.085 3
	管理科学	项目数/项	7	14	6	12	12	8
		项目经费/万元	204.5	546	261.6	700.5	473.9	290.8
		主持人数/人	7	14	6	12	12	8
		NCI	0.611 1	1.248 4	0.574 1	1.305 6	1.166 5	0.771
	医学科学	项目数/项	2	3	3	3	1	2
		项目经费/万元	72	240	428	117	18	75
		主持人数/人	2	3	3	3	1	2
		NCI	0.187 2	0.339 9	0.426 1	0.285 3	0.074 8	0.194 8

表 4-122　2011～2016 年西南交通大学国家自然科学基金项目经费 Top 10 人才

人名	项目经费/万元	项目数/项	关键研究领域
朱旻昊	775.07	2	机械工程
何正友	761	4	电气科学与工程
李永乐	715	3	建筑环境与结构工程
王平	670	2	建筑环境与结构工程
周仲荣	600	4	机械工程
闫连山	579.2	5	光学和光电子学
吴广宁	536	3	电气科学与工程
何川	510	2	建筑环境与结构工程
程谦恭	461	3	地质学
康国政	438	3	力学

4.2.57　北京科技大学

截至 2015 年年底，北京科技大学设有 48 个本科专业、18 个一级学科博士学位授权点、73 个博士学科点、121 个硕士学科点、16 个博士后科研流动站。有全日制在校生 2.4 万余名，其中本、专科生 13 588 名，各类研究生 9912 名，留学生 850 名。教职工总数 3360 名，其中中国科学院院士 4 名、中国工程院院士 5 名（双聘院士 2 名）、"千人计划"入选者 19 名、"长江学者奖励计划"特聘教授 15 名、国家级教学名师 2 名、"百千万人才工程"国家级人选 18 名、"万人计划"青年拔尖人才 3 名、国家优秀青年科学基金获得者 7 名、教育部"跨世纪/新世纪优秀人才支持计划"入选者 107 名[57]。

2016 年，北京科技大学综合 NCI 为 5.2982，排名第 57 位；国家自然科学基金项目总数为 142 项，项目经费为 7166.5 万元，全国排名分别为第 57 位和第 64 位，北京市市内排名分别为第 8 位和第 14 位（图 4-57）。2011～2016 年北京科技大学 NCI 变化趋势及指标如表 4-123 所示，自然科学基金项目经费 Top 10 人才如表 4-124 所示。

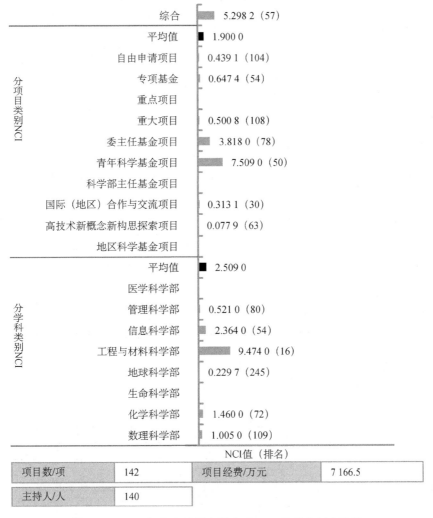

图 4-57　2016 年北京科技大学各项 NCI 及总体基金数据

表 4-123　2011～2016 年北京科技大学 NCI 变化趋势及指标

NCI 趋势	学科	类别	2011 年	2012 年	2013 年	2014 年	2015 年	2016 年
	综合	项目数/项	150	150	143	129	134	142
		项目经费/万元	7 537.4	10 971.6	9 043.5	9 743.8	9 074.78	7 166.5
		主持人数/人	146	146	140	128	131	140
		NCI	5.581 1	5.800 2	5.487 9	5.351 6	5.459 4	5.298 2
	数理科学	项目数/项	11	8	8	4	8	11
		项目经费/万元	397.5	543	326	212	249	341
		主持人数/人	11	8	8	4	8	11
		NCI	1.030 8	0.858 1	0.748 4	0.421 4	0.718 4	1.005 4
	化学科学	项目数/项	12	11	7	9	9	12
		项目经费/万元	819	1 363	363	546	723	878
		主持人数/人	12	11	7	9	9	12
		NCI	1.39	1.442	0.709 6	0.991 8	1.108 6	1.460 3
	生命科学	项目数/项	—	—	2	1	2	—
		项目经费/万元	—	—	37	22	40	—
		主持人数/人	—	—	2	1	2	—
		NCI	—	—	0.143 8	0.078 6	0.155	—
	地球科学	项目数/项	6	5	5	5	5	2
		项目经费/万元	257	356	283	787	241	123
		主持人数/人	6	5	5	5	5	2
		NCI	0.595	0.544 9	0.521 9	0.757 2	0.519 4	0.229 7
	工程与材料科学	项目数/项	92	104	91	84	96	86
		项目经费/万元	4 731.9	7 308.6	6 651	6 334	7 139.73	4 669
		主持人数/人	89	102	89	83	94	86
		NCI	9.591 1	11.212 2	10.266 9	9.913 6	11.444	9.474 4
	信息科学	项目数/项	21	14	22	19	8	24
		项目经费/万元	1 036	898	1 195	1 407	455	932
		主持人数/人	21	14	21	19	8	24
		NCI	2.183	1.473 6	2.230 2	2.237 8	0.878 2	2.364 6
	管理科学	项目数/项	8	6	6	6	5	6
		项目经费/万元	296	483	142.5	415.8	177.05	159.5
		主持人数/人	8	6	6	6	5	6
		NCI	0.755 6	0.681 2	0.468 9	0.691 2	0.468 7	0.521
	医学科学	项目数/项	—	—	2	—	1	—
		项目经费/万元	—	—	46	—	50	—
		主持人数/人	—	—	2	—	1	—
		NCI	—	—	0.154 6	—	0.105 2	—

表 4-124　2011～2016 年北京科技大学国家自然科学基金项目经费 Top 10 人才

人名	项目经费/万元	项目数/项	关键研究领域
张跃	1083.89	5	无机非金属材料
王守国	879	4	金属材料
王沿东	819	2	金属材料
姜建壮	700	2	无机化学
邢献然	641	3	无机化学
姚俊	606	3	地球化学
李晓刚	600	3	金属材料
党智敏	483	2	无机非金属材料
张学记	460	3	分析化学
于广华	451	3	金属材料

4.2.58 中国科学院合肥物质科学研究院

中国科学院合肥物质科学研究院下设 10 个研究所，分别是安徽光学精密机械研究所、等离子体物理研究所、固体物理研究所、合肥智能机械研究所、强磁场科学中心、先进制造技术研究所、医学物理与技术中心、技术生物与农业工程研究所、核能安全技术研究所、应用技术研究所。设有 12 个一级学科博士学位授权点、25 个一级学科硕士学位授权点、5 个博士后科研活动站，在读研究生 1600 余名，在站博士后 73 名。截至 2016 年 7 月，有在职职工 2500 余名，其中专业技术人员 2000 余名，高端科技专家如中国科学院院士、中国工程院院士、"万人计划"学者、"千人计划"学者、国家杰出青年科学基金获得者、"973 计划"首席科学家、"863 计划"计划专家、关键技术人才等 300 多名[58]。

2016 年，中国科学院合肥物质科学研究院综合 NCI 为 5.2760，排名第 58 位；国家自然科学基金项目总数为 139 项，项目经费为 7442.39 万元，全国排名分别为第 60 位和第 61 位，安徽省省内排名均为第 3 位（图 4-58）。2011～2016 年中国科学院合肥物质研究院 NCI 变化趋势及指标如表 4-125 所示，国家自然科学基金项目经费 Top 10 人才如表 4-126 所示。

图 4-58 2016 年中国科学院合肥物质科学研究院各项 NCI 及总体基金数据

表 4-125　2011～2016 年中国科学院合肥物质科学研究院 NCI 变化趋势及指标

NCI 趋势	学科	类别	2011 年	2012 年	2013 年	2014 年	2015 年	2016 年
	综合	项目数/项	123	126	149	134	168	139
		项目经费/万元	5 774.5	6 467	9 112	7 517	9 697.12	7 442.39
		主持人数/人	123	122	147	131	161	136
		NCI	4.514 5	4.322	5.669 1	5.009 3	6.446 6	5.276
	数理科学	项目数/项	57	60	57	61	88	69
		项目经费/万元	2 544.5	3 403	3 541	3 660	4 779	3 765.5
		主持人数/人	57	58	56	59	86	66
		NCI	5.731 2	5.993 5	6.100 9	6.623 8	9.440 4	7.502 7
	化学科学	项目数/项	18	16	23	15	14	13
		项目经费/万元	981	748	1 182	793	483	566
		主持人数/人	18	15	22	15	14	13
		NCI	1.934 3	1.483 3	2.290 5	1.579	1.301	1.330 6
	生命科学	项目数/项	3	4	7	6	8	6
		项目经费/万元	105	130	288	264	242	205
		主持人数/人	3	4	7	6	8	6
		NCI	0.278 1	0.335 7	0.656 9	0.594 1	0.711 6	0.566 5
	地球科学	项目数/项	8	13	15	11	16	14
		项目经费/万元	586	617	953	466	2 214.12	1 043.29
		主持人数/人	8	13	15	11	15	14
		NCI	0.948 8	1.237 6	1.627 1	1.075 5	2.312 2	1.714 1
	工程与材料科学	项目数/项	17	11	27	24	25	22
		项目经费/万元	670	475	1 309	1 480	1 380	1 262
		主持人数/人	17	11	27	24	25	22
		NCI	1.639 8	1.014 8	2.676 4	2.659 4	2.717 3	2.468 6
	信息科学	项目数/项	17	20	18	12	14	10
		项目经费/万元	782	991	1 733	656	458	407
		主持人数/人	17	20	18	12	14	10
		NCI	1.726 5	1.931 6	2.242 8	1.277 3	1.278 2	1.000 8
	管理科学	项目数/项	—	—	—	—	—	1
		项目经费/万元	—	—	—	—	—	48
		主持人数/人	—	—	—	—	—	1
		NCI	—	—	—	—	—	0.105 7
	医学科学	项目数/项	3	2	2	5	3	4
		项目经费/万元	106	103	106	198	141	145.6
		主持人数/人	3	2	2	5	3	4
		NCI	0.279	0.195 7	0.204 2	0.478	0.309 1	0.385 7

表 4-126　2011～2016 年中国科学院合肥物质科学研究院国家自然科学基金项目经费 Top 10 人才

人名	项目经费/万元	项目数/项	关键研究领域
张为俊	1653.29	4	大气科学
梅涛	1300	2	自动化
黄伟	1136.45	3	物理化学
李建刚	607.5	2	物理学 II
谢品华	475	3	大气科学
蔡伟平	466	3	物理学 I
孟国文	465	3	无机非金属材料
张忠平	450	3	分析化学
赵惠军	440	2	无机非金属材料
张昌锦	437	4	大科学装置联合基金

4.2.59 南京航空航天大学

截止 2016 年 12 月，南京航空航天大学设有学院 15 个、科研机构 142 个、本科专业 54 个、一级学科硕士学位授权点 35 个、一级学科博士学位授权点 15 个、博士后科研流动站 16 个。有全日制在校生 2.7 万名，其中本科生 1.8 万名，研究生 8000 余名，学位留学生 770 多名。有教职工 3058 名，其中专任教师 1819 名，院士及双聘院士 8 名，"千人计划"专家 9 名，"长江学者奖励计划"特聘教授 11 名、讲座教授 4 名、青年学者 3 名，国家杰出青年科学基金获得者 6 名，全国教学名师 3 名，国家级、省部级有突出贡献的中青年专家 21 名[59]。

2016 年，南京航空航天大学综合 NCI 为 5.2602，排名第 59 位；国家自然科学基金项目总数为 141 项，项目经费为 7165.5 万元，全国排名分别为第 58 位和第 65 位，江苏省省内排名分别为第 7 位和第 6 位（图 4-59）。2011~2016 年南京航空航天大学 NCI 变化趋势及指标如表 4-127 所示，国家自然科学基金项目经费 Top 10 人才如表 4-128 所示。

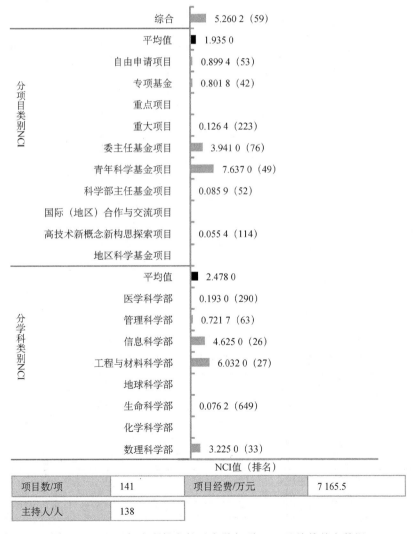

图 4-59　2016 年南京航空航天大学各项 NCI 及总体基金数据

表 4-127　2011～2016 年南京航空航天大学 NCI 变化趋势及指标

NCI 趋势	学科	类别	2011 年	2012 年	2013 年	2014 年	2015 年	2016 年
	综合	项目数/项	160	135	134	129	147	141
		项目经费/万元	7 202.7	6 816	7 158.9	7 629	10 904.3	7 165.5
		主持人数/人	156	133	133	127	142	138
		NCI	5.742 2	4.632 1	4.883 6	4.919 5	6.149	5.260 2
	数理科学	项目数/项	41	37	29	29	37	30
		项目经费/万元	1 857	2 241	1 476	1 813	2 106	1 566
		主持人数/人	40	36	29	29	35	29
		NCI	4.108 5	3.786	2.921 6	3.228 1	3.988 4	3.225 4
	化学科学	项目数/项	5	1	—	2	1	—
		项目经费/万元	231	82	—	105	66	—
		主持人数/人	5	1	—	2	1	—
		NCI	0.508 5	0.114 2	—	0.21	0.115 4	—
	生命科学	项目数/项	—	—	—	1	—	1
		项目经费/万元	—	—	—	23	—	18
		主持人数/人	—	—	—	1	—	1
		NCI	—	—	—	0.079 8	—	0.076 2
	地球科学	项目数/项	2	1	2	1	1	—
		项目经费/万元	83	25	50	85	21	—
		主持人数/人	2	1	2	1	1	—
		NCI	0.196 3	0.076 9	0.159	0.123 3	0.078 8	—
	工程与材料科学	项目数/项	61	52	50	52	64	55
		项目经费/万元	2 840.5	2 812	3 255.4	3 131	5 999	2 946
		主持人数/人	61	52	50	52	62	55
		NCI	6.220 3	5.170 6	5.468 2	5.716 3	8.211 8	6.032
	信息科学	项目数/项	39	36	43	40	37	46
		项目经费/万元	1 611	1 351	1 994	2 346	2 368	1 898.5
		主持人数/人	38	36	43	38	37	46
		NCI	3.788 3	3.169 2	4.199 7	4.284 9	4.224 9	4.625 1
	管理科学	项目数/项	10	8	10	4	7	6
		项目经费/万元	306.2	305	383.5	126	344.3	424
		主持人数/人	9	8	10	4	7	6
		NCI	0.856 1	0.708	0.916 8	0.354 3	0.732 1	0.721 7
	医学科学	项目数/项	1	—	—	—	—	2
		项目经费/万元	24	—	—	—	—	73
		主持人数/人	1	—	—	—	—	2
		NCI	0.081 8	—	—	—	—	0.193

表 4-128　2011～2016 年南京航空航天大学国家自然科学基金项目经费 Top 10 人才

人名	项目经费/万元	项目数/项	关键研究领域
宣益民	2234	3	工程热物理与能源利用
潘时龙	624	3	光学和光电子学
朱荻	540	2	机械工程
阮新波	511.4	4	电气科学与工程
袁慎芳	488	3	机械工程
戴振东	478.5	4	机械工程
谭慧俊	461	4	力学
赵宁	449	3	力学
金栋平	405	2	力学
高存法	391	3	力学

4.2.60 暨南大学

暨南大学设有 36 个学院和研究生院，62 个系，本科专业 89 个，一级学科硕士学位授权点 37 个，一级学科博士学位授权点 15 个，博士后科研流动站 16 个，博士后工作站 1 个。截至 2016 年 9 月，在校各类学生 50 696 名，其中全日制本科生 25 277 名，研究生 10 006 名。有专任教师 2093 名，其中中国科学院院士 2 名，中国工程院院士 5 名，"长江学者奖励计划"特聘教授 9 名、讲座教授 4 名，"千人计划"专家 12 名，国家杰出青年科学基金获得者 14 名，正教授 605 名，副教授 789 名，博士生导师 597 名，硕士生导师 1270 名[60]。

2016 年，暨南大学综合 NCI 为 5.2232，排名第 60 位；国家自然科学基金项目总数为 146 项，项目经费为 6403.8 万元，全国排名分别为第 54 位和第 70 位，广东省省内排名均为第 5 位（图 4-60）。2011～2016 年暨南大学 NCI 变化趋势及指标如表 4-129 所示，国家自然科学基金项目经费 Top 10 人才如表 4-130 所示。

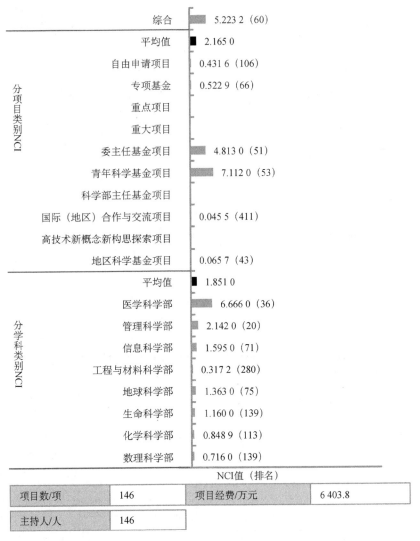

图 4-60   2016 年暨南大学各项 NCI 及总体基金数据

表 4-129　2011~2016 年暨南大学 NCI 变化趋势及指标

NCI 趋势	学科	类别	2011 年	2012 年	2013 年	2014 年	2015 年	2016 年
	综合	项目数/项	114	127	115	123	131	146
		项目经费/万元	5 025.6	6 906.3	6 104.5	6 855	6 408	6 403.8
		主持人数/人	110	123	113	121	128	146
		NCI	4.048 8	4.441 4	4.168 2	4.597 7	4.787 9	5.223 2
	数理科学	项目数/项	6	12	9	13	5	9
		项目经费/万元	113	344	274.5	587	136	184
		主持人数/人	6	12	9	13	5	9
		NCI	0.452 5	0.965 7	0.764 4	1.298 4	0.429 3	0.716
	化学科学	项目数/项	9	11	15	4	10	7
		项目经费/万元	390	665	934	150	522	507
		主持人数/人	9	11	15	4	10	7
		NCI	0.896	1.135 2	1.616 3	0.375 5	1.066 9	0.848 9
	生命科学	项目数/项	19	14	11	18	15	11
		项目经费/万元	877	706	541	1013	577.2	525
		主持人数/人	18	14	11	18	15	11
		NCI	1.897 3	1.36	1.095 6	1.934 7	1.445 6	1.160 9
	地球科学	项目数/项	8	10	8	9	14	13
		项目经费/万元	504	527	463	554	893	609
		主持人数/人	8	10	8	9	14	13
		NCI	0.902 3	0.985 8	0.841 2	0.996 7	1.596 8	1.363 5
	工程与材料科学	项目数/项	5	3	5	4	6	3
		项目经费/万元	196	133	172	263	251	144
		主持人数/人	5	3	5	4	6	3
		NCI	0.481 4	0.279 2	0.442 1	0.452 8	0.594 6	0.317 2
	信息科学	项目数/项	7	13	7	15	18	18
		项目经费/万元	237.1	1 097	219	1 000	1 158	509
		主持人数/人	7	12	7	15	18	18
		NCI	0.642	1.459 9	0.599 6	1.705 9	2.058 9	1.595 5
	管理科学	项目数/项	15	12	14	13	9	24
		项目经费/万元	456	490.5	600	595	389.3	693
		主持人数/人	15	12	14	13	9	24
		NCI	1.326 9	1.086 9	1.331 9	1.304 2	0.901 9	2.142 2
	医学科学	项目数/项	44	51	44	46	51	61
		项目经费/万元	1 992.5	2 673.8	2 386	2 450	1 776.5	3 232.8
		主持人数/人	43	50	44	46	51	61
		NCI	4.411 3	4.986 1	4.527 5	4.854 1	4.754 7	6.666 4

表 4-130　2011~2016 年暨南大学国家自然科学基金项目经费 Top 10 人才

人名	项目经费/万元	项目数/项	关键研究领域
李朝晖	712	2	光学和光电子学
关柏鸥	568	3	光学和光电子学
王伯光	320	2	地球化学
彭青玉	310	2	天文学
曾永平	291	1	环境化学
尹芝南	289	1	免疫学
姚新生	275	1	药物学
叶文才	275	1	药物学
段舜山	247	3	海洋科学
谭绍早	216	3	化学工程及工业化学

4.2.61　天津医科大学

截至 2016 年 12 月，天津医科大学设有 17 个学院、21 个本科专业、一级学科硕士学位授权点 11 个、一级学科博士学位授权点 7 个、博士后科研流动站 6 个。有全日制本科以上在校生 10 045 名，其中本科生 5387 名、硕士研究生 2987 名、博士研究生 435 名、学历留学生 1236 名。有教职工 8682 名，其中中国科学院院士 1 名，中国工程院院士 2 名，"千人计划"学者 7 名，"长江学者奖励计划"特聘教授 5 名，"万人计划"领军人才 4 名，"百千万人才工程"国家级人选 8 名，"万人计划"青年拔尖人才 1 名，教育部"新世纪优秀人才支持计划"学者 17 名[61]。

2016 年，天津医科大学综合 NCI 为 5.1439，排名第 61 位；国家自然科学基金项目总数为 153 项，项目经费为 5606.3 万元，全国排名分别为第 48 位和第 86 位，天津市市内排名均为第 3 位（图 4-61）。2011～2016 年天津医科大学 NCI 变化趋势及指标如表 4-131 所示，国家自然科学基金项目经费 Top 10 人才如表 4-132 所示。

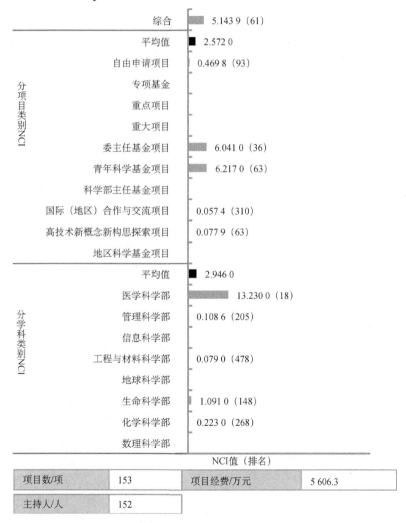

图 4-61　2016 年天津医科大学各项 NCI 及总体基金数据

表 4-131　2011~2016 年天津医科大学 NCI 变化趋势及指标

NCI 趋势	学科	类别	2011 年	2012 年	2013 年	2014 年	2015 年	2016 年
	综合	项目数/项	103	122	132	126	160	153
		项目经费/万元	5 380.85	6 077.1	7 488.65	6 599.2	6 248.4	5 606.3
		主持人数/人	100	121	131	124	157	152
		NCI	3.879 1	4.176 5	4.907 9	4.613 9	5.432 5	5.143 9
	数理科学	项目数/项	—	—	—	—	—	—
		项目经费/万元	—	—	—	—	—	—
		主持人数/人	—	—	—	—	—	—
		NCI	—	—	—	—	—	—
	化学科学	项目数/项	2	5	4	3	4	3
		项目经费/万元	83	231	265	73	219	50
		主持人数/人	2	5	4	3	4	3
		NCI	0.196 3	0.471 8	0.44	0.243 8	0.433 6	0.223
	生命科学	项目数/项	13	14	15	9	13	11
		项目经费/万元	797.85	894.1	696	563	582	436
		主持人数/人	12	14	15	9	13	11
		NCI	1.415 2	1.471 5	1.465 3	1.002	1.317 7	1.091 2
	地球科学	项目数/项	—	—	—	—	—	—
		项目经费/万元	—	—	—	—	—	—
		主持人数/人	—	—	—	—	—	—
		NCI	—	—	—	—	—	—
	工程与材料科学	项目数/项	2	—	1	—	—	1
		项目经费/万元	50	—	25	—	—	20
		主持人数/人	2	—	1	—	—	1
		NCI	0.165 8	—	0.079 5	—	—	0.079
	信息科学	项目数/项	2	—	2	3	1	—
		项目经费/万元	76	—	104	179	21	—
		主持人数/人	2	—	2	3	1	—
		NCI	0.190 6	—	0.202 9	0.328 8	0.078 8	—
	管理科学	项目数/项	—	1	1	1	—	1
		项目经费/万元	—	52	50	63	—	52
		主持人数/人	—	1	1	1	—	1
		NCI	—	0.098 1	0.100 2	0.111 6	—	0.108 6
	医学科学	项目数/项	84	102	109	110	142	137
		项目经费/万元	437 4	4 900	6 348.65	5 721.2	5 426.4	5 048.3
		主持人数/人	83	102	108	108	140	136
		NCI	8.855 4	9.749 9	11.451	11.446	13.589 2	13.231 6

表 4-132　2011~2016 年天津医科大学国家自然科学基金项目经费 Top 10 人才

人名	项目经费/万元	项目数/项	关键研究领域
朱毅	1070	5	医学循环系统
尚永丰	650	2	遗传学与生物信息学
杨洁	358.95	5	生物物理、生物化学与分子生物学
冯世庆	240	1	运动系统
刘铭	240	1	内分泌系统/代谢和营养支持
艾玎	235	3	医学循环系统
李兵辉	187	2	肿瘤学
刘喆	170	2	遗传学与生物信息学
王耀刚	167	3	宏观管理与政策
石磊	162	2	遗传学与生物信息学

4.2.62　哈尔滨医科大学

截至 2016 年 12 月，哈尔滨医科大学设有 17 个专业、一级学科硕士学位授权点 11 个、一级学科博士学位授权点 8 个、博士后科研流动站 5 个。有在校学生 21 022 名，其中研究生 5370 名、普通本科生 11 367 名、普通专科生 2797 名、留学生 466 名。有教职工 8855 名，其中中国工程院院士 1 名，"千人计划"专家 2 名，"长江学者奖励计划"特聘教授 1 名、讲座教授 1 名，"万人计划"领军人才 2 名，"万人计划"青年拔尖人才 1 名[62]。

2016 年，哈尔滨医科大学综合 NCI 为 5.0947，排名第 62 位；国家自然科学基金项目总数为 148 项，项目经费为 5862.6 万元，全国排名分别为第 51 位和第 81 位，黑龙江省省内排名均为第 2 位（图 4-62）。2011~2016 年哈尔滨医科大学 NCI 变化趋势及指标如表 4-133 所示，国家自然科学基金项目经费 Top 10 人才如表 4-134 所示。

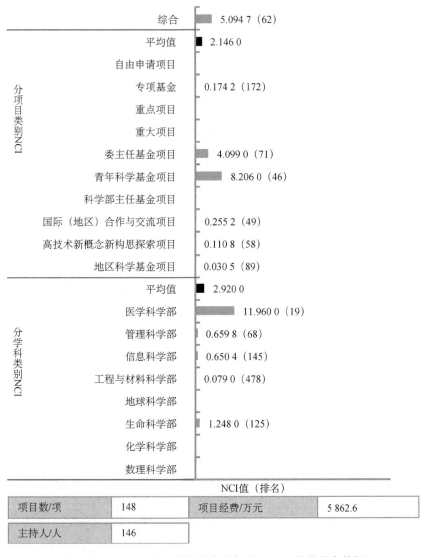

图 4-62　2016 年哈尔滨医科大学各项 NCI 及总体基金数据

表 4-133 2011～2016 年哈尔滨医科大学 NCI 变化趋势及指标

NCI 趋势	学科	类别	2011 年	2012 年	2013 年	2014 年	2015 年	2016 年
	综合	项目数/项	156	171	145	133	148	148
		项目经费/万元	7 329	8 446.9	7 130	6 584	6 252.2	5 862.6
		主持人数/人	152	168	144	132	147	146
		NCI	5.677 7	5.819 3	5.141 4	4.793	5.179 4	5.094 7
	数理科学	项目数/项	—	—	—	—	—	—
		项目经费/万元	—	—	—	—	—	—
		主持人数/人	—	—	—	—	—	—
		NCI	—	—	—	—	—	—
	化学科学	项目数/项	—	—	—	—	1	—
		项目经费/万元	—	—	—	—	21	—
		主持人数/人	—	—	—	—	1	—
		NCI	—	—	—	—	0.0788	—
	生命科学	项目数/项	14	11	12	10	11	13
		项目经费/万元	467	761.4	598	347	313	468
		主持人数/人	14	11	12	10	11	13
		NCI	1.277 4	1.187 6	1.200 5	0.914 8	0.958 7	1.248 9
	地球科学	项目数/项	—	—	—	—	—	—
		项目经费/万元	—	—	—	—	—	—
		主持人数/人	—	—	—	—	—	—
		NCI	—	—	—	—	—	—
	工程与材料科学	项目数/项	—	1	1	—	—	1
		项目经费/万元	—	80	25	—	—	20
		主持人数/人	—	1	1	—	—	1
		NCI	—	0.113 3	0.079 5	—	—	0.079
	信息科学	项目数/项	1	3	2	4	5	7
		项目经费/万元	57	112	103	158	255	228
		主持人数/人	1	3	2	4	5	7
		NCI	0.109 1	0.263 6	0.202 3	0.382 1	0.529 3	0.650 4
	管理科学	项目数/项	3	5	3	7	5	7
		项目经费/万元	99	167	301	272	176	238
		主持人数/人	3	5	3	7	5	7
		NCI	0.272 7	0.423 4	0.379	0.665	0.467 8	0.659 8
	医学科学	项目数/项	136	149	126	112	126	120
		项目经费/万元	6 526	6 906.5	6 083	5 807	5 487.2	4 908.6
		主持人数/人	134	148	125	112	126	118
		NCI	13.938 8	14.042 2	12.439 4	11.713 4	12.654 6	11.962 4

表 4-134 2011～2016 年哈尔滨医科大学国家自然科学基金项目经费 Top 10 人才

人名	项目经费/万元	项目数/项	关键研究领域
杨宝峰	1200	2	医学循环系统
吕延杰	400	3	医学循环系统
张志仁	400	2	医学循环系统
朱大岭	297.4	4	生理学与整合生物学
申宝忠	284	1	生物物理、生物化学与分子生物学
田家玮	280	1	影像医学与生物医学工程
吴群红	225	1	宏观管理与政策
张伟华	187	3	医学循环系统
李霞	172	2	医学循环系统
王广友	157	2	神经科学

4.2.63 武汉理工大学

截至 2016 年 12 月，武汉理工大学设有本科生专业 89 个、一级学科硕士学位授权点 38 个、一级学科博士学位授权点 15 个、博士后科研流动站 17 个。拥有全日制学生 50 452 名，其中本科生 36 754 名、博士和硕士研究生 12 471 名、留学生 1227 名。拥有教职工 5493 名，其中专任教师 3201 名，中国工程院院士 2 名，比利时皇家科学院院士 1 名，澳大利亚工程院院士 1 名，面向全球聘任的战略科学家 23 名，"千人计划"学者 19 名，"万人计划"学者 5 名，"长江学者奖励计划"特聘教授、讲座教授、青年学者 14 名，"百千万人才工程"国家级人选 11 名[63]。

2016 年，武汉理工大学综合 NCI 为 4.9850，排名第 63 位；国家自然科学基金项目总数为 139 项，项目经费为 6142 万元，全国排名分别为第 60 位和第 75 位，湖北省省内排名均为第 5 位（图 4-63）。2011～2016 年武汉理工大学 NCI 变化趋势及指标如表 4-135 所示，国家自然科学基金项目经费 Top 10 人才如表 4-136 所示。

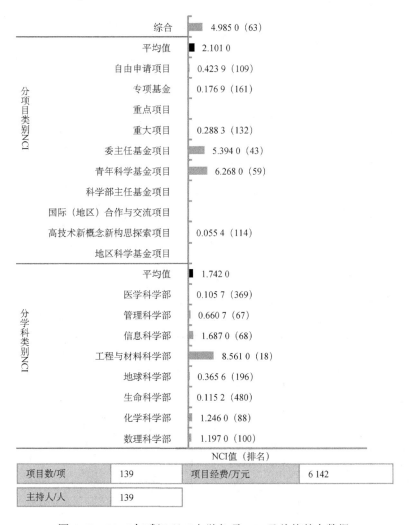

项目数/项	139	项目经费/万元	6 142
主持人/人	139		

图 4-63　2016 年武汉理工大学各项 NCI 及总体基金数据

表 4-135　2011～2016 年武汉理工大学 NCI 变化趋势及指标

NCI 趋势	学科	类别	2011 年	2012 年	2013 年	2014 年	2015 年	2016 年
	综合	项目数/项	103	108	107	109	112	139
		项目经费/万元	4 574.5	8 458.7	6 020	7 200	5 764.6	6 142
		主持人数/人	101	106	107	105	112	139
		NCI	3.686 9	4.284 3	3.977 4	4.281 7	4.195 7	4.985
	数理科学	项目数/项	6	11	6	5	7	14
		项目经费/万元	238	370	186	247	230	356
		主持人数/人	6	11	6	5	7	14
		NCI	0.58	0.933 7	0.512 4	0.514 6	0.64	1.197 8
	化学科学	项目数/项	8	6	4	15	7	10
		项目经费/万元	324	425	209	1 214	328	787
		主持人数/人	8	6	4	15	7	10
		NCI	0.778 7	0.652 8	0.406 5	1.819 8	0.720 4	1.246 8
	生命科学	项目数/项	—	1	4	1	—	1
		项目经费/万元	—	79	271	24	—	62
		主持人数/人	—	1	4	1	—	1
		NCI	—	0.112 8	0.443 3	0.080 9	—	0.115 2
	地球科学	项目数/项	5	2	3	3	3	4
		项目经费/万元	174.5	158	200	131	107	124
		主持人数/人	5	2	3	3	3	4
		NCI	0.463 1	0.225 7	0.330 7	0.296 3	0.281 9	0.365 6
	工程与材料科学	项目数/项	69	65	68	74	74	84
		项目经费/万元	326 6	3 511.9	4 031	5 191	4 410	3 611
		主持人数/人	69	65	68	73	74	84
		NCI	7.074 6	6.461 4	7.207 9	8.520 9	8.251 3	8.561 3
	信息科学	项目数/项	10	16	17	9	15	17
		项目经费/万元	390	3 433	843	316	591	675
		主持人数/人	9	15	17	9	15	17
		NCI	0.928	2.465 1	1.697 9	0.826 6	1.457 1	1.687 4
	管理科学	项目数/项	4	6	5	2	5	7
		项目经费/万元	122	396.8	280	77	80.6	239
		主持人数/人	4	6	5	2	5	7
		NCI	0.354 2	0.638	0.52	0.189 4	0.360 6	0.660 7
	医学科学	项目数/项	1	1	—	—	1	1
		项目经费/万元	60	85	—	—	18	48
		主持人数/人	1	1	—	—	1	1
		NCI	0.111	0.115 6	—	—	0.074 8	0.105 7

表 4-136　2011～2016 年武汉理工大学国家自然科学基金项目经费 Top 10 人才

人名	项目经费/万元	项目数/项	关键研究领域
姜德生	2880	2	光学和光电子学
傅正义	1210	2	无机非金属材料
余家国	723	4	无机非金属材料
孙涛垒	625	4	有机高分子材料
王发洲	483.5	5	无机非金属材料
麦立强	480	2	无机非金属材料
严新平	370	2	水利科学与海洋工程
唐新峰	353	2	无机非金属材料
梅炳初	352	1	无机非金属材料
刘韩星	320	2	无机非金属材料

4.2.64　北京工业大学

截至 2016 年 4 月，北京工业大学设有 62 个本科专业、31 个一级学科硕士学位授权点、18 个一级学科博士学位授权点、18 个博士后科研流动站。拥有在校生 2.7 万余名，其中研究生 1 万余名、全日制本科生 1.3 万余名、成人教育本专科生 3900 余名、留学生 1000 余名。截至 2016 年 12 月底，拥有在职教职工 2960 名，其中中国科学院院士 1 名，中国工程院院士 8 名，北京市战略科学家、欧洲科学院院士 1 名，"长江学者奖励计划"特聘教授 9 名，"千人计划"入选者 15 名，"国家高层次人才特殊支持计划"入选者 3 名，"百千万人才工程"国家级入选者 11 名[64]。

2016 年，北京工业大学综合 NCI 为 4.9798，排名第 64 位；国家自然科学基金项目总数为 122 项，项目经费为 8080.66 万元，全国排名分别为第 73 位和第 57 位，北京市市内排名分别为第 9 位和第 12 位（图 4-64）。2011～2016 年北京工业大学 NCI 变化趋势及指标如表4-137 所示，国家自然科学基金项目经费 Top 10 人才如表 4-138 所示。

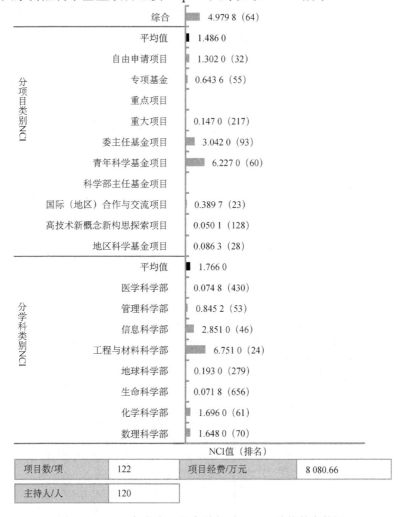

图 4-64　2016 年北京工业大学各项 NCI 及总体基金数据

表 4-137 2011～2016 年北京工业大学 NCI 变化趋势及指标

NCI 趋势	学科	类别	2011 年	2012 年	2013 年	2014 年	2015 年	2016 年
	综合	项目数/项	121	127	116	107	129	122
		项目经费/万元	5 658.44	10 557	7 752	8 306	10 141.1	8 080.66
		主持人数/人	119	124	114	106	124	120
		NCI	4.410 7	5.130 1	4.540 1	4.477 1	5.492 5	4.979 8
	数理科学	项目数/项	26	23	19	21	24	16
		项目经费/万元	1 662.5	1 857	1 248	1 153	2 047.5	758
		主持人数/人	25	23	17	21	24	15
		NCI	2.908 6	2.613 9	2.008 2	2.238 6	3.016	1.648 6
	化学科学	项目数/项	11	9	10	9	13	14
		项目经费/万元	556	665	544	610	1 023	1 012
		主持人数/人	11	9	10	9	12	14
		NCI	1.152 8	0.993	1.030 1	1.029 2	1.548 4	1.696 8
	生命科学	项目数/项	2	—	—	1	1	1
		项目经费/万元	70	—	—	15	20	15
		主持人数/人	2	—	—	1	1	1
		NCI	0.185 4	—	—	0.069 2	0.077 5	0.071 8
	地球科学	项目数/项	1	2	—	1	2	2
		项目经费/万元	60	110	—	100	364	73
		主持人数/人	1	2	—	1	2	2
		NCI	0.111	0.2	—	0.130 2	0.323 5	0.193
	工程与材料科学	项目数/项	50	58	62	63	62	52
		项目经费/万元	2 135	6 139	3 904	5 515	4 092	4 621.66
		主持人数/人	50	55	62	62	61	52
		NCI	4.953 5	7.087 6	6.705 5	7.803 9	7.113 9	6.751 7
	信息科学	项目数/项	27	30	23	7	26	28
		项目经费/万元	1 039.44	1 664	1 937	677	2 551.64	1 201
		主持人数/人	27	30	23	7	25	28
		NCI	2.584 1	3.008 4	2.740 7	0.901 2	3.379 1	2.851 7
	管理科学	项目数/项	2	2	1	2	1	8
		项目经费/万元	54.5	71	54	121	43	383
		主持人数/人	2	2	1	2	1	8
		NCI	0.170 6	0.172 8	0.102 8	0.220 2	0.1	0.845 2
	医学科学	项目数/项	2	3	1	3	—	1
		项目经费/万元	81	51	65	115	—	17
		主持人数/人	2	3	1	3	—	1
		NCI	0.194 7	0.202 8	0.109 3	0.283 7	—	0.074 8

表 4-138 2011～2016 年北京工业大学国家自然科学基金项目经费 Top 10 人才

人名	项目经费/万元	项目数/项	关键研究领域
杜修力	3702.4	7	建筑环境与结构工程
何存富	1168.5	4	机械工程
王璞	1128.64	3	光学和光电子学
聂祚仁	1050	1	冶金与矿业
宋晓艳	825	4	金属材料
马国伟	643.51	2	建筑环境与结构工程
郭广生	589	2	分析化学
程水源	560	2	建筑环境与结构工程
谢静超	549	3	建筑环境与结构工程
汪夏燕	530	3	分析化学

4.2.65 南京理工大学

截至 2016 年 9 月，南京理工大学设有博士后科研流动站 16 个、博士学位点 50 个、硕士学位点 117 个。拥有教职工 3200 余名，其中中国科学院院士、中国工程院院士 12 名，外国院士 3 名，"千人计划"专家 10 名，"万人计划"专家 8 名，"长江学者奖励计划"特聘教授、讲座教授 12 名，"百千万人才工程"国家级人选 14 名[65]。

2016 年，南京理工大学综合 NCI 为 4.8401，排名第 65 位；国家自然科学基金项目总数为 130 项，项目经费为 6427.29 万元，全国排名分别为第 65 位和第 69 位，江苏省省内排名分别为第 9 位和第 8 位（图 4-65）。2011~2016 年南京理工大学 NCI 变化趋势及指标如表 4-139 所示，国家自然科学基金项目经费 Top 10 人才如表 4-140 所示。

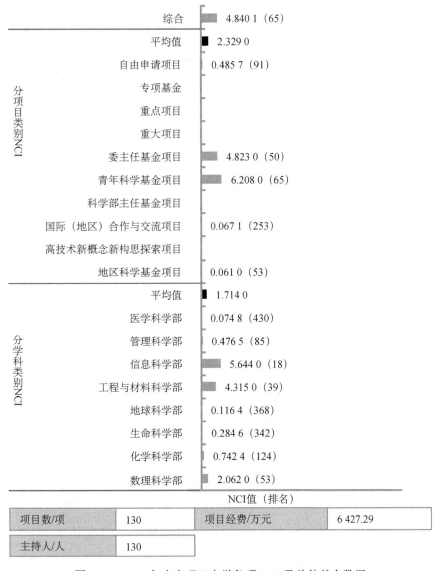

图 4-65 2016 年南京理工大学各项 NCI 及总体基金数据

表4-139　2011～2016年南京理工大学NCI变化趋势及指标

NCI趋势	学科	类别	2011年	2012年	2013年	2014年	2015年	2016年
	综合	项目数/项	97	119	124	104	134	130
		项目经费/万元	3 875.9	6 481.2	6 002.5	5 531	6 304.1	6 427.29
		主持人数/人	96	117	123	102	131	130
		NCI	3.362 3	4.184 7	4.372 2	3.823 4	4.835 1	4.840 1
	数理科学	项目数/项	19	30	20	17	24	22
		项目经费/万元	764	1 350.5	1 148	779	1 164	736
		主持人数/人	19	30	19	17	24	22
		NCI	1.845	2.806 2	2.061 8	1.706 2	2.498 5	2.062 5
	化学科学	项目数/项	4	12	8	13	10	7
		项目经费/万元	150	583	420	443	388	339
		主持人数/人	4	12	8	13	10	7
		NCI	0.379 5	1.151 4	0.814 3	1.182 1	0.966 4	0.742 4
	生命科学	项目数/项	2	1	1	1	3	3
		项目经费/万元	125	23	22	86	60	104
		主持人数/人	2	1	1	1	3	3
		NCI	0.225	0.074 8	0.076 2	0.123 8	0.232 5	0.284 6
	地球科学	项目数/项	—	—	1	—	1	1
		项目经费/万元	—	—	90	—	20	64
		主持人数/人	—	—	1	—	1	1
		NCI	—	—	0.121 8	—	0.077 5	0.116 4
	工程与材料科学	项目数/项	23	37	42	28	55	44
		项目经费/万元	896	1 992	2 081.5	1 586	3 114	1 686
		主持人数/人	22	37	42	28	54	44
		NCI	2.177 5	3.673 7	4.194	3.016	5.992 1	4.315 9
	信息科学	项目数/项	42	31	43	39	32	47
		项目经费/万元	1 697.1	2 211.8	1 895	2 354	1 336	3 305.59
		主持人数/人	42	30	43	38	32	47
		NCI	4.085 1	3.344 1	4.129	4.253 7	3.169	5.644 5
	管理科学	项目数/项	7	8	8	6	9	5
		项目经费/万元	243.8	320.9	276	283	222.1	175.7
		主持人数/人	7	8	8	6	9	5
		NCI	0.647 9	0.720 1	0.708	0.608	0.748	0.476 5
	医学科学	项目数/项	—	—	1	—	—	1
		项目经费/万元	—	—	70	—	—	17
		主持人数/人	—	—	1	—	—	1
		NCI	—	—	0.112	—	—	0.074 8

表4-140　2011～2016年南京理工大学国家自然科学基金项目经费Top 10人才

人名	项目经费/万元	项目数/项	关键研究领域
付梦印	823.54	1	电子学与信息系统
陈钱	755.05	2	电子学与信息系统
杨健	567	3	自动化
李强	500	2	物理学Ⅱ
陈如山	420	2	电子学与信息系统
柏连发	320	1	电子学与信息系统
王经涛	313	3	金属材料
杨孝平	309	3	数学
杨静宇	300	1	自动化
车文荃	269.8	3	电子学与信息系统

4.2.66 北京化工大学

截至 2016 年 12 月，北京化工大学共设有 14 个学院、51 个本科专业、7 个一级学科博士学位授权点、96 个硕士点、7 个博士后科研流动站。拥有全日制本科生 15 249 名、研究生 6303 名。拥有教职工 2354 名，其中中国科学院院士、中国工程院院士 7 名，"千人计划"引进专家 3 名，全国杰出专业技术人才 1 名，"长江学者奖励计划"特聘教授 11 名、讲座教授 2 名，"973 计划"首席科学家 8 人次，"长江学者奖励计划"青年学者 2 名，教育部跨（新）世纪优秀人才 71 名[66]。

2016 年，北京化工大学综合 NCI 为 4.8246，排名第 66 位；国家自然科学基金项目总数为 112 项，项目经费为 8732.09 万元，全国排名分别为第 80 位和第 54 位，北京市市内排名分别为第 10 位和第 11 位（图 4-66）。2011～2016 年北京化工大学 NCI 变化趋势及指标如表 4-141 所示，国家自然科学基金项目经费 Top 10 人才如表 4-142 所示。

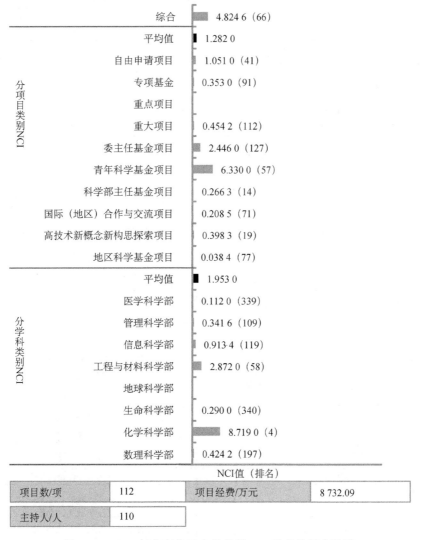

图 4-66　2016 年北京化工大学各项 NCI 及总体基金数据

表 4-141 2011～2016 年北京化工大学 NCI 变化趋势及指标

NCI 趋势	学科	类别	2011 年	2012 年	2013 年	2014 年	2015 年	2016 年
	综合	项目数/项	100	98	95	106	100	112
		项目经费/万元	6 280.5	6 283.5	7 572.2	7 610	8 072.5	8 732.09
		主持人数/人	97	96	93	105	99	110
		NCI	4.003 3	3.634 4	3.938 1	4.321 1	4.338	4.824 6
	数理科学	项目数/项	6	6	4	2	5	5
		项目经费/万元	80	83.5	71	98	145	124
		主持人数/人	6	6	4	2	5	5
		NCI	0.403 3	0.379 5	0.283 7	0.205 3	0.438 5	0.424 2
	化学科学	项目数/项	50	50	49	53	50	66
		项目经费/万元	3 863	2 952	4 175.5	4 180	4 555	6 275.29
		主持人数/人	49	50	49	52	50	65
		NCI	5.995 5	5.119 4	5.861 8	6.334 4	6.422 4	8.719 9
	生命科学	项目数/项	1	4	—	4	1	3
		项目经费/万元	22	211	—	162	20	110
		主持人数/人	1	4	—	4	1	3
		NCI	0.079 4	0.394 5	—	0.385 3	0.077 5	0.29
	地球科学	项目数/项	1	—	—	—	—	—
		项目经费/万元	70	—	—	—	—	—
		主持人数/人	1	—	—	—	—	—
		NCI	0.116 8	—	—	—	—	—
	工程与材料科学	项目数/项	35	31	29	34	33	25
		项目经费/万元	1 977.5	2 750	2 725	2 232	2 653	1 604
		主持人数/人	34	30	28	34	33	24
		NCI	3.770 1	3.595 9	3.542 5	3.846 8	4.065 8	2.872 5
	信息科学	项目数/项	4	2	7	9	8	9
		项目经费/万元	164	98	324	575	603	382
		主持人数/人	4	2	7	9	8	9
		NCI	0.390 9	0.192 4	0.683 3	1.009 1	0.964 7	0.913 4
	管理科学	项目数/项	3	3	4	4	3	3
		项目经费/万元	104	96	136.7	363	96.5	179.8
		主持人数/人	3	3	4	4	3	3
		NCI	0.277 3	0.250 4	0.352 9	0.504 2	0.272 4	0.341 6
	医学科学	项目数/项	—	2	2	—	—	1
		项目经费/万元	—	93	140	—	—	57
		主持人数/人	—	2	2	—	—	1
		NCI	—	0.189 1	0.224 1	—	—	0.112

表 4-142 2011～2016 年北京化工大学国家自然科学基金项目经费 Top 10 人才

人名	项目经费/万元	项目数/项	关键研究领域
杨静	1380	3	化学工程及工业化学
杨万泰	1234	4	有机高分子材料
陈建峰	1171.5	5	化学工程及工业化学
吕超	1145	3	分析化学
谭天伟	1002	3	化学工程及工业化学
李殿卿	616.49	2	化学工程及工业化学
仲崇立	598	2	化学工程及工业化学
王峰	564	3	无机非金属材料
卫敏	520	3	无机化学
宋宇飞	510	3	冶金与矿业

4.2.67　华东理工大学

截至 2015 年 12 月，华东理工大学有 67 个本科专业、25 个一级学科硕士学位授权点、13 个一级学科博士学位授权点、12 个博士后科研流动站。有在校全日制学生近 2.45 万名，其中在校全日制研究生 8778 名（含博士生 1541 名）、全日制本科生 15 385 名、留学生 551 名。有教职员工 3129 名，其中中国科学院院士、中国工程院院士 5 名，双聘院士 4 名，"千人计划"学者 5 名，"青年千人计划"学者 4 名，国家级教学名师 2 名，"长江学者奖励计划"特聘教授 16 名、讲座教授 2 名，"百千万人才工程"国家级人选 13 名，国家自然科学基金委员会创新研究群体 1 个，教育部"长江学者和创新团队发展计划"创新团队 3 个，国家级教学团队 4 个，一大批中青年学者崭露头角[67]。

2016 年，华东理工大学综合 NCI 为 4.7492，排名第 67 位；国家自然科学基金项目总数为 117 项，项目经费为 7560.5 万元，全国排名分别为第 76 位和第 60 位，上海市市内排名均为第 8 位（图 4-67）。2011～2016 年华东理工大学 NCI 变化趋势及指标如表 4-143 所示，国家自然科学基金项目经费 Top 10 人才如表 4-144 所示。

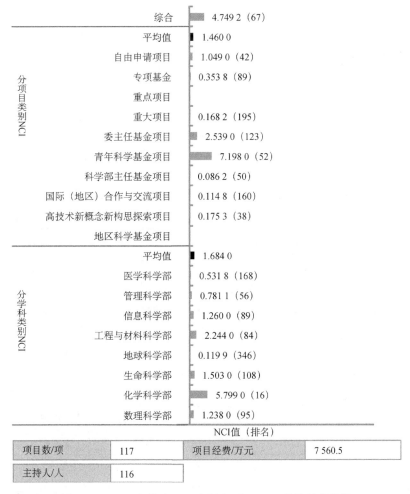

图 4-67　2016 年华东理工大学各项 NCI 及总体基金数据

表 4-143 2011～2016 年华东理工大学 NCI 变化趋势及指标

NCI 趋势	学科	类别	2011 年	2012 年	2013 年	2014 年	2015 年	2016 年
	综合	项目数/项	141	140	180	135	153	117
		项目经费/万元	7 118.52	8 906.7	11 644.2	10 266	8 254.18	7 560.5
		主持人数/人	137	135	176	134	150	116
		NCI	5.251 4	5.151 5	6.957 3	5.613 7	5.784	4.749 2
	数理科学	项目数/项	13	12	17	16	8	12
		项目经费/万元	291	679	643	658	154	536
		主持人数/人	13	12	17	16	8	12
		NCI	1.038 5	1.211 4	1.551 3	1.549	0.612	1.238 8
	化学科学	项目数/项	64	61	84	73	73	50
		项目经费/万元	3 935	4 258.6	6 061.7	6 138	4 497	3 231.9
		主持人数/人	63	59	83	73	73	49
		NCI	7.122 2	6.531 6	9.469 3	8.969 7	8.230 2	5.799
	生命科学	项目数/项	10	15	14	11	13	13
		项目经费/万元	582	980	930	1 251	453.75	817
		主持人数/人	10	15	14	11	13	13
		NCI	1.098 4	1.588 6	1.541 4	1.494 7	1.212 8	1.503 8
	地球科学	项目数/项	1	3	6	1	1	1
		项目经费/万元	44	180	349	25	295	70
		主持人数/人	1	3	6	1	1	1
		NCI	0.100 1	0.308 8	0.632	0.082	0.19	0.119 9
	工程与材料科学	项目数/项	28	21	22	16	35	16
		项目经费/万元	1 330	1 333	1 701	923	1 651.83	1 794
		主持人数/人	27	20	21	15	35	16
		NCI	2.839 6	2.167 2	2.508 7	1.697	3.610 7	2.244 7
	信息科学	项目数/项	9	11	14	10	9	12
		项目经费/万元	402	564	941	432	659.5	565
		主持人数/人	9	11	14	10	9	12
		NCI	0.905 1	1.074 5	1.547 4	0.984 1	1.075 1	1.260 7
	管理科学	项目数/项	12	11	16	7	8	8
		项目经费/万元	410.52	345.1	578	618	262.2	302.3
		主持人数/人	11	11	16	7	8	8
		NCI	1.072 6	0.912 2	1.437 9	0.874 2	0.730 8	0.781 1
	医学科学	项目数/项	4	5	5	—	6	5
		项目经费/万元	124	324	206.5	—	280.9	244.3
		主持人数/人	4	5	5	—	6	5
		NCI	0.356 2	0.528 1	0.469 8	—	0.617 3	0.531 8

表 4-144 2011～2016 年华东理工大学国家自然科学基金项目经费 Top 10 人才

人名	项目经费/万元	项目数/项	关键研究领域
龙亿涛	2058.6	4	分析化学
刘昌胜	1346	2	无机非金属材料
冯耀宇	962	3	兽医学
田禾	960	3	有机化学
李春忠	600	2	化学工程及工业化学
朱为宏	559	3	化学工程及工业化学
钱锋	550	2	化学工程及工业化学
朱麟勇	547	3	物理化学
杜文莉	514.5	3	自动化
周兴贵	443	4	化学工程及工业化学

4.2.68　西北大学

截至 2016 年 10 月，西北大学设有 22 个院（系）和研究生院、85 个本科专业、19 个一级学科博士学位授权点、39 个一级学科硕士学位授权点、22 个博士后科研流动站。有全日制在校生 26 188 名，其中全日制本科生 13 967 名、研究生 7578 名、留学生 1009 名。有教职工 2640 名，其中中国科学院院士 2 名，"长江学者奖励计划"特聘教授、讲座教授 11 名，"千人计划"学者 4 名，国家级教学名师 4 名，"万人计划"教学名师 2 名，"万人计划"青年拔尖人才 1 名，"百千万人才工程"国家级入选者 12 名，科技部"中青年科技创新领军人才" 1 名，教育部"新世纪优秀人才支持计划"入选者 18 名[68]。

2016 年，西北大学综合 NCI 为 4.6847，排名第 68 位；国家自然科学基金项目总数为 123 项，项目经费为 6563.17 万元，全国排名分别为第 71 位和第 67 位，陕西省省内排名均为第 6 位（图 4-68）。2011～2016 年西北大学 NCI 变化趋势及指标如表 4-145 所示，国家自然科学基金项目经费 Top 10 人才如表 4-146 所示。

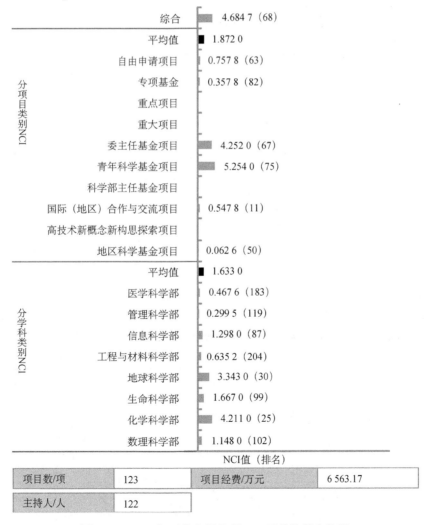

图 4-68　2016 年西北大学各项 NCI 及总体基金数据

表 4-145　2011～2016 年西北大学 NCI 变化趋势及指标

NCI 趋势	学科	类别	2011 年	2012 年	2013 年	2014 年	2015 年	2016 年
	综合	项目数/项	78	106	117	81	85	123
		项目经费/万元	7 160.1	6 732.5	7 717.5	7 026	4 353	6 563.17
		主持人数/人	77	102	116	80	84	122
		NCI	3.564 5	3.895 5	4.572 8	3.513 4	3.166 4	4.684 7
	数理科学	项目数/项	14	14	17	19	21	13
		项目经费/万元	307.1	281.5	555.5	954.5	731.5	364
		主持人数/人	14	13	17	18	20	13
		NCI	1.110 8	0.976 6	1.477 5	1.931 2	1.926 2	1.148 5
	化学科学	项目数/项	26	25	31	21	19	41
		项目经费/万元	1 325	1 378	1 909	1 358	1 349	1 803.97
		主持人数/人	26	24	31	21	19	41
		NCI	2.732 2	2.467 9	3.327 9	2.364 1	2.245 9	4.211 3
	生命科学	项目数/项	9	23	13	10	10	16
		项目经费/万元	574	1 298	560	548	415	784
		主持人数/人	9	23	13	10	10	15
		NCI	1.019 2	2.319 8	1.238 9	1.065 3	0.988 3	1.667 2
	地球科学	项目数/项	17	20	27	21	20	24
		项目经费/万元	3 888	1 486	2 125	3 702	1 244	2 634
		主持人数/人	16	20	27	21	20	24
		NCI	2.887 8	2.210 9	3.145 5	3.302 5	2.262 1	3.343 2
	工程与材料科学	项目数/项	1	4	9	2	2	6
		项目经费/万元	45	152	500	50	128	289
		主持人数/人	1	4	9	2	2	6
		NCI	0.100 8	0.353 6	0.933 6	0.164	0.228 4	0.635 2
	信息科学	项目数/项	6	10	11	5	9	14
		项目经费/万元	305	493	998	300	377	454
		主持人数/人	6	10	11	5	9	14
		NCI	0.63	0.964 2	1.343 7	0.549	0.892 3	1.298 9
	管理科学	项目数/项	1	3	1	2	2	4
		项目经费/万元	38	66	22	41.5	34.5	68.2
		主持人数/人	1	3	1	2	2	4
		NCI	0.095 3	0.221	0.076 2	0.154 1	0.147 5	0.299 5
	医学科学	项目数/项	2	3	4	1	2	5
		项目经费/万元	78	178	408	72	74	166
		主持人数/人	2	3	4	1	2	5
		NCI	0.192 2	0.307 7	0.508 1	0.116 7	0.190 2	0.467 6

表 4-146　2011～2016 年西北大学国家自然科学基金项目经费 Top 10 人才

人名	项目经费/万元	项目数/项	关键研究领域
赵国春	2800	2	地质学
董云鹏	1720	3	地质学
张兴亮	1141	2	地质学
袁洪林	954	2	地球化学
杨文力	528	6	物理学Ⅱ
刘良	441	2	地质学
乔学光	421	2	光学和光电子学
张志飞	400	1	地质学
王尧宇	390	2	无机化学
任战利	386	2	地质学

4.2.69 浙江工业大学

截至 2016 年 12 月，浙江工业大学设有 70 个本科专业、一级学科硕士学位授权点 25 个、一级学科博士学位授权点 5 个、博士后科研流动站 6 个。有全日制本科生 2 万余名、在读各类研究生 9265 名、留学生 1112 名。有教职工 3053 名，其中中国工程院院士 2 名、共享中国科学院和中国工程院院士 3 名、国家级有突出贡献中青年专家 7 名、"千人计划"入选者 10 名、"长江学者奖励计划"特聘教授 1 名、教育部创新团队 2 个、国家级教学团队 2 个、各类国家级人才培养计划入选者 39 人次[69]。

2016 年，浙江工业大学综合 NCI 为 4.6707，排名第 69 位；国家自然科学基金项目总数为 136 项，项目经费为 5316.5 万元，全国排名分别为第 62 位和第 94 位，浙江省省内排名均为第 2 位（图 4-69）。2011～2016 年浙江工业大学 NCI 变化趋势及指标如表 4-147 所示，国家自然科学基金项目经费 Top 10 人才如表 4-148 所示。

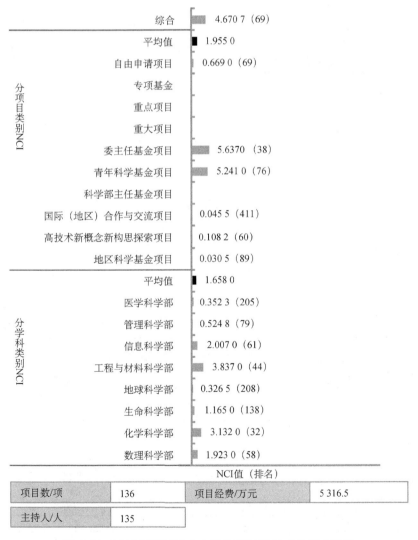

图 4-69 2016 年浙江工业大学各项 NCI 及总体基金数据

表 4-147　2011～2016 年浙江工业大学 NCI 变化趋势及指标

NCI 趋势	学科	类别	2011 年	2012 年	2013 年	2014 年	2015 年	2016 年
	综合	项目数/项	92	100	126	112	109	136
		项目经费/万元	3 395	4 839.5	6 339.5	4 997	5 160.25	5 316.5
		主持人数/人	91	100	126	112	108	135
		NCI	3.105	3.399 9	4.512 4	3.908 6	3.959	4.670 7
	数理科学	项目数/项	10	9	16	11	19	21
		项目经费/万元	278.5	309	566	256	412	655
		主持人数/人	10	9	16	11	19	21
		NCI	0.859 2	0.769 2	1.427 9	0.880 8	1.512 5	1.923 3
	化学科学	项目数/项	28	21	29	33	26	30
		项目经费/万元	1 064	1 340	1 653	1 577	1 114	1 387
		主持人数/人	28	21	29	33	26	30
		NCI	2.668 2	2.206 6	3.034 1	3.358 7	2.597 1	3.132 7
	生命科学	项目数/项	2	4	6	6	4	12
		项目经费/万元	84	128	194	211	128	446
		主持人数/人	2	4	6	6	4	12
		NCI	0.197	0.3339	0.5196	0.5513	0.3625	1.1651
	地球科学	项目数/项	—	2	4	1	1	3
		项目经费/万元	—	108	155	23	19	157
		主持人数/人	—	2	4	1	1	3
		NCI	—	0.198 8	0.368	0.079 8	0.076 2	0.326 5
	工程与材料科学	项目数/项	27	35	29	25	26	38
		项目经费/万元	1 100	1 670	1 661	1 259	1 210.45	1 632.5
		主持人数/人	27	35	29	25	25	37
		NCI	2.633 3	3.338	3.038 9	2.589 3	2.635 4	3.837 9
	信息科学	项目数/项	14	23	30	24	26	21
		项目经费/万元	549	1 081	1 642	1 325	2 031.4	745
		主持人数/人	14	23	30	24	26	21
		NCI	1.348 1	2.182 5	3.096 5	2.563 1	3.173	2.007 6
	管理科学	项目数/项	10	5	12	8	5	6
		项目经费/万元	294.5	193.5	468.5	247	209.5	163
		主持人数/人	9	5	12	8	5	6
		NCI	0.845 1	0.444 7	1.106 7	0.703 9	0.495 7	0.524 8
	医学科学	项目数/项	1	1		4	2	4
		项目经费/万元	25	10		99	35.9	111
		主持人数/人	1	1		4	2	4
		NCI	0.082 9	0.056 7		0.326 9	0.149 5	0.352 3

表 4-148　2011～2016 年浙江工业大学国家自然科学基金项目经费 Top 10 人才

人名	项目经费/万元	项目数/项	关键研究领域
梁荣华	770.4	2	计算机科学
王建国	493	3	化学工程及工业化学
陈胜勇	447	3	自动化
朱艺华	428	2	计算机科学
张国亮	412	3	化学工程及工业化学
姚建华	283	2	机械工程
蔡袁强	244.5	2	建筑环境与结构工程
张泰华	238	2	力学
贾义霞	210	2	有机化学
张立彬	210	1	自动化

4.2.70 昆明理工大学

截至 2015 年 12 月，昆明理工大学设有学院 26 个、本科专业 102 个、一级学科博士学位授权点 8 个、一级学科硕士学位授权点 36 个、博士后科研流动站 8 个。有全日制在校本科生 29 822 名，博士、硕士研究生 10 355 名，留学生 1241 名。有教职工 3888 名，其中中国工程院院士 1 名、博士生导师 249 名、"千人计划"（含"青年千人计划"）入选者 5 名、"长江学者奖励计划"特聘教授 1 名、"万人计划"入选者 5 名、"百千万人才工程"国家级人选 12 名[70]。

2016 年，昆明理工大学综合 NCI 为 4.6045，排名第 70 位；国家自然科学基金项目总数为 133 项，项目经费为 5408.9 万元，全国排名分别为第 63 位和第 90 位，云南省省内排名均为第 1 位（图 4-70）。2011～2016 年昆明理工大学 NCI 变化趋势及指标如表 4-149 所示，国家自然科学基金项目经费 Top 10 人才如表 4-150 所示。

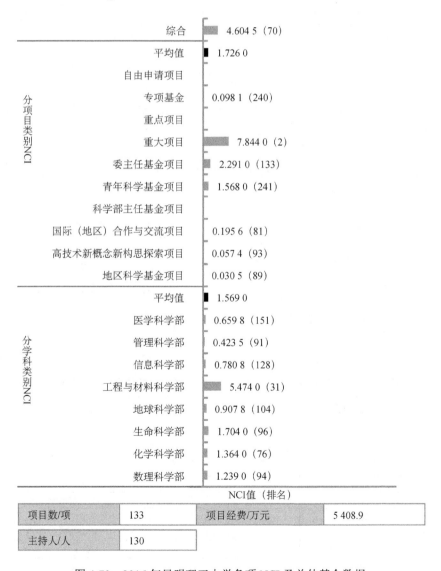

图 4-70 2016 年昆明理工大学各项 NCI 及总体基金数据

表 4-149　2011～2016 年昆明理工大学 NCI 变化趋势及指标

NCI 趋势	学科	类别	2011 年	2012 年	2013 年	2014 年	2015 年	2016 年
	综合	项目数/项	108	135	151	148	171	133
		项目经费/万元	5 139	7 067.5	6 419.2	6 566.5	6 734.32	5 408.9
		主持人数/人	106	131	147	144	167	130
		NCI	3.957	4.664 7	5.066 8	5.108 1	5.813 1	4.604 5
	数理科学	项目数/项	9	15	9	13	17	12
		项目经费/万元	315	793	238	423.5	652.5	585.5
		主持人数/人	9	15	9	13	17	11
		NCI	0.834 4	1.480 3	0.728 9	1.164 5	1.637	1.239 3
	化学科学	项目数/项	8	15	16	11	18	14
		项目经费/万元	352	718	659	459	724	526
		主持人数/人	8	14	15	11	18	14
		NCI	0.800 5	1.399 5	1.470 2	1.070 1	1.760 5	1.364 2
	生命科学	项目数/项	14	9	15	12	15	18
		项目经费/万元	623	432	697	611	542	620
		主持人数/人	14	9	15	12	15	18
		NCI	1.406 2	0.860 1	1.466	1.247 4	1.415 6	1.704
	地球科学	项目数/项	9	11	13	9	12	9
		项目经费/万元	334	615	540	395	498	375
		主持人数/人	9	10	13	9	12	9
		NCI	0.850 9	1.071 4	1.223 9	0.890 4	1.186	0.907 8
	工程与材料科学	项目数/项	50	55	62	55	63	57
		项目经费/万元	2 164	2 431	2 566	2 389	2 323	2 050
		主持人数/人	50	55	62	55	63	57
		NCI	4.975 8	5.113 3	5.830 2	5.422 5	5.985 9	5.474 1
	信息科学	项目数/项	6	14	20	14	22	8
		项目经费/万元	285	593	736	648	804	302
		主持人数/人	5	14	20	14	22	8
		NCI	0.579 6	1.283 2	1.808 5	1.409 8	2.084 1	0.780 8
	管理科学	项目数/项	4	7	6	12	8	5
		项目经费/万元	117	254.5	180.2	408	220.82	123.4
		主持人数/人	4	7	5	12	8	5
		NCI	0.349 3	0.609 8	0.477 1	1.090 3	0.690 2	0.423 5
	医学科学	项目数/项	4	4	8	21	14	7
		项目经费/万元	89	202	373	1 003	550	238
		主持人数/人	4	4	8	20	14	7
		NCI	0.318 9	0.388 8	0.782 8	2.102 5	1.358 6	0.659 8

表 4-150　2011～2016 年昆明理工大学国家自然科学基金项目经费 Top 10 人才

人名	项目经费/万元	项目数/项	关键研究领域
潘波	461	4	地球化学
王锋	355	3	天文学
王华	325	3	冶金与矿业
李蓉涛	314	4	有机化学
余正涛	251	4	计算机科学
张利波	206	3	冶金与矿业
魏昶	182	3	冶金与矿业
李存兄	172	3	冶金与矿业
刘洪喜	163	3	物理学 I
胡学伟	154	3	建筑环境与结构工程

4.2.71　中国科学院地质与地球物理研究所

截至 2016 年 5 月，中国科学院地质与地球物理研究所有研究生 655 名、博士后 168 名。有职工 830 名，其中具有高级专业技术职务者 294 名、中国科学院院士 15 名、中国工程院院士 1 名、"千人计划"入选者 11 名、中国科学院"百人计划"学者 19 名[71]。

2016 年，中国科学院地质与地球物理研究所综合 NCI 为 4.5781，排名第 71 位；国家自然科学基金项目总数为 97 项，项目经费为 9871.1 万元，全国排名分别为第 94 位和第 45 位，市内排名分别为第 12 位和第 10 位（图 4-71）。2011～2016 年中国科学院地质与地球物理研究所 NCI 变化趋势及指标如表 4-151 所示，国家自然科学基金项目经费 Top 10 人才如表 4-152 所示。

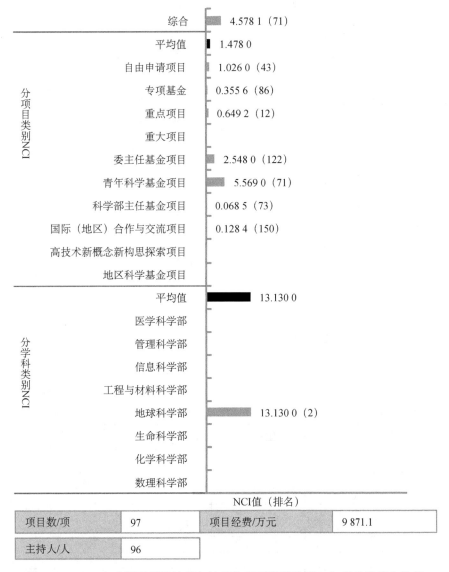

图 4-71　2016 年中国科学院地质与地球物理研究所各项 NCI 及总体基金数据

表 4-151　2011～2016 年中国科学院地质与地球物理研究所 NCI 变化趋势及指标

NCI 趋势	学科	类别	2011 年	2012 年	2013 年	2014 年	2015 年	2016 年
	综合	项目数/项	88	96	91	100	92	97
		项目经费/万元	7 743.2	14 670	11 683.3	20 643	6 546	9 871.1
		主持人数/人	87	89	87	98	91	96
		NCI	3.967 1	4.669 1	4.387 2	5.776 1	3.825 4	4.578 1
	数理科学	项目数/项	1	1	—	—	—	—
		项目经费/万元	26	50	—	—	—	—
		主持人数/人	1	1	—	—	—	—
		NCI	0.084	0.096 9	—	—	—	—
	化学科学	项目数/项	—	—	—	—	—	—
		项目经费/万元	—	—	—	—	—	—
		主持人数/人	—	—	—	—	—	—
		NCI	—	—	—	—	—	—
	生命科学	项目数/项	—	—	—	—	—	—
		项目经费/万元	—	—	—	—	—	—
		主持人数/人	—	—	—	—	—	—
		NCI	—	—	—	—	—	—
	地球科学	项目数/项	86	95	90	100	91	97
		项目经费/万元	7 692.2	14 620	11 469.3	20 643	6 331	9 871.1
		主持人数/人	85	89	86	98	90	96
		NCI	10.858 9	13.098 5	12.127 2	16.464 6	10.644 8	13.130 5
	工程与材料科学	项目数/项	1	—	—	—	—	—
		项目经费/万元	25	—	—	—	—	—
		主持人数/人	1	—	—	—	—	—
		NCI	0.082 9	—	—	—	—	—
	信息科学	项目数/项	—	—	—	—	—	—
		项目经费/万元	—	—	—	—	—	—
		主持人数/人	—	—	—	—	—	—
		NCI	—	—	—	—	—	—
	管理科学	项目数/项	—	—	—	—	—	—
		项目经费/万元	—	—	—	—	—	—
		主持人数/人	—	—	—	—	—	—
		NCI	—	—	—	—	—	—
	医学科学	项目数/项	—	—	—	—	—	—
		项目经费/万元	—	—	—	—	—	—
		主持人数/人	—	—	—	—	—	—
		NCI	—	—	—	—	—	—

表 4-152　2011～2016 年中国科学院地质与地球物理研究所国家自然科学基金项目经费 Top 10 人才

人名	项目经费/万元	项目数/项	关键研究领域
万卫星	11 326	5	地球物理学和空间物理学
李晓	5 650	1	地质学
高俊	3 079.2	4	地质学
郭正堂	2 463.6	3	地质学
朱日祥	2 195	5	地球物理学和空间物理学
潘永信	1 550	4	地球物理学和空间物理学
杨进辉	1 425	3	地球化学
刘嘉麒	742	7	地质学
翟明国	623	3	地质学
林杨挺	602	4	地球化学

4.2.72 中国矿业大学

截至 2016 年 12 月，中国矿业大学有 57 个本科专业、35 个一级学科硕士学位授权点、16 个一级学科博士学位授权点、14 个博士后科研流动站。有全日制普通本科生 23 900 余名，硕士、博士研究生 11 000 余名，留学生 460 余名。有教职工 3100 多名，其中中国科学院院士 1 名、中国工程院院士（含外聘）15 名，"百千万人才工程"第一、第二层次培养对象 14 名，教育部跨（新）优秀人才"63 名[72]。

2016 年，中国矿业大学综合 NCI 为 4.5628，排名第 72 位；国家自然科学基金项目总数为 128 项，项目经费为 5554.3 万元，全国排名分别为第 67 位和第 88 位，江苏省省内排名均为第 10 位（图 4-72）。2011～2016 年中国矿业大学 NCI 变化趋势及指标如表 4-153 所示，国家自然科学基金项目经费 Top 10 人才如表 4-154 所示。

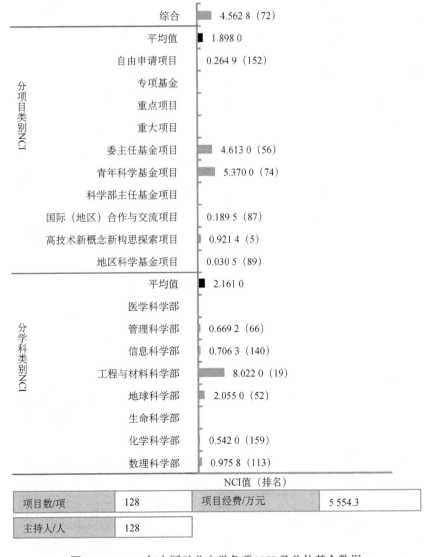

图 4-72　2016 年中国矿业大学各项 NCI 及总体基金数据

表 4-153　2011～2016 年中国矿业大学 NCI 变化趋势及指标

NCI 趋势	学科	类别	2011 年	2012 年	2013 年	2014 年	2015 年	2016 年
	综合	项目数/项	95	114	113	127	118	128
		项目经费/万元	4 113.5	5 662.5	5 877.5	7 838	5 291.6	5 554.3
		主持人数/人	94	112	113	125	118	128
		NCI	3.382 1	3.886 7	4.091 9	4.912 2	4.222 1	4.562 8
	数理科学	项目数/项	9	12	14	16	11	12
		项目经费/万元	173	250	373	365	241.6	262
		主持人数/人	9	12	14	16	11	12
		NCI	0.683 3	0.868 2	1.136 7	1.272 7	0.879 4	0.975 8
	化学科学	项目数/项	3	7	4	2	10	4
		项目经费/万元	110	215	155	85	379	404
		主持人数/人	3	7	4	2	10	4
		NCI	0.282 5	0.576 4	0.368	0.195 8	0.958 9	0.542
	生命科学	项目数/项	—	—	—	—	—	—
		项目经费/万元	—	—	—	—	—	—
		主持人数/人	—	—	—	—	—	—
		NCI	—	—	—	—	—	—
	地球科学	项目数/项	11	19	16	17	12	20
		项目经费/万元	451	958	918	1 526	471	881
		主持人数/人	11	19	16	17	12	20
		NCI	1.075 1	1.845 7	1.677 6	2.134 9	1.164 2	2.055 1
	工程与材料科学	项目数/项	58	63	63	71	70	77
		项目经费/万元	3 016	3 793	3 738	5 004	3 359	3 535.5
		主持人数/人	57	61	63	70	70	77
		NCI	6.100 6	6.423 2	6.68	8.186 7	7.261 4	8.022 1
	信息科学	项目数/项	5	6	11	9	8	8
		项目经费/万元	120	179.5	554.5	449	335	223.5
		主持人数/人	5	6	11	9	8	8
		NCI	0.408 8	0.489 8	1.104 7	0.929 2	0.793	0.706 3
	管理科学	项目数/项	8	7	5	12	6	7
		项目经费/万元	221.5	267	139	409	287	248.3
		主持人数/人	8	7	5	12	6	7
		NCI	0.686	0.619 6	0.411 8	1.091 2	0.621 7	0.669 2
	医学科学	项目数/项	1	—	—	—	—	—
		项目经费/万元	22	—	—	—	—	—
		主持人数/人	1	—	—	—	—	—
		NCI	0.079 4	—	—	—	—	—

表 4-154　2011～2016 年中国矿业大学国家自然科学基金项目经费 Top 10 人才

人名	项目经费/万元	项目数/项	关键研究领域
缪协兴	1730	3	冶金与矿业
赵跃民	1309	4	冶金与矿业
袁亮	925	1	冶金与矿业
魏贤勇	476	2	化学工程及工业化学
周福宝	460	3	冶金与矿业
李文平	445	2	地质学
姜波	430	2	地质学
桑树勋	382	2	地质学
马占国	362	2	冶金与矿业
朱真才	345	2	机械工程

4.2.73 重庆医科大学

截至 2015 年 12 月，重庆医科大学设有 31 个本科专业，4 个一级学科博士学位授权点，12 个一级学科硕士学位授权点，7 个博士后科研流动站、工作站。有全日制在校学生近 2.8 万名，其中研究生 5100 余名，本科生 20 000 余名，留学生 700 余名。有教师 2100 多名，其中"千人计划"专家 5 名，"长江学者奖励计划"特聘教授 2 名、讲座教授 3 名、青年学者 1 名[73]。

2016 年，重庆医科大学综合 NCI 为 4.5508，排名第 73 位；国家自然科学基金项目总数为 129 项，项目经费为 5510.6 万元，全国排名分别为第 66 位和第 89 位，市内排名均为第 3 位（图 4-73）。2011～2016 年重庆医科大学 NCI 变化趋势及指标如表 4-155 所示，国家自然科学基金项目经费 Top 10 人才如表 4-156 所示。

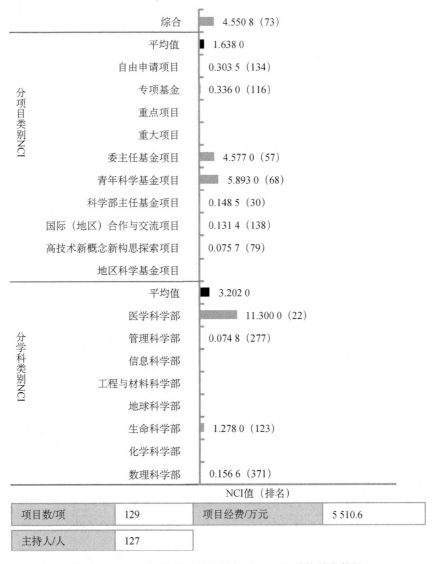

图 4-73　2016 年重庆医科大学各项 NCI 及总体基金数据

表 4-155 　2011～2016 年重庆医科大学 NCI 变化趋势及指标

NCI 趋势	学科	类别	2011 年	2012 年	2013 年	2014 年	2015 年	2016 年
	综合	项目数/项	132	147	134	105	142	129
		项目经费/万元	11 717	7 446	6 301	4 908	5 525.8	5 510.6
		主持人数/人	129	145	132	105	141	127
		NCI	5.945 1	5.051 3	4.668 4	3.721 6	4.834 8	4.550 8
	数理科学	项目数/项	1	1	—	2	1	2
		项目经费/万元	70	92	—	31	62	39
		主持人数/人	1	1	—	2	1	2
		NCI	0.116 8	0.118 7	—	0.139 9	0.113	0.156 6
	化学科学	项目数/项	—	1	1	2	—	—
		项目经费/万元	—	23	25	50	—	—
		主持人数/人	—	1	1	2	—	—
		NCI	—	0.074 8	0.079 5	0.164		
	生命科学	项目数/项	12	19	10	9	19	13
		项目经费/万元	495	945	446	530	718	502
		主持人数/人	12	19	10	9	19	13
		NCI	1.175 2	1.837 3	0.964 1	0.982 1	1.820 1	1.278 4
	地球科学	项目数/项	—	—	—	—	—	—
		项目经费/万元	—	—	—	—	—	—
		主持人数/人	—	—	—	—	—	—
		NCI	—	—	—	—	—	—
	工程与材料科学	项目数/项	—	—	—	—	—	—
		项目经费/万元	—	—	—	—	—	—
		主持人数/人	—	—	—	—	—	—
		NCI	—	—	—	—	—	—
	信息科学	项目数/项	—	—	—	1		
		项目经费/万元	—	—	—	78		
		主持人数/人	—	—	—	1		
		NCI	—	—	—	0.119 8		
	管理科学	项目数/项	—	—	—	—	1	1
		项目经费/万元	—	—	—	—	49	17
		主持人数/人	—	—	—	—	1	1
		NCI	—	—	—	—	0.104 5	0.074 8
	医学科学	项目数/项	119	126	123	91	121	112
		项目经费/万元	11 152	6 386	5 830	4 219	4 696.8	4 712.6
		主持人数/人	116	124	122	91	120	111
		NCI	15.190 8	12.195 7	12.068 3	9.168 9	11.663	11.3

表 4-156 　2011～2016 年重庆医科大学国家自然科学基金项目经费 Top 10 人才

人名	项目经费/万元	项目数/项	关键研究领域
任国胜	351	2	遗传学与生物信息学
涂小林	297	2	人口与健康
冉海涛	269	1	影像医学与生物医学工程
赵晓东	263	2	医学免疫学
王志刚	233	1	生物力学与组织工程学
刘恩梅	202	3	呼吸系统
于廷和	155	2	动物学
李发琪	154	2	物理学 I
何俊琳	145	2	发育生物学与生殖生物学
杨德琴	145	2	发育生物学与生殖生物学

4.2.74 西南大学

截至 2015 年 12 月，西南大学设有 32 个学院（部）、105 个本科专业、44 个一级学科硕士学位授权点、19 个一级学科博士学位授权点、22 个博士后科研流动站。有在校学生 5 万余名，其中普通本科生近 4 万名，硕士、博士研究生 11 000 余名，留学生 600 余名。有专任教师 2921 名，其中中国科学院院士 1 名、中国工程院院士 1 名、美国医学与生物工程院院士 1 名、"长江学者奖励计划"特聘教授、讲座教授 7 名、"千人计划"入选者 12 名、"百千万人才工程"国家级人选 13 名[74]。

2016 年，西南大学综合 NCI 为 4.4618，排名第 74 位；国家自然科学基金项目总数为 128 项，项目经费为 5193.35 万元，全国排名分别为第 67 位和第 96 位，重庆市市内排名均为第 4 位（图 4-74）。2011～2016 年西南大学 NCI 变化趋势及指标如表 4-157 所示，国家自然科学基金项目经费 Top 10 人才如表 4-158 所示。

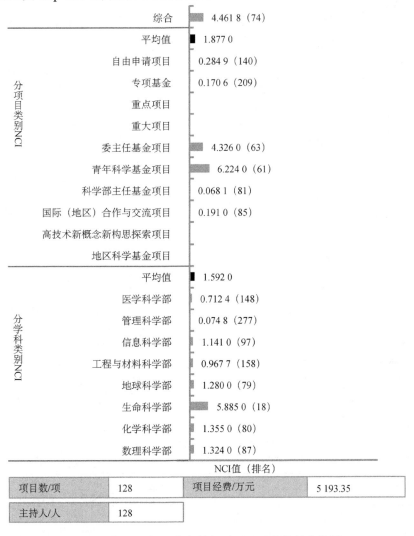

图 4-74　2016 年西南大学各项 NCI 及总体基金数据

表 4-157　2011～2016 年西南大学 NCI 变化趋势及指标

NCI 趋势	学科	类别	2011 年	2012 年	2013 年	2014 年	2015 年	2016 年
	综合	项目数/项	100	107	107	120	122	128
		项目经费/万元	4 647.5	5 377	5 441	5 780	5 492.9	5 193.35
		主持人数/人	98	106	106	120	121	128
		NCI	3.633 4	3.672 4	3.833 5	4.296	4.359	4.461 8
	数理科学	项目数/项	12	12	7	15	14	15
		项目经费/万元	355.5	523	191	579	438	419
		主持人数/人	12	12	7	15	14	15
		NCI	1.052 4	1.110 4	0.572 9	1.421 8	1.259 3	1.324 2
	化学科学	项目数/项	13	16	9	12	15	13
		项目经费/万元	540	949	431	718	758	598
		主持人数/人	12	15	8	12	15	13
		NCI	1.242 5	1.605 8	0.854 3	1.316 4	1.583 1	1.355 2
	生命科学	项目数/项	48	52	50	50	55	56
		项目经费/万元	2 629	2 653	2 767	2 574	2 474	263 9
		主持人数/人	48	52	50	50	55	56
		NCI	5.166 8	5.071 3	5.179 8	5.216 8	5.583 8	5.885 1
	地球科学	项目数/项	9	9	14	9	11	13
		项目经费/万元	464	538	673	327	799	504
		主持人数/人	9	9	14	9	11	13
		NCI	0.949 4	0.925 3	1.383 9	0.836	1.310 2	1.280 1
	工程与材料科学	项目数/项	6	4	9	7	8	10
		项目经费/万元	181	210	379	342	158	368
		主持人数/人	6	4	9	7	8	10
		NCI	0.529 4	0.393 8	0.851 2	0.717 7	0.617 3	0.967 7
	信息科学	项目数/项	9	5	11	17	12	12
		项目经费/万元	374	223	525	920	424	419
		主持人数/人	9	5	11	17	12	12
		NCI	0.883 6	0.466 2	1.084 7	1.803 5	1.124 1	1.141 1
	管理科学	项目数/项	—	2	1	3	1	1
		项目经费/万元	—	41	52	136	49	17
		主持人数/人	—	2	1	3	1	1
		NCI	—	0.143 9	0.101 5	0.3	0.104 5	0.074 8
	医学科学	项目数/项	3	7	5	7	6	8
		项目经费/万元	104	240	203	184	392.9	229.35
		主持人数/人	3	7	5	7	6	8
		NCI	0.277 3	0.598	0.467 2	0.583 7	0.690 4	0.712 4

表 4-158　2011～2016 年西南大学国家自然科学基金项目经费 Top 10 人才

人名	项目经费/万元	项目数/项	关键研究领域
罗凌飞	826	3	发育生物学与生殖生物学
黄承志	394	4	分析化学
李航	377	2	地理学
王德寿	363	2	水产学
陈安涛	340	2	电子学与信息系统
裴炎	320	1	农学基础与作物学
夏庆友	289	1	畜牧学与草地科学
王定勇	229	3	地球化学
张志升	229	3	动物学
宋杨	218	2	环境化学

4.2.75 河海大学

截至 2015 年 12 月，河海大学有 52 个本科专业、35 个一级学科硕士学位授权点、2 个一级学科博士学位授权点、15 个博士后科研流动站。有在校学生 5.03 万名，其中研究生 15 895 名，普通本科生 19 917 名，成人教育学生 13 948 名，留学生 584 名。有教职工 3258 名，其中中国工程院院士 2 名，双聘院士 15 名，"千人计划"入选者 11 名，"长江学者奖励计划"特聘教授 6 名、讲座教授 1 名，"百千万人才工程"国家级人选 9 名，教育部"新世纪优秀人才支持计划"入选者 23 名[75]。

2016 年，河海大学综合 NCI 为 4.4402，排名第 75 位；国家自然科学基金项目总数为 131 项，项目经费为 4 962.5 万元，全国排名分别为第 64 位和第 104 位，江苏省省内排名分别为第 8 位和第 12 位（图 4-75）。2011～2016 年河海大学 NCI 变化趋势及指标如表 4-159 所示，国家自然科学基金项目经费 Top 10 人才如表 4-160 所示。

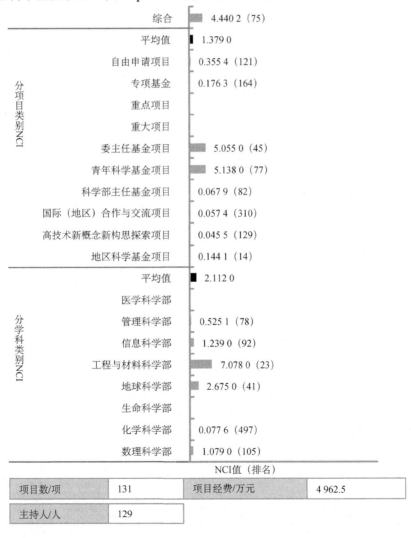

图 4-75　2016 年河海大学各项 NCI 及总体基金数据

表 4-159 2011～2016 年河海大学 NCI 变化趋势及指标

NCI 趋势	学科	类别	2011 年	2012 年	2013 年	2014 年	2015 年	2016 年
	综合	项目数/项	125	123	117	127	134	131
		项目经费/万元	8 708	6 104.45	5 964.3	8 737	5 972.3	4 962.5
		主持人数/人	122	122	117	125	134	129
		NCI	5.190 7	4.205 7	4.208 4	5.093 3	4.784 7	4.440 2
	数理科学	项目数/项	15	14	15	12	17	11
		项目经费/万元	1 084	532.5	583	364	530	422
		主持人数/人	15	14	15	12	17	11
		NCI	1.770 9	1.238	1.381 3	1.049 6	1.527 4	1.079 4
	化学科学	项目数/项	—	—	—	—	1	1
		项目经费/万元	—	—	—	—	21	19
		主持人数/人	—	—	—	—	1	1
		NCI	—	—	—	—	0.078 8	0.077 6
	生命科学	项目数/项	1	—	—	1	1	—
		项目经费/万元	23	—	—	86	21	—
		主持人数/人	1	—	—	1	1	—
		NCI	0.080 6	—	—	0.123 8	0.078 8	—
	地球科学	项目数/项	21	34	23	27	18	26
		项目经费/万元	1 006	1 616	1 479	1 683	1 281.3	1 150.5
		主持人数/人	21	34	23	27	18	26
		NCI	2.161 8	3.238 4	2.505	3.002 5	2.129 5	2.675 6
	工程与材料科学	项目数/项	77	64	68	72	78	72
		项目经费/万元	6 251	3 476.95	3 415.3	5 873	3 569	2 857
		主持人数/人	75	63	68	71	78	70
		NCI	9.367 6	6.340 3	6.820 5	8.717	7.964	7.078 2
	信息科学	项目数/项	9	8	10	10	12	14
		项目经费/万元	309	417	467	359	398	394
		主持人数/人	9	8	10	10	12	14
		NCI	0.829 1	0.785 8	0.979	0.925 2	1.100 6	1.239
	管理科学	项目数/项	2	3	1	5	7	7
		项目经费/万元	35	62	20	372	152	120
		主持人数/人	2	3	1	5	7	7
		NCI	0.147 2	0.216 5	0.073 8	0.589 8	0.557 5	0.525 1
	医学科学	项目数/项	—	—	—	—	—	—
		项目经费/万元	—	—	—	—	—	—
		主持人数/人	—	—	—	—	—	—
		NCI	—	—	—	—	—	—

表 4-160 2011～2016 年河海大学国家自然科学基金项目经费 Top 10 人才

人名	项目经费/万元	项目数/项	关键研究领域
陈喜	2567.95	5	水利科学与海洋工程
王沛芳	1473	4	水利科学与海洋工程
余钟波	590	2	地理学
唐洪武	572	3	水利科学与海洋工程
鞠平	490	2	电气科学与工程
郑金海	480	2	水利科学与海洋工程
王超	444	2	地理学
施建勇	434	3	地质学
陈卫	427	3	建筑环境与结构工程
高玉峰	374	2	地质学

4.2.76　华南农业大学

截至 2016 年 12 月，华南农业大学设有 26 个学院（部）、94 个本科专业、23 个一级学科硕士学位授权点、12 个一级学科博士学位授权点、11 个博士后科研流动站。有全日制在校生 4.1 万余名，其中本科生 3.7 万余名，研究生 4000 余名。有教职工 3200 余名，其中中国科学院院士 1 名，中国工程院院士 1 名，"千人计划"学者 11 名，"长江学者奖励计划"特聘教授、讲座教授 9 名，"百千万人才工程"国家级人选 8 名，教育部跨（新）世纪优秀人才 11 名[76]。

2016 年，华南农业大学综合 NCI 为 4.4009，排名第 76 位；国家自然科学基金项目总数为 123 项，项目经费为 5397 万元，全国排名分别为第 71 位和第 92 位，广东省省内排名分别为第 6 位和第 7 位（图 4-76）。2011～2016 年华南农业大学 NCI 变化趋势及指标如表 4-161 所示，国家自然科学基金项目经费 Top 10 人才如表 4-162 所示。

图 4-76　2016 年华南农业大学各项 NCI 及总体基金数据

表 4-161　2011～2016 年华南农业大学 NCI 变化趋势及指标

NCI 趋势	学科	类别	2011 年	2012 年	2013 年	2014 年	2015 年	2016 年
	综合	项目数/项	106	109	77	87	77	123
		项目经费/万元	5 305.5	5 843.6	5 703.5	5 674.5	4 155.5	5 397
		主持人数/人	106	107	75	86	75	123
		NCI	3.974 5	3.811	3.109 6	3.432 6	2.904 9	4.400 9
	数理科学	项目数/项	5	6	2	1	2	3
		项目经费/万元	86	152	136	22	65	55.5
		主持人数/人	5	6	2	1	2	3
		NCI	0.365 8	0.463 4	0.221 9	0.078 6	0.182 2	0.230 8
	化学科学	项目数/项	7	4	2	3	4	7
		项目经费/万元	271	163	175	138	236	240
		主持人数/人	7	4	2	3	4	7
		NCI	0.671 2	0.361 9	0.241 4	0.301 5	0.444 5	0.661 6
	生命科学	项目数/项	71	77	55	60	53	83
		项目经费/万元	3 645	4 446.6	3 844.5	4 059	2 813	3 955
		主持人数/人	71	75	55	59	52	83
		NCI	7.479 4	7.757 6	6.159 2	6.818 6	5.649 8	8.754 8
	地球科学	项目数/项	8	8	3	11	3	11
		项目经费/万元	341	448	124	587	105	244.5
		主持人数/人	8	8	3	11	3	11
		NCI	0.792 1	0.804 8	0.282	1.161 5	0.280 1	0.899 8
	工程与材料科学	项目数/项	7	3	4	3	5	9
		项目经费/万元	281	129	213	75	186	342
		主持人数/人	7	3	4	3	5	9
		NCI	0.679 4	0.276 4	0.409 1	0.246	0.476 5	0.880 3
	信息科学	项目数/项	3	4	3	2	3	6
		项目经费/万元	143	97	121	106	143	188
		主持人数/人	3	4	3	2	3	6
		NCI	0.308 3	0.304 4	0.279 7	0.210 7	0.310 5	0.550 3
	管理科学	项目数/项	2	6	4	5	5	4
		项目经费/万元	33.5	190	310	180.5	112.5	372
		主持人数/人	2	6	3	5	5	4
		NCI	0.145	0.499 1	0.421 2	0.463 5	0.402 9	0.527 3
	医学科学	项目数/项	1	—	1	—	—	—
		项目经费/万元	10	—	65	—	—	—
		主持人数/人	1	—	1	—	—	—
		NCI	0.061 1	—	0.109 3	—	—	—

表 4-162　2011～2016 年华南农业大学国家自然科学基金项目经费 Top 10 人才

人名	项目经费/万元	项目数/项	关键研究领域
刘耀光	600	2	农学基础与作物学
陶利珍	478	5	植物学
刘雅红	455	2	兽医学
刘健华	427	2	兽医学
张炼辉	379	2	微生物学
张桂权	300	1	农学基础与作物学
庞学群	285	2	园艺学与植物营养学
杨增明	235	3	发育生物学与生殖生物学
徐汉虹	227	3	植物保护学
文晓巍	226	1	宏观管理与政策

4.2.77 中国医科大学

截至 2016 年 6 月,中国医科大学设有 33 个院、系、部,本科专业 19 个,一级学科博士学位授权点 6 个,博士学位授权学科(专业)53 个,硕士学位授权学科(专业)63 个,博士后科研流动站 7 个。有全日制在校生 15 548 名,其中普通本科生 9081 名,硕士生(含 7 年制)4281 名,博士生 1182 名,留学生及中国港澳台学生 1004 名。有教职工 9157 名[77]。

2016 年,中国医科大学综合 NCI 为 4.3907,排名第 77 位;国家自然科学基金项目总数为 126 项,项目经费为 5148.4 万元,全国排名分别为第 69 位和第 98 位,辽宁省省内排名分别为第 3 位和第 4 位(图 4-77)。2011~2016 年中国医科大学 NCI 变化趋势及指标如表 4-163 所示,国家自然科学基金项目经费 Top 10 人才如表 4-164 所示。

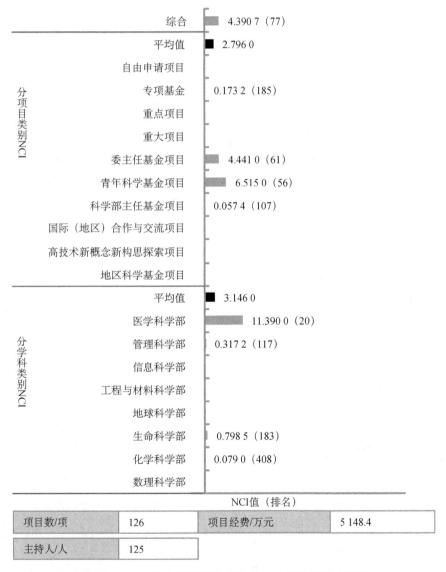

图 4-77 2016 年中国医科大学各项 NCI 及总体基金数据

表 4-163　2011～2016 年中国医科大学 NCI 变化趋势及指标

NCI 趋势	学科	类别	2011 年	2012 年	2013 年	2014 年	2015 年	2016 年
	综合	项目数/项	144	139	166	119	128	126
		项目经费/万元	5 807	6 560	7 369	5 729.5	4 771.8	5 148.4
		主持人数/人	143	139	165	119	125	125
		NCI	5.012 4	4.686 5	5.690 4	4.259 7	4.272 4	4.390 7
	数理科学	项目数/项	—	—	—	—	—	—
		项目经费/万元	—	—	—	—	—	—
		主持人数/人	—	—	—	—	—	—
		NCI	—	—	—	—	—	—
	化学科学	项目数/项	—	—	2	1	—	1
		项目经费/万元	—	—	160	25	—	20
		主持人数/人	—	—	2	1	—	1
		NCI	—	—	0.234 3	0.082	—	0.079
	生命科学	项目数/项	14	12	11	7	7	8
		项目经费/万元	584	538	536	286	305	323
		主持人数/人	14	12	11	7	7	8
		NCI	1.376 2	1.120 9	1.092 2	0.676 2	0.703 2	0.798 5
	地球科学	项目数/项						
		项目经费/万元						
		主持人数/人						
		NCI						
	工程与材料科学	项目数/项	—	2	—	—	1	—
		项目经费/万元	—	161	—	—	64	—
		主持人数/人	—	2	—	—	1	—
		NCI	—	0.227 1	—	—	0.114 2	—
	信息科学	项目数/项	—	—	—	—	—	—
		项目经费/万元	—	—	—	—	—	—
		主持人数/人	—	—	—	—	—	—
		NCI	—	—	—	—	—	—
	管理科学	项目数/项	1	1	—	2	1	3
		项目经费/万元	19	54	—	124	48	144
		主持人数/人	1	1	—	2	1	3
		NCI	0.075 6	0.099 4	—	0.222	0.103 7	0.317 2
	医学科学	项目数/项	129	124	153	109	119	114
		项目经费/万元	5 204	5 807	6 673	5 294.5	4 354.8	4 661.4
		主持人数/人	129	124	152	109	116	113
		NCI	12.540 1	11.752 6	14.608 9	11.154 4	11.182 6	11.393 2

表 4-164　2011～2016 年中国医科大学国家自然科学基金项目经费 Top 10 人才

人名	项目经费/万元	项目数/项	关键研究领域
魏敏杰	315	2	药理学
徐克	275	1	影像医学与生物医学工程
李丰	220	3	细胞生物学
秦岭	217	3	神经科学
金元哲	144	2	无机非金属材料
方瑾	143	2	分析化学
赵越	140	2	遗传学与生物信息学
赵彦艳	138	2	医学循环系统
都镇先	133	2	医学循环系统
孙英贤	130	2	医学循环系统

4.2.78 北京交通大学

截至 2016 年 12 月，北京交通大学有 14 个学院，一级学科硕士学位授权点 35 个，一级学科博士学位授权点 21 个，博士后科研流动站 15 个。有在校本科生 14 173 名，博士研究生 2727 名，硕士研究生 7842 名，在职专业学位研究生 7867 名，成人学生 8424 名，留学生 747 名。有在职教职工 2959 名，其中中国科学院院士 4 名，中国工程院院士 8 名，"千人计划"入选者 9 名，"万人计划"入选者 6 名，"长江学者奖励计划"特聘教授、讲座教授 9 名，"百千万人才工程"国家级人选 11 名[78]。

2016 年，北京交通大学综合 NCI 为 4.2962，排名第 78 位；国家自然科学基金项目总数为 111 项，项目经费为 6221.36 万元，全国排名分别为第 81 位和第 73 位，北京市市内排名分别为第 11 位和第 15 位（图 4-78）。2011～2016 年北京交通大学 NCI 变化趋势及指标如表 4-165 所示，国家自然科学基金项目经费 Top 10 人才如表 4-166 所示。

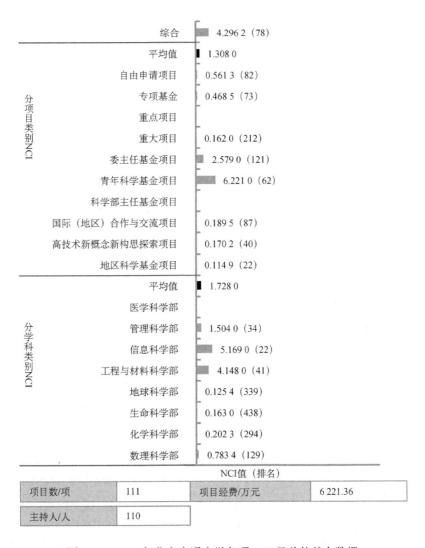

图 4-78　2016 年北京交通大学各项 NCI 及总体基金数据

表 4-165　2011～2016 年北京交通大学 NCI 变化趋势及指标

NCI 趋势	学科	类别	2011 年	2012 年	2013 年	2014 年	2015 年	2016 年
	综合	项目数/项	140	164	139	124	132	111
		项目经费/万元	7 672.95	10 529.3	9 296.7	8 192.6	9 206.64	6 221.36
		主持人数/人	136	159	138	122	131	110
		NCI	5.358 5	6.063 9	5.460 3	4.905 7	5.458 3	4.296 2
	数理科学	项目数/项	17	15	16	17	9	8
		项目经费/万元	581	978	706	1 489	724	305
		主持人数/人	16	15	16	17	9	8
		NCI	1.532 4	1.587 5	1.537	2.117 5	1.109 1	0.783 4
	化学科学	项目数/项	1	1	4	—	2	2
		项目经费/万元	63	25	165		86	84
		主持人数/人	1	1	4	—	2	2
		NCI	0.112 8	0.076 9	0.375 7		0.2	0.202 3
	生命科学	项目数/项	2	—	3	—	1	2
		项目经费/万元	39	—	164	—	25	44
		主持人数/人	2	—	3	—	1	2
		NCI	0.152 6	—	0.309 5	—	0.083 5	0.163
	地球科学	项目数/项	3	3	2	1		1
		项目经费/万元	190	220	177	23		80
		主持人数/人	3	3	2	1		1
		NCI	0.338 9	0.330 2	0.242 3	0.079 8	—	0.125 4
	工程与材料科学	项目数/项	46	57	47	47	44	38
		项目经费/万元	2 870	4 124	3 170	3 236	3 104.05	2 008
		主持人数/人	46	56	47	47	44	38
		NCI	5.171 2	6.208 6	5.201	5.402 8	5.19	4.148 8
	信息科学	项目数/项	48	63	45	45	50	46
		项目经费/万元	3 007.45	4 051.8	3 469	2 899.6	3 805.59	2 651
		主持人数/人	48	61	45	43	50	46
		NCI	5.403 7	6.566 1	5.206 5	4.983 8	6.048 9	5.169 6
	管理科学	项目数/项	20	21	20	13	24	12
		项目经费/万元	877.5	1 011.5	1 365.7	520	1 396	959.36
		主持人数/人	17	20	20	13	24	12
		NCI	1.894	1.976 7	2.222 3	1.246 9	2.654 5	1.504
	医学科学	项目数/项	1	3	1	—	2	—
		项目经费/万元	23	109	70	—	66	—
		主持人数/人	1	3	1	—	2	—
		NCI	0.080 6	0.261 3	0.112	—	0.183 1	—

表 4-166　2011～2016 年北京交通大学国家自然科学基金项目经费 Top 10 人才

人名	项目经费/万元	项目数/项	关键研究领域
王永生	990.59	3	光学和光电子学
冯其波	827.05	3	机械工程
高自友	735	1	管理科学与工程
延凤平	673	3	光学和光电子学
侯忠生	636.3	3	自动化
张顶立	570	2	冶金与矿业
赵耀	565	2	计算机科学
毛保华	520.5	3	管理科学与工程
蔡伯根	494	2	自动化
汪越胜	442	4	力学

4.2.79　南京信息工程大学

截至 2016 年 12 月，南京信息工程大学设有 23 个院（部）和长望实验班，现有全日制在校本科生 3 万多名，教师 1500 多名，拥有院士、国家杰出青年科学基金获得者、"千人计划"入选者、"百千万人才工程"国家级人选、江苏省特聘教授、江苏省"双创计划"等专家 60 余名[79]。

2016 年，南京信息工程大学综合 NCI 为 4.2247，排名第 79 位；国家自然科学基金项目总数为 118 项，项目经费为 5187.5 万元，全国排名分别为第 75 位和第 97 位，江苏省省内排名均为第 11 位（图 4-79）。2011～2016 年南京信息工程大学 NCI 变化趋势及指标如表 4-167 所示，国家自然科学基金项目经费 Top 10 人才如表 4-168 所示。

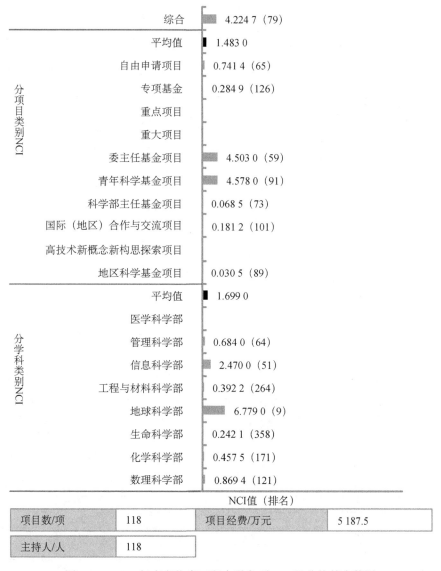

图 4-79　2016 年南京信息工程大学各项 NCI 及总体基金数据

表 4-167　2011～2016 年南京信息工程大学 NCI 变化趋势及指标

NCI 趋势	学科	类别	2011 年	2012 年	2013 年	2014 年	2015 年	2016 年
	综合	项目数/项	72	86	104	88	131	118
		项目经费/万元	2 516	4 756.95	5 109.5	4 970	6 700.84	5 187.5
		主持人数/人	70	86	101	88	127	118
		NCI	2.372 5	3.057 1	3.659 2	3.322 1	4.847	4.224 7
	数理科学	项目数/项	10	10	9	6	8	11
		项目经费/万元	202	273	283	245	236	220.5
		主持人数/人	10	10	9	6	8	11
		NCI	0.771 9	0.791 8	0.772 2	0.579 5	0.705 6	0.869 4
	化学科学	项目数/项	1	3	3	5	4	6
		项目经费/万元	25	145	185	178	191	108
		主持人数/人	1	3	3	5	3	6
		NCI	0.082 9	0.287 3	0.322 2	0.461 3	0.376 4	0.457 5
	生命科学	项目数/项	1	1	1	1	4	3
		项目经费/万元	23	24	23	23	123	64
		主持人数/人	1	1	1	1	4	3
		NCI	0.080 6	0.075 8	0.077 3	0.079 8	0.357 7	0.242 1
	地球科学	项目数/项	33	52	57	53	73	60
		项目经费/万元	1 394	3 222.95	3 273.5	3 772	3 989.44	3 515
		主持人数/人	33	52	55	53	71	60
		NCI	3.257 6	5.411 1	5.907 7	6.160 2	7.835 2	6.779 9
	工程与材料科学	项目数/项	2	4	5	8	7	5
		项目经费/万元	50	92	101	302	186	98
		主持人数/人	2	4	5	8	7	5
		NCI	0.165 8	0.299 1	0.370 2	0.752 7	0.596 3	0.392 2
	信息科学	项目数/项	16	12	23	10	26	25
		项目经费/万元	598	813	1 016	288	1 469	979
		主持人数/人	15	12	23	10	25	25
		NCI	1.484	1.286 3	2.210 3	0.859 7	2.811	2.47
	管理科学	项目数/项	8	4	5	5	8	8
		项目经费/万元	214	187	208	162	228.4	203
		主持人数/人	8	4	5	5	8	8
		NCI	0.678 2	0.378 9	0.471	0.447 1	0.698	0.684
	医学科学	项目数/项	—	—	—	—	—	—
		项目经费/万元	—	—	—	—	—	—
		主持人数/人	—	—	—	—	—	—
		NCI	—	—	—	—	—	—

表 4-168　2011～2016 年南京信息工程大学国家自然科学基金项目经费 Top 10 人才

人名	项目经费/万元	项目数/项	关键研究领域
陈海山	736	3	大气科学
吴志伟	414	2	大气科学
朱彬	402	3	大气科学
何宜军	394	3	海洋科学
江志红	378	2	大气科学
刘青山	371	2	计算机科学
李天明	350	2	大气科学
邹晓蕾	350	1	大气科学
银燕	335	2	大气科学
罗琦	332	4	自动化

4.2.80 温州医科大学

截至 2016 年 12 月，温州医科大学设有 26 个本科专业，8 个一级学科硕士学位授权点，1 个一级学科博士学位授权点。有全日制在校生 16 288 名，硕士研究生 2839 名，博士研究生 118 名，学历教育留学生 755 名。有教职员工及医护人员 10 000 余名（含附属医院工作人员）[80]。

2016 年，温州医科大学综合 NCI 为 4.1726，排名第 80 位；国家自然科学基金项目总数为 124 项，项目经费为 4562.9 万元，全国排名分别为第 70 位和第 110 位，浙江省省内排名分别为第 11 位和第 4 位（图 4-80）。2011～2016 年温州医科大学 NCI 变化趋势及指标如表 4-169 所示，国家自然科学基金项目经费 Top 10 人才如表 4-170 所示。

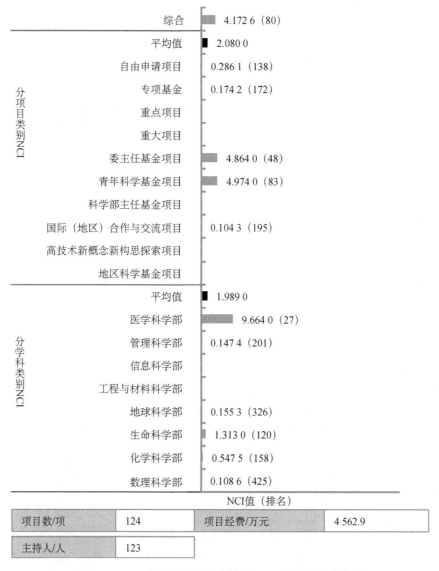

图 4-80　2016 年温州医科大学各项 NCI 及总体基金数据

表 4-169　2011～2016 年温州医科大学 NCI 变化趋势及指标

NCI 趋势	学科	类别	2011 年	2012 年	2013 年	2014 年	2015 年	2016 年
	综合	项目数/项	—	1	2	78	128	124
		项目经费/万元	—	70	49	3 869	4 951.7	4 562.9
		主持人数/人	—	1	2	77	128	123
		NCI	—	0.038 5	0.056 4	2.807 8	4.359 8	4.172 6
	数理科学	项目数/项	—	—	—	—	1	1
		项目经费/万元	—	—	—	—	17	52
		主持人数/人	—	—	—	—	1	1
		NCI	—	—	—	—	0.073 4	0.108 6
	化学科学	项目数/项	—	—	—	4	7	7
		项目经费/万元	—	—	—	207	373	136
		主持人数/人	—	—	—	4	7	7
		NCI	—	—	—	0.418 1	0.751 9	0.547 5
	生命科学	项目数/项	—	—	—	7	12	12
		项目经费/万元	—	—	—	347	445	639
		主持人数/人	—	—	—	7	12	12
		NCI	—	—	—	0.721 2	1.142 3	1.313 5
	地球科学	项目数/项	—	—	1		1	2
		项目经费/万元	—	—	24		21	38
		主持人数/人	—	—	1		1	2
		NCI	—	—	0.078 4	—	0.078 8	0.155 3
	工程与材料科学	项目数/项	—	—	1	2	—	—
		项目经费/万元	—	—	25	50	—	—
		主持人数/人	—	—	1	2	—	—
		NCI	—	—	0.079 5	0.164	—	—
	信息科学	项目数/项	—	—	—	—	1	
		项目经费/万元	—	—	—	—	20	
		主持人数/人	—	—	—	—	1	
		NCI	—	—	—	—	0.077 5	—
	管理科学	项目数/项	—	—	—	—		2
		项目经费/万元	—	—	—	—		32.5
		主持人数/人	—	—	—	—		2
		NCI	—	—	—	—		0.147 4
	医学科学	项目数/项	—	1		65	106	100
		项目经费/万元	—	70		3 265	4 075.7	3 665.4
		主持人数/人	—	1		64	106	100
		NCI	—	0.108 4	—	6.691 8	10.213 1	9.664 6

表 4-170　2011～2016 年温州医科大学国家自然科学基金项目经费 Top 10 人才

人名	项目经费/万元	项目数/项	关键研究领域
陈江帆	280	1	生殖系统/围生医学/新生儿
Huangen Di	180	1	生物物理、生物化学与分子生物学
沈贤	140	2	免疫学
梁广	130	1	药物学
徐旭仲	129	2	医学循环系统
王永煜	127	2	医学循环系统
黄伟剑	125	2	医学循环系统
吴立军	88	1	生理学与整合生物学
刘志国	87	1	有机化学
黄长江	85	1	环境化学

4.2.81 中国人民解放军国防科学技术大学

截至 2015 年 12 月,中国人民解放军国防科学技术大学设有 10 个学院、25 个本科专业、112 个硕士点、69 个博士点和 11 个博士后科研流动站。有在读学生 1.4 万名,其中本科生 8400 余名、研究生 5600 余名。有教学科研人员近 2000 名,其中中国科学院院士 1 名,中国工程院院士 4 名,"百千万人才工程"第一、第二层次国家级人选 17 名,"军队杰出专业技术人才奖"获得者 11 名,"何梁何利基金科学与技术进步奖"获得者 5 名,"求是奖"获得者 11 名[81]。

2016 年,中国人民解放军国防科学技术大学综合 NCI 为 4.1467,排名第 81 位;国家自然科学基金项目总数为 113 项,项目经费为 5349.3 万元,全国排名分别为第 78 位和第 93 位,湖南省省内排名均为第 3 位(图 4-81)。2011~2016 年中国人民解放军国防科学技术大学 NCI 变化趋势及指标如表 4-171 所示,国家自然科学基金项目经费 Top 10 人才如表 4-172 所示。

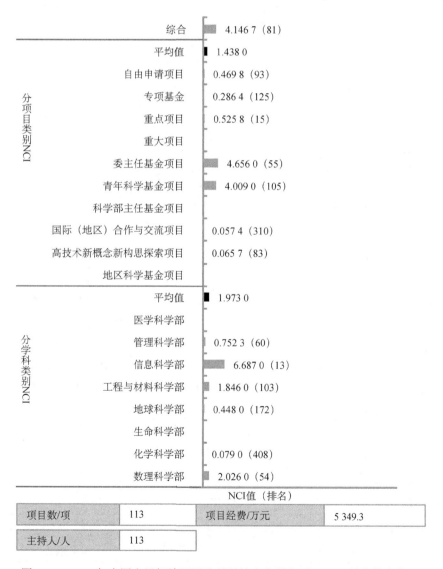

图 4-81 2016 年中国人民解放军国防科学技术大学各项 NCI 及总体基金数据

表 4-171 2011～2016 年中国人民解放军国防科学技术大学 NCI 变化趋势及指标

NCI 趋势	学科	类别	2011 年	2012 年	2013 年	2014 年	2015 年	2016 年
	综合	项目数/项	167	172	168	178	139	113
		项目经费/万元	8 030.5	10 192	8 801.5	13 468.5	6 114.7	5 349.3
		主持人数/人	165	172	164	175	137	113
		NCI	6.153 8	6.256 2	6.049 4	7.366	4.917 9	4.146 7
	数理科学	项目数/项	38	42	37	35	34	19
		项目经费/万元	2 090	2 479	2 004.5	1 911	1 969	936
		主持人数/人	38	42	36	35	33	19
		NCI	4.096 1	4.299 9	3.771 4	3.724 1	3.717 9	2.026 5
	化学科学	项目数/项	—	3	1	1	1	1
		项目经费/万元	—	74	25	25	66	20
		主持人数/人	—	3	1	1	1	1
		NCI	—	0.229 6	0.079 5	0.082	0.115 4	0.079
	生命科学	项目数/项	2	1	—	—	2	—
		项目经费/万元	63	23	—	—	39	—
		主持人数/人	2	1	—	—	2	—
		NCI	0.179	0.074 8	—	—	0.153 7	—
	地球科学	项目数/项	2	6	9	2	—	5
		项目经费/万元	84	276	377	167	—	146
		主持人数/人	2	6	9	2	—	5
		NCI	0.197	0.565 3	0.849 7	0.245 2	—	0.448
	工程与材料科学	项目数/项	26	18	23	27	25	19
		项目经费/万元	1 310	883	1 238	1 165	928	708
		主持人数/人	26	18	23	27	25	19
		NCI	2.721 9	1.732 6	2.360 8	2.656 1	2.380 6	1.846 4
	信息科学	项目数/项	91	92	84	107	66	63
		项目经费/万元	4 256	6 188	4 453	9 919	2 655	3 059
		主持人数/人	90	92	83	104	66	63
		NCI	9.258 9	9.838 1	8.544 2	13.453 9	6.455 6	6.687
	管理科学	项目数/项	8	8	13	6	11	6
		项目经费/万元	227.5	229	681	281.5	457.7	480.3
		主持人数/人	8	8	11	6	11	6
		NCI	0.692 1	0.643 5	1.250 7	0.606 9	1.088 1	0.752 3
	医学科学	项目数/项	—	—	1	—	—	—
		项目经费/万元	—	—	23	—	—	—
		主持人数/人	—	—	1	—	—	—
		NCI	—	—	0.077 3	—	—	—

表 4-172 2011～2016 年中国人民解放军国防科学技术大学国家自然科学基金项目经费 Top 10 人才

人名	项目经费/万元	项目数/项	关键研究领域
王雪松	3278	3	电子学与信息系统
贺汉根	1500	1	自动化
杨学军	1115	3	计算机科学
胡德文	1045	3	自动化
易仕和	838	2	力学
窦勇	700	2	计算机科学
肖侬	500	2	自动化
陈书明	442	2	半导体科学与信息器件
王怀民	394	2	计算机科学
刘卫东	392	3	力学

4.2.82 贵州大学

截至 2015 年 12 月，贵州大学设 39 个学院，有一级学科硕士学位授权点 46 个、一级学科博士学位授权点 9 个、博士后科研流动站 8 个。有全日制本科学生 46 549 名、全日制研究生 7575 名。有教职工 3920 名，其中中国工程院院士 2 名，"长江学者奖励计划"特聘教授、讲座教授 4 名、"万人计划"领军人才 3 名，"百千万人才工程"国家级人选 7 名，教育部"新世纪优秀人才支持计划"人选 14 名[82]。

2016 年，贵州大学综合 NCI 为 4.1434，排名第 82 位；国家自然科学基金项目总数为 105 项，项目经费为 6180.6 万元，全国排名分别为第 90 位和第 74 位，贵州省省内排名均为第 1 位（图 4-82）。2011～2016 年贵州大学 NCI 变化趋势及指标如表 4-173 所示，国家自然科学基金项目经费 Top 10 人才如表 4-174 所示。

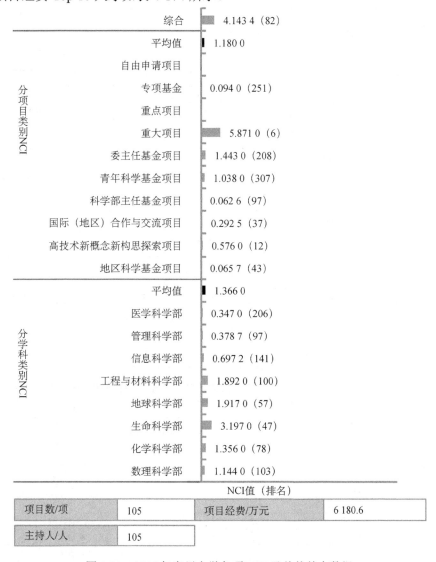

图 4-82　2016 年贵州大学各项 NCI 及总体基金数据

表 4-173　2011～2016 年贵州大学 NCI 变化趋势及指标

NCI 趋势	学科	类别	2011 年	2012 年	2013 年	2014 年	2015 年	2016 年
	综合	项目数/项	47	59	63	76	74	105
		项目经费/万元	2 231.1	2 679.6	2 864.3	3 536.5	2 676	6 180.6
		主持人数/人	46	58	59	75	73	105
		NCI	1.719 1	1.952 8	2.134 1	2.677 9	2.453 3	4.143 4
	数理科学	项目数/项	5	13	8	8	5	13
		项目经费/万元	203	547.6	198.6	369	162	360
		主持人数/人	5	12	7	8	5	13
		NCI	0.487 1	1.158 1	0.606 8	0.804 7	0.455	1.144 3
	化学科学	项目数/项	9	9	12	6	14	14
		项目经费/万元	641	403	554	298	571	517
		主持人数/人	8	9	11	6	14	14
		NCI	1.016 7	0.840 4	1.136 8	0.618 6	1.375 7	1.356 4
	生命科学	项目数/项	14	16	22	23	23	33
		项目经费/万元	656	776	1 110	1 032	840	1 219
		主持人数/人	14	16	22	23	23	33
		NCI	1.430 6	1.534 3	2.21	2.292 3	2.178 4	3.197 6
	地球科学	项目数/项	3	5	5	5	4	10
		项目经费/万元	171	222	221	224	131	2 863
		主持人数/人	3	5	5	5	4	10
		NCI	0.327 2	0.465 5	0.480 6	0.498 1	0.365 3	1.917 6
	工程与材料科学	项目数/项	7	8	9	20	15	19
		项目经费/万元	323	380	448	1 002	625	762.8
		主持人数/人	7	8	9	20	15	19
		NCI	0.711 6	0.761 8	0.9	2.067 9	1.484 5	1.892 9
	信息科学	项目数/项	5	6	4	8	9	8
		项目经费/万元	129.1	258	199	343	230	215
		主持人数/人	5	6	4	8	9	8
		NCI	0.418 9	0.552 7	0.399 9	0.785 3	0.756 8	0.697 2
	管理科学	项目数/项	2	2	1	3	3	4
		项目经费/万元	58	93	33.7	122.5	75	137.8
		主持人数/人	2	2	1	3	3	4
		NCI	0.174 2	0.189 1	0.087 8	0.289 7	0.250 4	0.378 7
	医学科学	项目数/项	2	—	2	3	1	4
		项目经费/万元	50	—	100	146	42	106
		主持人数/人	2	—	2	3	1	4
		NCI	0.165 8	—	0.200 3	0.307 2	0.099 2	0.347

表 4-174　2011～2016 年贵州大学国家自然科学基金项目经费 Top 10 人才

人名	项目经费/万元	项目数/项	关键研究领域
吴攀	2617	3	地球化学
宋宝安	396	3	有机化学
杨松	206	3	有机化学
张覃	178	3	冶金与矿业
谢海波	145	2	高分子科学
李军旗	143	2	冶金与矿业
朱秋劲	140	3	食品科学
陈祥盛	138	2	动物学
彭进	138	2	地质学
吴剑	125	3	有机化学

4.2.83 南京工业大学

截至 2016 年 12 月，南京工业大学设有 11 个学部、29 个学院、一级学科硕士学位授予点 19 个、一级学科博士学位授予点 6 个、博士后科研流动站 7 个。有学生 3 万余名。有教职工 2800 余名，其中中国科学院院士 2 名，中国工程院院士 5 名，"长江学者奖励计划"特聘教授 8 名，科技部"创新人才推进计划"中青年科技创新领军人才 5 名，"万人计划"中青年科技创新领军人才 4 名[83]。

2016 年，南京工业大学综合 NCI 为 3.9722，排名第 83 位；国家自然科学基金项目总数为 110 项，项目经费为 4962 万元，全国排名分别为第 84 位和第 105 位，江苏省省内排名均为第 13 位（图 4-83）。2011～2016 年南京工业大学 NCI 变化趋势及指标如表 4-175 所示，国家自然科学基金项目经费 Top 10 人才如表 4-176 所示。

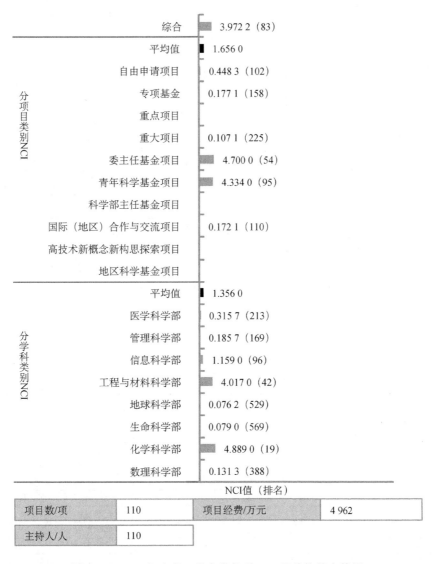

图 4-83 2016 年南京工业大学各项 NCI 及总体基金数据

表 4-175　2011～2016 年南京工业大学 NCI 变化趋势及指标

NCI 趋势	学科	类别	2011 年	2012 年	2013 年	2014 年	2015 年	2016 年
	综合	项目数/项	72	47	83	86	105	110
		项目经费/万元	3 652.5	2 846	6 985	8 577	4 155.9	4 962
		主持人数/人	72	47	81	84	104	110
		NCI	2.711 8	1.721 9	3.499 9	3.893 5	3.592 3	3.972 2
	数理科学	项目数/项	3	1	2	4	5	2
		项目经费/万元	157	80	104	156	108	23
		主持人数/人	3	1	2	4	5	2
		NCI	0.318 1	0.113 3	0.202 9	0.380 5	0.397 5	0.131 3
	化学科学	项目数/项	34	16	35	40	50	45
		项目经费/万元	2 132	980	4 577	5 612	2 163	2 344
		主持人数/人	34	16	34	39	50	45
		NCI	3.828 6	1.658 4	4.783 1	5.780 5	5.010 5	4.889 6
	生命科学	项目数/项	2	1	1	4	1	1
		项目经费/万元	89	80	15	154	20	20
		主持人数/人	2	1	1	4	1	1
		NCI	0.200 9	0.113 3	0.067	0.378 8	0.077 5	0.079
	地球科学	项目数/项	7	4	2	4	3	1
		项目经费/万元	245	241	163	157	62	18
		主持人数/人	7	4	2	4	3	1
		NCI	0.649	0.412 3	0.235 7	0.381 3	0.235	0.076 2
	工程与材料科学	项目数/项	22	20	34	27	33	41
		项目经费/万元	887	1 270	1 783	2 116	1 090	1 566
		主持人数/人	22	20	34	27	33	41
		NCI	2.138 2	2.098 1	3.459 7	3.240 7	3.022 5	4.017 3
	信息科学	项目数/项	—	2	4	5	11	12
		项目经费/万元	—	52	154	266	677	439
		主持人数/人	—	2	4	5	11	12
		NCI	—	0.155 8	0.367 2	0.527 4	1.239 8	1.159
	管理科学	项目数/项	4	1	2	2	1	2
		项目经费/万元	142.5	50	78	116	17.4	65
		主持人数/人	4	1	2	2	1	2
		NCI	0.373 1	0.096 9	0.184 4	0.217 1	0.074	0.185 7
	医学科学	项目数/项	—	2	3	—	1	3
		项目经费/万元	—	93	111	—	18.5	142
		主持人数/人	—	2	3	—	1	3
		NCI	—	0.189 1	0.271 8	—	0.075 5	0.315 7

表 4-176　2011～2016 年南京工业大学国家自然科学基金项目经费 Top 10 人才

人名	项目经费/万元	项目数/项	关键研究领域
徐南平	2 744	2	化学工程及工业化学
欧阳平凯	2 560	2	化学工程及工业化学
陆小华	984	3	化学工程及工业化学
吴宇平	726	3	有机高分子材料
应汉杰	614	2	化学工程及工业化学
蒋军成	480	3	工程热物理与能源利用
邢卫红	459	3	化学工程及工业化学
郭凯	430	2	化学工程及工业化学
霍峰蔚	418	2	高分子科学
暴宁钟	400	1	无机非金属材料

4.2.84 广东工业大学

截至 2016 年 12 月，广东工业大学设有 19 个学院、83 个本科专业、20 个一级学科硕士学位授权点、5 个一级学科博士学位授权点、5 个博士后科研流动站。有全日制在校生 4.4 万余名，其中本科生 3.9 万余名、研究生近 5000 名。有专任教师 2000 多名，其中中国工程院院士 2 名，法国国家科学院院士 1 名，"长江学者奖励计划"特聘教授、讲座教授 5 名，国家杰出青年科学基金获得者 8 名，"千人计划"教授 15 名，教育部"新世纪优秀人才支持计划"学者 5 名[84]。

2016 年，广东工业大学综合 NCI 为 3.9702，排名第 84 位；国家自然科学基金项目总数为 113 项，项目经费为 4736.9 万元，全国排名分别为第 78 位和第 109 位，广东省省内排名分别为第 7 位和第 9 位（图 4-84）。2011～2016 年广东工业大学 NCI 变化趋势及指标如表 4-177 所示，国家自然科学基金项目经费 Top 10 人才如表 4-178 所示。

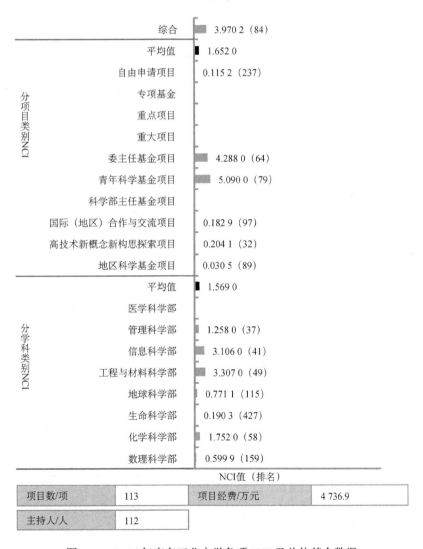

项目数/项	113	项目经费/万元	4 736.9
主持人/人	112		

图 4-84 2016 年广东工业大学各项 NCI 及总体基金数据

表 4-177　2011～2016 年广东工业大学 NCI 变化趋势及指标

NCI 趋势	学科	类别	2011 年	2012 年	2013 年	2014 年	2015 年	2016 年
	综合	项目数/项	68	71	63	59	66	113
		项目经费/万元	2 532	3 874	3 209	3 538.5	3 279.6	4 736.9
		主持人数/人	68	70	62	59	66	112
		NCI	2.310 3	2.500 6	2.253 4	2.272 4	2.443 7	3.970 2
	数理科学	项目数/项	7	8	7	7	6	8
		项目经费/万元	147	170	387	245.5	205	137
		主持人数/人	7	8	7	7	6	8
		NCI	0.547 4	0.582 7	0.724 9	0.642 6	0.555 8	0.599 9
	化学科学	项目数/项	9	8	3	8	6	18
		项目经费/万元	332	424	180	452	200	675
		主持人数/人	9	8	3	8	6	18
		NCI	0.849 2	0.790 2	0.319 3	0.861	0.551 2	1.752 9
	生命科学	项目数/项	2	1	2	1	1	2
		项目经费/万元	46	26	43	80	20	70
		主持人数/人	2	1	2	1	1	2
		NCI	0.161 2	0.077 9	0.151 2	0.120 9	0.077 5	0.190 3
	地球科学	项目数/项	4	5	7	—	3	8
		项目经费/万元	95	264	325.5	—	115	332.5
		主持人数/人	4	5	6	—	3	7
		NCI	0.325 9	0.493 2	0.65	—	0.288 8	0.771 1
	工程与材料科学	项目数/项	25	25	23	16	15	36
		项目经费/万元	1 025	1 277	1 202	853	630	1 134
		主持人数/人	25	25	23	16	15	36
		NCI	2.443 4	2.439 1	2.337 7	1.688 9	1.488 4	3.307 9
	信息科学	项目数/项	13	17	13	16	21	27
		项目经费/万元	388	776	917	880	811	1 669
		主持人数/人	13	17	13	16	21	27
		NCI	1.143	1.597 5	1.460 2	1.706 6	2.026 3	3.106
	管理科学	项目数/项	7	2	8	6	8	13
		项目经费/万元	229	74	154.5	167	324.7	479.4
		主持人数/人	7	2	8	6	8	13
		NCI	0.634 6	0.175 2	0.583 5	0.51	0.784 8	1.258 9
	医学科学	项目数/项	—	2	—	2	2	—
		项目经费/万元	—	93	—	138	35.9	—
		主持人数/人	—	2	—	2	2	—
		NCI	—	0.189 1	—	0.230 1	0.149 5	—

表 4-178　2011～2016 年广东工业大学国家自然科学基金项目经费 Top 10 人才

人名	项目经费/万元	项目数/项	关键研究领域
鲁仁全	450	1	计算机科学
谢胜利	373	2	自动化
胡义华	246	3	无机化学
陈新	240	1	新材料与先进制造
王启民	210	2	机械工程
张立臣	204	3	计算机科学
霍延平	200	3	有机化学
余荣	178	2	计算机科学
李桂英	174	2	地球化学
王华	171	5	冶金与矿业

4.2.85 广西大学

截至 2016 年 12 月，广西大学设 31 个学院、98 个本科专业、36 个一级学科硕士学位授权点、8 个一级学科博士学位授权点、10 个博士后科研流动站。有在校学生 8 万余名，其中全日制普通本科生 2.6 万名，普通硕士、博士研究生 7700 余名，留学生 1679 余名。有在职教职工 3699 名，其中中国工程院院士 1 名，双聘院士 5 名，"长江学者奖励计划"特聘教授 4 名、讲座教授 1 名，"千人计划"特聘教授 1 名，"万人计划"领军人才 3 名，"百千万人才工程"国家级人选 9 名，教育部"新世纪优秀人才支持计划"人选 7 名。[85]

2016 年，广西大学综合 NCI 为 3.9578，排名第 85 位；国家自然科学基金项目总数为 117 项，项目经费为 4413.9 万元，全国排名分别为第 76 位和第 115 位，省内排名均为第 1 位（图 4-85）。2011～2016 年广西大学 NCI 变化趋势及指标如表 4-179 所示，国家自然科学基金项目经费 Top 10 人才如表 4-180 所示。

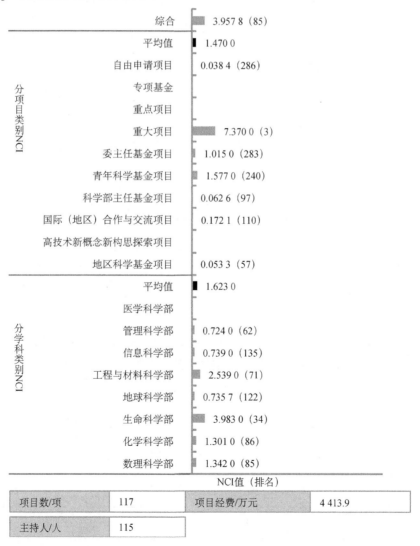

图 4-85 2016 年广西大学各项 NCI 及总体基金数据

表 4-179　2011～2016 年广西大学 NCI 变化趋势及指标

NCI 趋势	学科	类别	2011 年	2012 年	2013 年	2014 年	2015 年	2016 年
	综合	项目数/项	84	96	109	120	103	117
		项目经费/万元	3 747	4 524	5 190.8	5 652	4 238.7	4 413.9
		主持人数/人	84	95	108	118	101	115
		NCI	3.031	3.223 9	3.820 9	4.240 3	3.558	3.957 8
	数理科学	项目数/项	9	12	11	13	7	14
		项目经费/万元	212	531	437	596	517	501
		主持人数/人	9	12	11	13	7	14
		NCI	0.731 3	1.116 1	1.020 4	1.305	0.838 4	1.342 3
	化学科学	项目数/项	8	11	13	11	14	14
		项目经费/万元	389	583	643	425	507	457
		主持人数/人	8	11	13	11	14	14
		NCI	0.827 6	1.086 5	1.297 3	1.043	1.322 2	1.301 8
	生命科学	项目数/项	28	33	31	38	37	41
		项目经费/万元	1 384	1 596	1 515	1 861	1 471	1 565
		主持人数/人	28	33	31	38	37	40
		NCI	2.912 6	3.161 5	3.081 1	3.899 3	3.604 9	3.983 5
	地球科学	项目数/项	4	5	5	10	5	7
		项目经费/万元	181	305	270	778	202	330
		主持人数/人	4	5	5	10	5	7
		NCI	0.404	0.517 5	0.513 8	1.197 3	0.489 8	0.735 7
	工程与材料科学	项目数/项	21	21	27	31	25	25
		项目经费/万元	1 037	986	1 398	1 344	989	1 064.1
		主持人数/人	21	21	27	31	25	25
		NCI	2.183 7	1.992 1	2.735 8	3.054 4	2.431 7	2.539 6
	信息科学	项目数/项	7	6	11	10	11	8
		项目经费/万元	285	272	489	406	415	256
		主持人数/人	7	6	11	10	11	8
		NCI	0.682 6	0.562 5	1.059 3	0.964	1.053 2	0.739
	管理科学	项目数/项	7	7	9	6	4	8
		项目经费/万元	259	231	328.8	195	137.7	240.8
		主持人数/人	7	7	9	6	4	8
		NCI	0.661 1	0.590 4	0.811 8	0.537	0.371 5	0.724
	医学科学	项目数/项	—	—	2	1	—	—
		项目经费/万元	—	—	110	47	—	—
		主持人数/人	—	—	2	1	—	—
		NCI	—	—	0.206 8	0.101 2	—	—

表 4-180　2011～2016 年广西大学国家自然科学基金项目经费 Top 10 人才

人名	项目经费/万元	项目数/项	关键研究领域
梁恩维	330	1	天文学
王英辉	321	3	地球化学
余克服	300	1	海洋科学
曹坤芳	221	4	生态学
杨绿峰	192	3	建筑环境与结构工程
张克实	178	2	力学
周瑞阳	170	3	农学基础与作物学
赵祯霞	169	3	化学工程及工业化学
刘芳	165.7	4	管理科学与工程
文衍宣	150	3	化学工程及工业化学

4.2.86 宁波大学

截至 2016 年 12 月，宁波大学设有 21 个学院、75 个本科专业、19 个一级学科硕士学位授权点、2 个一级学科博士学位授权点、3 个博士后科研流动站。有普通全日制在校本科生 26 317 名，各类研究生 6000 余名，成人教育学生 19 255 名。有教职工 2650 余名，其中中国科学院、中国工程院共享院院士 5 名，加拿大皇家科学院、加拿大工程院院士 1 名，"千人计划"专家 3 名，"百千万人才工程"国家级人选 7 名、"万人计划"科技创新人才 1 名，"长江学者奖励计划"特聘教授 2 名，教育部"新世纪优秀人才支持计划"入选者 17 名[86]。

2016 年，宁波大学综合 NCI 为 3.9415，排名第 86 位；国家自然科学基金项目总数为 107 项，项目经费为 5123.5 万元，全国排名分别为第 88 位和第 99 位，浙江省省内排名分别为第 4 位和第 3 位（图 4-86）。2011～2016 年宁波大学 NCI 变化趋势及指标如表 4-181 所示，国家自然科学基金项目经费 Top 10 人才如表 4-182 所示。

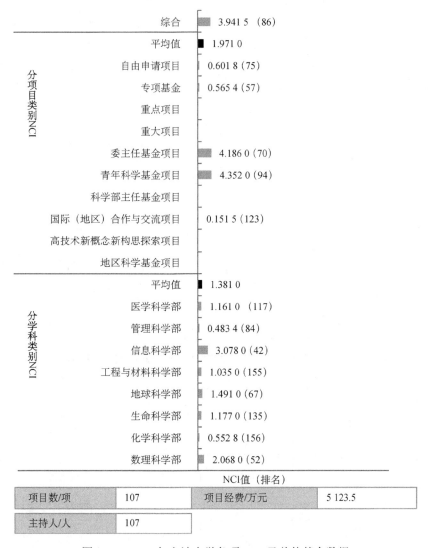

图 4-86 2016 年宁波大学各项 NCI 及总体基金数据

表 4-181 2011～2016 年宁波大学 NCI 变化趋势及指标

NCI 趋势	学科	类别	2011 年	2012 年	2013 年	2014 年	2015 年	2016 年
	综合	项目数/项	63	89	88	85	59	107
		项目经费/万元	2 977.4	4 429	4 827	4 749.9	2 441.7	5 123.5
		主持人数/人	62	89	88	84	58	107
		NCI	2.305 1	3.054 2	3.243 6	3.184 9	2.043 6	3.941 5
	数理科学	项目数/项	14	26	18	17	12	20
		项目经费/万元	440.5	1 180.5	1 391	1432	598	898
		主持人数/人	13	26	18	16	12	20
		NCI	1.222 2	2.439	2.084 3	2.048 3	1.260 6	2.068 2
	化学科学	项目数/项	3	3	5	4	3	7
		项目经费/万元	129	132	230	155	101	140
		主持人数/人	3	3	5	4	3	7
		NCI	0.297 9	0.278 5	0.487	0.379 6	0.276 5	0.552 8
	生命科学	项目数/项	7	11	12	9	8	13
		项目经费/万元	278	483	567	470	390	392
		主持人数/人	7	11	12	9	8	13
		NCI	0.676 9	1.020 4	1.179 4	0.943 5	0.834 3	1.177 3
	地球科学	项目数/项	7	6	11	10	4	13
		项目经费/万元	293	377	436	448.4	220	797
		主持人数/人	7	6	11	10	4	13
		NCI	0.688 9	0.627 2	1.019 6	0.996 4	0.434 2	1.491 4
	工程与材料科学	项目数/项	6	16	10	20	5	10
		项目经费/万元	305	881	349	735	102	451
		主持人数/人	6	16	10	20	5	10
		NCI	0.63	1.600 6	0.888 4	1.865	0.39	1.035 6
	信息科学	项目数/项	14	13	18	10	16	26
		项目经费/万元	867.9	760	1 007	926	613	1 752
		主持人数/人	14	13	18	10	16	26
		NCI	1.570 5	1.326 7	1.871 5	1.268 9	1.539 8	3.078 3
	管理科学	项目数/项	3	6	2	4	4	5
		项目经费/万元	107	258.5	76	200.5	102.7	183.5
		主持人数/人	3	6	2	4	4	5
		NCI	0.279 9	0.553 1	0.182 8	0.413 6	0.336 9	0.483 4
	医学科学	项目数/项	8	8	11	11	6	12
		项目经费/万元	357	357	516	383	96	442
		主持人数/人	8	8	11	11	6	12
		NCI	0.804 3	0.746 1	1.078 5	1.007 4	0.431 6	1.161 6

表 4-182 2011～2016 年宁波大学国家自然科学基金项目经费 Top 10 人才

人名	项目经费/万元	项目数/项	关键研究领域
聂秋华	585	1	光学和光电子学
周凤华	526	2	力学
楼森岳	480	5	物理学 II
周骏	448	3	光学和光电子学
戴世勋	428	2	光学和光电子学
余洪伟	402	2	物理学 II
李加林	376	3	地理学
夏银水	374	2	电子学与信息系统
屈长征	314	3	数学
李成华	305	4	水产学

4.2.87 扬州大学

截至 2016 年 12 月，扬州大学设有 29 个学院、120 个本科专业、一级学科硕士学位授权点 44 个、一级学科博士学位授权点 11 个、博士后科研流动站 14 个。有普通全日制本科生 2.5 万名，其中博士、硕士研究生 1 万多名，成人学历教育学生 1.1 万多名。有教职工 5900 多名，其中中国工程院院士 2 名，外籍院士 1 名，"千人计划"入选者、国家杰出青年科学基金获得者、国家优秀青年科学基金获得者、国家级教学名师 9 名，"百千万人才工程"国家级人选 6 名，教育部"新世纪优秀人才支持计划"入选者 11 名[87]。

2016 年，扬州大学综合 NCI 为 3.8328，排名第 87 位；国家自然科学基金项目总数为 111 项，项目经费为 4377.8 万元，全国排名分别为第 81 位和第 118 位，江苏省省内排名分别为第 12 位和第 15 位（图 4-87）。2011～2016 年扬州大学 NCI 变化趋势及指标如表 4-183 所示，国家自然科学基金项目经费 Top 10 人才如表 4-184 所示。

图 4-87　2016 年扬州大学各项 NCI 及总体基金数据

表 4-183　2011～2016 年扬州大学 NCI 变化趋势及指标

NCI 趋势	学科	类别	2011 年	2012 年	2013 年	2014 年	2015 年	2016 年
	综合	项目数/项	119	99	114	96	108	111
		项目经费/万元	4 565.5	5 444.9	6 608	4 978.7	5 313.6	4 377.8
		主持人数/人	118	98	113	95	106	111
		NCI	4.072	3.500 7	4.267 4	3.510 3	3.960 8	3.832 8
	数理科学	项目数/项	12	8	15	10	13	16
		项目经费/万元	222	290.8	623	419	763	571
		主持人数/人	12	7	15	10	12	16
		NCI	0.899 6	0.666 5	1.412 2	0.974 1	1.404 2	1.532 6
	化学科学	项目数/项	14	14	9	5	13	13
		项目经费/万元	587	755	604	225	532.5	649
		主持人数/人	14	14	9	5	13	13
		NCI	1.378 6	1.390 8	0.994 3	0.498 8	1.279 2	1.392 7
	生命科学	项目数/项	56	43	43	36	49	47
		项目经费/万元	2 285.5	2 640	3 207	2 281.7	2 636	1 974
		主持人数/人	55	43	43	35	48	47
		NCI	5.432 2	4.460 5	4.920 5	3.988 1	5.244 2	4.753 3
	地球科学	项目数/项	3	2	8	3	1	2
		项目经费/万元	119	150	380	189	251	83
		主持人数/人	3	2	8	3	1	2
		NCI	0.29	0.221 8	0.787 6	0.334 8	0.180 1	0.201 5
	工程与材料科学	项目数/项	13	16	14	9	13	11
		项目经费/万元	555	875.1	737	394	481.1	395
		主持人数/人	13	16	14	9	13	11
		NCI	1.287 8	1.597	1.426 4	0.889 6	1.236 7	1.055 9
	信息科学	项目数/项	4	1	6	10	5	4
		项目经费/万元	200	24	266	559	145	80
		主持人数/人	4	1	6	10	5	4
		NCI	0.417 7	0.075 8	0.577 3	1.072 4	0.438 5	0.315 9
	管理科学	项目数/项	2	1	4	1	1	3
		项目经费/万元	40	54	153	10	48	84
		主持人数/人	2	1	3	1	1	3
		NCI	0.153 9	0.099 4	0.332 9	0.060 4	0.103 7	0.265
	医学科学	项目数/项	15	14	15	22	13	15
		项目经费/万元	557	656	638	901	457	541.8
		主持人数/人	15	14	15	22	13	15
		NCI	1.418 4	1.327 2	1.423 4	2.126 9	1.215 7	1.442 6

表 4-184　2011～2016 年扬州大学国家自然科学基金项目经费 Top 10 人才

人名	项目经费/万元	项目数/项	关键研究领域
焦新安	550	2	兽医学
王幼平	438	3	农学基础与作物学
封国林	403	3	大气科学
刘巧泉	335	2	农学基础与作物学
杨建昌	334.7	3	农学基础与作物学
陈永平	320	1	NSFC-中物院联合基金
徐辰武	228	3	遗传学与生物信息学
颜朝国	215	5	有机化学
杨连新	211	3	农学基础与作物学
刘宗平	208	3	兽医学

4.2.88 陕西师范大学

截至 2016 年 12 月，陕西师范大学设有 1 个研究生院和 21 个学院，63 个本科专业，40 个一级学科硕士学位授权点，15 个一级学科博士学位授权点，18 个博士后科研流动站。有全日制本科生 1.76 万余名，研究生 1.74 万名，继续教育和网络教育学生 41 500 余名，留学生 1100 余名。有专任教师 1600 名，其中双聘院士 4 名，"千人计划"特聘教授 1 名，"长江学者奖励计划"特聘教授、讲座教授 12 名，"百千万人才工程"国家级人选 7 名，教育部"新世纪优秀人才支持计划"入选者 40 名，"万人计划"青年拔尖人才 1 名，"千人计划"青年人才 5 名[88]。

2016 年，陕西师范大学综合 NCI 为 3.7698，排名第 88 位；国家自然科学基金项目总数为 108 项，项目经费为 4441 万元，全国排名分别为第 85 位和第 114 位，陕西省省内排名均为第 7 位（图 4-88）。2011～2016 年陕西师范大学 NCI 变化趋势及指标如表 4-185 所示，国家自然科学基金项目经费 Top 10 人才如表 4-186 所示。

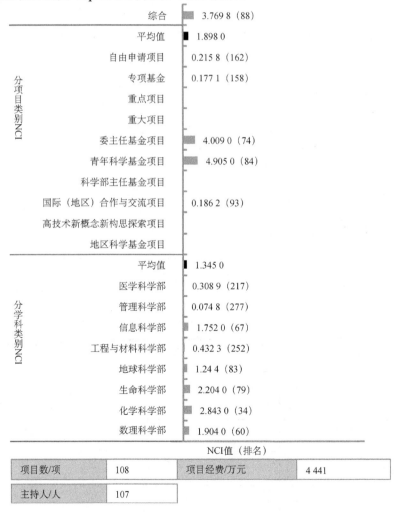

图 4-88　2016 年陕西师范大学各项 NCI 及总体基金数据

表 4-185　2011～2016 年陕西师范大学 NCI 变化趋势及指标

NCI 趋势	学科	类别	2011 年	2012 年	2013 年	2014 年	2015 年	2016 年
	综合	项目数/项	85	65	86	77	86	108
		项目经费/万元	3 989	3 512	4 852.5	3 320	4 540.5	4 441
		主持人数/人	83	64	85	76	86	107
		NCI	3.094 7	2.280 8	3.187 4	2.645 2	3.249 2	3.769 8
	数理科学	项目数/项	18	17	15	18	18	21
		项目经费/万元	683	544	729	674	951	668
		主持人数/人	18	17	15	18	18	20
		NCI	1.714 4	1.419 2	1.488 1	1.689	1.928 1	1.904 7
	化学科学	项目数/项	20	16	28	20	25	26
		项目经费/万元	937	1 171	1 923	1 076	1 722	1 381
		主持人数/人	20	16	28	20	25	26
		NCI	2.043 6	1.759 8	3.117 2	2.117 6	2.925 4	2.843 5
	生命科学	项目数/项	22	11	19	10	13	22
		项目经费/万元	963	524	992	368	529	899
		主持人数/人	21	10	19	10	13	22
		NCI	2.163 8	1.015 7	1.930 5	0.932 9	1.276 4	2.204 7
	地球科学	项目数/项	5	8	7	7	10	13
		项目经费/万元	300	530	453	351	473	463
		主持人数/人	5	8	7	7	10	13
		NCI	0.554 8	0.851 2	0.764	0.724	1.032 4	1.244 4
	工程与材料科学	项目数/项	5	3	8	3	6	4
		项目经费/万元	232	185	408	135	300	205
		主持人数/人	5	3	8	3	6	4
		NCI	0.509 3	0.311 7	0.806 5	0.299 3	0.631	0.432 3
	信息科学	项目数/项	6	7	4	11	10	18
		项目经费/万元	198	389	197	353	416	675
		主持人数/人	6	7	4	11	10	18
		NCI	0.545 5	0.702 4	0.398 6	0.980 4	0.989 1	1.752 9
	管理科学	项目数/项	3	—	3	5		1
		项目经费/万元	84	—	57.5	143	—	17
		主持人数/人	3	—	3	5		1
		NCI	0.258 2	—	0.218 3	0.428 9		0.074 8
	医学科学	项目数/项	5	3	2	3	4	3
		项目经费/万元	192	169	93	220	149.5	133
		主持人数/人	5	3	2	3	4	3
		NCI	0.478 1	0.302 4	0.195 5	0.352 2	0.381 8	0.308 9

表 4-186　2011～2016 年陕西师范大学国家自然科学基金项目经费 Top 10 人才

人名	项目经费/万元	项目数/项	关键研究领域
房喻	617	4	物理化学
李正平	386	2	分析化学
刘昭铁	383	2	化学工程及工业化学
刘忠文	374	2	化学工程及工业化学
赵彬	279	3	数学
张成孝	251	4	分析化学
林书玉	237	3	物理学 I
漆红兰	213	2	分析化学
郜发道	210	4	生态学
周剑平	202	3	无机非金属材料

4.2.89　江南大学

截至 2016 年 12 月，江南大学设有 18 个学院（部）、52 个本科专业、26 个一级学科硕士学位授权点、6 个一级学科博士学位授权点、博士后科研流动站 6 个。有在校本科生 20 056 名，博士、硕士研究生 7932 名，留学生 924 名。有教职员工 3183 名，其中中国工程院院士 1 名，"千人计划"入选者 14 名，"长江学者奖励计划"特聘教授 5 名、讲座教授 5 名、青年学者 3 名，"新世纪百千万人才工程"国家级人选 7 名，"万人计划"入选者 8 名[89]。

2016 年，江南大学综合 NCI 为 3.7611，排名第 89 位；国家自然科学基金项目总数为 108 项，项目经费为 4410.26 万元，全国排名分别为第 85 位和第 116 位，江苏省省内排名均为第 14 位（图 4-89）。2011～2016 年江南大学 NCI 变化趋势及指标如表 4-187 所示，国家自然科学基金项目经费 Top 10 人才如表 4-188 所示。

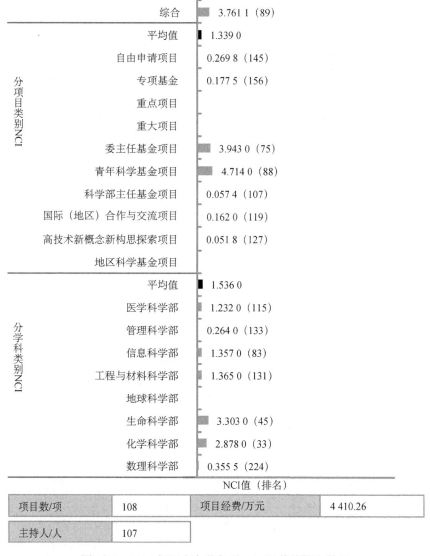

图 4-89　2016 年江南大学各项 NCI 及总体基金数据

表 4-187 2011～2016 年江南大学 NCI 变化趋势及指标

NCI 趋势	学科	类别	2011 年	2012 年	2013 年	2014 年	2015 年	2016 年
	综合	项目数/项	85	105	102	105	128	108
		项目经费/万元	3 898.5	5 261	4 091.5	5 133	5 212.8	4 410.26
		主持人数/人	85	105	101	104	128	107
		NCI	3.095 6	3.611 5	3.376 1	3.765 6	4.435 1	3.761 1
	数理科学	项目数/项	2	5	9	7	10	5
		项目经费/万元	41	102	193	110	203	73
		主持人数/人	2	5	9	7	10	5
		NCI	0.155 1	0.359 2	0.679 7	0.491 8	0.778 7	0.355 5
	化学科学	项目数/项	20	29	21	16	27	27
		项目经费/万元	864	1 489	817.5	740	1 103	1 329
		主持人数/人	20	29	21	16	27	27
		NCI	1.989 1	2.834 2	1.934	1.610 8	2.654 5	2.878 9
	生命科学	项目数/项	33	35	39	45	43	32
		项目经费/万元	1 891	2 133	1 774.2	2 530	2 457	1 430
		主持人数/人	33	35	38	45	43	32
		NCI	3.606 1	3.621 7	3.752 2	4.835	4.727 9	3.303 9
	地球科学	项目数/项	1	—	—	—	—	—
		项目经费/万元	28	—	—	—	—	—
		主持人数/人	1	—	—	—	—	—
		NCI	0.086 1	—	—	—	—	—
	工程与材料科学	项目数/项	8	14	11	15	22	14
		项目经费/万元	344	543	494	736	701	527
		主持人数/人	8	14	11	15	22	14
		NCI	0.794 4	1.246 1	1.062 9	1.540 2	1.991	1.365 1
	信息科学	项目数/项	17	18	13	13	15	14
		项目经费/万元	645	842	487.8	549	501	518.36
		主持人数/人	17	18	13	13	15	14
		NCI	1.619 1	1.705 4	1.183 2	1.269 7	1.379	1.357 6
	管理科学	项目数/项	2	2	4	1	2	3
		项目经费/万元	40.5	64	106	63	29	83
		主持人数/人	2	2	4	1	2	3
		NCI	0.154 5	0.167	0.324 2	0.111 6	0.139 2	0.264
	医学科学	项目数/项	2	2	5	8	9	13
		项目经费/万元	45	88	219	405	218.8	449.9
		主持人数/人	2	2	5	8	9	13
		NCI	0.16	0.185 7	0.479 1	0.83	0.744 3	1.232 6

表 4-188 2011～2016 年江南大学国家自然科学基金项目经费 Top 10 人才

人名	项目经费/万元	项目数/项	关键研究领域
陈卫	576.2	5	建筑环境与结构工程
吴敬	480	2	食品科学
胥传来	386	2	无机化学
徐岩	366	2	食品科学
陈坚	350	2	食品科学
张弛	328	1	无机非金属材料
金征宇	305	1	食品科学
刘立明	255	3	化学工程及工业化学
马鑫	253	3	医学循环系统
匡华	242	3	无机化学

4.2.90　广州医科大学

截至 2016 年 12 月，广州医科大学设有 20 个学院，20 个本科专业，10 个一级学科硕士学位授权点，1 个一级学科博士学位授权点，1 个博士后科研流动站。有全日制本科生和研究生 9772 名。截至 2016 年 5 月，共有在编职工 6694 名，专业技术人员 6112 名，其中中国工程院院士 1 名，"千人计划"学者 3 名，"百千万人才工程"国家级人选 3 名，"长江学者奖励计划"讲座教授 1 名[90]。

2016 年，广州医科大学综合 NCI 为 3.7342，排名第 90 位；国家自然科学基金项目总数为 108 项，项目经费为 4276.4 万元，全国排名分别为第 85 位和第 120 位，广东省省内排名分别为第 8 位和第 10 位（图 4-90）。2011~2016 年广州医科大学 NCI 变化趋势及指标如表 4-189 所示，国家自然科学基金项目经费 Top 10 人才如表 4-190 所示。

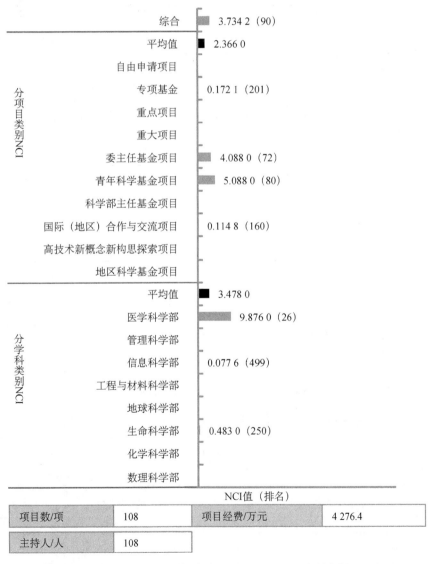

图 4-90　2016 年广州医科大学各项 NCI 及总体基金数据

表 4-189　2011～2016 年广州医科大学 NCI 变化趋势及指标

NCI 趋势	学科	类别	2011 年	2012 年	2013 年	2014 年	2015 年	2016 年
	综合	项目数/项	7	6	78	88	93	108
		项目经费/万元	187	386	3 413	6 236	3 750.6	4 276.4
		主持人数/人	7	6	78	87	93	108
		NCI	0.212 9	0.224 3	2.666 4	3.569 5	3.211 9	3.734 2
	数理科学	项目数/项	—	—	—	—	—	—
		项目经费/万元	—	—	—	—	—	—
		主持人数/人	—	—	—	—	—	—
		NCI	—	—	—	—	—	—
	化学科学	项目数/项	—	—	—	—	1	—
		项目经费/万元	—	—	—	—	21	—
		主持人数/人	—	—	—	—	1	—
		NCI	—	—	—	—	0.078 8	—
	生命科学	项目数/项	—	—	3	5	10	5
		项目经费/万元	—	—	182	183	280	183
		主持人数/人	—	—	3	5	10	5
		NCI	—	—	0.320 5	0.465 6	0.866 8	0.483
	地球科学	项目数/项	—	—	—	—	—	—
		项目经费/万元	—	—	—	—	—	—
		主持人数/人	—	—	—	—	—	—
		NCI	—	—	—	—	—	—
	工程与材料科学	项目数/项	—	—	1	1	—	—
		项目经费/万元	—	—	25	25	—	—
		主持人数/人	—	—	1	1	—	—
		NCI	—	—	0.079 5	0.082	—	—
	信息科学	项目数/项	—	—	—	—	—	1
		项目经费/万元	—	—	—	—	—	19
		主持人数/人	—	—	—	—	—	1
		NCI	—	—	—	—	—	0.077 6
	管理科学	项目数/项	—	—	—	—	1	—
		项目经费/万元	—	—	—	—	18	—
		主持人数/人	—	—	—	—	1	—
		NCI	—	—	—	—	0.074 8	—
	医学科学	项目数/项	7	6	74	82	80	101
		项目经费/万元	187	386	3 206	6 028	3 236.6	3 834.4
		主持人数/人	7	6	74	81	80	101
		NCI	0.593 1	0.632 2	7.065 5	9.595	7.839 9	9.876 3

表 4-190　2011～2016 年广州医科大学国家自然科学基金项目经费 Top 10 人才

人名	项目经费/万元	项目数/项	关键研究领域
钟南山	2 781	3	呼吸系统
王健	345	2	呼吸系统
卢文菊	250	1	呼吸系统
余细勇	240	1	人口与健康
李靖	180	2	呼吸系统
陈莉延	150	1	呼吸系统
冉丕鑫	140	2	呼吸系统
周玉民	110	1	呼吸系统
陈荣昌	100	1	呼吸系统
赖克方	95	2	计算机科学

4.2.91　中国科学院寒区旱区环境与工程研究所

2016 年 6 月，中国科学院寒区旱区环境与工程研究所与兰州油气资源研究中心、兰州文献情报中心以及西北高原生物研究所、青海盐湖研究所组建成立西北研究院，新建的西北研究院拥有 2 个国家重点实验室、4 个中国科学院重点实验室、5 个省级重点实验室、4 个工程或研发中心、16 个野外观测研究实验站[91]。

2016 年，中国科学院寒区旱区环境与工程研究所综合 NCI 为 3.7310，排名第 91 位；国家自然科学基金项目总数为 76 项，项目经费为 8967.38 万元，全国排名分别为第 122 位和第 52 位，甘肃省省内排名均为第 2 位（图 4-91）。2011～2016 年中国科学院寒区旱区环境与工程研究所 NCI 变化趋势及指标如表 4-191 所示，国家自然科学基金项目经费 Top 10 人才如表 4-192 所示。

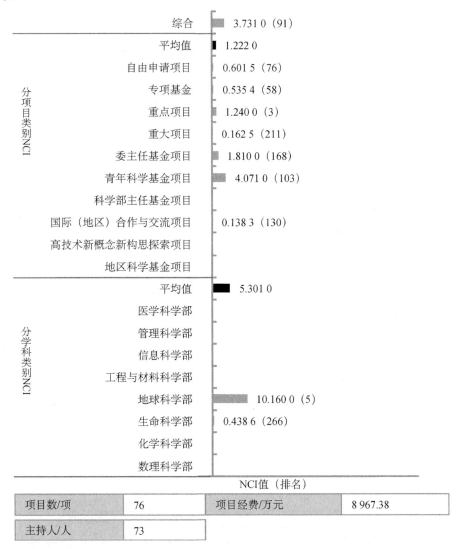

图 4-91　2016 年中国科学院寒区旱区环境与工程研究所各项 NCI 及总体基金数据

表 4-191　2011～2016 年中国科学院寒区旱区环境与工程研究所 NCI 变化趋势及指标

NCI 趋势	学科	类别	2011 年	2012 年	2013 年	2014 年	2015 年	2016 年
	综合	项目数/项	74	84	57	72	65	76
		项目经费/万元	7 166	5 384	3 266	5 672	4 300	8 967.38
		主持人数/人	72	84	56	72	65	73
		NCI	3.425 9	3.136 4	2.119 2	3.037	2.647 5	3.731
	数理科学	项目数/项	—	—	—	—	1	—
		项目经费/万元	—	—	—	—	22	—
		主持人数/人	—	—	—	—	1	—
		NCI	—	—	—	—	0.08	—
	化学科学	项目数/项						
		项目经费/万元						
		主持人数/人						
		NCI	—					
	生命科学	项目数/项	7	5	9	4	5	5
		项目经费/万元	322	284	449	161	145	137
		主持人数/人	7	5	9	4	5	5
		NCI	0.710 9	0.505 4	0.900 7	0.384 5	0.438 5	0.438 6
	地球科学	项目数/项	67	78	48	68	58	71
		项目经费/万元	6 844	4 800	2 817	5 511	4 059	8 830.38
		主持人数/人	65	78	47	68	58	68
		NCI	8.788 1	8.097 4	5.035 5	8.253 4	6.823	10.163 9
	工程与材料科学	项目数/项	—	—	—	—	1	—
		项目经费/万元	—	—	—	—	74	—
		主持人数/人	—	—	—	—	1	—
		NCI	—	—	—	—	0.119 8	—
	信息科学	项目数/项						
		项目经费/万元						
		主持人数/人						
		NCI						
	管理科学	项目数/项						
		项目经费/万元						
		主持人数/人						
		NCI						
	医学科学	项目数/项						
		项目经费/万元						
		主持人数/人						
		NCI	—					

表 4-192　2011～2016 年中国科学院寒区旱区环境与工程研究所国家自然科学基金项目经费 Top 10 人才

人名	项目经费/万元	项目数/项	关键研究领域
秦大河	3390.59	6	地理学
李新	1503	4	地理学
李新荣	1440	3	地理学
马巍	928	3	地理学
效存德	775.29	3	地理学
杨保	762	4	地质学
肖洪浪	750	3	地理学
吴青柏	611.5	2	地理学
赵文智	596	3	地理学
文军	547	3	大气科学

4.2.92　中国科学院长春应用化学研究所

中国科学院长春应用化学研究所是国务院学位委员会首批授权培养硕士、博士和建立博士后科研流动站的单位之一，享有化学一级学科和五个二级学科及工学二级学科应用化学的博士、硕士学位授予权，是中国科学院首批博士生重点培养基地。截至 2015 年 12 月，有在学研究生 748 名，其中 55%以上为博士研究生。有职工 921 名，其中中国科学院院士 7 名，发展中国家科学院院士 4 名、研究员 133 名，"千人计划"、"万人计划"、"百千万人才工程"、国家杰出青年科学基金、中国科学院"百人计划"获得者分别为 4 名、4 名、9 名、30 名和 47 名[92]。

2016 年，长春应用化学研究所综合 NCI 为 3.6905，排名第 92 位；国家自然科学基金项目总数为 88 项，项目经费为 6289 万元，全国排名分别为第 104 位和第 71 位，吉林省省内排名均为第 2 位（图 4-92）。2011～2016 年中国科学院长春应用化学研究所 NCI 变化趋势及指标如表 4-193 所示，国家自然科学基金项目经费 Top 10 人才如表 4-194 所示。

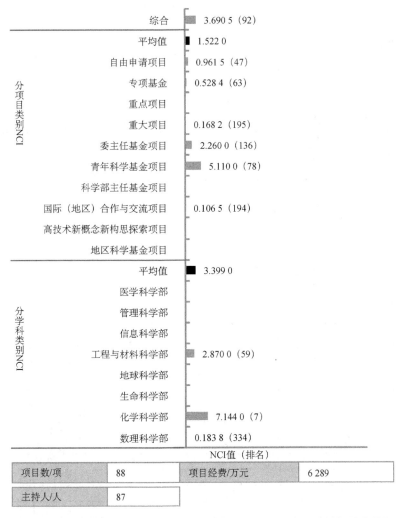

图 4-92　2016 年中国科学院长春应用化学研究所各项 NCI 及总体基金数据

表 4-193　2011～2016 年中国科学院长春应用化学研究所 NCI 变化趋势及指标

NCI 趋势	学科	类别	2011 年	2012 年	2013 年	2014 年	2015 年	2016 年
	综合	项目数/项	87	95	97	98	90	88
		项目经费/万元	6 062	7 060.8	8 763.66	7 200.5	9 252.79	6 289
		主持人数/人	85	92	92	95	85	87
		NCI	3.614 2	3.686 9	4.148 5	3.997 1	4.166	3.690 5
	数理科学	项目数/项	—	—	3	—	—	1
		项目经费/万元	—	—	122	—	—	252
		主持人数/人	—	—	3	—	—	1
		NCI	—	—	0.280 5	—	—	0.183 8
	化学科学	项目数/项	58	60	53	57	55	59
		项目经费/万元	4 064	4 469	2 977.26	4 581	6 339.75	4 327
		主持人数/人	56	57	51	56	52	58
		NCI	6.698 6	6.525 5	5.447 8	6.858 5	7.499 5	7.144 4
	生命科学	项目数/项	—	—	1	—	—	—
		项目经费/万元	—	—	25	—	—	—
		主持人数/人	—	—	1	—	—	—
		NCI	—	—	0.079 5	—	—	—
	地球科学	项目数/项	—	—	—	—	—	—
		项目经费/万元	—	—	—	—	—	—
		主持人数/人	—	—	—	—	—	—
		NCI	—	—	—	—	—	—
	工程与材料科学	项目数/项	28	33	37	40	29	26
		项目经费/万元	1 968	2 487.8	5 545	2 534.5	2 423.04	1 420
		主持人数/人	28	33	36	39	27	26
		NCI	3.275 2	3.665 6	5.294 2	4.435	3.533 9	2.870 1
	信息科学	项目数/项	1	1	1	—	2	—
		项目经费/万元	30	34	1.4	—	85	—
		主持人数/人	1	1	1	—	2	—
		NCI	0.088 1	0.085 2	0.030 4	—	0.199 2	—
	管理科学	项目数/项	—	—	—	—	—	—
		项目经费/万元	—	—	—	—	—	—
		主持人数/人	—	—	—	—	—	—
		NCI	—	—	—	—	—	—
	医学科学	项目数/项	—	1	2	1	4	—
		项目经费/万元	—	70	93	85	405	—
		主持人数/人	—	1	2	1	4	—
		NCI	—	0.108 4	0.195 5	0.123 3	0.532 2	—

表 4-194　2011～2016 年中国科学院长春应用化学研究所国家自然科学基金项目经费 Top 10 人才

人名	项目经费/万元	项目数/项	关键研究领域
张洪杰	3794.2	7	无机化学
陈学思	2604	4	有机高分子材料
马东阁	1287.84	3	有机高分子材料
汪尔康	1126	4	分析化学
杨秀荣	1039	3	分析化学
牛利	834	3	分析化学
曲晓刚	700	3	无机化学
门永锋	662	3	有机高分子材料
安立佳	654	4	高分子科学
王献红	605.5	3	有机高分子材料

4.2.93 南京师范大学

截至 2016 年 9 月，南京师范大学设有二级学院 26 个，独立学院 2 个，本科专业 77 个，37 个一级学科硕士学位授权点，23 个一级学科博士学位授权点，22 个博士后科研流动站。有在校普通本科生 16 763 名、硕士研究生 9584 名、博士研究生 1246 名、成人高等学历教育在籍生 5216 名。有在职教职工 3213 名，其中中国科学院院士 1 名、国家级有突出贡献专家 9 名、"百千万人才工程"国家级人选 9 名、教育部创新团队 1 个、"长江学者奖励计划"特聘教授 5 名、"千人计划"学者 3 名、"千人计划"青年人才 2 名、"万人计划"人选 6 名、教育部"新世纪优秀人才支持计划"人选 13 名、中国科学院"百人计划"人选 3 名[93]。

2016 年，南京师范大学综合 NCI 为 3.6809，排名第 93 位；国家自然科学基金项目总数为 93 项，项目经费为 5583.8 万元，全国排名分别为第 97 位和第 87 位，江苏省省内排名分别为第 16 位和第 9 位（图 4-93）。2011～2016 年南京师范大学 NCI 变化趋势及指标如表 4-195 所示，国家自然科学基金项目经费 Top 10 人才如表 4-196 所示。

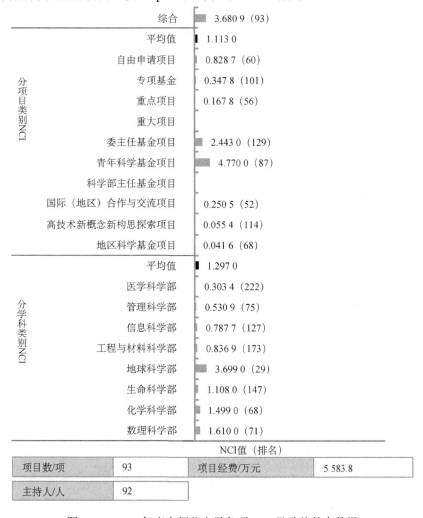

图 4-93　2016 年南京师范大学各项 NCI 及总体基金数据

表 4-195　2011～2016 年南京师范大学 NCI 变化趋势及指标

NCI 趋势	学科	类别	2011 年	2012 年	2013 年	2014 年	2015 年	2016 年
	综合	项目数/项	81	83	69	80	95	93
		项目经费/万元	4 277.3	5 322	3 889.5	5 693	4 503.5	5 583.8
		主持人数/人	79	81	68	80	94	92
		NCI	3.066 1	3.074 3	2.554	3.262	3.450 4	3.680 9
	数理科学	项目数/项	14	17	11	11	15	15
		项目经费/万元	459	841	481	568	787	754
		主持人数/人	14	17	11	11	15	15
		NCI	1.27	1.641	1.053 5	1.148 9	1.603	1.610 6
	化学科学	项目数/项	9	9	6	12	15	12
		项目经费/万元	406	489	380	761	559	950
		主持人数/人	9	9	6	12	15	12
		NCI	0.908 1	0.896 3	0.650 2	1.342 2	1.430 3	1.499 1
	生命科学	项目数/项	20	14	12	19	19	9
		项目经费/万元	1 030	844	702	1248	971	683
		主持人数/人	20	13	12	19	19	9
		NCI	2.109 1	1.408 2	1.266 4	2.150 1	2.012 8	1.108 6
	地球科学	项目数/项	26	25	27	26	29	30
		项目经费/万元	1 464	1 911	1 589	2 471	1 548	2 284
		主持人数/人	26	25	27	26	29	30
		NCI	2.824 6	2.789 9	2.855 1	3.327 8	3.117	3.699 3
	工程与材料科学	项目数/项	2	5	1	5	7	10
		项目经费/万元	110	294	25	243	319	238
		主持人数/人	2	5	1	5	7	10
		NCI	0.215 6	0.511 2	0.079 5	0.511 8	0.713 8	0.836 9
	信息科学	项目数/项	4	6	5	2	4	9
		项目经费/万元	169	463	234	158	116	245
		主持人数/人	4	6	5	2	4	9
		NCI	0.394 9	0.671 7	0.489 8	0.240 7	0.350 8	0.787 7
	管理科学	项目数/项	2	1	4	3	3	5
		项目经费/万元	59.3	19	115.5	99	80	303.8
		主持人数/人	2	1	4	3	3	4
		NCI	0.175 5	0.070 2	0.333 6	0.269 9	0.255 9	0.530 9
	医学科学	项目数/项	3	5	2	2	3	3
		项目经费/万元	180	261	313	145	123.5	126
		主持人数/人	3	5	2	2	3	3
		NCI	0.332 9	0.491 4	0.293	0.233 9	0.295 7	0.303 4

表 4-196　2011～2016 年南京师范大学国家自然科学基金项目经费 Top 10 人才

人名	项目经费/万元	项目数/项	关键研究领域
杨光	531	3	动物学
袁林旺	515	3	地理学
戴志晖	507	3	分析化学
刘健	400	2	地理学
朱阿兴	400	1	地理学
汪永进	380	2	地质学
盛业华	365	2	地理学
陆玉麒	335	1	地理学
蔡祖聪	310	1	地理学
韩德仁	307	2	数学

4.2.94　中国科学院地理科学与资源研究所

截至 2016 年 12 月，中国科学院地理科学与资源研究所设有 7 个二级学科硕士研究生培养点、2 个一级学科博士研究生培养点、3 个一级学科博士后科研流动站。有在学研究生 791 名（其中硕士研究生 273 名、博士研究生 493 名、留学生 24 名），在站博士后 278 名。截至 2015 年年底，共有在职职工 603 名，其中中国科学院院士 5 名、中国工程院院士 3 名、发展中国家科学院院士 2 名、中国科学院"百人计划"入选者 30 名、"青年千人计划"入选者 1 名、"外专千人计划"入选者 1 名、"百千万人才工程"国家级人选 6 名，"万人计划"百千万工程领军人才 1 名、"万人计划"青年拔尖人才 1 名[94]。

2016 年，中国科学院地理科学与资源研究所综合 NCI 为 3.6747，排名第 94 位；国家自然科学基金项目总数为 91 项，项目经费为 5803.8 万元，全国排名分别为第 100 位和第 83 位，北京市市内排名分别为第 14 位和第 20 位（图 4-94）。2011～2016 年中国科学院地理科学与资源研究所 NCI 变化趋势及指标如表 4-197 所示，国家自然科学基金项目经费 Top 10 人才如表 4-198 所示。

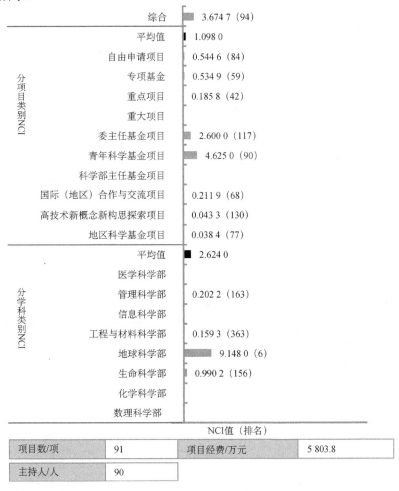

图 4-94　2016 年中国科学院地理科学与资源研究所各项 NCI 及总体基金数据

表 4-197　2011～2016 年中国科学院地理科学与资源研究所 NCI 变化趋势及指标

NCI 趋势	学科	类别	2011 年	2012 年	2013 年	2014 年	2015 年	2016 年
	综合	项目数/项	92	95	91	66	101	91
		项目经费/万元	5 339.7	7 760.9	7 749.96	7 510.9	11 133.7	5 803.8
		主持人数/人	90	89	89	62	94	90
		NCI	3.597 6	3.763 1	3.855 3	3.082 1	4.761 8	3.674 7
	数理科学	项目数/项	—	—	1	—	—	—
		项目经费/万元	—	—	20	—	—	—
		主持人数/人	—	—	1	—	—	—
		NCI	—	—	0.073 8	—	—	—
	化学科学	项目数/项	1	—	—	—	—	—
		项目经费/万元	65	—	—	—	—	—
		主持人数/人	1	—	—	—	—	—
		NCI	0.114	—	—	—	—	—
	生命科学	项目数/项	9	13	9	8	13	8
		项目经费/万元	601	2 536	771	707	1 006	616
		主持人数/人	9	12	9	8	13	8
		NCI	1.034 9	1.930 3	1.078 6	0.999 4	1.581 4	0.990 2
	地球科学	项目数/项	73	76	73	53	77	78
		项目经费/万元	4 164.7	4 664.9	6 558.46	6 453.9	9 383.7	5 109.5
		主持人数/人	71	73	73	50	73	78
		NCI	7.891 9	7.777 9	8.888 2	7.226 2	10.705 7	9.148 2
	工程与材料科学	项目数/项	4	1	2		2	2
		项目经费/万元	173	80	50		83	41
		主持人数/人	4	1	2		2	2
		NCI	0.398	0.113 3	0.159	—	0.197 7	0.159 3
	信息科学	项目数/项	—	—	—	—	—	—
		项目经费/万元	—	—	—	—	—	—
		主持人数/人	—	—	—	—	—	—
		NCI	—	—	—	—	—	—
	管理科学	项目数/项	4	2	6	5	8	3
		项目经费/万元	316	385	350.5	350	611	37.3
		主持人数/人	4	2	6	5	7	3
		NCI	0.486 5	0.303 7	0.632 9	0.577 9	0.926 7	0.202 2
	医学科学	项目数/项	—	—	—	—	—	—
		项目经费/万元	—	—	—	—	—	—
		主持人数/人	—	—	—	—	—	—
		NCI	—	—	—	—	—	—

表 4-198　2011～2016 年中国科学院地理科学与资源研究所国家自然科学基金项目经费 Top 10 人才

人名	项目经费/万元	项目数/项	关键研究领域
于贵瑞	2 427	4	生态学
方创琳	2 106.55	3	地理学
邓祥征	1 731.5	6	宏观管理与政策
周成虎	1 643.55	4	地理学
李秀彬	933.6	7	地理学
郭大立	822.5	3	林学
邵明安	783.1	3	地理学
葛全胜	780	1	大气科学
张林秀	779	4	生态学
郭庆军	749.4	8	地球化学

4.2.95 哈尔滨工程大学

截至 2016 年 8 月，哈尔滨工程大学设有 16 个专业学院、本科专业 34 个、一级学科硕士学位授权点 29 个、一级学科博士学位授权点 12 个、博士后科研工作站 2 个。有在校生 2.83 万名，其中全日制本科生 15 124 名、全日制研究生 7759 名、留学生 1348 名。有教职工 3006 名，其中中国科学院院士、中国工程院院士 8 名（含双聘院士 5 名），"千人计划"人选 10 名，"万人计划"中青年科技创新领军人才 2 名，"长江学者奖励计划"特聘教授 4 名、讲座教授 3 名，教育部"新世纪优秀人才支持计划"入选者 24 名[95]。

2016 年，哈尔滨工程大学综合 NCI 为 3.6724，排名第 95 位；国家自然科学基金项目总数为 95 项，项目经费为 5257 万元，全国排名均为第 95 位，黑龙江省省内排名均为第 3 位（图 4-95）。2011～2016 年哈尔滨工程大学 NCI 变化趋势及指标如表 4-199 所示，国家自然科学基金项目经费 Top 10 人才如表 4-200 所示。

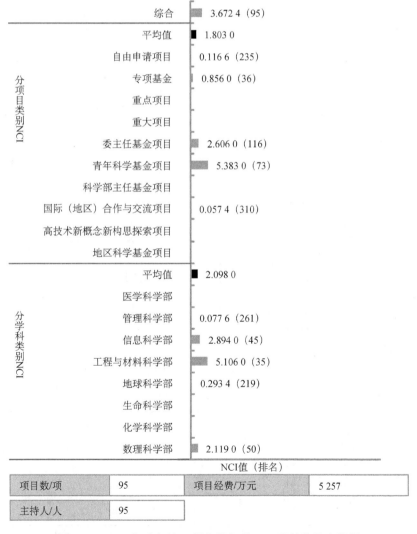

图 4-95 2016 年哈尔滨工程大学各项 NCI 及总体基金数据

表 4-199　2011～2016 年哈尔滨工程大学 NCI 变化趋势及指标

NCI 趋势	学科	类别	2011 年	2012 年	2013 年	2014 年	2015 年	2016 年
	综合	项目数/项	86	105	113	100	80	95
		项目经费/万元	2 969.5	5 741.5	5 775.5	5 092.2	3 765	5 257
		主持人数/人	85	102	113	99	79	95
		NCI	2.838 1	3.682 5	4.068 1	3.634 8	2.896 7	3.672 4
	数理科学	项目数/项	14	19	16	21	13	20
		项目经费/万元	449	1 284	855	1 117	571	966
		主持人数/人	14	19	16	21	13	20
		NCI	1.260 8	2.035	1.638 3	2.215	1.309 4	2.119 1
	化学科学	项目数/项	3	5	4	5	4	—
		项目经费/万元	110	286	149	246	176	—
		主持人数/人	3	5	4	5	4	—
		NCI	0.282 5	0.506 6	0.363 2	0.513 9	0.403 1	—
	生命科学	项目数/项	—	—	—	—	—	—
		项目经费/万元	—	—	—	—	—	—
		主持人数/人	—	—	—	—	—	—
		NCI	—	—	—	—	—	—
	地球科学	项目数/项	3	—	6	—	2	3
		项目经费/万元	199	—	507	—	90	114
		主持人数/人	3	—	6	—	2	3
		NCI	0.344 2	—	0.715 8	—	0.2031	0.2934
	工程与材料科学	项目数/项	34	43	50	43	38	47
		项目经费/万元	1 164	2 074	2 466.5	2 060	1 434	2 448
		主持人数/人	34	43	50	43	38	47
		NCI	3.129 2	4.115 8	4.985 1	4.380 1	3.638 5	5.106 8
	信息科学	项目数/项	28	32	30	27	23	24
		项目经费/万元	947	801	1 543	1 507.2	1 494	1 710
		主持人数/人	27	31	30	27	23	24
		NCI	2.535 6	3.190 6	3.033	2.894 1	2.639 3	2.894 8
	管理科学	项目数/项	3	6	5	4		1
		项目经费/万元	90.5	296.5	209	162		19
		主持人数/人	3	6	5	4		1
		NCI	0.264 7	0.579	0.471 7	0.385 3		0.077 6
	医学科学	项目数/项			2			
		项目经费/万元	—	—	46	—	—	—
		主持人数/人			2			
		NCI	—	—	0.154 6	—	—	—

表 4-200　2011～2016 年哈尔滨工程大学国家自然科学基金项目经费 Top 10 人才

人名	项目经费/万元	项目数/项	关键研究领域
苑立波	701	4	光学和光电子学
关春颖	426.2	5	光学和光电子学
乔钢	410	2	电子学与信息系统
殷敬伟	399	3	电子学与信息系统
朴胜春	390	2	物理学 I
杨军	390	2	光学和光电子学
段文洋	388	3	水利科学与海洋工程
黄海	353	3	水利科学与海洋工程
李海森	348	2	海洋科学
赵琳	337	2	自动化

4.2.96　中国科学院大气物理研究所

中国科学院大气物理研究所设有 2 个国家重点实验室、3 个中国科学院重点实验室、4 个所级实验室和研究中心。有一级学科大气科学硕士、博士学位培养点，海洋科学、环境科学与工程硕士培养点，大气科学和海洋科学 2 个博士后科研流动站。截至 2015 年年底，有在学研究生 432 名，其中博士研究生 259 名，硕士研究生 173 名，在站博士后 47 名。有在职职工 528 名，其中中国科学院院士 7 名、发展中国家科学院院士 1 名、"千人计划"入选者 4 名、"青年千人计划"入选者 4 名、"万人计划"入选者 4 名、中国科学院"百人计划"入选者 21 名[96]。

2016 年，中国科学院大气物理研究所综合 NCI 为 3.6589，排名第 96 位；国家自然科学基金项目总数为 82 项，项目经费为 7243.7 万元，全国排名分别为第 113 位和第 63 位，北京市市内排名分别为第 18 位和第 13 位（图 4-96）。2011～2016 年中国科学院大气物理研究所 NCI 变化趋势及指标如表 4-201 所示，国家自然科学基金项目经费 Top 10 人才如表 4-202 所示。

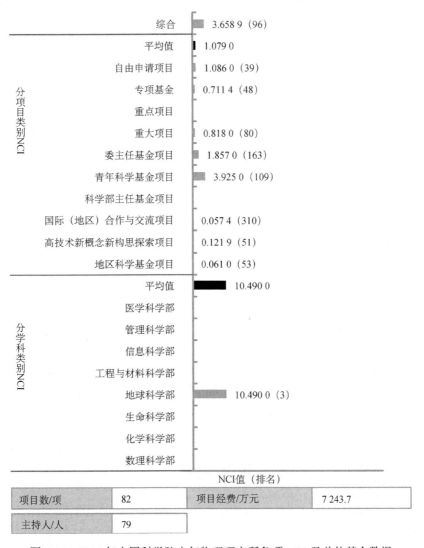

图 4-96　2016 年中国科学院大气物理研究所各项 NCI 及总体基金数据

表 4-201　2011～2016 年中国科学院大气物理研究所 NCI 变化趋势及指标

NCI 趋势	学科	类别	2011 年	2012 年	2013 年	2014 年	2015 年	2016 年
	综合	项目数/项	66	74	91	78	91	82
		项目经费/万元	13 334.5	5 049.55	7 019	7 830.5	10 653.6	7 243.7
		主持人数/人	65	68	87	74	89	79
		NCI	3.920 2	2.742 8	3.701 9	3.504 9	4.450 2	3.658 9
	数理科学	项目数/项	—	1	—	1	1	—
		项目经费/万元	—	320	—	62	230	—
		主持人数/人	—	1	—	1	1	—
		NCI	—	0.179 9	—	0.111	0.174 9	—
	化学科学	项目数/项	1	1	—	—	—	—
		项目经费/万元	28	20	—	—	—	—
		主持人数/人	1	1	—	—	—	—
		NCI	0.086 1	0.071 4	—	—	—	—
	生命科学	项目数/项	—	—	—	—	—	—
		项目经费/万元	—	—	—	—	—	—
		主持人数/人	—	—	—	—	—	—
		NCI	—	—	—	—	—	—
	地球科学	项目数/项	65	71	90	77	89	82
		项目经费/万元	13 306.5	4 622.55	6 999	7 768.5	10 343.6	7 243.7
		主持人数/人	64	65	86	73	87	79
		NCI	10.802 3	7.292 6	10.286 3	9.876 5	12.304 9	10.494 1
	工程与材料科学	项目数/项	—	—	—	—	1	—
		项目经费/万元	—	—	—	—	80	—
		主持人数/人	—	—	—	—	1	—
		NCI	—	—	—	—	0.123	—
	信息科学	项目数/项	—	1	—	—	—	—
		项目经费/万元	—	87	—	—	—	—
		主持人数/人	—	1	—	—	—	—
		NCI	—	0.116 5	—	—	—	—
	管理科学	项目数/项	—	—	1	—	—	—
		项目经费/万元	—	—	20	—	—	—
		主持人数/人	—	—	1	—	—	—
		NCI	—	—	0.073 8	—	—	—
	医学科学	项目数/项	—	—	—	—	—	—
		项目经费/万元	—	—	—	—	—	—
		主持人数/人	—	—	—	—	—	—
		NCI	—	—	—	—	—	—

表 4-202　2011～2016 年中国科学院大气物理研究所国家自然科学基金项目经费 Top 10 人才

人名	项目经费/万元	项目数/项	关键研究领域
吕达仁	9300	1	大气科学
石广玉	2462.77	3	大气科学
王会军	1825	4	大气科学
雷恒池	1493	3	大气科学
傅平青	1041.5	5	大气科学
周天军	803.7	5	大气科学
陈洪滨	799.7	2	大气科学
刘辉志	745	4	大气科学
陈文	645	7	大气科学
郑循华	600.95	2	大气科学

4.2.97 福州大学

截至 2015 年 12 月，福州大学设有 19 个以全日制本科生和研究生培养为主的学院及 1 个独立学院，本科专业 78 个，一级学科硕士学位授权点 35 个，一级学科博士学位授权点 9 个，博士后科研流动站 11 个。有普通本一批学生 2.4 万余名、各类研究生 9800 余名。有教职工 3158 名，其中院士 6 名（含双聘院士 5 名）、国际欧亚科学院院士 1 名，荷兰皇家科学院院士 1 名，"千人计划"人选 8 名，"万人计划"人选 2 名，"长江学者奖励计划"特聘教授 4 名，"百千万人才工程"国家级人选 8 名，教育部"新世纪优秀人才支持计划"人选 11 名[97]。

2016 年，福州大学综合 NCI 为 3.6233，排名第 97 位；国家自然科学基金项目总数为 100 项，项目经费为 4556.7 万元，全国排名分别为第 92 位和第 111 位，福建省省内排名均为第 2 位（图 4-97）。2011～2016 年福州大学 NCI 变化趋势及指标如表 4-203 所示，国家自然科学基金项目经费 Top 10 人才如表 4-204 所示。

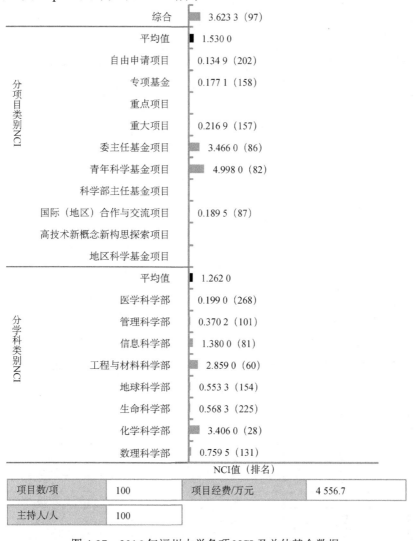

图 4-97　2016 年福州大学各项 NCI 及总体基金数据

表 4-203　2011～2016 年福州大学 NCI 变化趋势及指标

NCI 趋势	学科	类别	2011 年	2012 年	2013 年	2014 年	2015 年	2016 年
	综合	项目数/项	87	80	94	84	108	100
		项目经费/万元	3 963	3 883	4 736.5	4 960	4 671.8	4 556.7
		主持人数/人	86	79	92	83	108	100
		NCI	3.149 1	2.711 2	3.344	3.205 7	3.818 1	3.623 3
	数理科学	项目数/项	9	10	17	11	12	8
		项目经费/万元	153	175	747	303	342.5	278
		主持人数/人	9	10	16	11	12	8
		NCI	0.655 9	0.682 7	1.598 2	0.931 7	1.046 9	0.759 5
	化学科学	项目数/项	24	26	28	23	25	30
		项目经费/万元	1 348	1 474	1 614	2 450	1 128	1 783
		主持人数/人	24	25	27	22	25	30
		NCI	2.605 2	2.592 2	2.905	3.012 9	2.540 7	3.406 3
	生命科学	项目数/项	4	4	7	1	6	6
		项目经费/万元	131	209	324	24	166	207
		主持人数/人	4	4	7	1	6	6
		NCI	0.362 7	0.393 2	0.683 3	0.080 9	0.518	0.568 3
	地球科学	项目数/项	8	5	4	7	8	6
		项目经费/万元	344	178	198	368	305	191
		主持人数/人	8	5	4	7	8	6
		NCI	0.794 4	0.432 5	0.399 3	0.735 5	0.768 6	0.553 3
	工程与材料科学	项目数/项	21	20	17	17	29	29
		项目经费/万元	835	1 100	699	807	1 279	1 129
		主持人数/人	21	20	17	17	29	29
		NCI	2.031 6	1.999 9	1.595 1	1.726 4	2.924 9	2.859 6
	信息科学	项目数/项	12	5	14	16	9	14
		项目经费/万元	452	182	446	633	299	545
		主持人数/人	12	5	14	16	9	14
		NCI	1.140 2	0.435 7	1.206 5	1.529 1	0.825 9	1.380 5
	管理科学	项目数/项	7	8	5	6	12	4
		项目经费/万元	285	477	138.5	208	394.8	128.7
		主持人数/人	7	8	5	6	12	4
		NCI	0.682 6	0.821 8	0.411 3	0.548 7	1.097 7	0.370 2
	医学科学	项目数/项	1	2	—	3	4	2
		项目经费/万元	15	88	—	167	112.5	80
		主持人数/人	1	2	—	3	4	2
		NCI	0.069 9	0.185 7	—	0.321 3	0.347 3	0.199

表 4-204　2011～2016 年福州大学国家自然科学基金项目经费 Top 10 人才

人名	项目经费/万元	项目数/项	关键研究领域
鲍晓军	620	2	化学工程及工业化学
杨黄浩	578	3	分析化学
王心晨	461	2	物理化学
陈道炼	380	2	电气科学与工程
徐艺军	362	2	化学工程及工业化学
李福山	298	2	新材料与先进制造
李登峰	285	2	管理科学与工程
范更华	260	2	数学
林振宇	225	3	分析化学
唐点平	223	4	分析化学

4.2.98　青岛大学

截至 2016 年 10 月，青岛大学设有 34 个学院，100 个本科专业，31 个一级学科硕士学位授权点，7 个一级学科博士学位授权点，9 个博士后科研流动站。有在校生 4.6 万名，其中研究生 9600 余名、本科生 3.5 万余名、留学生 1600 余名。有教职工 3842 名，其中中国科学院院士、中国工程院院士 2 名，"千人计划"入选者 7 名，中国科学院"百人计划"人选 5 名，"长江学者奖励计划"特聘教授、讲座教授 3 名，"百千万人才工程"第一、第二层次人选 2 名，"新世纪百千万人才工程"国家级人选 1 名，教育部"新世纪优秀人才支持计划"10 名[98]。

2016 年，青岛大学综合 NCI 为 3.6233，排名第 98 位；国家自然科学基金项目总数为 111 项，项目经费为 3698.4 万元，全国排名分别为第 81 位和第 138 位，山东省省内排名分别为第 3 位和第 6 位（图 4-98）。2011～2016 年青岛大学 NCI 变化趋势及指标如表 4-205 所示，国家自然科学基金项目经费 Top 10 人才如表 4-206 所示。

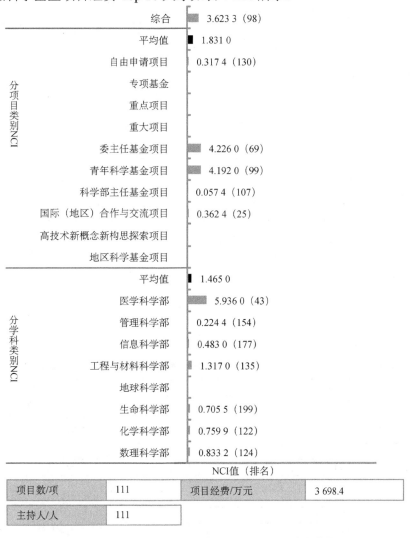

图 4-98　2016 年青岛大学各项 NCI 及总体基金数据

表 4-205　2011～2016 年青岛大学 NCI 变化趋势及指标

NCI 趋势	学科	类别	2011 年	2012 年	2013 年	2014 年	2015 年	2016 年
	综合	项目数/项	65	62	63	83	101	111
		项目经费/万元	2 705.1	3 171.5	2 834	4 619	3 812.1	3 698.4
		主持人数/人	65	62	62	83	100	111
		NCI	2.291 8	2.147 3	2.162	3.118	3.400 7	3.623 3
	数理科学	项目数/项	6	7	6	11	8	9
		项目经费/万元	230	341	205	397	257	290
		主持人数/人	6	7	6	11	8	9
		NCI	0.573 4	0.672 2	0.529 3	1.016	0.726	0.833 2
	化学科学	项目数/项	4	7	6	4	6	9
		项目经费/万元	81.1	338	255	192	261	220
		主持人数/人	4	7	6	4	6	9
		NCI	0.309 2	0.670 3	0.569 2	0.407 7	0.602 4	0.759 9
	生命科学	项目数/项	6	6	7	7	6	7
		项目经费/万元	300	331	439	720	204	291
		主持人数/人	6	6	7	7	6	7
		NCI	0.626 5	0.600 6	0.756 1	0.919 9	0.554 9	0.705 5
	地球科学	项目数/项	2	1	3	2	2	—
		项目经费/万元	91	24	70	120	86	—
		主持人数/人	2	1	3	2	2	—
		NCI	0.202 4	0.075 8	0.233	0.219 6	0.2	—
	工程与材料科学	项目数/项	4	8	9	15	8	13
		项目经费/万元	232	524	435	889	289	549
		主持人数/人	4	8	9	15	8	13
		NCI	0.438 9	0.848	0.891 2	1.640 3	0.754 9	1.317 1
	信息科学	项目数/项	7	1	6	4	10	5
		项目经费/万元	313	80	195	158	427	183
		主持人数/人	7	1	6	4	10	5
		NCI	0.704 2	0.113 3	0.520 5	0.382 1	0.997 8	0.483
	管理科学	项目数/项	1	5	2	4	3	3
		项目经费/万元	45	157.5	67	149	99.7	51
		主持人数/人	1	5	1	4	2	3
		NCI	0.100 8	0.415 2	0.139 1	0.374 7	0.240 5	0.224 4
	医学科学	项目数/项	35	27	24	36	57	64
		项目经费/万元	1 413	1 376	1 168	1 994	2 124.4	2 074.4
		主持人数/人	35	27	24	36	57	64
		NCI	3.403 2	2.632 2	2.382 1	3.848 8	5.435 2	5.936 9

表 4-206　2011～2016 年青岛大学国家自然科学基金项目经费 Top 10 人才

人名	项目经费/万元	项目数/项	关键研究领域
李培峰	608	2	生理学与整合生物学
王建勋	278	3	医学循环系统
王昆	278	3	医学循环系统
周宇	242	3	神经科学
王宗花	196.1	3	分析化学
丁洁玉	180	2	力学
于德爽	169	2	建筑环境与结构工程
杨东江	167	3	无机非金属材料
邵峰晶	165	2	海洋科学
唐建国	164	2	有机高分子材料

4.2.99　上海中医药大学

截至 2016 年 10 月，上海中医药大学有 14 个本、专科专业（方向），21 个直属学院，3 所直属附属医院，4 所非直属附属医院，22 个附属及共建研究所，15 个研究中心。设有 5 个一级学科硕士学位授予点，3 个一级学科博士学位授予点，3 个博士后科研流动站。有全日制在校生 7301 名，其中博士研究生 507 名，硕士研究生 1942 名，本科生 3574 名，专科生 194 名，留学生 1084 名[99]。

2016 年，上海中医药大学综合 NCI 为 3.5641，排名第 99 位；国家自然科学基金项目总数为 106 项，项目经费为 3859.85 万元，全国排名分别为第 89 位和第 130 位，上海市市内排名分别为第 9 位和第 10 位（图 4-99）。2011～2016 年上海中医药大学 NCI 变化趋势及指标如表 4-207 所示，国家自然科学基金项目经费 Top 10 人才如表 4-208 所示。

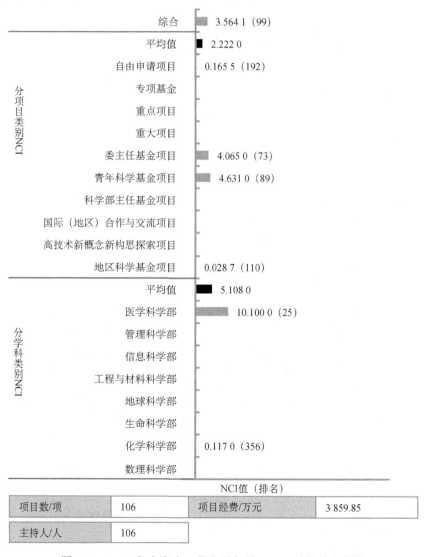

图 4-99　2016 年上海中医药大学各项 NCI 及总体基金数据

表 4-207　2011～2016 年上海中医药大学 NCI 变化趋势及指标

NCI 趋势	学科	类别	2011 年	2012 年	2013 年	2014 年	2015 年	2016 年
	综合	项目数/项	68	85	95	111	119	106
		项目经费/万元	3 181	4 036	4 870	4 677	5 262.9	3 859.85
		主持人数/人	66	85	94	111	119	106
		NCI	2.468 1	2.871 7	3.411 4	3.800 5	4.238 2	3.564 1
	数理科学	项目数/项	—	—	—	—	—	—
		项目经费/万元	—	—	—	—	—	—
		主持人数/人	—	—	—	—	—	—
		NCI	—	—	—	—	—	—
	化学科学	项目数/项	—	1	—	—	1	1
		项目经费/万元	—	80	—	—	65	65
		主持人数/人	—	1	—	—	1	1
		NCI	—	0.113 3	—	—	0.114 8	0.117
	生命科学	项目数/项	1	—	1	—	—	—
		项目经费/万元	23	—	15	—	—	—
		主持人数/人	1	—	1	—	—	—
		NCI	0.080 6	—	0.067	—	—	—
	地球科学	项目数/项	—	—	—	—	—	—
		项目经费/万元	—	—	—	—	—	—
		主持人数/人	—	—	—	—	—	—
		NCI	—	—	—	—	—	—
	工程与材料科学	项目数/项	—	—	—	—	—	—
		项目经费/万元	—	—	—	—	—	—
		主持人数/人	—	—	—	—	—	—
		NCI	—	—	—	—	—	—
	信息科学	项目数/项	—	—	—	—	—	—
		项目经费/万元	—	—	—	—	—	—
		主持人数/人	—	—	—	—	—	—
		NCI	—	—	—	—	—	—
	管理科学	项目数/项	—	—	—	—	—	—
		项目经费/万元	—	—	—	—	—	—
		主持人数/人	—	—	—	—	—	—
		NCI	—	—	—	—	—	—
	医学科学	项目数/项	65	82	94	111	118	105
		项目经费/万元	2 586	3 736	4 855	4 677	5 197.9	3 794.85
		主持人数/人	64	82	93	111	118	105
		NCI	6.257	7.701	9.482 7	10.833 2	11.896 4	10.100 4

表 4-208　2011～2016 年上海中医药大学国家自然科学基金项目经费 Top 10 人才

人名	项目经费/万元	项目数/项	关键研究领域
季光	240	1	中医学
李医明	157	2	中药学
俞桂新	145	2	有机化学
苏越	65	1	有机化学
刘宣	64	1	中西医结合
王珂	64	1	中西医结合
杨燕萍	64	1	中医学
周华	64	1	中西医结合
周利红	64	1	中西医结合
梁倩倩	63	1	中医学

4.2.100　南京中医药大学

截至 2016 年 9 月，南京中医药大学设有 28 个本科专业，各类在校生近 2 万名。拥有国医大师 5 名、双聘院士 2 名、"长江学者奖励计划"特聘教授 1 名、"百千万人才工程"国家级人选 5 名、国务院政府特殊津贴获得者 53 名、国家级有突出贡献中青年专家 1 名、国家级教学名师 2 名、全国模范教师 1 名、白求恩奖章获得者 2 名、"何梁何利基金科学与技术创新奖"获得者 1 名[100]。

2016 年，南京中医药大学综合 NCI 为 3.5636，排名第 100 位；国家自然科学基金项目总数为 104 项，项目经费为 4046.9 万元，全国排名分别为第 91 位和第 129 位，江苏省省内排名分别为第 15 位和第 16 位（图 4-100）。2011～2016 年南京中医药大学 NCI 变化趋势及指标如表 4-209 所示，国家自然科学基金项目经费 Top 10 人才如表 4-210 所示。

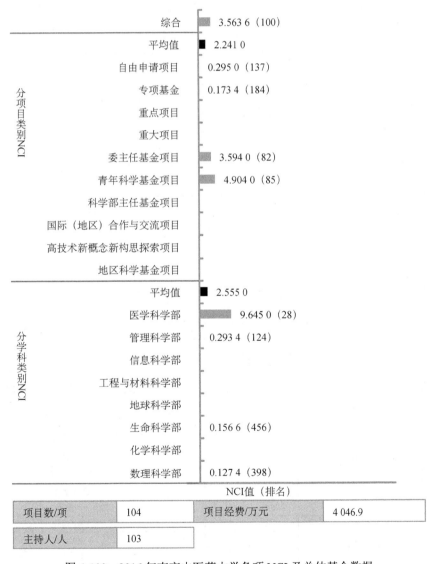

图 4-100　2016 年南京中医药大学各项 NCI 及总体基金数据

表 4-209　2011～2016 年南京中医药大学 NCI 变化趋势及指标

NCI 趋势	学科	类别	2011 年	2012 年	2013 年	2014 年	2015 年	2016 年
	综合	项目数/项	41	61	66	71	99	104
		项目经费/万元	1 587	2 771	3 036	3 530	3 901.3	4 046.9
		主持人数/人	41	61	66	71	99	103
		NCI	1.411 1	2.030 7	2.294 1	2.5688	3.392 9	3.563 6
	数理科学	项目数/项	—	—	—	—	1	2
		项目经费/万元	—	—	—	—	73	21
		主持人数/人	—	—	—	—	1	2
		NCI	—	—	—	—	0.119 3	0.127 4
	化学科学	项目数/项	—	1	—	—	—	—
		项目经费/万元	—	23	—	—	—	—
		主持人数/人	—	1	—	—	—	—
		NCI	—	0.074 8	—	—	—	—
	生命科学	项目数/项	—	1	1	2	1	2
		项目经费/万元	—	85	20	112	60	39
		主持人数/人	—	1	1	2	1	2
		NCI	—	0.115 6	0.073 8	0.214 6	0.111 8	0.156 6
	地球科学	项目数/项	—	—	—	—	—	—
		项目经费/万元	—	—	—	—	—	—
		主持人数/人	—	—	—	—	—	—
		NCI	—	—	—	—	—	—
	工程与材料科学	项目数/项	—	—	—	1	—	—
		项目经费/万元	—	—	—	25	—	—
		主持人数/人	—	—	—	1	—	—
		NCI	—	—	—	0.082	—	—
	信息科学	项目数/项	—	—	—	—	—	—
		项目经费/万元	—	—	—	—	—	—
		主持人数/人	—	—	—	—	—	—
		NCI	—	—	—	—	—	—
	管理科学	项目数/项	—	2	—	—	2	3
		项目经费/万元	—	44	—	—	97	114
		主持人数/人	—	2	—	—	2	3
		NCI	—	0.147 4	—	—	0.208 2	0.293 4
	医学科学	项目数/项	41	57	65	68	95	97
		项目经费/万元	1 587	2 619	3 016	3 393	3 671.3	3 872.9
		主持人数/人	41	57	65	68	95	97
		NCI	3.931 1	5.368 2	6.349 7	7.021 3	9.168 7	9.645 8

表 4-210　2011～2016 年南京中医药大学国家自然科学基金项目经费 Top 10 人才

人名	项目经费/万元	项目数/项	关键研究领域
胡　刚	276	1	药理学
唐宗湘	172	2	神经科学
曹　鹏	130	1	中药学
郑仕中	130	2	细胞生物学
张春兵	73	1	物理学 I
蔡　皓	62	1	中药学
陈　彦	62	1	中药学
段金廒	62	1	中药学
高　坤	62	1	中医学
陆兔林	62	1	中药学

参 考 文 献

[1] 上海交通大学. 概况[EB/OL]. [2017-01-20]. http://www.sjtu.edu.cn/xbdh/yjdh/gk.htm.

[2] 浙江大学. 校情总览[EB/OL]. [2017-01-20]. http://www.zju.edu.cn/c2032628/catalog.html.

[3] 北京大学. 北大概况[EB/OL]. [2017-01-20]. http://www.pku.edu.cn/about/index.htm.

[4] 中山大学. 学校概况[EB/OL]. [2017-01-20]. http://www.sysu.edu.cn/2012/cn/zdgk/zdgk01/index.htm.

[5] 清华大学. 学校概况[EB/OL]. [2017-01-20]. http://www.tsinghua.edu.cn/publish/newthu/newthu_cnt/about/index.html.

[6] 华中科技大学. 学校概况[EB/OL]. [2017-01-20]. http://www.hust.edu.cn/725/list.htm.

[7] 复旦大学. 复旦概况[EB/OL]. [2017-01-20]. http://www.fudan.edu.cn/channels/view/34/.

[8] 南京大学. 南大概况[EB/OL]. [2017-01-20]. http://www.nju.edu.cn/3642/list.htm.

[9] 西安交通大学. 交大概况[EB/OL]. [2017-01-20]. http://www.xjtu.edu.cn/jdgk.htm.

[10] 同济大学. 同济概览[EB/OL]. [2017-01-20]. http://www.tongji.edu.cn/about.html.

[11] 中国科学技术大学. 学校概况[EB/OL]. [2017-01-21]. http://www.ustc.edu.cn/xygk/xxjj/200508/t20050802_18737.html.

[12] 中南大学. 学校概况[EB/OL]. [2017-01-21]. http://www.csu.edu.cn/xxgk.htm.

[13] 山东大学. 学校概况[EB/OL]. [2017-01-21]. http://www.sdu.edu.cn/2010/xxgk.html.

[14] 四川大学. 学校概况[EB/OL]. [2017-01-21]. http://www.scu.edu.cn/portal2013/gk/about/I080601index_1.htm.

[15] 武汉大学. 学校概况[EB/OL]. [2017-01-21]. http://www.whu.edu.cn/xxgk/xxjj.htm.

[16] 哈尔滨工业大学. 学校概况[EB/OL]. [2017-01-21]. http://www.hit.edu.cn/220/list.htm.

[17] 吉林大学. 学校概况[EB/OL]. [2017-01-21]. http://www.jlu.edu.cn/xxgk.htm.

[18] 天津大学. 天大概况[EB/OL]. [2017-01-21]. http://www.tju.edu.cn/tdgk/.

[19] 厦门大学. 厦大概览[EB/OL]. [2017-01-21]. http://www.xmu.edu.cn/about/xuexiaojianjie.

[20] 大连理工大学. 学校概况[EB/OL]. [2017-01-22]. http://www.dlut.edu.cn/xxgk/xxjj.htm.

[21] 东南大学. 学校概况[EB/OL]. [2017-04-18]. http://www.seu.edu.cn/17398/list.htm.

[22] 北京航空航天大学. 北航概况[EB/OL]. [2017-04-18]. http://www.buaa.edu.cn/bhgk.htm#1.

[23] 苏州大学. 学校概况[EB/OL]. [2017-01-22]. http://www.suda.edu.cn/general_situation/xzzc.jsp.

[24] 华南理工大学. 学校概况[EB/OL]. [2017-04-18]. http://www.scut.edu.cn/new/8995/list.htm.

[25] 南京医科大学. 医大概览[EB/OL]. [2017-04-22]. http://www.njmu.edu.cn/538/list.htm.

[26] 首都医科大学. 学校概况[EB/OL]. [2017-01-22]. http://www.ccmu.edu.cn/col/col6443/index.html.

[27] 北京理工大学. 学校概况[EB/OL]. [2017-01-22]. http://www.bit.edu.cn/gbxxgk/gbxqzl/index.htm.

[28] 南昌大学. 学校概况[EB/OL]. [2017-01-22]. http://www.ncu.edu.cn/xxgk/xxjj.html.

[29] 郑州大学. 学校概况[EB/OL]. [2017-01-22]. http://www.zzu.edu.cn/_zzu_top_0.htm#.

[30] 南方医科大学. 学校概况[EB/OL]. [2017-04-18]. http://www.fimmu.com/introduction.html.

[31] 重庆大学. 校情概况[EB/OL]. [2017-04-23]. http://www.cqu.edu.cn/Channel/CquProfile/1/index.html.

[32] 中国人民解放军第二军医大学. 学校概况[EB/OL]. [2017-01-23]. http://www.smmu.edu.cn/124/list.htm.

[33] 中国人民解放军第四军医大学. 学校概况[EB/OL]. [2017-01-23]. https://www.fmmu.edu.cn/xxgk/xxjj.htm.

[34] 北京师范大学. 学校概况[EB/OL]. [2017-01-23]. http://www.bnu.edu.cn/xxgk/xxjj/index.html.

[35] 西北工业大学. 学校概况[EB/OL]. [2017-04-18]. http://www.nwpu.edu.cn/xxgk.htm.

[36] 东北大学. 东大简介[EB/OL]. [2017-01-23]. http://www.neu.edu.cn/intro_info.html.

[37] 中国人民解放军第三军医大学. 学校简介[EB/OL]. [2017-01-23]. http://www.tmmu.edu.cn/tmmu_content.Aspx?type_id=1.

[38] 南开大学. 南开概况[EB/OL]. [2017-01-23]. http://www.nankai.edu.cn/161/list.htm.

[39] 电子科技大学. 学校概况[EB/OL]. [2017-01-23]. http://www.uestc.edu.cn/?ch/3.

[40] 华中农业大学. 学校概况[EB/OL]. [2017-01-24]. http://www.hzau.edu.cn/2014/ch/about_hzau/brief/.

[41] 深圳大学. 深大概况[EB/OL]. [2017-04-18]. http://www.szu.edu.cn/2014/overview.html.

[42] 上海大学. 学校介绍[EB/OL]. [2017-01-24]. http://www.shu.edu.cn/Default.aspx?tabid=10591.

[43] 兰州大学. 学校概况[EB/OL]. [2017-01-24]. http://www.lzu.edu.cn/V2013/ldgk/ldjj/.

[44] 中国地质大学. 学校概况[EB/OL]. [2017-01-24]. http://www.cug.edu.cn/new/001/002.html.

[45] 中国科学院上海生命科学研究院. 概况[EB/OL]. [2017-01-24]. http://www.sibs.cas.cn/gk/dwjj/.

[46] 中国农业大学. 学校概况[EB/OL]. [2017-01-24]. http://www.cau.edu.cn/col/col10207/index.html.

[47] 华东师范大学. 学校概况[EB/OL]. [2017-01-24]. http://www.ecnu.edu.cn/single/main.htm?page=ecnu.

[48] 南京农业大学. 学校概况[EB/OL]. [2017-01-24]. http://www.njau.edu.cn/html/xxgk/1.html.

[49] 江苏大学. 学校概况[EB/OL]. [2017-01-24]. http://www.ujs.edu.cn/site1/node17/.

[50] 中国科学院大连化学物理研究所. 概况简介[EB/OL]. [2017-01-25]. http://www.dicp.ac.cn/gkjj/skjj/.

[51] 西北农林科技大学. 学校概况[EB/OL]. [2017-01-25]. http://www.nwsuaf.edu.cn/xxgk/xxjj1/index.htm.

[52] 西安电子科技大学. 学校概况[EB/OL]. [2017-01-25]. http://www.xidian.edu.cn/xxgk.htm.

[53] 湖南大学. 湖大概况[EB/OL]. [2017-01-25]. http://www.hnu.edu.cn/html/hudagaikuang/xuexiaojianjie/.

[54] 合肥工业大学. 学校概况[EB/OL]. [2017-01-25]. http://www.hfut.edu.cn/ch/html/xxgk.html.

[55] 中国海洋大学. 学校概况[EB/OL]. [2017-01-25]. http://www.ouc.edu.cn/xxjj/list.htm.

[56] 西南交通大学. 学校概况[EB/OL]. [2017-01-25]. http://www.swjtu.edu.cn/html/xxgk/1.html.

[57] 北京科技大学. 学校概况[EB/OL]. [2017-01-25]. http://www.ustb.edu.cn/xxgk/index.asp.

[58] 中国科学院合肥物质科学研究院. 学校概况[EB/OL]. [2017-01-25]. http: //www.hfcas.ac.cn/dwgk/skjj/200908/t20090812_2384206.html.

[59] 南京航空航天大学. 南航概况[EB/OL]. [2017-01-25]. http://www.nuaa.edu.cn/286/list.htm.

[60] 暨南大学. 学校概况[EB/OL]. [2017-01-25]. http://www.jnu.edu.cn/2514/list.htm.

[61] 天津医科大学. 天医概况[EB/OL]. [2017-01-26]. http://www.tijmu.edu.cn/s/2/t/250/p/1/c/14/list.htm.

[62] 哈尔滨医科大学. 学校概况[EB/OL]. [2017-01-26]. http://www.hrbmu.edu.cn/h_hyjj/h1_xxjj.htm.

[63] 武汉理工大学. 学校概况[EB/OL]. [2017-01-26]. http://www.whut.edu.cn/2015web/xxgk/.

[64] 北京工业大学. 学校概况[EB/OL]. [2017-01-26]. http://www.bjut.edu.cn/xxjj/15140.shtml.

[65] 南京理工大学. 概况[EB/OL]. [2017-01-26]. http://www.njust.edu.cn/3619/list.htm.

[66] 北京化工大学. 学校概况[EB/OL]. [2017-01-26]. http://www.buct.edu.cn/xxgknew/index.htm.

[67] 华东理工大学. 学校概况[EB/OL]. [2017-01-26]. http://www.ecust.edu.cn/60/list.htm.

[68] 西北大学. 学校概况[EB/OL]. [2017-01-26]. http://www.nwu.edu.cn/?cat=39.

[69] 浙江工业大学. 学校概况[EB/OL]. [2017-01-26]. http://www.zjut.edu.cn/ReadClassDetail.jsp?bigclassid=5&sid=80.

[70] 昆明理工大学. 学校概况[EB/OL]. [2017-01-26]. http://www.kmust.edu.cn/html/xxgk/xxjj/1.html.

[71] 中国科学院地质与地球物理研究所. 概况简介[EB/OL]. [2017-01-27]. http://www.igg.cas.cn/gkjj/.

[72] 中国矿业大学. 学校概况[EB/OL]. [2017-01-27]. http://www.cumt.edu.cn/1059/list.htm.

[73] 重庆医科大学. 学校概况[EB/OL]. [2017-01-27]. http://www.cqmu.edu.cn/s/1/t/117/p/1/c/2/list.htm.

[74] 西南大学. 学校概览[EB/OL]. [2017-01-27]. http://www.swu.edu.cn/xxgl_jyjs.html.

[75] 河海大学. 学校概况[EB/OL]. [2017-01-27]. http://www.hhu.edu.cn/s/1/t/2655/p/11/c/425/d/436/list.htm.

[76] 华南农业大学. 学校概况[EB/OL]. [2017-01-27]. http://www.scau.edu.cn/gaikuang/index.htm.

[77] 中国医科大学. 校情总览[EB/OL]. [2017-01-27]. http://202. 118. 40. 32/xqzl.htm.

[78] 北京交通大学. 学校概况[EB/OL]. [2017-01-27]. http://www.njtu.edu.cn/xxgk/xxjj/index.htm.

[79] 南京信息工程大学. 学校概况[EB/OL]. [2017-01-27]. http://www.nuist.edu.cn/pages/xxjj.html.

[80] 温州医科大学. 校情总览[EB/OL]. [2017-01-27]. http://www.wmu.edu.cn/xxgk.php.

[81] 中国人民解放军国防科学技术大学. 科大简介[EB/OL]. [2017-01-28]. http://www.nudt.edu.cn/Sub_index_Nav.asp?classid=1.

[82] 贵州大学. 学校概况[EB/OL]. [2017-01-28]. http://www.gzu.edu.cn/s/2/t/1825/p/88/c/8434/list.htm.

[83] 南京工业大学. 学校概况[EB/OL]. [2017-01-28]. http://www.njtech.edu.cn/home/news/index/id/42#.

[84] 广东工业大学. 学校概况[EB/OL]. [2017-01-28]. http://www.gdut.edu.cn/xxgk1/xxjj.htm.

[85] 广西大学. 西大概览[EB/OL]. [2017-01-28]. http://www.gxu.edu.cn/Category_68/Index.aspx.

[86] 宁波大学. 宁大概况[EB/OL]. [2017-01-28]. http://www.nbu.edu.cn/ndjj.jhtml.

[87] 扬州大学. 学校概况[EB/OL]. [2017-01-28]. http://www.yzu.edu.cn/col/col37632/index.html.

[88] 陕西师范大学. 学校概况[EB/OL]. [2017-01-28]. http://www.snnu.edu.cn/about.php?cat_id=1114.

[89] 江南大学. 学校概况[EB/OL]. [2017-01-28]. http://www.jiangnan.edu.cn/xxgk/xxjj.htm.

[90] 广州医科大学. 学校概况[EB/OL]. [2017-01-28]. http://new.gzhmu.edu.cn/.

[91] 中国科学院寒区旱区环境与工程研究所. 院况简介[EB/OL]. [2017-01-29]. http://www.careeri.cas.cn/yjsjy/zs/zsjj/.

[92] 中国科学院长春应用化学研究所. 概况介绍[EB/OL]. [2017-01-29]. http://www.ciac.cas.cn/gkjj/jgjj/.

[93] 南京师范大学. 学校概况[EB/OL]. [2017-01-29]. http://www.njnu.edu.cn/About/about.html.

[94] 中国科学院地理科学与资源研究所. 所况介绍[EB/OL]. [2017-01-29]. http://www.igsnrr.cas.cn/gkjj/.

[95] 哈尔滨工程大学. 校园概况[EB/OL]. [2017-01-29]. http://www.hrbeu.edu.cn/xygk/xxjj.aspx.

[96] 中国科学院大气物理研究所. 所馆概况[EB/OL]. [2017-01-29]. http://www.iap.cas.cn/gkjj/skjj/.

[97] 福州大学. 学校概况[EB/OL]. [2017-01-29]. http://www.fzu.edu.cn/html/xxgk/1.html.

[98] 青岛大学. 学校概况[EB/OL]. [2017-01-29]. http://www.qdu.edu.cn/xxgk/xxjj.htm.

[99] 上海中医药大学. 学校概况[EB/OL]. [2017-01-29]. http://www.shutcm.edu.cn/c/portal/layout?p_l_id=PUB. 1001. 21.

[100] 南京中医药大学. 学校简介[EB/OL]. [2017-01-30]. http://www.njutcm.edu.cn/s/22/t/213/5b/0b/info23307.htm.